全国电子信息类优秀教材

C++面向对象程序设计
（第3版）

杜茂康　　谢　青　主编

电子工业出版社

Publishing House of Electronics Industry
北京·BEIJING

内 容 简 介

本书以 C++ 11 标准为指导，深入浅出地介绍了标准 C++面向对象程序设计的相关知识，以及用 Visual C++进行面向对象的 Windows 程序设计的基本原理和方法，包括 C++对 C 语言的扩展、类、对象、友元、继承、多态性、虚函数、重载、I/O 流类库、文件、模板与 STL、C++ Windows 程序的结构、消息驱动、MFC 应用程序框架、GDI、菜单、对话框、工具栏、文档与视图等内容。

全书本着易于理解、实用性强的原则设计其内容和案例，并以一个规模较大的综合性程序的编制贯穿于 C++面向对象技术和 Windows 程序设计的全过程，引导读者理解和掌握面向对象程序设计的思想、技术、方法，以及在 Windows 程序中应用自定义类实现程序功能的软件开发方法。

本书取材新颖，内容全面，通俗易懂，可作为高等院校计算机、电子信息类专业及其他理工类相关专业的教材，也可作为 C++语言自学者或程序设计人员的参考用书。

未经许可，不得以任何方式复制或抄袭本书之部分或全部内容。
版权所有，侵权必究。

图书在版编目（CIP）数据

C++面向对象程序设计 / 杜茂康，谢青主编. —3 版. —北京：电子工业出版社，2017.6
ISBN 978-7-121-31583-1

Ⅰ. ① C… Ⅱ. ① 杜… ② 谢… Ⅲ. ① C 语言－程序设计－高等学校－教材 Ⅳ. ① TP312.8

中国版本图书馆 CIP 数据核字（2017）第 116191 号

策划编辑：章海涛
责任编辑：章海涛　　　　　　特约编辑：曹剑锋
印　　刷：北京捷迅佳彩印刷有限公司
装　　订：北京捷迅佳彩印刷有限公司
出版发行：电子工业出版社
　　　　　北京市海淀区万寿路 173 信箱　　邮编 100036
开　　本：787×1 092　1/16　　印张：26.5　　字数：740 千字
版　　次：2007 年 5 月第 1 版
　　　　　2017 年 6 月第 3 版
印　　次：2024 年 1 月第 14 次印刷
定　　价：52.00 元

凡所购买电子工业出版社图书有缺损问题，请向购买书店调换。若书店售缺，请与本社发行部联系，联系及邮购电话：(010) 88254888，88258888。
质量投诉请发邮件至 zlts@phei.com.cn，盗版侵权举报请发邮件至 dbqq@phei.com.cn。
本书咨询联系方式：192910558（QQ 群）。

第 3 版前言

面向对象编程技术降低了软件开发的复杂度，提高了软件开发的效率，让开发人员开发出高可靠性、可重用和易维护的软件，是当前软件开发的主流技术，是每个软件开发人员必须具备的技术基础。C++语言是在 C 语言基础上扩充了面向对象机制而发展起来的一种程序设计语言，程序结构灵活，代码简洁清晰，可移植性强，支持数据抽象、面向过程和面向对象程序设计。C++语言因其稳定性、高效性、兼容性和可扩展性而被广泛应用于各种领域和系统中，常被用来设计操作系统（如 UNIX、Windows、Apple Macintosh）、设备驱动程序或者其他需要在实时约束下直接操作硬件的软件。图形学和用户界面设计是使用 C++语言最深入的领域，银行、贸易、保险业、远程通信以及军事等诸多应用领域也常用 C++语言设计其应用程序的核心代码，以求软件的最佳性能和开发效率。

无论从编程思想、代码效率、程序的稳定性和可靠性，还是从语言本身的实用性来讲，C++语言都是面向对象程序设计语言的典范。学好 C++语言，不但能够用于实际的程序设计，而且有助于理解面向对象程序设计技术的精髓，再学习诸如 Java、C#、Python 之类的面向对象程序设计语言也就简单了。

多年的教学和编程实践经验给本书作者的真切体会是"**读教科书明其理，看技术书知其用**"。教科书的原理剖析和技术书的案例分析相结合有利于读者深刻地理解和掌握 C++语言程序设计的基本原理和技术，有利于读者将学到的技术用于实际的软件开发中。

本书基于这样的认知而编写，兼具 C++技术书籍和教材的特点，既比较深刻地介绍 C++面向对象的程序技术和原理，又清晰地介绍 Windows 平台下的 C++程序实现方法，且通过程序实例将两者较好地结合在一起。**书中基于 DOS 平台精心设计了一个贯穿全书大部分章节的规模较大的专业课程类管理程序 comFinl**，并不断地利用面向对象的 C++程序技术扩充该程序的功能，使之成为一个较为完整的综合程序，最终将它从 DOS 平台移植到 Windows 系统中，成为一个 Windows 应用程序。读者可借此掌握 C++应用程序的设计方法，以及将基于 DOS 平台的自定义类移植到 Windows 程序中的方法和过程。

自 2007 年第 1 版，本书受到了广大师生和软件开发人员的好评，得到了多所高校的认可，被选为教材，重印多次。许多读者发来求解书中疑问或习题参考答案的邮件，一些软件开发人员与作者探索了将 C++类移植到 Windows 程序中的方法，也有读者指出了书中的错误和缺陷。这些是本书得以进步和持续发展的源泉。这次修订主要体现在以下几方面：

（1）以 C++ 11 标准为蓝本修订了各章节的内容。增加了 C++ 11 标准提出的新特征，包括智能指针、lamada 函数、移动对象、构造函数的继承和委托、对象初始化列表、override 和 final、pair、tuple 容器、noexcept 异常等内容，删除了过时及部分较难且不实用的内容，并对一些程序案例进行了重新设计。书中用 "**11C++**" 字样对首次出现的 C++ 11 新标准进行了标识，这些内容不能在 VC++ 6.0 这样的早期编译器中进行编译，必须在支持 C++ 11 规范的编译环境中才能够正常运行。

（2）注重面向对象程序设计和分析能力的培养。在介绍类、继承和多态设计时更加重视对类设计的分析，并用 UML 方法进行建模，更利于面向对象编程思维的培养与形成。

（3）按 C++ 11 新标准修订了全书例程，并在 Visual C++ 2015 环境下进行了运行测试。

本次修订保留了第 2 版的整体结构，全书共分为 12 章。第 1～2 章介绍 C++语言的基础知识。第 1 章介绍面向对象程序设计的主要特征、C++程序的结构、string 类型，数据输入/输出，以及 Visual C++ 2015 编程环境；第 2 章介绍 C++ 11 标准对 C 语言非面向对象方面的扩充，主要包括智能指针、const 和 constexpr 常量、左值和右值引用、类型转换、lamada 表达式、范围 for、函数重载、内联函数、作用域、命名空间及 C++文件操作。

第 3～9 章介绍 C++面向对象程序设计的思想、特征和方法，包括类和对象、继承和派生、虚函数、运算符重载、模板和 STL 程序设计、异常、文件和 I/O 流等内容。

第 10～11 章介绍 Visual C++ Windows 程序设计的原理和方法。第 10 章介绍 C++ Windows 程序设计的基础知识，包括 Windows 程序设计的常用数据结构、程序运行原理、消息驱动、API 程序设计等内容；第 11 章介绍 MFC 应用程序框架的设计原理和方法，包括事件函数、对话框、控件、GDI、菜单和工具栏设计等内容。

第 12 章介绍将第 4～9 章逐步完善的基于 DOS 平台的课程管理程序 comFinal 移植到 Windows 程序中的方法。在 MFC 向导创建的应用程序框架中逐步引入在 DOS 平台下完成的多个自定义类，并通过事件函数、对话框、工具栏、菜单调用这些自定义类的对象，示范了在 Windows 程序中操作自定义类、开发 Windows 应用软件的方法。

本书**内容全面、析理透彻、注重实用**，精心设计了易于理解和有代表性的示意图和案例程序，深入浅出地展示了 C++面向对象程序设计的原理和各种技术，并对面向对象编程过程中容易发生的误解和错误进行重点分析，颇具启发性。

本书由杜茂康、谢青、李昌兵、王永、刘友军和袁浩编写。杜茂康编写了第 1、2、3、4 章，谢青编写了第 5、6、7、8 章，李昌兵编写了第 9 章，王永编写了第 10 章，袁浩编写了第 11 章，刘友军编写了第 12 章，全书由杜茂康审校和统稿。

本书在编写过程中得到了不少专家、学者、老师和同事的指导、支持和帮助，2004 级信息管理与信息系统专业两位热爱程序技术的学生李明闯和王晓润仔细地阅读了本书第 1 版初稿中的全部内容，校正了初稿中的许多错误，广大读者也指正了本书前两版的错误和不当之处，并提出了许多有用的建议。在此，谨向他们表示诚挚的感谢！

在本书的编写过程中阅读参考了国内外大量 C++程序设计的相关书籍，这些书籍已被列在书后的参考文献中，在此谨向这些书籍的作者表示衷心感谢！

面向对象程序设计是一项不断发展变化的程序技术，C++语言更是博大精深，其标准和规范也在不断更新，鉴于作者才疏学浅，水平有限，加之经验不足，书中一定存在不少错误和不当之处，恳请专家、同行和读者批评指正。

为了便于读者学习和教师教学，本书配有以下教学资源：全部例题的程序代码、部分习题的程序代码、配套的电子课件。有需要者可从华信教育资源网（http://www.hxedu.com.cn）上进行下载。

作　者

目 录

第1章 C++与面向对象程序设计概述 ·· 1
1.1 面向过程和面向对象程序设计 ··· 1
1.2 面向对象程序语言的特征 ·· 3
1.3 C++与面向对象程序设计 ·· 5
1.3.1 C++简史 ··· 6
1.3.2 C++的特点 ·· 7
1.3.3 C++程序的结构 ··· 7
1.3.4 标准C++程序设计 ·· 9
1.4 数据的输入和输出 ·· 11
1.4.1 C++的数据类型 ·· 11
1.4.2 流的概念 ··· 12
1.4.3 cin 和提取运算符>> ·· 12
1.4.4 cout 和插入运算符<< ·· 14
1.4.5 输出格式控制符 ·· 16
1.4.6 数制基数 ··· 17
1.4.7 string 与字符串输入/输出 ··· 18
1.4.8 数据输入的典型问题 ·· 19
1.5 编程实作——Visual C++ 2015 编程简介 ··· 24
习题 1 ·· 26

第2章 C++基础 ·· 28
2.1 C++对 C 语言数据类型的扩展 ·· 28
2.2 左值、右值及 C++对局部变量声明的改进 ··· 29
2.2.1 左值和右值 ··· 29
2.2.2 C++局部变量的声明与定义 ··· 29
2.3 指针 ·· 30
2.3.1 指针概念的回顾 ·· 30
2.3.2 空指针、void*以及获取数组首、尾元素位置的指针 ······················· 31
2.3.3 new 和 delete ··· 32
2.3.4 智能指针 [11C++] ··· 34
2.4 引用 ·· 36
2.4.1 左值引用 ··· 36
2.4.2 右值引用 [11C++] ··· 39
2.5 const 和 constexpr 常量 ·· 40
2.5.1 常量的定义 ··· 40

		2.5.2	const、constexpr 与指针	41

      2.5.3 const 与引用 ··············· 42
      2.5.4 顶层 const 和底层 const ··············· 43
  2.6 auto 和 decltype 类型 [11C++] ··············· 44
  2.7 begin、end 和基于范围的 for 循环 [11C++] ··············· 45
  2.8 类型转换 ··············· 46
  2.9 函数 ··············· 49
      2.9.1 函数原型 ··············· 49
      2.9.2 函数参数传递的类型 ··············· 50
      2.9.3 函数默认参数 ··············· 54
      2.9.4 函数返回值 ··············· 55
      2.9.5 函数重载 ··············· 57
      2.9.6 函数与 const 和 constexpr ··············· 60
      2.9.7 内联函数 ··············· 62
  2.10 Lambda 表达式 [11C++] ··············· 63
  2.11 命名空间 ··············· 65
  2.12 预处理器 ··············· 67
  2.13 作用域和生命期 ··············· 68
      2.13.1 作用域 ··············· 68
      2.13.2 变量类型及生命期 ··············· 70
      2.13.3 初始化列表、变量初始化与赋值 ··············· 71
      2.13.4 局部变量与函数返回地址 ··············· 73
  2.14 文件输入和输出 ··············· 73
  2.15 编程实作 ··············· 75
  习题 2 ··············· 77

第 3 章 类和对象 ··············· 81

  3.1 类的抽象和封装 ··············· 81
      3.1.1 抽象 ··············· 81
      3.1.2 封装 ··············· 83
  3.2 struct 和 class ··············· 85
      3.2.1 C++对 struct 的扩展 ··············· 85
      3.2.2 类（class） ··············· 87
  3.3 数据成员 ··············· 89
  3.4 成员函数 ··············· 90
      3.4.1 成员函数定义方式和内联函数 ··············· 90
      3.4.2 常量成员函数 ··············· 91
      3.4.3 成员函数重载和默认参数值 ··············· 92
  3.5 对象 ··············· 92

3.6 构造函数设计 ······ 95
    3.6.1 构造函数和类内初始值 ······ 95
    3.6.2 默认构造函数 ······ 97
    3.6.3 重载构造函数 ······ 100
    3.6.4 构造函数与初始化列表 ······ 102
    3.6.5 委托构造函数 [11C++] ······ 104
3.7 析构函数 ······ 105
3.8 赋值运算符函数、拷贝构造函数和移动函数设计 ······ 107
    3.8.1 赋值运算符函数 ······ 107
    3.8.2 拷贝构造函数 ······ 110
    3.8.3 移动函数 [11C++] ······ 113
3.9 静态成员 ······ 117
3.10 this 指针 ······ 120
3.11 对象应用 ······ 124
3.12 类的作用域和对象的生存期 ······ 128
3.13 友元 ······ 131
3.14 编程实例：类的接口与实现的分离 ······ 132
    3.14.1 头文件 ······ 133
    3.14.2 源文件 ······ 134
    3.14.3 对类的应用 ······ 135
习题 3 ······ 138

第 4 章 继承 ······ 142

4.1 继承的概念 ······ 142
4.2 protected 和继承 ······ 143
4.3 继承方式 ······ 144
4.4 派生类对基类的扩展 ······ 147
    4.4.1 成员函数的重定义和名字隐藏 ······ 147
    4.4.2 基类成员访问 ······ 149
    4.4.3 using 和隐藏函数重现 [11C++] ······ 149
    4.4.4 派生类修改基类成员的访问权限 ······ 150
    4.4.5 友元与继承 ······ 151
    4.4.6 静态成员与继承 ······ 152
    4.4.7 继承和类作用域 ······ 154
4.5 构造函数和析构函数 ······ 154
    4.5.1 派生类构造函数的建立规则 ······ 155
    4.5.2 派生类构造函数和析构函数的调用次序 ······ 159
    4.5.3 派生类的赋值、复制和移动操作 ······ 161
4.6 基类与派生类对象的关系 ······ 163

4.6.1 派生类对象对基类对象的赋值和初始化 163
   4.6.2 派生类对象与基类对象的类型转换 165
  4.7 多继承 167
   4.7.1 多继承的概念和应用 167
   4.7.2 多继承方式下成员的二义性 169
   4.7.3 多继承的构造函数和析构函数 169
  4.8 虚拟继承 171
  4.9 继承和组合 175
  4.10 编程实例 179
  习题 4 185

第 5 章 多态性 189
  5.1 多态性概述 189
   5.1.1 多态的概念 189
   5.1.2 多态的意义 191
   5.1.3 多态和联编 192
  5.2 虚函数 192
   5.2.1 虚函数的意义 192
   5.2.2 override 和 final [11C++] 195
   5.2.3 虚函数的特性 197
  5.3 虚析构函数 201
  5.4 纯虚函数和抽象类 202
   5.4.1 纯虚函数和抽象类 202
   5.4.2 抽象类的应用 204
  5.5 运行时类型信息 210
   5.5.1 dynamic_cast 211
   5.5.2 typeid 214
  5.6 编程实例 215
  习题 5 217

第 6 章 运算符重载 221
  6.1 运算符重载基础 221
  6.2 重载二元运算符 223
   6.2.1 类与二元运算符重载 223
   6.2.2 非类成员方式重载二元运算符的特殊用途 226
  6.3 重载一元运算符 227
   6.3.1 作为成员函数重载 228
   6.3.2 作为友元函数重载 229
  6.4 特殊运算符重载 230
   6.4.1 运算符++和--的重载 230

6.4.2 下标[]和赋值运算符= ································ 232
6.4.3 类型转换运算符 ································ 234
6.4.4 函数调用运算符重载 ································ 237
6.5 输入/输出运算符重载 ································ 238
6.6 编程实例 ································ 239
习题 6 ································ 244

第 7 章 模板和 STL ································ 247
7.1 模板的概念 ································ 247
7.2 函数模板和模板函数 ································ 248
    7.2.1 函数模板的定义 ································ 248
    7.2.2 函数模板的实例化 ································ 249
    7.2.3 模板参数 ································ 250
7.3 类模板 ································ 253
    7.3.1 类模板的概念 ································ 253
    7.3.2 类模板的定义 ································ 254
    7.3.3 类模板实例化 ································ 255
    7.3.4 类模板的使用 ································ 257
7.4 模板设计中的几个独特问题 ································ 258
    7.4.1 内联与常量函数模板 ································ 258
    7.4.2 默认模板实参 [11C++] ································ 259
    7.4.3 成员模板 ································ 259
    7.4.4 可变参数函数模板 [11C++] ································ 260
    7.4.5 模板重载、特化、非模板函数及调用次序 ································ 261
7.5 STL ································ 264
    7.5.1 函数对象 ································ 264
    7.5.2 顺序容器 ································ 265
    7.5.3 迭代器 ································ 272
    7.5.4 pair 和 tuple 容器 ································ 273
    7.5.5 关联式容器 ································ 276
    7.5.6 算法 ································ 281
7.6 编程实例 ································ 284
习题 7 ································ 286

第 8 章 异常 ································ 289
8.1 异常处理概述 ································ 289
8.2 C++异常处理基础 ································ 290
    8.2.1 异常处理的结构 ································ 290
    8.2.2 异常捕获 ································ 291
8.3 异常和函数 ································ 292

8.4 异常处理的几种特殊情况 ································· 294
   8.5 异常和类 ································· 298
      8.5.1 构造函数和异常 ································· 298
      8.5.2 异常类 ································· 300
      8.5.3 派生异常类的处理 ································· 303
   习题 8 ································· 305

第 9 章 流和文件 ································· 308
   9.1 C++ I/O 流及流类库 ································· 308
   9.2 I/O 成员函数 ································· 309
      9.2.1 istream 流中的常用成员函数 ································· 309
      9.2.2 ostream 流中的常用成员函数 ································· 311
      9.2.3 数据输入、输出的格式控制 ································· 312
   9.3 文件操作 ································· 315
      9.3.1 文件和流 ································· 315
      9.3.2 二进制文件 ································· 317
      9.3.3 随机文件 ································· 320
   习题 9 ································· 321

第 10 章 C++ Windows 程序设计基础 ································· 324
   10.1 Windows 程序设计基础 ································· 324
      10.1.1 窗口 ································· 324
      10.1.2 事件驱动和消息响应 ································· 324
      10.1.3 Windows 程序的文件构成 ································· 325
      10.1.4 Visual C++的 Windows 程序设计方法 ································· 326
   10.2 Windows 程序设计的常用数据结构 ································· 327
   10.3 Windows 程序的基本结构 ································· 329
   10.4 Windows 程序的控制流程 ································· 332
   10.5 Windows 程序的数据输出 ································· 337
   10.6 消息驱动程序设计 ································· 340
   习题 10 ································· 343

第 11 章 MFC 程序设计 ································· 345
   11.1 MFC 程序基础 ································· 345
      11.1.1 MFC 类 ································· 345
      11.1.2 MFC 程序的结构 ································· 347
      11.1.3 MFC 程序的执行流程 ································· 349
      11.1.4 消息映射 ································· 351
   11.2 应用程序框架 ································· 353
      11.2.1 用向导建立应用程序框架 ································· 353

                11.2.2 应用程序框架的结构 ……………………………………………………………… 355
                11.2.3 应用程序框架类之间的关系 ………………………………………………… 362
        11.3 MFC 程序的数据输出 …………………………………………………………………… 363
                11.3.1 MFC 中的图形类 ……………………………………………………………… 363
                11.3.2 绘图对象 ……………………………………………………………………… 365
                11.3.3 用 MFC 向导添加消息映射函数 …………………………………………… 367
                11.3.4 OnPaint 函数与输出 ………………………………………………………… 371
        11.4 对话框 …………………………………………………………………………………… 372
                11.4.1 对话框的类型 ………………………………………………………………… 372
                11.4.2 用资源编辑器建立对话框 …………………………………………………… 373
        11.5 菜单和工具栏 …………………………………………………………………………… 378
                11.5.1 直接修改应用程序框架的菜单 ……………………………………………… 378
                11.5.2 建立新菜单栏 ………………………………………………………………… 381
                11.5.3 工具栏操作 …………………………………………………………………… 382
        11.6 视图与文档 ……………………………………………………………………………… 383
        习题 11 …………………………………………………………………………………………… 386
第 12 章 MFC 综合程序设计 ……………………………………………………………………… **388**
        12.1 在应用程序框架中包含并修改自定义类 ……………………………………………… 388
        12.2 在事件函数中操作类对象 ……………………………………………………………… 390
        12.3 添加对话框 ……………………………………………………………………………… 393
        12.4 添加程序菜单 …………………………………………………………………………… 395
        12.5 文档序列化 ……………………………………………………………………………… 398
        习题 12 …………………………………………………………………………………………… 408
参考文献 ……………………………………………………………………………………………… **409**

第1章 C++与面向对象程序设计概述

面向对象程序技术用对象来模拟客观世界中的事物及其行为，用消息传递来模拟对象之间的相互作用，使程序与客观世界具有很大程度的相似性，降低了软件开发的难度，提高了软件开发的效率，适合大型的、复杂的系统开发。

本章介绍面向对象程序设计语言的基本特征、C++的数据类型、简单的 C++程序设计和数据输入、输出方法。

1.1 面向过程和面向对象程序设计

1. 面向过程程序设计

早期计算机程序的规模较小，主要开发方式为个人设计、个人使用，没有什么组织原则，只需将相应的程序代码组织在一起，再让计算机执行它，就可以完成相应的程序功能。随着计算机的普及和技术发展，程序的规模和复杂度越来越大，到了 20 世纪 60 年代初期，个人软件开发方式已不能满足要求，出现了许多问题，如软件开发费用超出预算，不能按期完成软件开发，质量达不到要求，软件维护困难等。这就是所谓的软件危机。

软件危机表明个人手工编程方式已经跟不上软件开发的需求了，迫切需要改变软件的生产方式，提高软件生产率。20 世纪 60 年代末出现了影响深远的结构化程序设计（Structure Programming，SP）思想。结构化程序设计采用"自顶向下、逐步求精、模块化"的方法进行程序设计，即采用模块分解、功能抽象、自顶向下、分而治之的方法，将一个复杂、庞大的软件系统分解成为许多易于控制、处理、可独立编程的子模块。各模块可由结构化程序设计语言的子程序（函数）实现，子程序则由顺序、分支、循环三种基本结构编码完成。其基本特点是：① 按层次组织模块；② 每个模块只有一个入口，一个出口；③ 代码和数据分离，即"**程序=数据结构+算法**"。

结构化程序设计是一种以功能为中心的面向过程程序设计方法，首先将要解决的问题分解成若干功能模块，再根据模块功能设计一系列用于存储数据的数据结构，并编写一些函数（或过程）对这些数据进行操作，最终的程序是由许多函数（或过程）组成的。

在结构化程序设计中，数据和过程被分离为相互独立的程序实体，用数据代表问题空间的客体，表达实际问题中的信息；程序代码则是用于体现和加工处理这些数据的算法。在设计软件时，必须时时考虑所要处理数据的结构和类型，对不同格式的数据做相同的处理，或者对相同格式的数据做不同的处理，必须编写不同的程序，代码的可重用性较差。

此外，数据和操作过程的分离还会导致程序的可维护性也较差，原因是数据结构改变时，所有与之相关的处理过程都要进行修改，增大了程序维护的难度。

例如，假设实现一个通讯录管理软件，程序员编写了 4 个函数：inputData()，searchPhone()，printData()，searchAddr()，分别用于实现通讯录数据的输入、输出和查询功能。许多技术可以实现通讯录的数据存取，如数组、链表、队列等。一个采用数组存取数据的程序基本结构如下：

```
struct Person{                          // 用于存放个人信息的数据结构
    char name[10];
    char addr[20];
    char phone[11];
}
Person p[100];                          // 保存所有个人信息的全局数组
int n=0;                                // 用于保存实际人数的全局变量
void inputData(){…}                     // 初始化全局数组P，读入每个人的姓名、地址和电话
void searchAddr(char *name){…}          // 根据姓名查找地址
void searchPhone(char *name){…}         // 根据姓名查找电话号码
void printData(){…}                     // 打印输出每个人的姓名、地址和电话
```

4个函数通过全局数组（即 P）共享数据，并且相互影响。如果将这些函数提供给其他程序员使用，就必须让该程序员知道他不能定义和修改全局数组（即 P），只能通过这 4 个过程存取全局数据 P。

个人通信管理程序代表了面向过程程序设计的基本编程方法：先定义一些全局性的数据结构，然后编写一些过程对这些数据结构进行操作，其模型如图 1-1 所示。

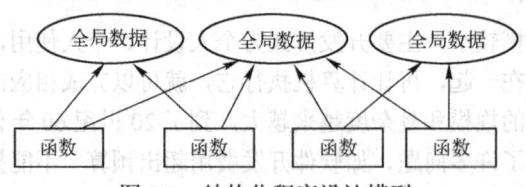

图 1-1 结构化程序设计模型

从图 1-1 的程序模型可以看出，数据与函数之间存在潜在的连接关系。某个全局数据的修改可能引起大量操作该全局数据的函数的修改。此外，若某个函数意外修改了某个全局数据，很可能引起程序数据的混乱。例如在个人通讯录管理程序中，Person 的变化会引起操作它的所有函数（如 inputData()、searchAddr()等）的修改。此外，谁也没有办法限制其他程序员定义与全局数据同名的变量（如数组 P），也不能限制他修改全局数组的值。当程序规模较大时，这个问题尤其突出，软件维护困难。

支持结构化程序设计的高级语言称为结构化程序设计语言，它们提供了顺序、分支和循环三种基本结构，支持面向过程的程序设计，是面向过程程序设计语言。C、Fortran、Basic 等都是当前仍在广泛使用的面向过程的程序设计语言。

2．面向对象程序设计

随着计算机和网络技术的发展，软件应用的领域更加广泛，需求越来越大。同时，软件的规模和复杂度也在不断增加，升级改版的时间要求更短，面向过程程序设计技术已不能满足软件开发在效率、代码共享和更新维护等方面的需求了，取而代之的是面向对象的程序设计技术。

面向对象就是指以对象为中心，分析、设计和构造应用程序的机制，其基本观点是：计算机求解的都是现实世界中的问题，它们由一些相互联系且处于不断运动变化的事物（即对象）组成，如果在计算机中能够用对象描述问题域中的各客观事物，用对象之间的关系描述客观事物之间的联系，用对象之间的通信描述事物之间的相互交流及相互驱动，就能够将客观世界中的问题直接映射到计算机中，实现计算机系统对现实环境的真实模拟，从而解决问题。

这里涉及三方面的问题：一是如何把客观事物表示为计算机中的对象；二是如何用对象之间

的关系反映客观事物之间的联系；三是如何用对象之间的作用反映客观事物之间的交流与驱动。

对于第一个问题，面向对象技术的解决方法是：对于任何一个客观事物，用数据表示它的特征，用函数描述它的行为，并把两者结合成一个整体，称为对象，代表一个客观事物。在此可以看出，一个对象由数据和函数两部分构成。数据常被称为**数据成员**，函数则被称为**成员函数**。一个对象的数据成员通常只能通过自身的成员函数修改。

对象真实地描述了客观事物，它将数据和操作数据的过程（函数）绑在一起，形成一个相互依存、不可分离的整体（即对象），从同类对象中抽象出共性，形成类。同类对象中的数据原则上只能用本类提供的方法（成员函数）进行处理。

对于第二个问题，面向对象技术提供了继承、对象成员、对象依赖等机制来描述客观事物之间诸如父子关系、汽车与其组成部件的包含关系、某人与他的宠物狗之间的依赖关系……

对于第三个问题，则通过对象之间的消息传递机制表示客观事物之间的交流与驱动关系。禁止一个对象以任何未经允许的方式修改另一个对象的数据，如果它需要向另一个对象传递数据，或者得到它的服务，可以向该对象发送信息，对方会响应消息，执行特定函数来完成消息发送者的操作要求。

面向对象程序技术能够实现对客观事物的自然描述，反映客观世界的本来面目，使程序模块化设计更简单、自然，其基本模型如图1-2所示。

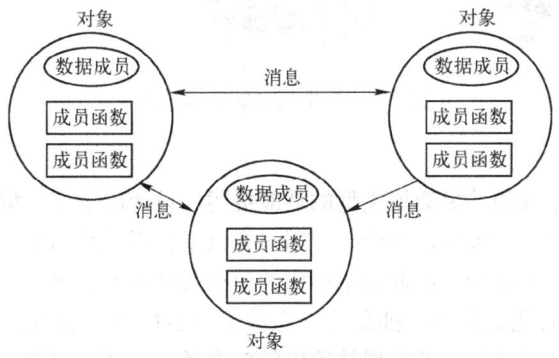

图1-2　面向对象程序设计的程序模型

面向对象程序技术提高了软件的可靠性、可重用性、可扩展性和可维护性。因为某类对象数据的改变只会引起该类对象程序代码的改变，而与其他类型的对象无关，这就把程序代码的修改维护局限在了一个很小的范围内。由于数据和操作它的函数是一个整体，因此易被重用。在扩展某个对象的功能时，不用考虑它对其他对象的影响，软件功能的扩展更容易。

1.2　面向对象程序语言的特征

面向对象程序设计语言经历了一个较长的演变过程，20世纪50年代的LISP语言就引入了信息隐藏和封装机制，60年代的Simula语言提出了抽象和封装，引入了数据抽象和类的概念，被认为是第一个面向对象语言（但它不具备面向对象语言的全部特征）；70年代的Smalltalk则是第一个真正面向对象的程序设计语言。现在广泛使用的C++、Eiffel、Object-C、Python、C#、Java、Python等都是面向对象的程序设计语言。面向对象程序设计语言具有以下几个基本特征。

1. 抽象

抽象（abstract）是指有意忽略问题的某些细节和与当前求解问题无关的方面，把事物的主要特征抽取出来,并用它来描绘客观事物。抽象的结果是形成对应客观事物的抽象数据类型,简称 ADT,即 Abstract Data Type。

在现实中,人们常从特征和行为两个方面描绘客观事物,抽象也是如此。它从现实中的客观事物出发,分析同类事物应当具备的共同特征和行为,然后将它们抽取出来形成描绘该类事物的概念,是一个从个性到共性的过程。比如,要形成学生的抽象概念,就要观察现实中的各位同学,忽略他们各自的独特爱好和才能,抽取出他们作为学生的共性和行为特征,就形成了学生的抽象数据类型,如图 1-3 所示。

图 1-3 学生概念的抽象过程

2. 封装

抽象只是给出了对形成的抽象数据类型的功能描述,设计出了该类型应该为其用户提供的各项功能,以及使用这些功能的方法,相当于为用户提供了使用该数据类型功能的接口。但抽象并没有实现任何具体的特征和功能,因此抽象形成的数据类型还不能够用于程序设计。

抽象导致了接口与实现的分离。抽象只是完成了 ADT 接口的设计,而具体实现由封装完成。封装(encapsulation)就是包装并实现抽象出的数据类型,使之成为可用于程序设计的抽象数据类型的过程。

封装是面向对象技术的重要特征,它将抽象出的特征(用数据表示)和行为(用函数表示)捆绑成一个整体,并且编码实现抽象所设计的接口功能。封装之后的 ADT 由接口和实现两部分组成。接口在外,描述了抽象类型显示给用户的外部视图,而抽象数据类型的结构和接口功能的实现细节则被封装隐藏,用户对此一无所知,也不需知道,因为这并不影响对该功能的使用。反之,封装后的抽象数据类型更便于使用,因为用户不会被复杂的内部结构和实现细节所干扰,只需向接口传递正确的参数,就能够使用所需的功能。

抽象和封装是认知客观事物并把它表示成可用于程序设计的抽象数据类型的两个阶段,抽象完成抽象数据类型的整体设计,封装则实现设计。比如要做手电筒,抽象阶段的任务是了解现实,设计出手电筒的大小、形状、颜色、灯泡的规格,以及便于用户更换灯泡、电池和开关电路的三个接口,描述好接口的外形和功能。封装的任务就是按照抽象的设计结果,通过具体的电路和电子开关实现各接口的功能,并把具体的实现细节包装进电筒内部不让人们知道,只留操控开关(接口)在外,如图 1-4 所示。人们只能够通过允许的接口使用手电筒,电不足了或灯炮坏了只能通过指定的接口更换,要用光的时候打开电筒开关,不用时候断开它。而封装在电筒内的电路和连接电筒各部件的电子线路则不让人们知道和操控。

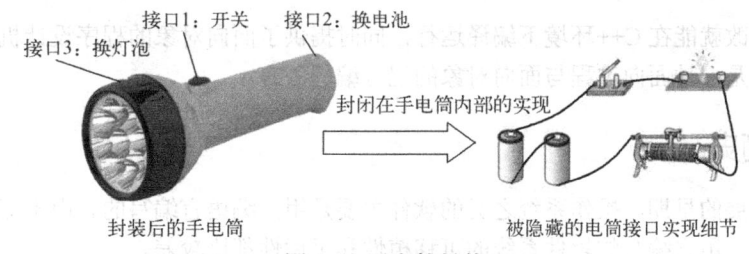

图 1-4 手电筒封装

面向对象程序用 class 实现封装，封装之后的抽象数据类型称为类，面向对象程序设计的主要任务就是对问题空间的各类客观事物进行抽象，构造出代表问题空间各类事物的 class。

3．继承

继承源于生物界，通过继承，后代能够获得与其祖先相同或相似的特征与能力。面向对象程序设计语言也提供了类似于生物继承的语言机制，允许一个新类从现有类派生而来，新类能够继承现有类的属性和行为，并且能够修改或增加新的属性和行为，成为一个功能更强大、更能满足应用需求的类。

继承是面向对象程序设计语言的一个重要特征，是实现软件复用的一个重要手段。在面向对象程序设计中，如果一个类 B 继承了另外一个类 A，则称类 B 为子类（subclass），称类 A 为超类（superclass）。

C++的发明者 Stroustrup 认为，超类和子类这两个概念容易让人产生误解，他提出了基类和派生类这两个术语，分别用来表示超类和子类的概念。本书将引用 Stroustrup 的术语来表示派生与继承的关系。图 1-5 是表示两个类继承关系的一个简图，表示类 A 是类 B 的基类（超类，也称为父类），类 B 是类 A 的派生类（子类）。

派生类 B 继承了基类 A 的所有特征和行为，尽管类 B 只定义了数据成员 b，以及成员函数 g()。但它实际具有 a、b 两个数据成员，具有 f() 和 g() 两个成员函数，其中的 a 和 f() 是从基类 A 继承得到的。

继承分为单继承和多重继承，单继承规定每个子类只能有一个父类，图 1-5 就是一个单继承。多重继承允许每个子类有多个父类。继承为软件设计提供了一种功能强大的扩展机制，允许程序员基于已经设计好的基类创建派生类，并可为派生类添加基类不具有的属性和行为，极大地提高了软件复用的效率。

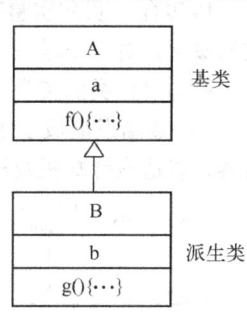

图 1-5 派生类 B 继承

4．多态

多态是面向对象程序设计语言的另一重要特征，它的意思是"一个接口，多种形态"。也就是说，不同对象针对同一种操作会表现出不同的行为。多态与继承密切相关，通过继承产生不同的类，而这些类分别对某个成员函数进行了定义，当这些类的对象调用该成员函数时会做出不同的响应，执行不同的操作，实现不同的功能，这就是多态。

1.3 C++与面向对象程序设计

C++是从 C 语言发展演变而来的，在 C 语言的基础上引入了类（class）的概念，并增加了封装、继承、多态等面向对象的语言处理机制。C++向前兼容了 C 语言程序设计，使得绝大部分 C

程序可以不加修改就能在 C++ 环境下编译运行，同时提供了面向对象的程序设计机制，支持面向对象程序设计，是一种面向过程与面向对象的混合编程语言。

1.3.1 C++简史

在计算机发展的早期，操作系统之类的软件主要是用汇编语言编写的。由于汇编语言依赖于计算机硬件系统，用它编写的软件系统的可移植性和可读性都比较差。

UNIX 系统最初也是用汇编语言编写的。为了提高 UNIX 系统的可移植性和可读性，1970 年，美国 AT&T 贝尔实验室的 Ken Thompson 以 BCPL（Basic Combined Programming Language）为基础，设计了非常简洁且与硬件很接近的 B 语言，用该语言改写了 UNIX，并在 PDP-7 上实现了它。

B 语言是一种无类型的语言，直接对机器字进行操作，过于简单，且功能不强。在 1972 年到 1973 年间，贝尔实验室的 Dennis Ritchie 对 B 语言进行了改造，添加了数据类型的概念，设计了 C 语言，并在 1973 年与 Thompson 用 C 语言重写了 UNIX 90%以上的代码，这就是 UNIX 5。在此之后，C 语言又进行了多次改进，1975 年 UNIX 6 发布后，C 语言突出的优点引起了世人的普遍关注。1977 年，不依赖于具体机器指令的、可移植的 C 语言出现了。

C 语言简洁、灵活，具有丰富的数据类型和运算符，具有结构化的程序控制语句，支持程序直接访问计算机的物理地址，具有高级语言和汇编语言的双重特点。1978 年以后，C 语言已先后被移植到了大、中、小及微型计算机上。伴随着 UNIX 系统在各种类型的计算机上的实现和普及，C 语言逐渐成了最受欢迎的程序设计语言之一。

但是 C 语言本身也存在一些缺陷，类型检查机制较弱，缺乏支持代码重用的语言结构，不适合大型软件系统的开发设计，当程序规模大到一定程度时，就很难控制程序的复杂性了。

1979 年，贝尔实验室的 Bjarne Stroustrup 借鉴了 Simula（较早的一种面向对象程序设计语言）类的概念，对 C 语言进行了扩展和创新，将 Simula 的数据抽象和面向对象等思想引入了 C 语言中，称为"带类的 C"，这就是 C++ 的早期版本。1983 年，"带类的 C"正式改名为 C++。此后，C++逐渐发展成了主流编程语言，其标准经历了若干次修订，每次修订都增加和修改了一些内容，以适应计算机及程序技术发展的需要，如图 1-6 所示。

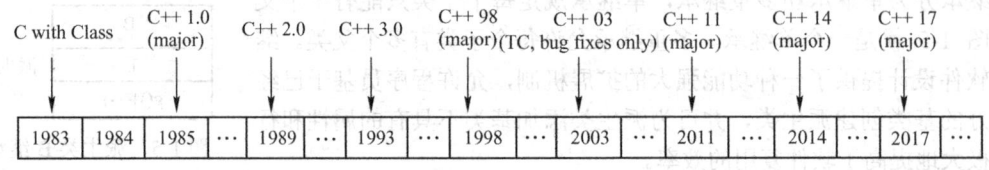

图 1-6 C++标准的发展

到目前，C++已完成了五次变化较大的标准修订。第一次修订发生在 1985 年，其主要变化是引入虚函数、函数和运算符的重载、引用、常量等概念。第二次修订是 1998 年，为了实现 C++的标准化，成立了由 ANSI（American National Standards Institute，美国国家标准化协会）和 ISO（International Standards Organization，国际标准化组织）参加的联合标准化委员会。以后每 5 年视实际需要更新一次标准。委员会于 1998 年提出了 C++的 ANAI/ISO 标准，引入了名字空间的概念，增加了标准模板库（STL）中的标准容器类、通用算法类和字符串类型等内容，使得 C++语言更为实用。此版本后的 C++是具有国际标准的编程语言，该标准通常简称 ANSI C++或 ISO C++ 98 标准，比 Stroustrup 最初定义的 C++要大得多，也复杂得多，人们称此为标准 C++。为了与标准 C++相区别，将之前的版本称为传统 C++。第四次修订是 2011 年，称为 C++ 11，该标准包含了核心语言的新机能，并且拓展了 C++标准程序库，加入了大部分 C++ TR1（Technical Report 1，

C++ Library Extensions（函式库扩充）的一般名称），包括正则表达式、智能指针、哈希表、随机数生成器等程序库。第五次较大修订在 2017 年完成，对 C++核心库、并发技术、并行技术、网络规范、大规模软件系统支持、语言用法简化等方面进行修订或扩展。

1.3.2 C++的特点

C++保留了 C 语言的原有特征和优点，支持 C 语言程序设计。同时，C++对 C 语言进行了扩展，增加了面向对象的新特征和语言处理机制，支持面向对象的程序设计，是 C 语言的超集。概括而言，C++具有以下特点。

① 高效性。C++允许直接访问物理地址，支持直接对硬件编程和位（bit）操作，能够实现汇编语言的大部分功能，生成的目标代码质量高，程序运行效率高。C++虽然是一种高级语言，但是具有机器语言的许多功能，适用于编写系统软件。

② 灵活性。C++语言可以用于许多领域，在程序中几乎可以不受限制地使用各种程序设计技术，设计出各种特殊类型的程序。

③ 丰富的运算符和数据类型。C++不仅提供了 int、char、bool、double、float 等内置数据类型，还允许用户通过结构、类、枚举定义自定义数据类型，包括对+、–、\、*、%、||、&、<<、>>、>、<、>>等运算符进行重载添加新功能，支持算术运算、逻辑运算、位操作等运算。

④ 可移植性。C++语言具有较强的可移植性，程序能够比较容易地从一种类型的计算机系统中移植到另一种类型的系统中。

⑤ 支持面向对象程序设计。C++对 C 语言的最大改进就是融入了面向对象程序设计的思想，提供了把数据和数据操作封装在一起的抽象机制，支持类、继承、重载和多态等面向对象的程序设计，使 C++在软件复用和大型软件的构造和维护等方面变得容易、高效，提高了软件开发的效率和质量。

总之，C++保留了 C 语言简洁、高效和接近汇编语言等特点，对 C 的类型系统进行了改进和扩充，比 C 更安全、可靠。但 C++最重要、最有意义的特征是支持面向对象的程序设计。

1.3.3 C++程序的结构

C++兼容 C 语言程序设计，它们的程序结构相同，常由以下 3 部分内容构成。

（1）声明部分

声明部分常包括：头文件包含、全局变量或全局常量的声明、函数声明等内容。

C++编译系统（或其他软件提供者）提供了许多具有不同功能的函数，这些函数常被分为声明（即函数头，包括函数返回类型、函数名、形参表）和实现（即实现函数功能的程序代码）两部分，函数声明常以源代码的方式被集中放置在头文件中，实现代码则被编译成二进制代码的形式存放在各种库文件中。在 C++程序中，用"#include 头文件名"的形式将其引入到程序中，并按头文件中的函数声明提供函数参数，就能引用该函数的功能，这就是在 C++程序的声明部分包含头文件的原因。

为了提高程序的可读性，常将函数定义放在主函数 main()后面。在 C++中，如果函数的调用先于其定义，就必须在声明部分对该函数进行声明，告诉 C++编译系统此函数的定义在后面，这样它才能被调用。后续还会发现，声明部分常常包括类的声明。

此外，声明部分常用来定义本程序要用到的全局变量和符号常量。

（2）主函数部分

同 C 语言一样，C++程序的主函数也是 main()，它是程序执行的起点和主体。C++程序从 main()函数的第一条语句开始，顺序执行其中的程序代码，执行完 main()函数中的全部语句后，程序就结束了。一段代码若想被执行，只有被 main()函数直接或间接调用才行。

（3）函数定义部分

函数定义部分用来定义函数的功能，所有在前面只做了声明的函数都必须在此进行定义，即编写相关函数的程序代码。

现在来看一个简单的 C++程序，借此了解 C++程序的一般结构。

【例1-1】 从键盘输入 10 个整数，并按从大到小排序输出。

说明：程序代码前面的行号是为了分析问题而添加的。

```
0   // Eg1-1.cpp
1   #include<iostream.h>
2   #define      N     10
3   void sort(int a[], int n);
4   void print(int a[], int);
5
6   void main(){
7       int   a[N];
8       cout<<"input 10 numbers:\n";
9       for(int i=0; i<N; i++)
10          cin>>a[i];
11      sort(a, N);
12      print(a, N);
13  }
14
15  void sort(int a[],int n) {
16      for(int i=0; i<n-1; i++)
17          for(int j=i+1; j<n; j++){
18              if(a[i]<a[j]){
19                  int  t=a[i];
20                  a[i]=a[j];
21                  a[j]=t;
22              }
23          }
24  }
25
26  void print(int a[],int n) {
27      for(int i=0; i<n; i++)
28          cout<<a[i]<<"   ";
29      cout<<endl;
30  }
```

行 1~4 为声明部分，行 6~13 为主函数部分，行 15~24 及行 26~30 为函数定义部分。

① 源文件类型名。C 语言程序文件的类型名是 .c，C++程序文件的类型名是 .cpp。

② 注释语句和语句结束符。C++支持 C 语言的块注释语句，即写在 /* 和 */ 之间的语句块被视为注释。此外，C++增加了一个行注释符"//"，它可以出现在一个语句行的任何位置，其有效范围是从它开始到该行结束。

同 C 语句一样，C++程序中也用 ";" 表示一条语句的结束。

③ 数据的输入和输出。在 C++中常用 cin 输入数据，用 cout 输出数据，它们是在 iostream.h 中定义的。

第 1 行是一条预编译命令，其作用是将头文件 iostream.h 的内容包含（即添加）到本程序中。当调用 cin 和 cout 命令时，C++就知道在 iostream.h 中去寻找它们的函数定义了。

第 8 行的 cout 表示输出。语句"cout<<"input 10 numbers: \n";"用来把"<<"后面的"input 10 numbers: \n"输出到显示器屏幕上，提示用户输入 10 个数字。该字符串最后的"\n"与 C 语言中的含义一样，是个转义符，表示换行。最后的分号是语句结束符。

第 10 行中的 cin 用于接收从键盘输入的数据。语句"cin>>a[i];"用来把键盘输入的数据存入数组元素 a[i]中。第 9～10 行构成的 for 循环用于从键盘输入 10 个整数到数组 a 中。

第 27～28 行构成一个 for 循环，用于连续输出 a 数组的 10 个元素，各数组元素之间用空白间隔。第 29 行"cout<<endl;"语句中的"endl"相当于"\n"，用于在屏幕上输出回车符。

④ 函数声明和函数定义。第 3 行是函数 sort()的向前引用声明。本程序在 main()中调用函数 sort()时（第 11 行），还没有定义 sort，所以在第 3 行中进行了声明，void 表示该函数不返回任何值。同理理解第 4 行。第 15～24 行是冒泡法排序函数 sort()的定义，第 26～30 行是函数 print()的定义。

⑤ 主函数。第 6～13 行是 main()函数。同 C 程序一样，每个 C++程序必须有一个名为 main 的主函数，是程序执行的起点。写在 main()后面一对 {} 中的所有程序代码构成了 main()的函数体。

运行该程序，当看见屏幕上显示"input 10 numbers: "时，从键盘输入 10 个整数，输入一个数据后按空格键（也可按 Enter 键），10 个数据输入完成后，程序会把它们按从大到小顺序排列输出。运行结果如下：

```
input 10 numbers:
21  3  4  5  12  3  5  4  78  9  ↵Enter
78  21  12  9  5  5  4  4  3  3
```

说明：上述第 2 行是从键盘输入的数据，输入完按 Enter 键，第 3 行是程序输出的结果。

1.3.4 标准 C++程序设计

如 1.3.1 节中所述，标准 C++增加了传统 C++中没有的一些特征，并对原来的库函数进行了修订，是传统 C++的超集。两种版本的 C++有大量相同的库和函数（标准 C++更多），如两种版本中都有 scanf()、printf()、cin()、cout()等函数，它们的用法完全相同。另一方面，许多 C++编译器（如 Visual C++、C++ Builder）同时提供了对标准 C++及传统 C++的支持，而且允许在程序中同时调用两种标准中的库函数。为了区分程序所调用的库函数来源，C++采用了以下解决方案。

1. 头文件区别

传统 C++保留之前与 C 语言同样风格的头文件和库函数调用方式，标准 C++则采用没有 .h 扩展名的新式头文件，如果是 C 函数库的头文件，则将"c"放在文件名前面，如：

❖ 传统 C++的头文件有 iostream.h、fstream.h、string.h、stdio.h、ctype.h、math.h。
❖ 标准 C++对应的头文件有 iostream、fstream、string、cstdio、cctype、cmath。

2. 命名空间限定

传统 C++的库函数调用同 C 程序设计一样，直接调用函数就行了。标准 C++中的任何内容（不包括来源于 C 库文件中的函数）则用"std::"前缀限定，其全名是"std::x"，x 可以是函数、常量、数据结构、系统变量等内容。这样，std 把标准 C++中的内容统一管理起来了，能够有效地区别于传统 C++中的同名标识符，std 也被称为 C++标准库的命名空间。

【例 1-2】 从键盘输入一个整数，判断它是否为素数。其传统 C++和标准 C++的程序如下：

```
//Eg1-2.cpp :传统C++
#include <iostream.h>
#include <stdio.h>
#include <math.h>
void main() {
    int x;
    cout<<"输入数字: ";
    scanf("%d", &x);
    bool prime=true;
    for(int i=2;(i<=x-1)&prime;i++)
        if(x%i==0) prime=false;
    if(prime)
        cout<< x<<"是素数!"<<endl;
    else
        cout<<x<<"不是素数!"<<endl;
}
```

```
//Eg1-2.cpp :标准C++
#include <iostream>
#include <cstdio>
#include <cmath>
void main() {
    int x;
    std::cout<<"输入数字: ";
    scanf("%d", &x);
    bool prime=true;
    for(int i=2;(i<=x-1)&prime;i++)
        if(x%i==0) prime=false;
    if(prime)
        std::cout<< x<<"是素数!"<<std::endl;
    else
        std::cout<<x<<"不是素数!"<<std::endl;
}
```

两个程序的功能完全相同，但它们调用的函数来源于不同的函数库。对比两个程序可以发现，它们包含的头文件以及引用 cin、cout 和 endl 的方式有区别的。在标准 C++程序中，每次调用来源于标准库中的函数或符号都需要加上"std::"限定，不加此限定则程序连编译都通不过。

每次调用标准 C++中的库函数都需要加上"std::"限定，如果调用较多就会显得烦琐，可以用"using namespace std;"一次性引入 std 命名空间，然后就可以直接调用标准库中的函数了。

【例 1-3】 修改例 1-2 中的标准 C++程序，用"using namespace std"引入标准库的命名空间。

```
//Eg1-3.cpp
#include <iostream>
#include <cstdio>
#include <cmath>
using namespace std;
void main() {
    int  x;
    cout<<"输入数字: ";
    scanf("%d", &x);
    bool prime=true;
    for(int i=2; (i<=x-1)&prime; i++) {
        if(x%i==0)
            prime=false;
        if(prime)
            cout<< x<<"是素数!"<<endl;
        else
            cout<<x<<"不是素数!"<<endl;
    }
}
```

本程序与例 1-2 中的标准 C++程序完全相同，但用"using namespace std"一次性引入了 std 命名空间，调用 cout、endl 等标准库中的函数或标识符时，就不必再用"std::"进行限定了。

许多 C++编译器同时支持传统和标准 C++程序设计，甚至允许在一个程序中同时调用来源于传统库和标准库中的函数。但是，当前 C++标准具有的库函数或许更优化，而且新标准具有传统标准 C++所没有的新特性，功能更强大，因此应该多用新标准中的库函数进行程序设计，这样的程序设计常被称为标准 C++程序设计。

微软早期的 C++编译环境（如 Visual C++ 6.0）同时支持传统 C++和标准 C++程序设计，但不一定支持 C++ 11 标准。近年更新的编译器版本，如 Visual Studio 2013/2015 只支持标准 C++程序设计，不支持传统 C++编程，如果有"#include<iostream.h>"或"#include<string.h>"之类的语句，程序不能正确编译。

1.4 数据的输入和输出

程序执行的基本逻辑是输入数据 → 处理数据 → 输出结果。数据的输入/输出几乎是每个程序不可避免的问题。

1.4.1 C++的数据类型

数据是程序运算处理的对象，被分成了不同的类型。数据类型是程序设计中最基本、最重要的概念，是程序分配和使用存储单元的基本技术。对象的类型决定了能够对它进行的操作，同类型的数据占据相同大小的存储空间，具有同样的运算方法，而不同类型的数据具有不同的表示方法和运算规则。有些语言（如 Smalltalk 和 Python）在程序运行时检查数据类型，称为动态数据类型语言。但 C 语言与之相反，它是一种静态数据类型语言，它的类型检查发生在编译时，编译器必须知道程序中每个变量的数据类型。

C++是从 C 语言发展而来的，保留了 C 语言的类型系统和程序结构，以兼容 C 语言程序的设计和运行；同时引入了类，这可能是 C++最重要的特征，允许程序员自定义数据类型。C++中的数据类型如表 1-1 所示，除 class 和 string、vector 类型外，其余类型都与 C 语言的相同，short、signed 等 4 个前缀限定符是为了更精确地表示数据而制定的，这几列中的数字范围表示用它限定对应行中的类型后数据可取的大小范围，空白单元格表示不能用它限定对应行指定的类型。例如，signed 列中的-128～127 表示 signed char 类型的取值范围。

表 1-1 C++中的数据类型

大类	类型	标识符	长度	范围	类型前缀限定符				
					short	signed	unsigned	long	unsigned long
基本类型	整型	int	4	$-2^{31}\sim 2^{31}-1$	$-32768\sim 32767$	$-2^{31}\sim 2^{31}-1$	$0\sim 2^{32}-1$	$-2^{31}\sim 2^{31}-1$	$0\sim 2^{32}-1$
		long	4	$-2^{31}\sim 2^{31}-1$			$0\sim 2^{32}-1$	C++11 增加	
	字符型	char	1	$-128\sim 127$		$-128\sim 127$	$0\sim 255$		
		wchar_t	2		宽字符				
		char16_t	2					Unicode 字符	
		char32_t	4					Unicode 字符	
	实型	float	4	$-3.4^{38}\sim 3.4^{38}$					
	双精度	double	8	$-1.7^{308}\sim 1.7^{308}$				$-1.7^{308}\sim 1.7^{308}$	
	逻辑型	bool	1	true/false					
	空	void							
自定义数据类型	数组	T []	T 可以是上述基本类型，以及结构、联合、类等自定义类型						
	指针	T *							
	引用	T &							
自定义数据类型	结构	struct	除枚举类型外，各种自定义类型都可以包括其他类型定义的若干字段						
	联合	union							
	枚举	enum							
	类	class							

续表

大类	类型	标识符	长度	范围	类型前缀限定符
STL	字符串	string	C++标准模板库中的字符串类型，具有强大的字符串存取、运算能力，建议编程中多用它进行字符串的处理，C语言中没有此类型		
	其他	vector、deque、list、set、multiset、map、multimap			

short 只能限定 int（即 short int，可省略 int），称为短整数，占 2 字节。

signed/unsigned 可以限定 char、short 和 int 三种类型，表示有符号/无符号。在默认情况下，这些类型被系统设置为 signed。例如，语句"signed int x;"和"int x;"具有完全相同的作用，定义了有符号整数 x。

long 只能限定 int 和 double，表示长整数和长双精度数。C++ 11 标准中还定义 long long 类型。

注意：在不同编译环境中，long double 和 int 占用的内存大小不尽相同。例如，int 在 16 位机器中的长度为 2 字节，而在 32 位机器中的长度为 4 字节。但是，用 short 和 long 限定的 int 具有固定的长度，在任何支持 C++的编译器中，它们的长度都分别为 2 和 4。因此，为了编写可以移植性好的程序，应将整型变量声明为 short 或 long。

1.4.2 流的概念

在 C++中，I/O（Input/Output，输入/输出）数据是一些从源设备到目标设备的字节序列，称为字节流。除了图像、声音数据外，字节流通常代表的都是字符，因此，在多数情况下的流（stream）都是从源设备到目标设备的字符序列，如图 1-7 所示。

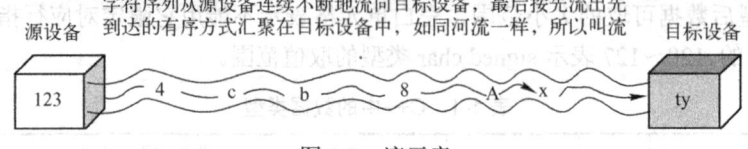

图 1-7 流示意

流分为输入流和输出流两类。输入流（input stream）是指从输入设备流向内存的字节序列。例如，在图 1-7 中，若源设备是键盘，目标设备是内存，则表示的是输入流，表示通过键盘输入数据到内存变量中。输出流（output stream）是指从内存流向输出设备的字节序列。例如，在图 1-7 中，若源设备是内存，目标设备是显示器，就是输出流，表示把内存中的字符逐个输出到屏幕。

在 C++中，标准输入设备通常是指键盘，标准输出设备通常是指显示器。为了从键盘输入数据，或者将数据输出到显示器屏幕上，程序中需要包含头文件 iostream。该头文件中定义了输入流 istream 和输出流 ostream 两种类类型，而且用它们定义了 cin 和 cout，近似如下语句：

  istream cin;
  ostream cout;

其中，cin（读作 see-in）用于从键盘输入数据，cout（读作 see-out）将内存数据输出到显示器。

1.4.3 cin 和提取运算符>>

在 C++程序中，常用 cin 输入数据。其用法如下：

  cin>>x;

程序执行到 cin 语句时，就需要从键盘输入数据，输入的数据被插入到输入流中，数据输完后按 Enter 键结束。当遇到运算符>>时，就从输入流中提取一个数据，存入内存变量 x 中。

① cin 一般代表键盘，>>是提取运算符，用于从输入流中提取数据，并存储在其后的变量 x 中。x 是程序中定义的变量名，原则上 x 应该是系统内置的简单数据类型，如 int、char、float 等。

② 在一条 cin 语句中可以同时为多个变量输入数据。一般来说，输入的数据数量应当与 cin 语句中的变量数一致，各输入数据之间用一个或多个空白（包括空格、回车、Tab）作为间隔符，全部数据输入完成后，按 Enter 键结束。例如：

```
int  x1;
double x2;
char x3;
cin>>x1>>x2>>x3;
```

假设 x1 为 5，x2 为 3.4，x3 为'A'，则下面的两种输入方式等效：

　　5 3.4 A

或（每输入一人数据后按回车键）

　　5
　　3.4
　　A

当一条 cin 语句中有多个提取运算符>>时，就需要从键盘输入多个数据到输入流中，每当遇到一个>>时，就从输入流中提取一个数据存入其后的变量中。

可以把一条 cin 语句分解为多条 cin 语句，也可以把多条 cin 语句合并为一条语句。上面的输入语句与下面的语句组等效：

```
cin>>x1;
cin>>x2;
cin>>x3;
```

③ 在>>后面只能出现变量名，这些变量应该是系统预定义的简单类型，否则将出现错误。下面的语句是错误的：

```
cin>>"x=">>x;       // 错误，>>后面含有字符串"x="
cin>>12>>x;         // 错误，>>后面含有常数 12
cin>>'x'>>x;        // 错误，>>后面含有字符'x'
```

④ cin 具有自动识别数据类型的能力，">>"将根据它后面的变量的类型从输入流中为它们提取对应的数据。例如：

```
cin>>x;
```

假设输入数据 2，">>"将根据 x 的类型决定 2 到底是数字还是字符。若 x 是 char 类型，则 2 就是字符；若 x 是 int、float 之类的类型，则 2 就是一个数字。

再如，若输入 34，且 x 是 char 类型，则只有字符 3 被存储到 x 中，4 将继续保存在输入流中；若 x 是 int 或 float，则 34 就会被存储在 x 中。

⑤ 数值型数据的输入。在读取数值型数据时，">>"将首先忽略掉数字前面的所有空白符号，如果遇到正、负号或数字，就开始读入，包括浮点型数据的小数点，当遇到空白符或其他非数字字符时，停止提取数据。例如：

```
int  x1;
double x2;
char x3;
cin>>x1>>x2>>x3;
```

假如输入"35.4A"并按 Enter 键，第 1 个">>"根据 x1 的类型 int，从输入流中提取一个整数存储在 x1 中，这个整数只能是 35。因为接下来的"."不是整数的有效数字，所以提取 x1 后，输入流中的数据是".4A"；第 2 个">>"将从输入流中为 x2 提取数据，x2 是 double 型，只能把".4"提取到 x2 中,因为接在 4 后面的 A 不是 double 类型的有效值,所以 x2 的结果为 0.4(0 由系统产生);第 3 个 ">>" 为 x3 提取数据,x3 是 char 类型,所以字符'A'就被输入到 x3 中。

这个结果或许不正确,却从另一方面说明了在输入数据时,一定要注意数据之间间隔符的正确输入。结合上述各种情况,来看一个数据输入的综合性例子。

【例 1-4】 假设有变量定义语句如下:

```
int a,b;
double z;
char ch;
```

下面的语句说明了数据输入的含义。

	语句	输入	内存变量的值
1	cin>>ch;	A	ch='A'
2	cin>>ch;	AB	ch='A',而'B'被保留在输入流中等待被读取
3	cin>>a;	32	a=32
4	cin>>a;	32.23	a=32,后面的.23 被保留在输入流中等待被读取
5	cin>>z;	76.21	z=76.21
6	cin>>z;	65	z=65.0
7	cin>>a>>ch>>z	23 B 3.2	a=23,ch='B',Z=3.2
8	cin>>a>>ch>>z	23B3.2	a=23,ch='B',Z=3.2
9	cin>>a>>b>>z	23 32	a=23,b=32,计算机等待输入下一个数据存入 z
10	cin>>a>>z	2 3.2 24	a=2,z=3.2,而 24 被保留在输入流中等待被读取
11	cin>>a>>ch	132	a=132,计算机等待输入 ch 的值
12	cin>>ch>>a	132	ch='1',a=32

1.4.4 cout 和插入运算符 <<

在 C++ 程序中,一般用 cout 输出数据,其用法如下:

```
cout<<x;
```

程序执行到 cout 语句时,将在显示屏幕上把 x 的值显示出来。x 可以是字符串、变量或常量。

cout 一般代表显示器,<< 是插入运算符,用来将其右边的 x 的值插入到输出流中(cout 是流的目的地,所以最终把 x 显示在屏幕上)。

1. 输出字符类型的数据

字符类型数据包括字符常量、字符串常量、字符变量和字符串变量。对于字符常量和字符串常量,cout 把它们原样输出在屏幕上;对于字符变量和字符串变量,cout 把变量的值输出到显示屏幕上。例 1-5 是一个字符输出示例程序。

【例 1-5】 用 cout 输出字符数据。

```
//Eg1-5.cpp
#include<iostream>
using namespace std;
void main(){
    char ch1='c';
    char ch2[]="Hello C++!";
    cout<<ch1;
    cout<<ch2;
    cout<<"C";
    cout<<"Hello everyone!";
```

}

程序的运行结果如下（这个结果是由程序中的 4 条 cout 语句共同输出的）：

cHello C++!CHello everyone!

2．连续输出

cout 语句能够同时输出多个数据，其用法如下：

cout<<x1<<x2<<x3<<…;

其中，x1、x2 和 x3 可以是相同或不同类型的数据，此命令将依次把 x1、x2 和 x3 的值输出到显示屏幕上。cout 的这种格式表明，可以把多条 cout 语句合并成一条语句。当然，也可以把一条 cout 语句分解为多条语句。将 Eg1-5.cpp 程序中的 4 条 cout 语句合并成一条命令，不会影响程序的功能，其运行结果完全相同：

cout<<ch1<<ch2<<"C"<<"Hello everyone!";

与 C 语言一样，在 C++程序中也可以将一条命令写在多行上。例如，上面的语句也可以写成下面的形式：

```
cout<<ch1
    <<ch2
    <<"C"
    <<"Hello everyone!";
```

3．输出换行

例 1-5 的输出结果并不清晰，如果输出在多行上效果更好。在 cout 语句中，可以通过输出换行符 "\n" 或 endl 操纵符将输出光标移动到下一行的开头处。

【例 1-6】 在例 1-5 的输出语句中增加换行符，使输出结果更清晰。

```
//Eg1-6.cpp
    #include<iostream>
    using namespace std;
    void main(){
        char  ch1='c';
        char  ch2[]="Hello C++!";
        cout<<ch1<<endl;
        cout<<ch2<<"\n";
        cout<<"C"<<endl;
        cout<<"Hellow everyone!\n";
    }
```

本程序的输出如下：

c
Hello C++!
C
Hello everyone!

endl 与 "\n" 具有相同的功能，它们可以出现在 cout 语句中任何位置的<<的后面。"\n" 还可以直接放在字符串常数的后面，如语句 "cout<<"Hello everyone!\n""最后的 "\n"。

4．输出数值类型的数据

数值型常量数据可以利用 cout 直接输出，例如：

cout<<1<<2<<3<<endl;

将在屏幕上显示：123。数值变量的输出也是如此，如下面的程序段

```
int    x1=23;
float  x2=34.1;
double x3=67.12;
cout<<x1<<x2<<x3<<900;
```
其中的 cout 语句将在屏幕上输出"2334.167.12900"。

从上面两条输出语句的结果可以看出：cout 在输出多个数据时，不会在数据之间插入任何间隔符，其结果是使输出数据变得含混不清，如数值 1、2、3 被输出成了 123。

针对这种情况，需要在 cout 输出语句中添加一些数据间隔符。例如，可将上面的语句改写为：
```
cout<<1<<"  "<<2<<"  "<<3<<endl;
cout<<"x1="<<x1<<"  "<<"x2="<<x2<<"  "<<"x3="<<x3<<endl<<900<<endl;
```
输出结果如下，显然它比前面的输出结果更清晰。
```
1  2  3
x1=23  x2=34.1  x3=67.12
900
```

1.4.5 输出格式控制符

在程序运行过程中，常常需要按照一定的格式输出其运行结果，如设置数值精度、设置小数点的位置、设置输出数据宽度或对齐方式……数据输出格式的设置是程序设计的一个重要内容，影响到程序结果的清晰性。

C++提供了许多控制数据输入输出格式的函数和操纵符（也称为操纵函数或操纵算子），如 setprecision、setw、right 等，它们都是在头文件 iomanip 中定义的，应用它们时要包含该头文件。

1. 设置浮点数的精度

在需要设置输出数据的精度时，可以用操纵函数 setprecision()。其用法如下：
```
setprecision(n)
```
其中，n 代表有效数位，包括整数的位数和小数的位数。如 setprecision(3)将所有数值的输出精度都指定为 3 位有效数字，直到再次用 setprecision()函数改变输出精度为止。setprecision()函数是在 iomanip 中定义的，在使用时要包含该头文件。例如，语句
```
cout<<setprecision(3)<<3.1415926<<"  "<<2.4536<<endl;
```
将输出"3.14 2.45"。

2. 设置输出域宽和对齐方式

操纵函数 setw()用于设置输出数据占用的列数（域宽，即占用的字符个数），用法如下：
```
setw(n)
```
其中，n 是输出数据占用屏幕宽度的字符数，默认输出数据按右对齐。若输出数据的位数比 n 小，则左边留空；若输出数据的实际位数比 n 大，则输出数据将自动扩展到所需占用的列数。例如：
```
cout<<"1234567812345678"<<endl;              // L1
cout<<setw(8)<<23.27<<setw(8)<<78<<endl;     // L2
cout<<setw(8)<<"Abc"<<78<<endl;              // L3
```
上述语句的输出结果如下：
```
1234567812345678
   23.27      78
     Abc78
```
setw()只对紧随其后的一个输出数据有效，语句 L3 中的 setw(8)只对跟在其后的字符串"Abc"有效，所以最后的"78"按默认方式输出，紧接在"Abc"的后边。

3. 设置对齐方式

操纵函数 setiosflags()和 resetiosflags()可用于设置或取消输入/输出数据的各种格式，包括改变数制基数、设置浮点数的精度、转换字母大小写、设置对齐方式等。用法如下：

  setiosflags(long f);
  resetiosflags(long f);

在iostream头文件中还定义了两个表示对齐方式的常数，表示左对齐的常数值是ios::left，表示右对齐的常数值是ios::right，它们可作为setiosflags和resetiosflags操纵符的参数，用于设置输出数据的对齐方式。

在默认方式下，C++按右对齐方式输出数据。当用setiosflags()设置输出对齐方式成功后，将一直有效，直到用resetiosflags()取消它。

【例1-7】 用setiosflags()和resetiosflags()设置和取消输出数据的对齐方式。

```
//Eg1-7.cpp
    #include<iostream>                                          // L1
    #include<iomanip>                                           // L2
    using namespace std;
    void main(){                                                // L3
        cout<<"12345678123456781234578"<<endl;                  // L4
        cout<<setiosflags(ios::left)<<setw(8)<<456<<setw(8)<<123<<endl;  // L5
        cout<<resetiosflags(ios::left)<<setw(8)<<123<<endl;     // L6
    }
```

这个程序的输出结果如下：

```
12345678123456781234578
456     123
     123
```

输出结果的第1行是语句行L4输出的；第2行是语句行L5输出的，输出的两个数据各占8位，且设置了左对齐方式；第3行是语句行L6的输出，输出数据占8位，由于在输出之前用resetiosflags(ios::left)操纵符取消了左对齐，使数据输出又成了默认的右对齐方式，所以输出数据的左边留了5个空白。

1.4.6 数制基数

iostream头文件中预定义了hex、oct、dec等操纵符，分别表示十六进制数、八进制数和十进制数。在默认方式下，C++按照十进制数形式输入、输出数据。当要按其他进制输入、输出数据时，就需要在cin和cout语句中指定数字的基数。在用键盘输入数据时：

❖ 十进制整数：直接输入数据本身，如78。
❖ 十六进整数：在要输入的数据前加0x或0X，如0x1A（对应的十进制数是26）。
❖ 八进制整数：在输入的数据前加0，如043（代表十进制数35）。

【例1-8】 输入、输出不同进制的数据。

```
//Eg1-8.cpp
    #include<iostream>
    using namespace std;
    void main(){
        int x=34;
        cout<<hex<<17   <<"   "<<x<<"   "<<18<<endl;
```

```
    cout<<17 <<"  "<<oct <<x<<"  "<<18<<endl;
    cout<<dec<<17  <<"  "<<x<<"  "<<18<<endl;
    int x1, x2, x3, x4;
    cout<<"输入 x1(oct), x2(oct), x3(hex), x4(dec):"<<endl;
    cin>>oct>>x1;                                         // 八进制数
    cin>>x2;                                              // 八进制数
    cin>>hex>>x3;                                         // 输入十六进制数
    cin>>dec>>x4;                                         // 输入十进制数
    cout<<"x1="<<x1<<"\tx2="<<x2<<"\tx3="<<x3<<"\tx4="<<x4<<endl;
}
```

设置数制基数后，它将一直有效，直到遇到下一个基数设置。本程序运行结果如图 1-8 所示。其中，第 1 行和第 2 行的 11 是十六进制数，第 2 行的 42 和 22 是八进制数，第 3 行是十进制数。第 5 行是从键盘输入的数据，013、034 是八进制数，0x2a 是十六进制数，18 是十进制数。最后一行是按十进制输出的数据。

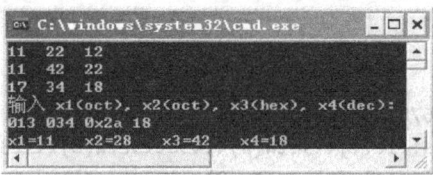

图 1-8　程序运行结果

1.4.7　string 与字符串输入/输出

字符串是计算机中应用最多的一类数据，如文字的屏幕显示或打印输出，Word 程序的文档编排、文字查找与替换，对程序而言，都是字符串处理。然而，C 语言中并没有字符串数据类型，熟悉 C 程序设计的人们往往习惯性地采用 char 类型的指针或数组进行字符串处理，并采用一套独立的函数编码实现字符串的比较、查找和替换等操作，比较麻烦。

C++的基本类型系统中也没有字符串类型，但 C++在其标准模板库（STL）中提供了字符串类型——string，可以像 int、double 之类的基本数据类型那样定义 string 类型的对象，以及用">、<、>=、<=、<>、=、+="等运算符进行各种字符运算。

此外，string 具有字符串的查找、替换、取子串、插入子串等处理能力（详见本书 7.5.2 节），进行程序中的字符串处理非常便捷。

1. string 对象的定义和初始化

sting 是 STL 中定义的字符串处理类，存放在头文件 string 中。因此，若要引用 string 类，应当在程序中"#include <string>"。用 string 定义对象有以下几种形式：

```
    string  c;                          // 定义字符串 c，不含任何字符
    string  c1("this is a string");     // 定义字符串 c1，并用指定字符串初始化其内容
    string  c2=c1;                      // 定义字符串 c2，并用 c1 初始化它
    string  s[10];                      // 定义字符串数组，能够保存 10 个字符串，相当于 char[][];
    string  s(5, 'c');                  // 定义 s，用 5 个'c'，即"ccccc"初始化
```

2. string 类型的赋值

string 类型的赋值操作与 int 等基本类型的赋值操作相同，不必用 strcpy()函数。例如：

```
    string  s1, s2,s3[3];                         // 定义 string 对象及数组
    string  name[3] = {"tom","jerry","duck"};     // string 对象数组定义与初始化
```

```
        s1 = "this is a string!";                    // string 赋值
        s2 = s1;
        s3[0] = s1;                                   // string 数组元素访问
        s3[1]="string arr";
```

3. string 类型的连接

用 "+" 和 "+=" 可以对两个 string 类型对象进行连接运算。例如：
```
        string  s1("I am boy"), s3;
        string  s2 = "i come from china!";
        s3 = s1 + "," + s2;                           // s3: I am boy, i come from china!
        s1 += "," + s2;                               // s1: I am boy, i come from china!
```

4. string 类型的输入输出和大小比较

string 类型的输入、输出与 int 等基本类型相同，可以用 cin 和 cout 直接输入或输出，用比较运算符 ">、>=、==、<、<=、!=、" 对 string 类型的变量进行大小比较，同 C 语言的字符串比较运算一样，实际上比较的是两个 string 对象对应位置字符的 ASCII 码。

【例 1-9】 输入两个字符串，并比较其大小。

```
//Eg1-9.cpp
    #include<iostream>
    #include<string>
    using namespace std;
    int main(){
        string  s1, s2, big;
        cout << "输入两个字符串: " << endl;
        cin >> s1 >> s2;
        cout << "参加比较的两个字符串是: " << s1 << "," << s2 << endl;
        if(s1 > s2)
            big = s1;
        else if (s1 == s2)
            big = "same";
        else
            big = s2;
        cout << "大字符串是: " << big << endl;
        return 0;
    }
```

程序运行结果如下：
```
    输入两个字符串:
    tom jerry                                         // 键盘输入
    参加比较的两个字符串是: tom,jerry                  // 屏幕输出
    大字符串是：  tom
```

1.4.8 数据输入的典型问题

在为程序变量输入数据时，如果类型不匹配，或者对输入流中的数据提取控制不恰当，都有可能导致程序运行错误，或者产生难以理解的结论，常见问题有以下 3 种。

1. 输入数据类型不匹配引发的问题

按照 cin 语句的先后次序，依次为各语句中指定的变量，从键盘输入正确类型的数据，程序才能够正确运行。否则，即使程序完全正确，但输入数据有问题，程序也可能出现运行错误，甚至无法正常运行。

【例1-10】 从键盘为不同类型的变量a、b、z等输入数据,分析输入数据类型不当引发的错误。

```cpp
//Eg1-10.cpp
#include<iostream>
using namespace std;
int main(){
    int a, b;
    double z;
    char ch;
    cin>>ch;
    cin>>a>>b;
    cin>>z;
    cout<<"ch="<<ch<<"\ta="<<a<<"\tb="<<b<<"\tz="<<z<<endl;
    return 0;
}
```

当正确输入数据时,本程序没有任何问题。例如,按下面的方式输入数据,各数据之间由 2 空格间隔:

```
A  32  49  8.7                              // 键盘输入
ch=A    a=32    b=49    z=8.7               // cout 产生的屏幕输出
```

但是,如果不小心多输入了一个字符 B,则会产生难以理解的输出结果:

```
AB  32  49  8.7                                          // 键盘输入
ch=A    a=-858993460    b=-858993460    z=-9.25596e+61   // cout 产生的屏幕输出!
```

产生这个结果的原因是:当">>"从输入流中提取字符 A 并存入变量 ch 后,接下来应当为 a 提取数据,但">>"从输入流中提取数据是依次进行的,这次提取的数据只能是字符"B",它与 a 的类型不符合(a 为 int)。遇到这种情况,就无法把当前提取的数据保存在变量 a 中,C++并不报告错误,而是设置输入失效位,并关闭输入,此后的所有 cin 语句会被忽略而不被执行(直到用 cin.clear()清除该失效位)。但程序不会终止,其他语句照样会被执行。

因此,变量 a 的值其实是执行 cin 语句之前的旧值。由于 a 是 main()中的局部变量,且其值未被初始化,是一个未知值,Visual C++编译器将未初始化的 int 数据处理成"-858993460"(在其他 C++编译环境中则不一定是此数)。同理,为 a、b、z 输入数据的 cin 语句也不会执行,它们的值实际上是建立这些局部变量时保留的未知值,从中还可以了解到,Visual C++将 double 类型的未初始化局部变量处理成"-9.25596e+61"。

2. 为变量输入空白字符的问题

提取运算符">>"从输入流中提取一个数据项时,将略掉以任何方式产生的空白(如按空格键、回车键、Tab 键产生的空白)。假设有变量 c1、c2、n,其定义和输入语句如下:

```cpp
char c1, c2;
int n;
cin>>c1>>c2>>n;
```

若需要将字符 A 输入 c1,空白输入 c2,3 输入 n,则只能按照下面的次序从键盘输入数据"A 3",但是,这样的输入流只能够将 A 存入 c1、3 存入 c2,n 得不到任何输入值。

(1)用 get()函数输入空白字符

实际上,cin 是一功能强大的对象,具有许多成员函数,如 get()、ignore()、putback()、getline(),具备读取空白字符,以及包含空字符串的能力。利用 cin 的 get()函数可以提取输入流中的任何字符,包括空格、回车换行、Tab 等,用法如下:

```cpp
cin.get(char c);
```

其中，c 是 char 类型的字符变量。get()函数将从输入流中提取当前字符并存入 c 字符变量中，不会略过任何符号（包括用 tab、空格键、回车键等方式输入的空白字符）。

为了将 X 存入 c1，将空白存入 c2，将 5 存入 n，可修改上面的 cin 语句为下面的语句组：

```
cin.get(c1);
cin.get(c2);
cin>>n;
```

这组语句与下面的语句组是等价的：

```
cin>>c1;
cin.get(c2);
cin>>n;
```

get()函数有多种用法，如不带参数的 get()函数可用于略过输入流中的当前字符。

（2）用 getline()函数输入包含空白的长字符串

getline()函数一次读取一行字符，其用法如下：

```
cin.getline(char *c, int n, char ='\n');
```

c 是保存输入数据的数组，n 要提取的字符个数，指示从输入流中读取 n-1 个字符到数组 c 中（系统会在第 n 个位置填写结束符"\0"），第 3 个参数用于指定停止从输入流中提取数据的结束符（默认结束分隔符是'\n'，可以在此指定其他结束字符）。getline()有两种结束方法：① 输入流中的字符个数多于 getline()指定的个数，它从输入流读够了 n-1 个字符；② 虽然没有读够 n-1 个字符，但遇到了指定的结束符号。

【例 1-11】 用 getline()函数读取一行键盘输入。

```
//Eg1-11.cpp
    #include<iostream>
    using namespace std;
    void main(){
        char  s1[100];
        cout << "use getline input char: ";
        cin.getline(s1, 11);
        cout << s1 << endl;
    }
```

下面是程序执行时的一组输入数据和输出结果：

```
use getline input char: Hellow C++,I am tom ⏎
Hellow C++
```

输出表明 s1 字符串得到的输入为"Hellow C++"。这说明当输入流中的字符多于 getline()指定的字符数时，getline()只提取指定数的字符，多余的字符被忽略。

再次执行程序，输入和输出情况如下：

```
use getline input char: Hellow ⏎
Hellow
```

表明 s1 得到的字符串为"hellow"，说明 getline()从输入流中提取的字符数虽然少于指定数目，但遇到了指定的结束字符（默认为回车符）也会结束数据读取。

3．getline()函数没有读取输入数据就结束了的问题

（1）输入流中的字符多于 getline()需要的字符数

当 getline()以上面提到的第一种方式结束时，执行后续 cin 语句就会发生"还没有从键盘为之输入数据,该语句就结束了"之类的问题。

其原因是:当输入流中的字符多于getline()指定接收的字符个数时,getline()将把余下的字符留在输入流中,同时会设置输入失效位,并关闭输入。也就是说,此getline()命令之后的所有cin语句都失效,不会再被执行了。

【例1-12】 从键盘为两个字符串输入数据,字符串中可能包括空白字符。

```
//Eg1-12.cpp
    #include<iostream>
    using namespace std;
    void main(){
        char  s1[100];
        char  s2[10];
        cout << "use getline input s1: ";          // L1
        cin.getline(s1, 11);                       // L2
        cout << "input s2: " << endl;              // L3
        //   cin.clear();                          // L4*
        //   cin.ignore(1024,'\n');                // L5*
        cin.getline(s2, 6);                        // L6
        cout << "s1=" << s1 << endl;               // L7
        cout << "s2=" << s2 << endl;               // L8
    }
```

执行该程序,若为L2的getline()输入的字符个数小于11个,程序运行情况正常。但是,当输入的字符串多于指定的接收个数,结果就不对了,如下所示:

```
    use getline input char: Hellow C++,I am tom⏎     // L1, L2 执行情况
    input s2:                                        // L3     执行情况
    s1=Hellow C++                                    // L7     执行情况
    s2=                                              // L8     执行情况
```

此结果表明,程序并未在语句L6处停下来等待键盘输入,输出结果的最后一行表明它好像确实没有获取什么字符。如果清楚程序建立的输入流,并且知道cin、getline()的数据提取方法,就容易理解getline()没有提取数据的原因,找到解决此问题的办法。

当执行L2语句"cin.getline(s1, 11);"时,从键盘输入"Hellow C++,I am tom\n",建立图1-9中的输入流,由于getline()的第2个参数为11,因此它从输入流中提取10个字符(第11个字符为结束符"\0",由系统提供),在p1位置结束数据提取,并设置输入失效位,关闭输入,忽略L6的执行。事实上,即使L6后面还有其他cin语句,也不会再被执行。

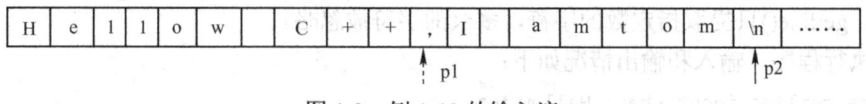

图1-9 例1-12的输入流

解决这类问题的方法很简单,只需将getline()函数的第2个参数设置为一个更大的数字,使getline()函数提取数据时到达指定结束符处P2就行了。此外,还可按下述方法解决。

解决此问题的方法需要两个步骤:<1> 调用cin对象的clear()函数,将设置为失效的输入位重新设置为有效;<2> 调用cin对象的ingore()函数,忽略残留在输入流中的多余字符。

clear()函数只是恢复输入位有效,使后续的cin语句能够正常接收输入数据,但它不清除当前输入流中的剩余数据,若不清除,下一条读数据的语句会接着读取这些数据。例如,在图1-9中,

使用 clear() 恢复输入位后,下一条读数据的语句(即 L6)将从 p1 位置开始为 s2 读取数据。但这不是程序需要的,需要用 ignore() 忽略余下的字符,从键盘为 s2 输入数据。ignore() 的用法如下:

  cin.ignore(int nCount = 1, char delim = EOF);

nCount 是忽略掉的字符个数,默认为 1,delim 可以指定结束符位置,默认值为 EOF。ignore() 函数有两种结束方式:一是到达了指定忽略个数的字符位置,二是遇到了指定的结束字符。如果指定忽略的个数太少,下一条读数据的语句还会接着读取剩下的输入字符。为了避免这种情况,通常把忽略个数设置为一个足够大的数字。以下是 ignore 的两种典型用法:

  cin.ignore();   // 忽略一个字符
  cin.ignore(1024, '\n');   // 忽略 1024 个字符,或遇回车字符就结束

在例 1-12 中,取消 L4 和 L5 语句前面的注释符后,程序就能够正常运行了。

(2)getline() 函数提取了上一条 cin 语句遗留在输入流中的 "\n" 结束符,不读数据的问题

【**例 1-13**】设计一个程序,从键盘输入学生的学号和姓名,其中外国学生的姓名由 first name 和 second name 组成,两者之间用空白作间隔。

程序思路:用 Sno、name 分别表示学号和姓名,由于 name 中可能包括空白,所以必须用 getline() 函数为它输入数据。

```
//Eg1-13.cpp
    #include<iostream>
    #include<string>
    using namespace std;
    void main(){
        int  sno;
        char  name[10];
        cout << "input Sno:  ";
        cin>>Sno;                                          // L1
        cout << "input name:  ";
        cin.getline(name, 10);                             // L2
        cout<< "sno:"<< Sno << endl;
        cout<<"name:"<<name<< endl;
    }
```

程序运行结果如下:

  input sno: 12345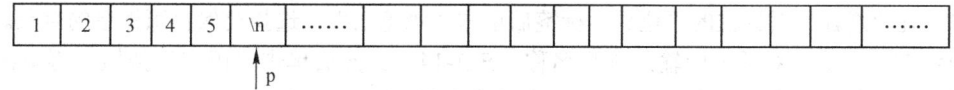
  input name:
  sno:12345
  name:

此结果表明,当执行 L1 语句,从键盘输入 12345 并按回车键后,并未等待 L2 语句的键盘数据输入,程序就结束了。分析如下:当执行 L1 语句 "cin>>sno;",从键盘输入 12345 并按回车键后,建立了图 1-10 所示的输入流。cin 为 sno 读取有效数字 "12345" 后遇到 P 处的回车符,因而结束数据提取,"\n" 则成为输入流中下一次提取数据的第 1 个字符。

1	2	3	4	5	\n	……									……
				↑ p											

图 1-10 例 1-13 的输入流

L2 语句 "cin.getline(name, 10)" 执行时,首先遇到了 "\n",于是为 name 提取了该符号。由于 getline() 的默认结束符是 "\n",因此将结束执行。本程序如果还有后续 cin 语句,将被正常执行。

解决这类错误的方法是"吃掉"上一条 cin 语句保留在输入流 p 位置的"\n",使 L2 处的 getline 语句正常执行。字符读取函数 getchar()、cin 的成员函数 get()和 ignore()都能够从输入流的当前位置提取一个字符,利用它们提取 p 位置的"\n",就解决了程序中的错误。

getchar()并非 cin 的成员,而是 C++中的字符读取函数,直接调用即可。而 get()和 ignore()是 cin 的成员函数,因此调用时要用"cin."进行限定。不带参数的 get()函数会提取输入流当前位置的符号(包括"\n"在内的任何字符),ignore()则会略过输入流中指定个数的字符。

因此,解决本例程错误的方法是:在语句 L1 后面调用函数 getchar()、get()或 ignore()"吃掉"输入流中的字符"\n"。

```
cin >> Sno;                    // L1
getchar();                     // 或 cin.get();    或 cin.ignore(1);
```

1.5 编程实作——Visual C++ 2015 编程简介

支持 C++程序设计的编译程序很多,常见的有 Turbo C++、Borland C++和 Visual C++等。Visual C++是 Microsoft 公司推出的基于 Windows 的集成开发环境,简称 VC++,提供了编写程序源代码的编辑器,创建各类资源文件(如对话框、图标、菜单等)的资源编辑器,具有编辑、编译、链接等功能。利用它可以输入、编辑源程序,进行程序的编译、调试、链接,最后生成可执行的命令程序。

VC++ 6.0 是一个常用的 C++编译器版本,但不支持 C++ 11 标准。本书的某些例程需要在支持 C++ 11 标准的程序环境中运行,所以选择了 VC++ 2015 开发环境。下面以一个简单的例子介绍在此环境中编写 C++程序设计过程。

【例 1-14】某次考试成绩如下,编写程序计算每位同学的平均分。要求成绩从键盘输入,程序输出结果的形式与下面相同,但要输出每位同学的平均分。

	语文	数学	政治	化学	英语	平均分
学生 1	67	76	87	89	76	
学生 2	78	87	78	90	87	
……						

程序设计思路:设计一个二维数组 s,保存学生的成绩和平均分;设计一个读入学生成绩表的函数 ReadData(),将学生成绩读入数组 s 的前 5 列中;设计一个计算平均成绩的函数 AveScore(),计算每位同学的平均成绩,并将计算结果放入 s 数组的第 6 列;设计一个输出数据的函数 OutData(),将 s 数组的数据按指定格式输出。

1. 在 VC++中编辑源程序

在 Windows 7 的 VC++ 2015 环境中实现例 1-14 程序的过程如下。

<1> 选择"开始 | 所有程序 | Visual Studio 2015"菜单命令,启动 VC++ 2015。

<2> 选择"文件 | 新建 | 项目"菜单命令,弹出"新建"对话框,如图 1-11 所示。

<3> 在"新建"对话框的"位置"标签后单击"浏览...",选择要保存源程序的目录。

<4> 在"名称"对话框中输入项目名称"Eg1-14"。然后单击"确定"按钮,再单击弹出对话框中的"完成"按钮,进入 Visual C++的编程序环境,如图 1-12 所示。

<5> 展开"解决方案管理器"中的项目"Eg1-14",双击"源文件"中的"Eg1-14.cpp",然后在右边程序编辑窗口中保留"#include "stdafx.h""命令行(此行不能删除),用下面的程序代码替换原来的 main()函数。

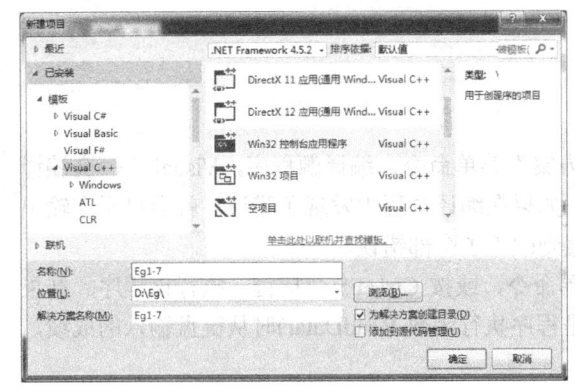

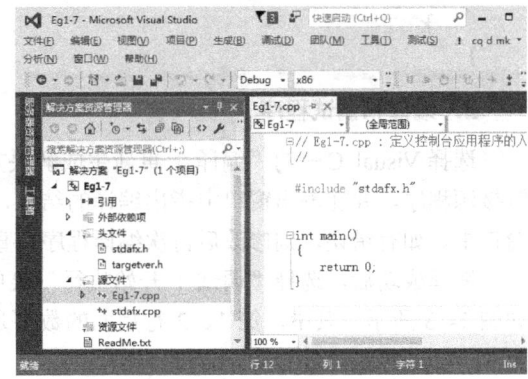

图 1-11 Visual C++的"新建"对话框　　　　　图 1-12 Visual C++ 2015 编程环境

```cpp
//Eg1-14.cpp
    #include <iostream>
    #include <iomanip>                              // setw 在此头文件中定义
    using namespace std;
    #define  StuNum   5                             // StuNum 代表学生人数
    void ReadData(double s[][6],int n);             // 这 3 行是函数声明
    void AveScore(double s[][6],int n);
    void OutData(double s[][6],int n);
    void main(){
        double s[StuNum][6];                        // 定义保存学生成绩的数组
        ReadData(s,2);                              // 读入学生成绩
        AveScore(s,2);                              // 计算各学生的平均分
        OutData(s,2);                               // 输出学生成绩表
    }
    void ReadData(double s[][6],int n){
        for(int i=0; i<n; i++){
            cout<<"输入学生 "<<i+1<<" 的 5 科成绩: ";  // 在屏幕上提示输入学生成绩
            for(int j=0; j<5; j++)                  // 输入学生的 5 科成绩
                cin>>s[i][j];
        }
    }
    void AveScore(double s[ ][6],int n) {
        for(int i=0; i<n; i++){
            double sum=0;
            for(int j=0; j<5; j++)
                sum=sum+s[i][j];
            s[i][5]=sum/5.0;
        }
    }
    void OutData(double s[][6], int n) {            // 下面的 cout 语句在屏幕上输出科目名称
        cout<<setw(17)<<"语文"<<setw(8)<<"数学"<<setw(8)<<"政治"
            <<setw(8)<<"化学"<<setw(8)<<"英语"<<setw(8)<<"平均分"<<endl;
        for(int i=0; i<n; i++){
            cout<<setw(8)<<"学生 "<<i+1;
            for(int j=0; j<6; j++)
                cout<<setw(8)<<s[i][j];
            cout<<endl;
```

        }
    }

2. 编译和调试程序

选择 Visual C++的"编译 | 重新生成解决方案"菜单命令，编译源程序，Visual C++会编译链接源程序，并在输出窗口中指出编译的结果，如果在编译过程中发现了错误，就会显示在输出窗口中。如有错误，则修改后再次编译程序，直到改正了全部错误。

编译成功后，选择"调试 | 开始执行"菜单命令，或按 Ctrl+F5 快捷键，执行该程序。结果如图 1-13 所示。其中，第 1、2 行后面的数字是程序执行函数 ReadData()时从键盘输入的成绩，第 3、4、5 行是函数 OutData()的输出。

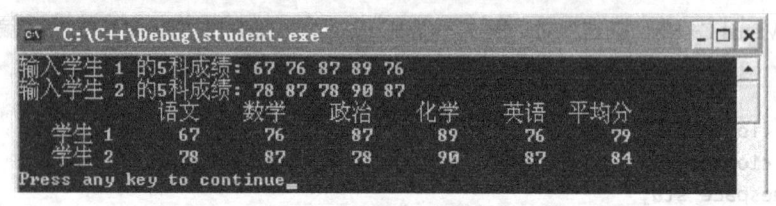

图 1-13 计算学生成绩平均分程序的运行结果

习 题 1

1. 什么是抽象和封装？
2. 什么是类、对象、继承和多态？试举例说明。
3. 面向对象程序设计与面向过程程序设计有什么区别？
4. C++程序设计语言有什么特点？
5. 理解流的概念。
6. 阅读下面的程序

（1）
```
#include <iostream>
using namespace std;
void main(){
    int  a;
    char  b;
    char  c[4];
    double  d;
    cin>>a>>b>>c>>d;
    cout<<"a="<<a<<endl;
    cout<<"b="<<b<<endl;
    cout<<"c="<<c<<endl;
    cout<<"d="<<d<<endl;
}
```
输入数据"12 345 634 3214"并按 Enter 键后，写出程序的输出结果。

（2）
```
#include <iostream>
using namespace std;
#include <iomanip>
void main(){
```

```
    int  a=20, b=18, c=24;
    cout<<"123456789012345678901234567890"<<"\n";
    cout<<setiosflags(ios::left);
    cout<<hex<<setw(10)<<a<<setw(10)<<b<<setw(10)<<c<<endl;
    cout<<oct<<setw(10)<<a<<setw(10)<<b<<setw(10)<<c<<endl;
    cout<<resetiosflags(ios::left);
    cout<<dec<<setw(10)<<a<<setw(10)<<b<<setw(10)<<c<<endl;
}
```

7. 用 setw、cout 和 for 循环编写打印输出下面图形的程序。

```
   *
  ***
 *****
*******
```

8. 某校教师的课酬计算方法是：教授 100 元/小时，副教授 80 元/小时，讲师 60 元/小时，助教 40 元/小时。编写计算教师课酬的程序，从键盘输入教师的姓名、职称、授课时数，然后输出该教师应得的课酬。

第 2 章 C++基础

C++是 C 语言的超集，它保留了 C 语言的绝大部分特征。C 语言原有的数据类型、表达式、程序语句、函数及程序组织方式等在 C++语言程序中仍然可用。C++语言对 C 语言的最大改变就是引入了面向对象程序设计的语言机制，并对 C 语言的某些特征进行了扩展。

本章介绍 C++语言对 C 语言非面向对象方面的扩展，包括 const 常量、函数重载、内联函数、初始化列表、范围 for、引用、自动类型推断、命名空间等内容。

2.1 C++对 C 语言数据类型的扩展

C++保留了 C 语言的基本数据类型，但对 C 语言的结构、联合、枚举等自定义数据类型进行了扩展。在 C++中，程序中定义的结构名、联合名、枚举名都是类型名，可以直接用于变量的声明或定义。即在 C++语言中定义变量时，不必在结构名、联合名、枚举名前加上前缀 struct、union、enum。此外，在结构和联合中还可以定义函数（其意义在第 3 章介绍）。例如，有下述类型声明：

```
enum color{black, white, red, blue, yellow};
struct student{
    char  Name[6];
    int   age;
    int   getAge(){return age;}
};
union xy{
    int  x;
    char y;
    int  f(){return x+y;}
};
```

在 C++语言程序中，可以用下面的形式定义相关类型的变量：

```
student s1;
xy  x1;
color  col;
```

但在 C 语言中，结构和联合中的函数是不允许的，且必须在相关变量的定义前面加上对应的关键字，形式如下：

```
struct student  s1;
union xy  x1;
enum color  col;
```

同 C 语言一样，也可以用 typedef 可以给已有类型定义一个容易阅读的描述性名称，提高程序代码的可读性。typedef 的用法如下：

```
typedef type  newname;
```

其中，type 是已存在的数据类型，newname 是为 type 指定的新类型名。新类型名 newname 并未取代原来的类型 type，即 type 和 newname 在程序中都是可用的。例如：

```
    typedef float  house_price;        // L1
    house_price  x, y;                 // L2
    float  x, y;                       // L3, 本质上看，同 L2 定义的 x, y 都是 float
```

2.2 左值、右值及 C++对局部变量声明的改进

2.2.1 左值和右值

左值是放在赋值语句左边的变量，右值可以是放在赋值语句右边的变量或表达式。例如：

```
    int  n = 10, x = 3, y;             // L1
    y = 10 + x;                        // L2
    n = n + y;                         // L3
```

语句 L1 中，n、x 是左值，10 和 3 则是右值；L2 中，y 是左值，10+x 则是右值；L3 中，n 是左值，n+y 是右值。由此可以看出，左值都是变量，右值则是表达式或常数。但是，在一条赋值语句的左、右两边都出现同一变量名时，该如何区别呢？

实际上，任何一个变量都包括两个要素：变量对应的内存区域和在此内存区域中存储的数据。变量对应的内存区域称为它的左值，内存区域中的内容则称为它的右值。当变量名出现在赋值语句左边时使用它的左值，表示将右边表达式的计算结果写入该内存区域中；当变量名出现在赋值语句的右边时，使用它的右值，即读取对应内存区域中的数据。

概言之，左值是指内存区域，用变量名进行操作，凡是对变量的修改都是通过它的左值进行的，如给变量赋值、对变量进行自增、自减操作等。

2.2.2 C++局部变量的声明与定义

在 C 语言中，局部变量应该在函数的可执行语句之前定义；但在 C++中，变量可以在任何语句位置定义，只要允许出现程序语句的地方，都允许定义变量。程序 Eg2-1.cpp 在 C 语言中是错误的，原因是变量定义语句 L3 出现在了可执行语句 L2 的后面。但此程序在 C++中却是正确的。

【例 2-1】 下面的程序在 C 语言中存在编译问题，但在 C++中是正确的。

```
//Eg2-1.cpp
    void main(){
        int  x;                        // L1
        x=9;                           // L2
        int  y;                        // L3
        y=x+1;                         // L4
    }
```

另外，C++允许在 for、do-while 循环语句，以及 switch 和 if 等复合句中定义变量。

【例 2-2】 在 C++中，在 for 循环的测试语句中定义变量。

```
//Eg2-2.cpp
    #include<iostream>
    using namespace std;
    void  main(){
        int  n=1;
        for(int i=1; i<=10; i++){
            int  k;
```

```
            n=n*i;
            k=i;
        }                                    // i[1]、k 的作用域至此结束
        cout<<n<<i<<endl;                    // i 在此的值是 11
    }                                        // n、i 的作用域到此结束
```

在 C++中，变量在包含定义它的最近一对{ }内有效，称为**块作用域**。因此，上面程序中的 n 在整个 main()函数内有效，而 i 和 k 仅在 for 循环体内有效。

2.3 指针

2.3.1 指针概念的回顾

指针用于存放一个对象在内存中的地址，通过指针能够间接地操作这个对象。指针的典型用法是建立链接的数据结构，如树（tree）和链表（list），并管理在程序运行过程中动态分配的对象，或者用作函数参数，以便传递数组或大型的类对象。指针的通用定义形式如下：

  T *p;

其中，T 代表任意数据类型。这条形式语句实际确定了两处相关的内存位置：p 和*p。

p 是指针变量本身，它的分配管理方法和普通变量一致：可以进行赋值和复制，遵守同样的作用域和生存期规则。例如下面的语句组：

```
        double d, *pd;          // L1
        int    n=0, *p;         // L2
        d=3.2;                  // L3
        p=&n;                   // L4
        pd=&d;                  // L5
        *p=10;                  // L6
```

将这段代码复制到 VC 6.0 的 main()函数中执行，可以调试观测到编译器会为语句 L1、L2 定义的变量分配图 2-1 所示的内存区域，这个内存区域也称为堆栈（stack）。

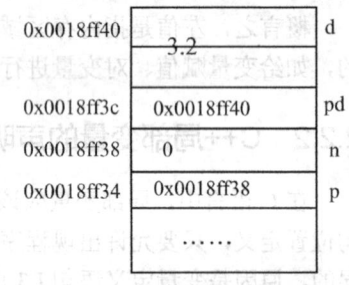

图 2-1　VC 6.0 中建立的堆栈

在应用方面，指针变量和普通变量有以下两点区别：

① 指针变量（p）保存的内容是某个内存单元的地址（即内存单元的编号，具有相同的长度），由于每个内存单元地址长度相同，因此指针变量需要的内存大小相同（取决于系统字长），与数据类型无关。比如，从图 2-1 中可以看出，int 型指针 p 和 double 型指针 pd 都是 4 字节。但是，普通变量所占内存空间大小是与类型相关的。例如，双精度数 d 占 8 字节内存，而整型 n 占 4 字节内存。

指针变量可用"&"运算符取某变量的地址，或用 malloc()分配的内存地址为其赋值。例如，执行语句 L4、L5 后，p 和 pd 的值如图 2-1 所示。

② p 保存的内存地址，称为指针所指的变量（*p），其实质是某个内存区域的首地址，"*p"能够操控从这个单元开始的一块内存区域，大小为定义指针时使用的数据类型的大小，即指针"p"与数据类型无关，"*p"才与定义指针的数据类型相关。

---

[1] 在 C++语言规范中，i 的作用域到此就结束了。但某些编译器（如 Visual C++ 6.0）扩大了 for 循环中定义变量的作用域，其有效范围扩展到了定义该变量的 for 循环后面的"}"，这里就属于这种情况。本程序在 Visual C++ .NET 中不能通过编译，原因是 cout 访问的 i 已失去了作用域。

例如，在图 2-1 中，通过 p 的内容（&n，实际值是 0x0018ff38）可以找到内存单元"0x0018ff38"，并读写包括此单元在内的连续 4 字节内容，这 4 字节正好是变量 n 的内存区域。因此，执行语句 L6 后，n 的值将改变为 10，如图 2-2 所示。

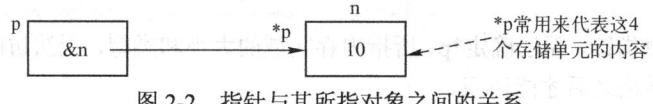

图 2-2 指针与其所指对象之间的关系

指针是一个复杂的概念，不同类型的指针能够指向（保存）不同类型变量的内存地址。

```
double d;
int *pi;                   // pi 是指向 int 的指针
int **pc;                  // pc 是指向 int 指针的指针
int *pA[10];               // pA 是指针数组，具有 10 个 int 指针元素
int (*pa)[10];             // pa 是一个指针，指向具有 10 个 int 元素的数组
int (*f)(int,char);        // f 是指向具有两个参数的函数的指针
int *f(int);               // f 是一个函数，返回一个指向 int 的指针
```

在定义指针时，并未规定必须进行初始化，但要求声明的指针类型必须与它指向的对象类型一致，否则可能引发错误。例如，对上面定义的 pi 和 d，下面的赋值是错误的。

```
pi=&d;                     // 错误，类型不匹配
```

2.3.2 空指针、void*以及获取数组首、尾元素位置的指针

1. 空指针

空指针是没有指向任何内存单元的指针，可以用 NULL，0，nullptr 将指针设置为空指针。

```
T *ptr=0;
*ptr=NULL;
*ptr=nullptr;
```

T 可以是任何一种数据类型，如 int、double 等。由于没有任何变量会被分配到地址 0，所以 0 可以作为一个指针常量，表明指针当时没有指向任何变量。NULL 是系统提供的一个预处理变量，定义为"#define NULL 0"。nullptr 是 C++ 11 引入的新值，可以被转换成任意类型的指针。

2. void*

鉴于任何类型的指针变量保存的都是某个内存单元的地址，所需存储空间的大小完全相同，C++提供了一种无类型指针"void *"来表示这个概念。用"void*"定义的变量，仅仅表示它能够保存一个内存地址，与数据类型没有关系，可以接收任何数据类型（除函数指针外）的指针。而且，两个 void*指针可以相互赋值，或者比较相等与否。但是，在使用 void*指针前，必须显式地将它转换成某种数据类型的指针后，才能访问其所指内存区域的数据，其他操作都是不允许的。

【例 2-3】 void*指针的应用。

```
//Eg2-3.cpp
#include<iostream>
using namespace std;
void main(){
    int i=4, *pi=&i;
    void* pv;
    double d=9, *pd=&d;
    pv=&i;                              // L1: 正确
    pv=pi;                              // L2: 正确
```

```
        //    cout<<*pv<<endl;                    // L3: 错误
        pv=pd;                                    // L4: 正确
        cout<<*(double*)pv;                       // L5: 正确，输出 9
    }
```

因为 pv 是 void*指针，无法确定*pv 所指内存区域的大小和类型，无法访问，必须像 L5 语句那样经过强制类型转换之后才能访问。

void*最重要的用途是作为函数的参数，以便向函数传递一个类型可变的对象。另一种用途就是从函数返回一个无类型的对象，在使用时再将它显式转换成适当的类型。

3. 获取数组首、尾元素地址的函数 begin 和 end [11C++]

C++ 11 标准在 iterator 头文件中提供了 begin()和 end()两个标准库函数，用于确定指向数组首元素和最后元素后一位置的指针，为遍历数组提供方便。用法如下：

```
        begin(a)
        end(a)
```

其中，a 是数组名，begin()返回指向 a[0]的指针，end()返回指向最后元素后一位置的指针。

下面的代码段用 begin()和 end()遍历数组，输出数组元素，非常方便。

```
        int  a[] = {1,2,3,4,5,6,7,8,9,10};
        for(int *p = begin(a); p != end(a); p++)
            cout << *p << ",";
        cout << endl;
```

2.3.3　new 和 delete

指针常与堆（heap）空间的分配有关。所谓堆，就是一块内存区域，它允许程序在运行时以指针的方式从其中申请一定数量的存储单元（其他存储空间的分配是在编译时完成的），用于程序数据的处理。堆内存也称为动态内存。

堆内存的管理由程序员完成。在 C 语言中，如果需要使用堆内存，程序员可以用函数 malloc()从堆中分配指定大小的存储区域，用完之后必须用函数 free()将之归还系统。如果用完之后没有用 free()函数将它释放，就会造成内存泄漏（自己不用了，其他程序也无法使用）。因此，函数 malloc()和 free()在 C 程序中总是成对出现的。例如：

```
        #include<stdlib.h>                       // malloc 和 free 定义于此头文件中
        void main(){
            int  *p;
            p=(int*)malloc(sizeof(int));// 从堆中分配1个 int 对象需要的内存并将之转换为 int 类型
            *p=23;
            free(p);                              // 释放堆内存
        }
```

malloc()的使用比较麻烦，除了要计算需求的内存大小外，还必须对获得的内存区域进行类型转换才能使用。为此，C++提供了 new 和 delete 两个运算符进行堆内存的分配与释放，它们分别与 malloc()和 free()相对应，但使用起来更简单。

（1）new 的用法

new 的功能类似于 malloc()，用于从堆中分配指定大小的内存区域，并返回获得的内存区域的首地址。对于"type *p;"定义的指针 p，下面 3 种赋值方法都是正确的：

```
        用法1:    p=new type;
        用法2:    p=new type(x);
```

用法 3：　p=new type[n];

其中，type 代表任意数据类型。用法 1 只分配堆内存，用法 2 将分配到的堆内存初始化为 x，用法 3 分配具有 n 个元素的数组。

new 能够根据 type 自动计算分配的内存大小，不需要用 sizeof()计算。如果分配成功，将得到的堆内存的首地址存放在指针变量 p 中；如果分配不成功，则返回空指针（0），在程序中可以用 0 作为判断内存分配成功与否的依据。

（2）delete 的用法

delete 的功能类似于 free()，用于释放 new 分配的堆内存，以便它被其他程序使用。

用法 1：　delete p;
用法 2：　delete []p;

其中，p 是用 new 分配的堆空间指针变量。用法 1 用于释放动态分配的单个指针变量，用法 2 用于释放动态分配的数组存储区域。

【例 2-4】 用 new 和 delete 分配与释放堆内存。

```
//Eg2-4.cpp
#include <iostream>
using namespace std;
int main(){
    int  *p1, *p2, *p3;
    p1=new int;                          // 分配一个能够存放 int 类型数据的内存区域
    p2=new int(10);                      // 分配一个 int 类型大小的内存区域，并将 10 存入其中
    p3=new int[10];                      // 分配能够存放 10 个整数的数组区域
    if(!p3){                             // 程序中常会见到这样的判定
        cout<<"allocation failure"<<endl; // 分配不成功，就显示错误信息
        return 1;                        // 终止程序，并返回错误代码
    }
    *p1=5;
    *p3=1;
    p3[1]=2;                             // 访问指向数组的数组元素
    p3[2]=3;
    cout<<"p1    address: "<<p1<<" value: "<<*p1<<endl;
    cout<<"p2    address: "<<p2<<" value: "<<*p2<<endl;
    cout<<"p3[0] address: "<<p3<<" value: "<<*p3<<endl;
    cout<<"p3[1] address: "<<&p3[1]<<" value: "<<p3[1]<<endl;
    delete p1;                           // 释放 p1 指向的内存
    delete p2;
    delete p3;                           // 错误，只释放了 p3 指向数组的第 1 个元素
    delete []p3;                         // 释放 p3 指向的数组
    return 0;
}
```

delete p3 与 delete []p3 是有区别的，前者只释放了第一个数组元素（即 p[0]）的内存，而没有释放其余数组元素（即 p[1]～p[9]）所占的内存空间，会造成内存泄漏；后者则将 p3 指向的数组区域全部归还系统。

（3）new、delete 和 malloc、free 的区别

在 C++程序中，仍然可以使用 malloc()、free()函数进行动态存储空间的管理，但它们没有用 new、delete 方便。以下是 malloc()和 free()函数不具备的功能：① new 能够自动计算要分配的内

存大小,不必用 sizeof 计算所要分配的内存字节数,减少了出错的可能性;② new 不需要进行类型转换,能够自动返回正确的指针类型;③ new 可以对分配的内存进行初始化;④ new 和 delete 可以被重载,程序员可以借此扩展 new 和 delete 的功能,建立自定义的存储分配系统。

2.3.4 智能指针 11C++

动态内存分配是 C++ 程序最容易出错的地方,有时会忘记使用 delete 或 free 释放为指针分配的动态内存,造成内存泄漏。为了更安全地管理动态内存,C++ 提供了智能指针,用它们进行动态内存分配和使用方的法同普通指针差不多,主要区别是智能指针会负责自动释放所指向的对象,不需调用 delete 进行回收。

智能指针是用模板设计(见第7章)的,定义在 memory 头文件中,包括 auto_ptr、shared_ptr 和 unique_ptr 等,其定义形式如下:

```
x_ptr<type>  p;                    // L1
x_ptr<type>  p2(p);                // L2,适用于 auto_ptr,share_ptr
x_ptr<type>  p3(new type(x))       // L3
```

x_ptr 代表智能指针,可以是 auto_ptr、shared_ptr 或 unique_ptr;type 可以是任何数据类型,包括后面介绍的 class 类型。

语句 L1 定义了可以指向 type 类型对象的空智能指针 p;语句 L2 定义了指向 type 类型的指针 p2,并用已定义的 p 对它进行初始化,即 p2 复制了 p 的内容;p3 定义了指向 type 类型的智能指针,并用 new 为它分配了动态内存,此动态内存已用 x 初始化(初始化不是必须的)。

可以像普通指针一样操作智能指针。例如,在上面的定义中,p 表示指针本身,*p 表示指向的对象,p->member 和(*p).member 表示指向对象的成员 member。智能指针还有两个常用成员函数 get()和 swap(),p.get()能够返回 p 中保存的指针,需要小心使用,如果智能指针释放了所指向的对象,则返回指针指向的对象也销毁了,p.swap(p1)则交换指针的内容。

智能指针的赋值方式与普通指针略有差异,可以在定义时就为它分配动态内存单元,但不允许先定义智能指针,再为它分配动态存储空间。类似下面的形式:

```
x_ptr<type>  p1, p2(new type);     // 正确
p1=new type;                       // 错误
p1=p2;
```

同类型的 auto_ptr、shared_ptr 智能指针之间可以相互赋值,unique_ptr 指针之间则不允许相互赋值。比如,对于"p1=p2;",若定义 p1、p2 的 x_ptr 是 auto_ptr 或 shared_ptr 类型,该语句就是正确的;若 x_ptr 是 unique_ptr,它就是错误的。

智能指针与普通指针之间不能够随意赋值,不能把智能指针指向普通内存变量,或者把非智能指针赋值给智能指针。直接把智能指针赋值给普通指针是错误的,要通过智能指针的 get()成员函数获取智能指针中的指针后,再赋值给普通指针。例如:

```
int  x = 9;
int  *ip = new int(1);;
shared_ptr<int>  sp(new int(8));
//   sp = &x;                              // 错误
//   sp = ip;                              // 错误
//   ip = sp;                              // 错误
ip = sp.get();                             // 正确
```

把定义 sp 的 shared_ptr 换成 auto_ptr，情况完全相同。

1. auto_ptr

auto_ptr 是 C++ 98 标准定义的独占智能指针，即一个对象只能被一个 auto_ptr 所指向。也就是说，两个同类型的 auto_ptr 指针不能指向同一个对象，指针的复制或赋值操作都会改变对象的所有权，被复制的 auto_ptr 不再指向任何对象。

【例 2-5】 auto_ptr 智能指针的应用及注意事项。

```
//Eg2-5.cpp
    #include <iostream>
    #include <memory>
    #include<string>
    using namespace std;
    int main(){
        auto_ptr< string>  p1(new string("There is only one point to me."));
        auto_ptr<string>   p2;
        p2 = p1;                       // L1, p1 不再指向任何对象，其所指对象由 p2 指向
        cout << *p1;                   // L2, 发生运行错误，因为 p1 没有指向任何对象
        cout << *p2<< endl;            // L3, 输出: There is only one point to me.
        // p1 = new string("dd");      // L4, 错误, 不能用这种方式为智能指针赋值
        auto_ptr<string> p3(p2);       // L5, p2 不再指向任何对象，其所指对象由 p3 指向
        cout << *p3 << endl;           // L6, 输出: There is only one point to me.
        // cout << *p2 << endl;        // L7, 发生运行错误，因为 p2 没有指向任何对象
    }
```

智能指针被定义后，可以像 L2、L3 那样进行解引用，只能像定义 p1、p3 那样在定义智能指针时直接分配空间或者用已定义指针进行初始化，或者像 L1 语句那样进行同类指针之间的赋值，而不能像 L4 语句那样用 new 为它分配空间。

为 auto_ptr 创建的动态对象，任何时候只能有一个 auto_ptr 类型的智能指针指向它。因此，当完成 L1 的赋值操作后，p1 就不再指向任何对象。用 p2 初始化定义的 p3 之后，p2 所指对象由 p3 接管，p2 不再指向任何对象。

程序结束后，auto_ptr 类型指针所指的对象会被系统自动销毁，不必用 delete 释放它。

2. unique_ptr 和 shared_ptr [11C++]

auto_ptr 可能产生一些潜在的错误，如例 2-5 中的语句 L1、L2、L7 都不会产生编译错误，但它会引发运行时错误，而且这种错误很难被发现。因此，C++ 11 标准弃用了 auto_ptr 指针，提出了更安全的智能指针 unique_ptr 来替换 auto_ptr，其用途与 auto_ptr 相同，即同一个对象只能由一个 unique_ptr 指针所指向。但 C++ 11 禁止了指针之间的赋值，也不允许用一个指针初始化另一个指针，若发现这两种情况，在编译时就会发生错误。例如：

```
    unique_ptr<string>  p1(new string("auto"));
    unique_ptr<string>  p2;
    unique_ptr<string>  p3(p1);                        // 错误
    p2 = p1;                                           // 错误
```

shared_ptr 是一种共享指针，即多个指针可以指向同一个对象。在同类型的 share_ptr 指针之间进行相互赋值，或者用一个 shared_ptr 指针去初始化正在定义的指针，都不会有错误。

shared_ptr 是一种采用了引用计数的智能指针，关联了一个计数器，其中保存着指向同一

个对象的指针（包括非智能的指针）数。对指针进行复制时计数器会增 1，如进行指针之间的赋值，用一个指针初始化另一个指针，向函数传递指针参数都会使计数器增加。反之，当一个指针离开所指对象时，就会减少该对象的引用计数，当计数器为 0 时，就会销毁该对象。

【例 2-6】 用 shared_ptr 智能指针实现两数交换。

```
//Eg2-6.cpp
    #include <iostream>
    #include <memory>
    using namespace std;
    void swap(shared_ptr<int>a, shared_ptr<int>b){
        int  t;
        t = *a;    *a = *b;    *b = t;
    }
    void main(){
        shared_ptr<int>  p1(new int(9));
        shared_ptr<int>  p2(p1);
        shared_ptr<int>  p3(new(int)), p4(new int(8)), p5;
        cout << "p1=" << *p1 << "\tp4=" << *p4 << endl;
        swap(p1, p4);
        cout << "p1=" << *p1 << "\tp4=" << *p4 << endl;
        p3 = p4 = p5=p1;
    }
```

运行结果如下：
  p1=9 p4=8
  p1=8 p4=9

swap()函数接受两个 shared_ptr 类型的智能指针参数，实现了两数的交换。本例中用 new 多次分配了动态内存空间，但并未用 delete 回收这些内存区域，shared_ptr 智能指针会自动回收它们，不会造成内存泄漏。

C++还提供了一个配合 shared_ptr 使用的弱智能指针 weak_ptr，主要解决两个 shared_ptr 指针引用之间的循环计数问题，weak_ptr 提供对一个或多个 shared_ptr 指针拥有的对象的访问，但不参与引用计数。

2.4 引用

任何变量都具有左值和右值两个要素，左值对应变量的内存区域，右值对应保存在变量内存区域中的值。以前只允许给变量的左值定义别名，称为引用。但 C++ 11 标准中，除了可以为左值指定别名外，也可以给表达式、常量和变量的右值定义别名，称为右值引用。自然，左值的别名也就称为左值引用了，由于习惯原因，仍称之为引用。

2.4.1 左值引用

左值引用是某个对象（即变量）的别名，即某个对象的替代名称（相当一个人的第二名称），俗称引用。C 语言中没有这一概念，它是 C++引入的新概念。引用由符号&引导定义，形式如下：
  类型 &引用名=变量名；

例如：
```
    int  i=9;                              // L1
    int  &ir=i;                            // L2
```
语句 L2 定义 ir 为 i 的别名，相当于 i 还有一个名字叫 ir。对 ir 的操作就是对 i 的操作。

【例 2-7】 引用的简单例子，ir 是 i 的引用，它们是同一内存区域的两个名称。

```
//Eg2-7.cpp
    #include<iostream>
    using namespace std;
    void main(){
        int  i=9;
        int  &ir=i;
        cout<<"i= "<<i<<"   "<<"ir="<<ir<<endl;
        ir=20;
        cout<<"i="<<i<<"   "<<"ir="<<ir<<endl;
        i=12;
        cout<<"i="<<i<<"   "<<"ir="<<ir<<endl;
        cout<<"i 的地址是: "<<&i<<endl;
        cout<<"ir 的地址是: "<<&ir<<endl;
    }
```

本程序的运行结果如下：
```
i= 9     ir=9
i=20     ir=20
i=12     ir=12
i 的地址是: 0029FDB0
ir 的地址是: 0029FDB0
```

从结果可以看出，ir 和 i 其实是同一内存变量，对 ir 的操作实际就是对 i 的操作。

使用引用时需要注意以下几个问题：

① 在定义引用时，& 在类型和引用名之间的位置是灵活的，以下几种定义完全相同。

```
    int&  ir=i;        int & ir=i;        int  &ir=i;
```

② 在变量声明时出现的 & 才是引用运算符（包括函数参数声明和函数返回类型的声明），其他地方出现的 & 则是地址操作符。

```
    int  i;
    int  &r=i;                             // 引用
    int& f(int &i1, int &);                // 引用参数，函数返回引用
    int  *p=&i;                            // &取 i 的地址
    cout<<&p;                              // &取 p 的地址
```

③ 引用必须在定义时初始化，不能在定义完成后再给它赋值；为引用提供的初始值可以是一个变量名，也可以是另一个引用名；同一个变量可以定义多个引用。

```
    float  f;                              // L1
    float  &fr;                            // L2，错误，fr 未初始化
    float  &r1=f;                          // L3
    float  &r2=f;                          // L4
    float  &r3=r1;                         // L5
```

这样定义后，r1、r2、r3 都是 f 的别名，对它们的任何运算都是对 f 的运算。

④ 引用对应变量的左值，代表变量的内存区域，实际是一种隐式指针，但与指针存在区别。

【例 2-8】 引用与指针的区别。

```
//Eg2-8.cpp
    void main(){
        int  i=9;                        // L1
        int  *pi=&i;                     // L2，&为取地址运算
        int  &ir=i;                      // L3，&定义引用
        *pi=2;                           // L4
        ir=8;                            // L5
    }
```

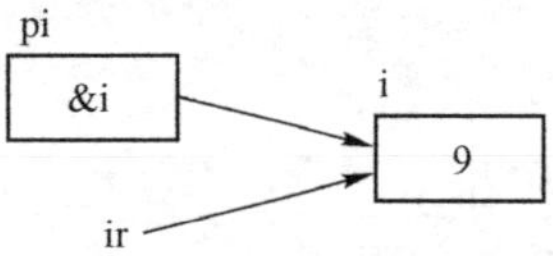

图 2-3 引用及其所引对象之间的关系

语句 L1、L2、L3 定义的变量如图 2-3 所示。pi 是指针，ir 是引用。语句 L4 是指针的解引用形式，把 i 所对应的内存值改为 2。语句 L5 是引用的使用形式，把 i 对应的内存值改为 8。

虽然引用实质上也是一种指针，但它与指针至少存在两点区别：❶ 指针必须通过解引用运算符 "*" 才能访问它所指向的内存单元，而引用与普通变量的访问方法差不多；❷ 指针是一个变量，它有自己独立的内存区域，可以对它重新赋值，让它指向其他地址。但引用只是某个变量的别名，甚至没有自己独立的内存区域，必须在定义时进行初始化，并且一经定义就再也不能作为其他变量的引用了。

⑤ 当用&运算符获取一个引用的地址时，实际取出的是引用对应的变量的地址。例如：
```
        int  i=9;
        int  &ir=i;
        int  *pi=&ir;
```
pi 实际指向的是 i，因为 ir 是 i 的别名，所以&ir 将获得 i 的内存地址。

⑥ 建立引用时，引用应当类型匹配。
```
        double  d;
        int  &rd=d;                      // 错误，引用与它对应的变量类型不统一
```

⑦ 引用与数组。可以建立数组或数组元素的引用，但不能建立引用数组。
```
        int  i = 0, a[10] = {1,2,3,4,5,6,7,8,9,10}, *b[10];
        int  (&ra)[10] = a;              // L1: 正确，ra 是具有 10 元素的整型数组的引用
        int  &aa = a[0];                 // L2: 正确，数组元素的引用
        int  *(&rpa)[10] = b;            // L3: 正确，rpa 是具有 10 个整型指针的数组的引用
        int  &ia[10]=a;                  // L4: 错误，ia 是引用数组，每个数组元素都是引用
        ra[3] = 0;                       // L5: 正确，数组引用的用法
        rpa[3] = &i;                     // L6: 正确
```
在鉴别引用与数组的关系时，记住一个原则：**引用不分配内存，一次只能为一个已有变量定义一个别名**，而数组一次需要定义多个元素，所在不能定义引用数组。语句 L4 的含义是：定义 ia 为具有 10 个元素的数组，其中每个元素都是一个引用，这就要求一次性定义 10 个引用名，是不允许的。

L1 的含义是："(&ra)" 指定 ra 是一个引用，"(&ra) [10]" 指定 ra 是具有 10 元素的数组的引用，"int(&ra)[10]" 指定数组的 10 个元素都应该是 int 类型。最后确定 ra 是 b 的引用，b 正好是具有 10 个 int 元素的数组，符合 ra 的要求。L3 语定义的 rpa 与此相同，只不过要求数组的元素是指针罢了。注意语句 L1、L3 和 L4 的区别，其含义是不同的。

数组引用的使用方法与普通数组相同，可以通过下标变量访问元素值，如 L5 和 L6 所示。

⑧ 引用与指针。可以建立指针的引用，但不能创建指向引用的指针。
```
        int  i=0, a[10];
```

```
    int    &*ip=i;                    // L1: 错误，ip 是指向引用的指针
    int    *pi=&i;
    int    *&pr=pi;                   // L2: 正确，pr 是指针的引用
```

L1 的含义是："*ip" 首先定义了 ip 是一个指针，"&*ip" 再定义 ip 指向的是一个引用，这就不对了，因为引用是已定义变量的别名，它不分配内存，指向引用就无法确定指到哪里了，因此不允许这种用法。L2 定义 pr 是引用，是一个指向整型数据的指针 pi 的引用。

在 C++ 中，引用主要用来定义函数的参数和函数返回类型。因为引用只需要传递一个对象的地址，在传递大型对象的函数参数或从函数返回大型对象时，可以提高效率。

2.4.2 右值引用 11C++

右值引用就是绑定到右值上的引用。用 && 进行定义，形式如下：
    类型 &&引用名=表达式;
例如：
```
    double   r=10;
    double   &lr1=r;                  // 正确，变量名代表左值
    double   &lr2=r+10;               // 错误，引用只能是变量
    double   &&rr=r;                  // 错误，变量名代表左值，而 && 需要右值
    double   &&rr=r+10;               // 正确，rr 为表 "r+10" 计算结果，即 20
```

右值引用是 C++ 11 为了支持移动操作而引入的新型引用类型，其特点是只能绑定到即将销毁的对象上，如常量或表达式。右值引用可以方便地将引用的资源 "移动" 到另一个对象上。

【例 2-9】右值引用的定义和使用。

```
//Eg2-9.cpp
    #include <iostream>
    using namespace std;
    void main(){
        int   x = 10;
        int   &r = x;
        //  int  &&ar = x;                // L1: 错误，变量名只能被绑定到左值
        int   &&rx = x + 10 * 3;          // L2: 正确，rx 为右值引用，保存表达式的值
        cout << "x=" << x << "\t rx=" << rx << endl;     // L3
        x = 20;
        cout << "x=" << x << "\t rx=" << rx << endl;     // L4
        int   y = rx;                                     // L5
        cout << "y=" << y << endl;                        // L6
    }
```

程序运行结果如下：
```
    X=10    rx=40
    X=20    rx=40                     // 修改 x 对右值引用 rx 无影响
    Y=40
```

语句 L1 错误的原因是企图定义 ar 为变量 x 的右值引用，但变量名对应变量的左值，只能绑定为左值引用。可以用类似于 "int   &&ar = x+0;" 的语句实现对 x 右值引用的定义。

L2 语句 "int   &&rx=x + 10 * 3;" 指定 rx 为表达式 "x + 10 * 3;" 的右值引用。那么，rx 到底对应哪个对象呢？上面说的 "右值引用只能绑定到常量或即将被销毁的对象上"，又是哪个对象呢？答案是系统为了保存表达式 "x+10+3" 的计算结果而创建的无名临时对象。该对象只有短暂的生存期，在它的值被取用后（即该表达式对应的语句执行完后，下一条语句执行之前），马上会

被销毁。右值引用 rx 绑定的就是这个对象，过程如下：

<1> 计算表达式"x + 10 * 3"的值，结果为 23，系统将创建 int 类型的无名对象，并将 23 保存在该对象中。

<2> 指定 rx 为该无名对象的右值引用，即无名对象的别名。假设没有右值引用，该操作应该是"使用无名对象的值 23，用完后马上销毁该无名对象，收回它的内存区域"。如果以后要再次使用"x + 10 * 3;"，每次必须重新计算。

<3> rx 遵守变量的作用域和生存期规则，在定义它的 main() 函数作用域内有效，相当于延长了无名对象的生存期。

当要再次应用表达式"x + 10 * 3;"时，不必再计算，直接用 rx 即可，这样可以节省运算该表达式使用的计算资源，提高程序效率。同时，可以把右值引用传递给其他对象，或者作为函数的参数传递，就像本例将 rx 传递给 y 一样。

右值引用和左值引用（即引用）各有其用，区别明显：左值只能绑定到变量名（对应变量的内存区域），而且具有持久性（变量的作用域和生存期内有效）；右值只能绑定到常量，或者表达式求值过程中创建的临时对象上，本来该临时对象是短暂的，用完会被销毁，而右值引用"接管"了该临时对象，使它可再次被使用。

2.5 const 和 constexpr 常量

2.5.1 常量的定义

变量实质上是在程序运行过程中其值可以改变的内存单元的名字。而常量是在程序执行过程中其值固定不变的内存单元的名字。在 C++ 中，常用 const 或 constexpr 定义常量，方法如下：

```
const     常量类型  常量名=常量表达式;
constexpr 常量类型  常量名=常量表达式;                          11C++
```

例如：

```
const int    i=10;                        // L1
const char   c='A';                       // L2
const char   s[]="C++ const !";           // L3
constexpr char c = 'A';                   // L4
constexpr char s[] = "C++ const ";        // L5
```

因此，语句 L1 定义常量 i，L2 定义了字符常量 c，L3 定义了字符常量数组 s。L4 和 L2、L5 和 L3 具有完全相同的功能。

① const 和 constexpr 常量必须在定义时初始化，且常量一经定义就不能修改（常量名不能够出现在赋值符"="的左边）。例如：

```
const int   n;                            // 错误，常量 n 未被初始化
const int   i = 5;                        // 定义常量 i
i = 10;                                   // 错误，修改常量
i++;                                      // 错误，修改常量
```

② 在 C++ 中，表达式可以出现在常量定义语句中。例如：

```
int  j, k=9;                              // L1
const int   i1=10+k+6;                    // L2，i1 为 25
const int   i2=j+10;                      // L3，i1 未知，因为 j 不确定
```

当常量定义语句中出现表达式时，C++ 将首先计算表达式的值，然后把计算结果指定给常量。

语句 L3 尽管在有的编译环境下不会出错误，但没有意义，因为 j 的取值是未知的。

③ constexpr 与 const 的功能基本相同，都用于定义常量，但存在以下区别。constexpr 变量必须在编译时进行初始化，而 const 变量的初始化可以延迟到运行时。具体而言，用于初始化 constexpr 常量的表达式中的每部分值都是程序运之前就可以确定的字面值常量。而 const 无此限定，它只限定了定义的常量在程序运行期间不可被修改，但其初始值即使在运行时才取得也是可以的。例如，若 size()函数的功能是计算类型数据的长度，则

```
const int   n=size();            // L1: 正确，但 n 值的取得是在执行函数时
constexpr int  m=size();         // L2: 错误，程序编译时不知道 size()的值
const int  i = 10;
int   j = 21;
const int  i1 = i + 10;          // L3: 正确
const int  j1 = j + 10;          // L4: 正确
constexpr int  i2 = i + 10;      // L5: 正确，编译时可确定 i 值为 10
constexpr int  j2 = j + 10;      // L6: 错误，j 是变量
```

L2 语句错误的原因是：在编译时不能得知 size 的值，除非 size()函数的返回值类型也是 constexpr。L6 语句的错误原因与此相似，j 是变量，不允许作为 constexpr 的初始化值。但是 const 无此限制，所以 L4 语句是正确的。

可以理解为，所有 constexpr 对象都是 const 对象，但不是所有 const 对象都是 constexpr 对象。如果想保证变量拥有的值能够在编译期确定，就应该使用 constexpr 而不是 const。

2.5.2 const、constexpr 与指针

const 可以与指针结合，由于指针涉及"指针本身和指针所指的对象"，因此它与常量的结合也比较复杂，可分为三种情况，如图 2-4 所示。

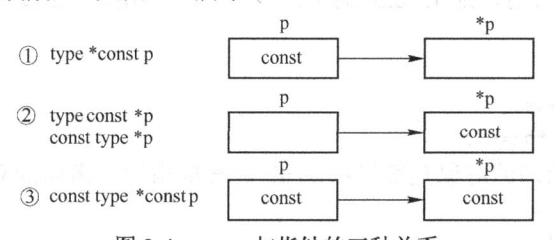

```
① type *const p            p ──→ *p
                         [const]    [  ]

② type const *p            p ──→ *p
   const type *p         [  ]    [const]

③ const type *const p      p ──→ *p
                         [const]  [const]
```

图 2-4 const 与指针的三种关系

图 2-4 中的 type 代表 C++中的任意数据类型，p 是一个指针变量。其中，第一种是常量指针，即指针是常量，不能被修改，但其所指内存区域是变量，可修改；第二种是指向常量的指针，即指针是变量，可再指向其他内存单元，但其所指单元是常量，不能修改；第三种是指向常量的常指针，指针及其所指内存单元都为常量，都不能被修改。

【例 2-10】 const 与指针的关系。

```
//Eg2-10.cpp
    #include <iostream>
    using namespace std;
    int main(){
        char *const   p0;                // L1  错误，p0 是常量，必须初始化
        char *const   p1="dukang";       // L2  正确
        char const   *p2;                // L3  正确
        const char   *p3="dukang";       // L4  正确
```

```
        const char  *const p4="dukang";       // L7   正确
        const char  *const p5;                // L6   错误，p5是常量，必须初始化
        p1="wankang";                         // L7   错误，p1是常量，不可改
        p2="wankang";                         // L8   正确，p2是变量，可改
        p3="wankang";                         // L9   正确，p3是变量，可改
        p4="wankang";                         // L10  错误，p4是常量，不可改
        p1[0]='w';                            // L11  正确
        p2[0]='w';                            // L12  错误，*p2是常量，不可改
        p3[0]='w';                            // L13  错误，*p3是常量，不可改
        p4[0]='w';                            // L14  错误，*p4是常量，不可改
        return 0;
    }
```

例中，*p2 和 *p3 的定义形式等价，只是 p2 没有初始化，p3 被初始化了。请结合图 2-4 和本例中的注释理解各语句正确和错误的原因。

const 对指针和变量之间的相互赋值具有一定影响：const 对象的地址只能赋给指向 const 对象的指针，否则引起编译错误。但指向 const 对象的指针可以指向 const 对象，也可以指向非 const 对象。例如：

```
        int  x=9;                    // L1
        const int  y=9;              // L2
        int  *p1;                    // L3
        const int  *p2;              // L4
        p1=&y;                       // L5，错误
        p2=&x;                       // L6，正确
        p2 = &y;                     // L7，正确
```

L5 将引起编译错误，若改为 "p1=&x;" 则是正确的。请结合上述说法理解 L7 正确的原因。

用 constexpr 限定指针时，则比 const 简单得多，它只限制指针变量本身是常量，与它所指的变量没有关系。例如：

```
        int  x;
        const int  *p1=&x;
        constexpr int  *p2=&x;
```

p1 是普通指针，指向的对象是常量；而 p2 是常量指针，指向的对象不是常量。

2.5.3 const 与引用

在定义引用时，可以用 const 进行限制，使它成为不允许被修改的常量引用。例如：

```
        int  i=9;
        int  &rr=i;
        const int  &ir=i;
        rr=8;
        ir=7;                                 // 错误
```

最后一条语句是错误的，因为 ir 是 const 引用，不允许通过它修改对应的变量 i。

const 引用可以用常量初始化，但非 const 引用不能用常量初始化。例如：

```
        int  i=2;                             // L1
        const double  &ff=10.0;               // L2
        const int  &ir=i+10;                  // L3
        int  &ii=3;                           // L4，错误
```

语句 L4 错误，语句 L2、L3 正确的原因与编译器的处理方式有关。编译器在实现常量引用时生成了一个临时对象，然后让引用指向这个对象。但该对象对用户而言是隐藏不可知的，不能访

问。例如，对于"const double &ff=10.0;"，编译器将其转换为类似于下面的形式：
```
double   temp=10.0;
const double  &ff=temp;
```
编译器先创建不为用户所知的临时变量 temp，然后将引用绑定到它，temp 将保持到引用的生命期结束。

2.5.4 顶层 const 和底层 const

指针实际上定义了两个对象：指针本身和它所指的对象。这两个对象都可以用 const 进行限定，当指针本身被限定为常量时，称指针为顶层 const；当所指的对象被限定为常量，而指针本身未被限定时，称指针为底层 const；当指针和所指对象两者都被限定为常量时，则指针为顶层 const，所指对象为底层 const。

```
int  i = 0;
const int  ic = 32;
int *const  p1 = &i;                  // p1 为顶层 const
const int  *p2;                       // P2 为底层 const
const int  *const p3 = &ic;           // p3 为顶层 const，(*p3)为底层 const
```

更一般，顶层 const 其实是指不可被修改的常量对象，此概念可以推广到任意的数据类型，它们定义的常量对象都是顶层 const。底层 const 则与指针和引用这样的复合类型[2]定义有关，其中指针比较特殊，既可以顶层 const，也可能是底层 const。所有声明为 const 的引用都是底层 const。

```
int  i=3;
const double  d=9.0                   // ic 为顶层 const
const int  ic = 32;                   // ic 为顶层 const
const int  &ri = i;                   // ri 为底层 const
const int  &ric = ic;                 // ric 为底层 const
```

在进行复制操作时，复制顶层 const 对象与底层 const 对象存在以下区别。

① 复制顶层 const 不受影响。由于执行复制时不影响被复制对象的值，因此它是否为常量对复制没有影响。例如，对于上面的语句组，执行下面的复制操作。

```
i = ic;           // 正确：ic 是一个顶层 const，对此操作无影响
p2 = p3;          // 正确：p2 和 p3 指向的对象类型相同，p3 顶层 const 部分不影响
```

② 底层 const 的复制是受限制的。要求粘贴和复制的对象有相同的底层 const 或者能够转换为相同的数据类型，一般而言，非常量能够转换成常量，反之则不行。例如，针对前面的语句组，执行下面的复制操作。

```
p2 = p3;          // 正确：p2 为底层 const，p3 是顶层也是底层 const，且类型同
p2 = &i;          // 正确：p2 为底层 const，&i 为 int*，且能转换成 const int*
p2= &ic           // 正确：p2 为底层 const，&ic 为 const int*
p2 = &ri;         // 正确：p2 的 ri 为相同类型的底层 const
int *p = p3;      // 错误：p3 包括底层 const 定义，而 p 没有
const int &r2 = i;  // 正确：const int&可以绑定到一个普通 int 上
int &r = ic;      // 错误：普通的 int&不能绑定到 int 常量上
```

"p2 = p3;"是正确的。因为 p3 既是底层 const 又是顶层 const，要求粘贴的对象拥有相同的底层 const 资格，而 p2 是一个同类型的底层 const，符合复制条件，所以正确。而"int *p= p3;"是错误的，原因是 p 不是底层 const，不符合复制条件，所以错误。

"p2 = &i;"是正确的。因为 p2 是底层 const，虽然对 i 取地址得到是 int*是非常量，但它可以

---

[2] 指针和引用都包含两部分内容。指针包括指针和指针所指对象，引用包括引用本身和引用的对象。

转换常量"const int*",符合 p2 底层 const 复制的要求。

其余语句正误的原因分析,请参考语句中的注释。

2.6　auto 和 decltype 类型 [11C++]

auto 和 decltype 是 C++11 引入的类型推断定义符。auto 的用法如下:
  auto　变量名1=表达式1, 变量名2=表达式2, …;

auto 使编译器运用从表达式结果推断出的类型定义变量,并用表达式的结果值初始化定义的变量。auto 一般忽略表达式的顶层 const 和引用的 const,而指针底层 const 则会保留下来。例如:

```
int i;
const int *const  p=&i;
const int  ic = i, &rc=ic;
auto x = 3 + 8;                // int x=3+8;
auto c = 's';                  // char c='s'
auto s = "abcde";              // char *s="abcde"
auto z = x + 3.8;              // double z=x+y
auto pi = &i;                  // int *pi=&i
auto pc = &ic;                 // const int *pc=&ic,忽略顶层 const 保留底层 const
auto rrc = rc;                 //int rrc,忽略引用的 const
auto ric = ic;                 //int ric,忽略顶层 const
auto pp = p;                   //const int *p,忽略顶层 const
```

用 auto 设置一个引用类型时,初始值中的顶层 const 会被保留,而引用字面常量时需要指定为 const 引用。例如,对上面 i 和 ic,用 auto 定义下面的引用:

```
auto &ri = i;                  // int  &ri=i
auto &rc = ic;                 // const int  &rc=ic,顶层 const
auto &r0=4.3                   // 错误,不能够将非常绑定到常数
const auto  &r1=4.3            // 正确
```

由于 auto 需要根据表达式的值推断数据类型,所以要求在用 auto 定义变量时,表达式的类型是清楚而明确的。另外,auto 也是一种变量定义语句,可以在一条语句中同时定义多个变量,但数据类型只能有一种。例如:

```
auto  x = 3, y = 12, z = 30;   // 正确,x、y、z 为 int 类型
auto  a = 3, b = 3.2;          // 错误,a 和 b 的类型不同
```

auto 会用表达式的值初始化其定义的变量,如果只需定义变量,不想用表达式值初始化它,则可用 deltype,用法如下:
  deltype(表达式)　变量=表达式;
或 deltype((表达式))　变量=表达式;　　// 定义引用

decltype 用于从表达式推断出类型并定义变量,但不用表达式的值初始化定义的变量。与 auto 不同的是:当表达式是变量时,decltype 与 auto 的处理方式不一样,它不会忽略顶层 const,其结果是定义与变量相同类型的变量(包括顶层 const 和引用在内)。

当用双重括号把表达式括起来时,定义的一定是引用。而用单括号时,只有当变量本身是引用时,定义的才是引用。

【例 2-11】 用 auto 和 decltype 定义变量。

```
//Eg2-11.cpp
#include <iostream>
using namespace std;
```

```
int  n;
double  f(int n) {
    int  s = 0;
    for(int i=1; i <= n; i++)
        s += i;
    return s;
}
void main() {
    int  i = 10, j, *p=&i, &r=i;
    const int  ic = i, &cj=ic;
    decltype(f(5))  s;                    // double  s
    decltype(i + 3.4)  x = 9;             // double  x;
    decltype(ic + 3)  y1;                 // int  y1;
    decltype(ic)  y2 = 4;                 // const int  y2=4;
    //  decltype(ic)  y3;                 // 错误, const int  y3
    decltype(p)  p1;                      // int  *p1
    decltype((i))  ri = j;                // int  &ri=j
    decltype(*p)  rp = i;                 // int  &rp=i
    auto  x1 = ic;                        // int  x1=ic
    decltype(cj)  x2 = ic;                // const int  &x2=ic
}
```

当表达式是解引用时，decltype 将得到引用类型，如上面的 rp 所示。

从本例最后两行可以看出 auto 和 decltype 在处理推断表达式是变量时的区别，即表达式为变量 ic 时，auto 根据其值推断数据类型，而 decltype 则用与 ic 相同的类型定义 x2。此外，在对数组的处理上，它们也存在差别。例如：

```
int  a[] = { 1,2,3,4,5,6,7,8,9,10 };
auto  p1 = a;                             // 等价于: int  *p1
decltype(a)  p2;                          // 等价于: int  p2[10]
```

在处理数组的问题上，auto 将对象定义为指向数组第一个元素类型的指针，相当于"auto p1(&a[0])"，即 p1 为指向 a[0]数据类型的指针，a[0]的类型为 int，因此等价于定义语句"int *p1"；p2 则不同，decltype 采用与 a 完全相同的类型定义 p2，定义了 int p2[10]。

2.7 begin、end 和基于范围的 for 循环 [11C++]

为了使指针和数组之类的连续数据列表操作更简单和安全，C++ 11 引入了用于获取数组、列表、链表之类序列数据首、尾地址的标准通用函数 begin、end 和范围 for 循环语句。begin 函数返回指向序列首元素的指针，end 返回指向序列尾元素后一位置的指针，如图 2-5 所示。范围 for 语句用于遍历数组、STL 容器（第 7 章）或其他序列，用法如下：

```
begin(序列)
end(序列)
for(变量声明:序列)
    循环体
```

图 2-5 begin 和 end 确定的位置

其中的序列必须是一组同类型的连续数据，如数组，用{}括起来的值列表、string 字符串或 STL 中的容器（如 list、stack……）。范围 for 循环的工作流程如下：<1> 定义变量；<2> 将序列第 1 个元素赋值给变量，执行循环体；<3> 将序列第2个元素赋值给变量,执行循环体;然后是第3个、第4个……<4>将序列最后1个元素赋值给变量,执行循环体,结束。

【例2-12】 利用begin()、end()函数和范围for计算数组元素的平方,统计字符串的字符数,并将所有的字符改为大写字母。

```cpp
//Eg2-12.cpp
    #include<iostream>
    #include<string>
    using namespace std;
    void main(){
        int a[10] = {1,2,3,4,5,6,7,8,9,10};
        string s("hellow,this is s string!");
        int n = 0;
        for(int i : a)                              // L1: 定义i,从a[0]一直取到a[9]
            cout << i << "\t";
        cout << endl;
        for(auto& i : a)                            // L2: i为依次为a[0]~a[9]的引用
            i *= i;                                 // L3: 通引用修改a[0] ~a[9]
        for(int *p = begin(a); p != end(a); p++)    // L4: 指针p访问a数组
            cout << *p << "\t";
        cout << endl;
        for(auto &c : s) {                          // L5: c依次为s[0] ~s[24]的引用
            n++;                                    // L6: 计算字符个数
            c = toupper(c);                         // L7: 通过引用把字符改为大写
        }
        cout << "s共有: " << n << "个字符" << endl;
        for(auto p = begin(s); p != end(s); p++)    // L8: 通过指针访问字符串
            cout << *p;
    }
```

程序运行结果如下:

```
1   2   3   4   5   6   7   8   9   10
1   4   9   16  25  36  49  64  81  100
s共有: 24个字符
HELLOW,THIS IS S STRING!
```

在范围for中,用auto自动推算数据类型是最方便的,将L1、L4的for语句内的int改为auto,具有完全相同的语义和功能。注意语句L1和L2的区别,L1中的i为普通变量,通过for循环依次读取a数组的每一个下标变量。而L2中的i则是引用,它通过for循环依次作为a数组每个下标变量的引用,并通过引用实现了对每个下标变量的平方运算。

注意,string本身也有获取字符串首尾位置的begin()和end()函数,功能与这里的begin()和end()相同,但用法有区别。用它实现L8语句等价功能的语句如下:

```cpp
for(auto p = s.begin(); p != s.end(); p++)
    cout << *p;
```

2.8 类型转换

类型转换就是将一种数据类型转换为另一种数据类型。在同一个算术表达式中,若出现了两种以上的不同数据类型,就会先进行数据类型转换,再计算表达式的值。例如:

```
cout<<34+21.45+'a'<<endl;
```
此算术表达式中出现了 3 种数据类型：34 是 int 类型，21.45 是 double 类型，'a'是 char 类型。运算的过程如下：首先将 34 转换成 double 类型的 34.00，再完成 34.00+21.45 的运算，得到 double 类型的结果 55.45，然后将 char 型的'a'转换成 double 类型的 97.00，再计算 55.45+97.00，最后的结果是 double 类型的 152.45。

类型转换可以分为隐式转换和显式转换。在 C++中，类型转换经常发生在算术表达式计算、函数的参数传递、函数返回值及赋值语句中。

1. 隐式类型转换

以下 4 种情况，C++会自动对参与运算的数据类型进行转换，不需程序员参与，称为隐式类型转换。

① 同一算术表达式中出现了多种不同的数据类型。转换的总原则是尽可能避免损失精度，因此窄数据类型（占用存储空间少的类型）向宽数据类型转换（占用存储空间多的类型），具体情况如图 2-6 所示。

```
char, signed char, unsigned char ─┐
short, unsigned short ────────────┼─→ int ──→ long ──→ float ──→ double ──→ long double
                                  │    (unsigned int)
bool ─────────────────────────────┘
```

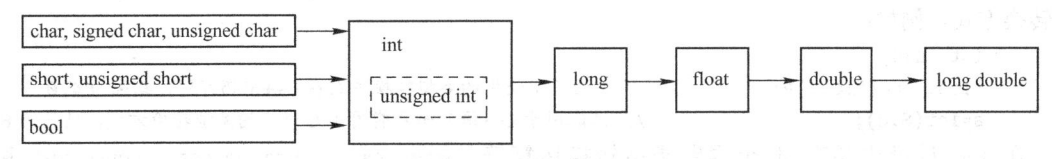

图 2-6 C++类型转换方法

其中整数转换的方法是把小整数类型转换成较大的整数类型，即对于 bool、char、signed char、unsigned char、short 和 unsigned short 等类型来说，如果在同一表达式中出现了这些类型，只要对应变量值能够用 int 存储，它们就会提升成 int 类型；反之，如果超出了整数的表示范围，就将其提升成 unsigned int 类型。

② 将一种类型的数据赋值给另一种类型的变量，会发生隐式类型转换，把赋值句右边的表达式结果转换成赋值句左边变量的类型。例如：

```
int    a=2;
float  b=3.4;
double c=2.2;
b=a;                    // 将 a 的值 2 转换成 float 型的 2.0 再赋给 b
a=c;                    // 将 c 的值 2.2 转换成 int 型的 2 赋给 a
```

由于宽类型数据所占的存储空间比窄类型多，因此窄类型向宽类型转换不会有什么问题，而宽类型数据转换成窄类型则常会发生精度损失，是不安全的。C++常采用**截取方法**进行宽类型向窄类型的转换，即从宽类型中截取与窄类型大小相同的存储区域作为转换的结果，而宽类型中多出的字节就丢掉了。例如"a=c"，C++将截取 c 的整数部分并赋值给 a，至于 c 的小数部分就丢掉了，所以 a 的最终结果是 2。

③ 在函数调用中，若实参表达式与形参的类型不相符合，则把实参的类型转换成形参的类型。

④ 在函数返回时，若函数返回表达式的值与函数声明中的返回类型不相同，则把表达式结果转换成函数返回类型。例如：

```
float min(int a, int b) {
    return a<b?a:b;
}
```

return 语句中的表达式结果为 int，与 min()函数返回类型 float 不同，因此会发生类型转换，将"a<b?a:b"的结果转换 float 类型后再返回给 min()函数。

假设对上面的函数 min()存在如下函数调用：
```
int   a=2;
float b=3.4;
int   x=min(b,a+3.5);
```
由于 min()的形式参数是 int，所以在"min(b,a+3.5)"调用中，将把 b 的值 3.4 从 float 类型转换成 int 类型的 3，"a+3.5"的结果 5.5 为 double 类型，也被转换成 int 类型的 5，再传给相应的形式参数。

2. 显式类型转换

把一种数据类型强制转换为另一种类型就称为显示转换，也称为强制转换。形式如下：
```
(type) exp
```
或
```
type (exp)
```
其中，type 是目标类型，exp 是要进行类型转换的表达式，强制转换把 exp 转换成 type 型。第一种是 C 语言支持的类型转换方式，它在 C++语言中同样可用；第二种是 C++语言才允许使用的类型转换方式。例如：
```
int    a=4;
float  c=(float)a;         // C 语言中使用的类型转换方式在 C++中仍可用，结果为 4.0
a=int(8.8);                // 只能用于 C++语言而不能用于 C 语言的类型转换方式，结果为 8
```
在 C++标准中还有 4 个强制类型转换运算符：static_cast，dynamic_cast，const_cast 和 reinterpret_cast。其用法如下：
```
x_cast <type> (exp)
```
其中，x_cast 代表强制类型，可以是 static_cast、dynamic_cast、const_cast 或 reinterpret_cast 之一，type 是强制转换后的类型，exp 是要转换类型的表达式。

static_cast 是静态强制转换，能够实现任何标准类型之间的转换，如从整型到枚举类型，从浮点型到整型之间的转换等。事实上，凡是隐式转换能够实现的类型转换，static_cast 都能够实现。例如：
```
char   p='d';
int    x=static_cast<int>(p);              // 将 p 转换成 int，x=100
double y=static_cast <double>(54);         // 将 54 从 int 型转换成 double 型
```
const_cast 是常量强制转换，用于强制转换 const 或 volatile（可变）的数据，它转换前后的数据类型必须相同，可以用来在运算时暂时删除数据的 const 限制。

【例 2-13】 利用 const_cast 转换去掉引用的 const 限制。

```
//Eg2-13.cpp
#include<iostream>
using namespace std;
void sqr(const int &x) {
    const_cast <int &>(x)=x*x;       // L1 去掉了 x 的 const 限制，否则不能修改 x
    // x=x*x;                        // L2 错误，x 为 const，不能被修改
}
void main(){
    int  a=5;
    const int  b=5;
    sqr(a);                          // L3 通过引用将 a 改为 25
    cout<<a<<endl;                   // L4 输出 25
```

```
        sqr(b);                              // L5  由于 b 为 const，sqr 对其修改无效
        cout<<b<<endl;                       // L6  输出 5
    }
```

函数 sqr()的参数 x 是常量引用，不能通过它修改实参的值，但是语句 "const_cast<int &>(x);" 在执行时暂时去掉了 x 的 const 限制，将其结果改为 x*x，本语句执行后，x 即恢复为 const，因此语句 L2 是错误的。语句 L5 通过 sqr 的形参 x 修改了实参 b 单元中的值为 25，但 b 是 const，在函数结束时，此修改无效，b 恢复原来的 const 值 5。

reinterpret_cast 是重解释强制转换，能够实现互不相关的数据类型之间的转换，如将整型转换成指针，或把一个指针转换成与之不相关的另一种类型的指针。

```
        int    i;
        char   *c="try fly";
        i=reinterpret_cast<int >(c);
```

reinterpret_cast 其实是按强制转换所指定的类型对要转换数据对应的内存区域进行重新定义。在本例中，reinterpret_cast 将 c 对应的内存区域（一个内存地址，因为 c 是指针）重定义为一个整数，这种转换在这里并没有多大的意义。

dynamic_cast 是动态强制转换，主要用于基类和派生类对象之间的指针转换，以实现多态。与其他几个强制类型转换运算符不同的是，dynamic_cast 完成的类型转换是在程序运行时刻实现的，其他类型的强制转换在编译时就完成了。

2.9 函数

函数是 C++程序的基本构件，在 C++语言中定义函数的方法和基本规则与 C 语言基本相同。这里仅就 C++语言对函数扩充的几方面进行介绍。

2.9.1 函数原型

C++语言是一种强类型检查语言，每个函数调用的实参在编译期间都要经过类型检查。如果实参类型与对应的形参类型不匹配，C++就会尝试可能的类型转换，若没有类型转换行得通，或实参个数与函数的参数个数不相符，就会产生编译错误。要实现这样的检查，就要求所有的函数必须在调用之前进行声明或定义。

函数原型就是常说的函数声明，由函数返回类型、函数名和形式参数表三部分构成。参数表中包括所有参数的类型和参数名，参数之间用逗号隔开。形式如下：

        rtype   f_name(type1 p1, type2 p2, …);

其中，rtype 是函数的返回类型，f_name 是函数名，type1、type2……是形式参数的类型，p1、p2……是形式参数的名称。形参名可以省略，即 p1、p2 是可省略的。

虽然函数原型只有一条语句，但是它描述了函数的接口，说明了调用该函数的全部信息。

【例 2-14】 函数原型的一个简单例子：计算数字平方的函数

```
//Eg2-14.cpp
    #include<iostream>
    using namespace std;
    double sqrt(double f);                                    // L1  函数原型
    void main(){
        for(int i=0; i<10; i++)
```

```
        cout<<i<<"*"<<i<<"="<<sqrt(i)<<endl;
}
double sqrt(double f) {                              // L2  函数定义
    return f*f;
}
```

main 之前的函数声明 double sqrt(double f)就是函数原型,其中的形参名 f 是可省略的。在 C 语言中没有这个声明也可以,但在 C++中没有这个函数原型就会引起编译错误。

说明: ① 函数定义时的返回类型、函数名、参数个数、参数次序和类型必须与函数原型相符,参数名可以不同。下面函数的形参名称与例 2-12 中的 sqrt()函数不同,但它们是同一个函数。

```
double sqrt(double d){   return d*d;  }
```

② C++与 C 语言的函数参数声明存在区别。C 语言支持传统的函数声明方式,即可将函数参数的类型说明放在函数头和函数体之间,形式如下:

```
rtype f_name(p1, p2, …, pn)
type1 p1;
……
typen pn;
{
    ……                                              // 函数代码
}
```

在 C 语言中,这个函数声明与下面的形式(有人称为现代形式)是等价的:

```
rtype f_name(type1 p1, type2 p2, …, typen pn) {
    ……                                              // 函数代码
}
```

C++不支持传统的函数参数声明方式,只支持现代形式的参数声明方式。

③ 如果一个函数没有返回类型,则必须指明它的返回类型为 void(包括主函数 main)。

```
int  f(int, int);
f(int, int);                                         // L1  VC 6.0可行,VC.NET 则错误
void f1(int i, int j);
void main()
```

上面两个 f()函数在早期 C++中完全等价,其返回类型为 int。但在标准 C++中,函数都应该有返回类型,因此 L1 语句在某些编译环境中会产生编译错误。

2.9.2 函数参数传递的类型

当函数被调用执行时,系统首先分配一片存储区域供它使用,函数执行完成后就收回,称为堆栈。函数执行期间,会在堆栈中为形参和函数定义的变量分配内存单元。

在调用函数时,系统会首先把实参传递给形参,称为函数参数传递。传递的内容可以是实参的值、地址,也可以是引用。据此常将 C++的参数传递分为 3 类:值传递,指针传递,引用传递。

1. 值传递

值传递是用实参的值来初始化形参,方法是把实参的值复制到对应参数在堆栈内分配到的存储单元中,复制完成后,实参与形参之间就没有关系了,这种参数传递方式也称为按值传递。

按值传递参数时,函数处理的是实参的复制值,这些复制值在堆栈中,其修改不会引起实参值的变化。当函数执行完后,该函数用来保存数据的堆栈被系统收回,函数中定义的变量、常数以及函数调用时传递的参数都会因存储区域的释放而变得无效。

例如，在下面的程序段中，swap1()函数是无法实现两数 x 和 y 的交换的。
```
void swap1(int a,int b) {
    int  temp=a;
    a=b;
    b=temp;
}
x=10;
y=5;
swap1(x, y);
```
当 swap1(x, y)调用发生时，将 x 的值 10 复制给形参 a，将 y 的值复制给形参 b，之后 x 和 a、y 和 b 就无联系了，swap1 实际交换的是形参 a 和 b 的值。因此，执行 swap1(x, y)函数调用后，x 的值仍然为 10，y 仍然为 5。

2. 指针传递

指针作为参数时，C++把实参的地址复制到指针形参在堆栈内分配到的存储单元中，使指针形参指向实参的内存区域，实现对实参的操作。用指针参数实现两数交换的函数如下：
```
void swap2(int *a, int *b) {
    int  temp=*a;
    *a=*b;
    *b=temp;
}
x=10;
y=5;
swap2(&x, &y);
```
在调用函数 swap2()时，C++将把实参 x 的地址复制到参数 a 在堆栈内的存储单元中，把 y 的地址复制到参数 b 在堆栈内的存储单元中。参数 a、b 实际指向了 x, y 的内存单元，因此函数 swap2 通过指针参数 a、b，就能完成实参 x 和 y 对应的内存数据的交换。

在应用指针处理函数的参数时，必须把数组参数给合在一起考虑。数组的两个特性对作为函数参数有较大影响：① 不允许拷贝数组；② 数组通常被转换成指针。

【例 2-15】 设计对具有 6 个元素的整数数组进行冒泡法排序的函数。

```
void sortArr(int a[6]) {
    for(int i = 0; i < 6-1; i++)
        for(int j = 0; j < 6-i-1;j++) {
            if(a[j] > a[j + 1]) {
                int  t = a[j];
                a[j] = a[j + 1];
                a[j + 1] = t;
            }
        }
}
```

假设有下面数组和调用：
```
void main() {
    int  b[] = { 21,13,4,1,7,5 };

    sortArr(b);
}
```

因为上面的两个原因，不能复制数组，意味着无法按值传递方式把数组 b 的每个元素值复制到形参组 a 的每个下标元素中。数组参数会被转换成指针（即 int *a），当向它传递数组时，实际上传递给它的是指向实参组首元素的指针。因此，sortArr(b)等价于 sortArr(&b[0])。更一般地，若仅从调用的合法性上讲，只要向 sortArr()函数传递一个整型变量的地址都是允许的。例如：

```
int  x=9;
sortArr(&x);                              // 语法正确，但执行函数的 for 循环会出问题
```

虽然不能按值传递的方式传递数组，但 C/C++允许把形参写成数组的形式：

```
void sortArr(int a[]) {…}
void sortArr(int a[6]) {…}                // 希望有 6 个元素，实际上 6 并不一定
```

这两个函数本质相同，它们会被转换成下面的函数。这 3 个函数完全是一个函数！

```
void sortArr(int *a) {…}
```

因此，希望采用类似于"void sortArr(int a[6])"的参数形式指定数组的大小不可行，常规方法是显式传递一个表示数组大小的参数。类似于下面的形式，两个函数完全相同。

```
void sortArr(int a[],int n) {…}
void sortArr(int *a,int n) {…}
```

另一种方法是传递数组引用参数，因为 C++允许定义数组的引用，也就可以将它作为函数的参数或返回类型。例如，修改 sortArr()函数的参数表如下，程序代码不做任何修改。

```
void sortArr(int (&a)[6]){…}
```

这种方法是有缺陷的，使用起来并不方便。因为引用参数要求实参完全匹配，而数组大小也是数组类型的一部分，因此 sortArr()函数仅能对具有 6 个元素的整数数组进行排序，多于或少于 6 个元素都不行。如针对"sortArr(int (&a)[6]){…}"函数的下列调用：

```
int  b[] = {21,13,4,1,7,5};
int  c[] = {1,2,3,4,5}, k = 0;
sortArr(b);                               // 正确
sortArr(&k);                              // 错误，k 不是具有 6 个元素的数组
sortArr(c);                               // 错误，c 不是具有 6 个元素的数组
```

3. 引用参数

引用传递参数能够达到与指针同样的效果，但使用方式与按值传递参数的使用形式相同，比指针参数简单。引用作为参数传递的是实参变量本身（引用是变量的左值，即实参的地址），而不是将实参的值复制到函数参数在运行栈中的存储区域中。此外，可认为引用是变量的别名，在传递引用参数时，引用参数对应实参的别名。因此，对于引用参数，函数操作的是实参本身，而不是实参的副本，这意味着函数能够改变实参的值。

【例 2-16】 用引用参数完成两数交换的函数 swap()。

```
//Eg2-16.cpp
    #include<iostream>
    using namespace std;
    void swap(int &a,int &b) {
        int  temp=a;
        a=b;
        b=temp;
    }
    void main(){
        int  x=5, y=10;
        swap(x,y);
        cout<<"x="<<x<<"\ty="<<y<<endl;
```

}

程序的运行结果如下:
    x=10   y=5

由于引用参数传递的是实参的地址,因此在调用函数时,不能向引用参数传递常数。如对于例 2-16 的函数 swap(),下面的调用是错误的:

```
int   x=5;
swap(3, 4);                              // 错误,3,4 是常数
swap(x, 9);                              // 错误,9 是常数
swap(6, x);                              // 错误,6 是常数
```

除了像指针一样用于改变实参的值需要引用参数之外,C++引入引用的另一原因是传递大型的类对象或数据结构。在按值传递参数的情况下,传递小型类对象和结构变量不存在效率问题,但在传递大型结构变量或类对象时,需要进行大量的数据复制(把实参对象或结构变量的值复制到函数参数在运行栈分配的存储区域中),效率就太低了。

【例 2-17】 按值传递参数与引用传递参数的效率对比。

```
//Eg2-17.cpp
    #include <iostream>
    #include <string>
    using namespace std;
    struct student {
        char   name[12]="";                  // 学生姓名,初始化为空字符串
        char   Id[8]="";                     // 学号,初始化为空字符串
        int    age=0;                        // 年龄,初始化为 0
        double  score[10] = {0};             // 10 科成绩,初始化为 0
    };
    void print(student a) {
        cout << a.name << "\t" << a.Id << "\t" << a.age << endl;
        for(int i = 0; i<10; i++)
            cout << a.score[i] << endl;
    }
    void main() {
        student  x;
        // ……
        print(x);                            // 对 x 进行赋值的语句省掉了
        cout << sizeof(x) << endl;           // 计算 x 的内存块大小
    }
```

在调用 print(x)打印学生的各项数据时,将把 x 的各项数据复制到 print()函数的堆栈内为参数 a 分配的存储块中。最后一条语句计算出学生结构的大小是 104 字节,计算过程如下:
          12(name)+8(Id)+4(age)+8×10(score)=104
即向函数 print()传递 student 类型的参数数据时,将完成 104 字节的数据复制。如果频繁调用此函数,进行参数复制的开销是相当可观的。若将 print()的参数改为引用形式:
            void print(student &a){…}
则每次调用该函数打印 student 类型的学生数据时,只需要复制 4 字节的地址数据(对于 32 位计算机),较之于 104 字节的参数复制,减少了大量的数据复制。

2.9.3 函数默认参数

C++允许为函数提供默认参数，也称为缺省参数。在调用具有默认参数的函数时，如果没有提供调用参数，C++将自动把默认参数作为相应参数的值。

【例 2-18】 设计函数 sqrt()计算给定数字的平方，默认计算 1.0 的平方。

```
//Eg2-18.cpp
    #include <iostream>
    using namespace std;
    double sqrt(double f=1.0);          // sqrt 具有默认参数值，默认时 f 为 1.0
    void main(){
        cout<<sqrt()<<endl;             // 调用 sqrt 时没有提供实参，按默认值 f=1.0 调用函数
        cout<<sqrt(5)<<endl;            // 调用时提供了实参，默认值就无效了，f=5
    }
    // 定义时，不能指定默认参数。若改为 double sqrt(double f=1.0)，则错
    double sqrt(double f) {
        return f*f;
    }
```

说明：① 在指定某个函数的默认值时，如果它有函数原型，就只能在函数原型中指定对应参数的默认值，不能在定义函数时再重复指定参数默认值。当然，若函数是直接定义的，没有函数原型，若要指定参数默认值，在定义时指定就行了。

② 在具有多个参数的函数中指定默认值时，所有默认参数都必须出现在无默认值参数的右边。即，一旦某个参数开始指定默认值，它右边的所有参数都必须指定默认值。

```
    int f(int i1,int i2=2,int i3=0);        // 正确
    int g(int i1,int i2=0,int i3);          // 错误，i3 没有默认值
    int h(int i1=0,int i2,int i3=0);        // 错误，i1 默认后，其右边的 i2 没有默认值
```

③ 可以用表达式作为默认参数，只要表达式可以转换成形参所需的类型即可。但是，局部变量不能作为默认参数值。

【例 2-19】 设计函数 dog()，输出狗的名字、高和长。默认狗名为 tom，0.8 米高，1.1 米长。

```
//Eg2-19.cpp
    #include<iostream>
    #include<string>
    using namespace std;
    string name="tom";
    double  h = 0.8, len = 1.1;
    void dog(string dogname = name, double high = h, double lenth = len) {
        cout << "Dogname:" << dogname << "\tHigh:" << h << "\tLenth:" << len << endl;
    }
    int main() {
        name = "Jake";              // L1  修改全局变量，改变默认实参值
        double h = 2.1;             // L2  h 隐藏了全局变量 h，对 dog 参数 h 的默认值无影响
        dog();
        return 0;
    }
```

运行结果如下：
    Dogname:Jake   High:0.8 Lenth:1.1

运行结果分析：dog()函数应用全局变量 name、h、len 作为参数的默认值；调用 dog()时，系统会将调用时间点上 name、h、len 的值作为对应参数的默认值。调用 dog()函数前，L1 语句修改了全局变量 name 的值，也就改变了 dogname 参数的默认值。L2 语句定义了局部变量 h，隐藏了全局变量 h，但并不影响全局变量 h 的值（仍为 0.8），而函数参数的默认值与局部变量无关，所以有上面的输出结果。

④ 在调用具有默认参数值的函数时，若某个实参有默认值,其右边的所有实参都应有默认值。例如：

```
int f(int i1=1,int i2=2,int i3=0){ return i1+i2+i3; }
```

针对此函数，有如下调用：

```
f();              // 正确，i1=1,i2=2,i3=0
f(3);             // 正确，i1=3,i2=2,i3=0
f(2,3);           // 正确，i1=2,i2=3,i3=0
f(4,5,6);         // 正确，i1=4,i2=5,i3=6
f(,2,3);          // 错误，i1默认了，而右边的i2、i3没有默认
```

2.9.4 函数返回值

C++函数返回值的基本规则和方法与 C 语言相同，在此仅对增、改的内容进行简介。

1. 默认返回值和返回 void

在函数没指定返回类型时，C 语言和早期的 C++默认其返回值为 int 类型，C++ 11 不再支持这一默认返回值。除了类的构造函数和析构函数可以没有返回类型外，所有函数都必须有返回类型，如果确实不返回函数值，应当指定其返回值为 void。

指定返回值为 void 的函数，可以没有 return 语句，其余函数（除类的构造函数和析构函数外）都必须用 return 返回函数计算结果。return 语句的功能结束当前正在执行的函数，将执行程序的控制权返回调用该函数的地方。它有两种调用形式：

```
return;
return 表达式
```

事实上，每个函数都是通过 return 语句结束函数调用的。虽然返回值为 void 的函数没有 return 语句，但系统会在该函数最后一条语句的后面隐式地执行 return 语句。

【例 2-20】 设计函数 maxArr()求数组的最大值，函数 swap()实现两数交换。

```
//Eg2-20.cpp
    int maxArr(int a[],int n) {                           // L1
        int   max = a[0];
        for(int i = 1; i < n;i++)
            if(max < a[i])
                max = a[i];
        return max;
    }
    void swap(int &a, int &b) {
        if(a = b)
            return;                                       // L2
        else{
            int   t = a;
            a = b;
            b = t;
        }
```

}

在早期 C 语言程序中，如果 L1 语句的前面没有 int，也是正确的，系统会默认为 int，但在 C++ 11 中是错误的，必须为该函数指定返回类型。

在 swap()函数中，如果要交换的两个数相同，就直接结束程序，没有执行交换的必要了。

2. 返回引用

函数可以返回一个引用，原型如下：

  rtype &f_name(type1 p1, type2 p2, …);

其中，rtype 是返回类型，type1 和 type2 分别是形参 p1、p2 的数据类型。

当一个函数返回引用时，实际返回了一个变量的内存地址。既然是内存地址，就能够读和写该地址所对应的内存区域中的值，这使函数调用能够出现在赋值语句的左边。

【例 2-21】 返回引用的两数相加函数。

```
//Eg2-21.cpp
    #include <iostream>
    using namespace std;
    int   temp;
    int& f(int i1, int i2){
        temp=i1+i2;
        return temp;
    }
    void main(){
        int  t=f(1, 3);              // L1
        cout<<temp<<" ";             // L2
        f(2,8)++;                    // L3
        cout<<temp<<" ";             // L4
        f(2,3)=9;                    // L5
        cout<<temp<<endl;            // L6
    }
```

运行结果如下：

  4   11   9

由于函数 f()返回一个引用值，所以它返回全局变量 temp 的地址。语句 L1 中的函数调用 f(1,3) 将把 1 和 3 相加的结果 4 存入 temp，并返回 temp 的地址，最后把 temp 中的值复制到 t 的内存区域中。L1 执行后，temp 的值成为 4，所以 L2 输出的 temp 值为 4。

语句 L3 中的函数 f(2, 8)调用将使 temp 更改为 10，然后将对 temp 执行自增运算，所以 L4 输出的 temp 值为 11。

语句 L5 中的 f(2, 3)将修改 temp 的值为 5，然后返回 temp 的地址，再将该地址中的值改为 9。这次函数调用其实等效于下面的两条语句，因为 f(2, 3)返回的是 temp 变量的地址：

  f(2, 3);
  temp=9;

因此，L6 输出的 temp 值为 9。

当一个函数返回引用时，return 语句必须返回一个变量，而返回值的函数的 return 则可以返回一个表达式。作为返回值类型的函数，下面的函数 g()是正确的：

  int g(int i1, int i2){
    return i1+i2;

但是，如下将 g()定义成返回引用的函数则是错误的：
```
int &g(int i1, int i2){
    return i1+i2;
}
```
原因是返回引用的函数需要 return 一个变量。但若将 g()改为返回常数的引用函数，在 C++中是允许的。例如：
```
const int &g(int i1, int i2){
    return i1+i2;
}
```
C++在返回一个表达式时，将首先计算表达式的值，然后生成一个临时变量，并将表达式的值存放到生成的临时变量中。"return i1+i2"的处理过程大致如下：
```
int  temp=i1+i2;
return temp;
```
临时变量 temp 对程序员并不可见，当函数调用完成时，temp 所占用的内存空间就归还给系统了，所以一个返回类型为引用的函数不能返回一个表达式。但是当将函数定义成返回 const 引用类型的函数时，C++将把 temp 的地址作为函数的返回值，并且保留 temp，直到应用函数结果的变量的生命期结束。

2.9.5 函数重载

1. 函数重载的概念

函数重载就是允许在同一程序中（确切地讲是指在同一作用域内）定义多个同名函数，C++规定，重载函数必须具有不同的形参列表（如不同的参数类型或参数个数等）。

【例 2-22】 重载计算 int、float、double 三种类型数据绝对值的函数。

```
//Eg2-22.cpp
#include<iostream>
using namespace std;
int Abs(int x) {  return x>0?x:-x;  }
float Abs(float x) {  return x>0?x:-x;  }
double Abs(double x) {  return x>0?x:-x;  }
void main(){
    cout<< Abs(-9) <<endl;
    cout<< Abs(-9.9f) <<endl;
    cout<< Abs(-9.8) <<endl;
}
```

在函数调用时，C++会调用与实参类型最相符合的那个重载函数。Abs(-9)的实参是 int 类型，所以将调用函数 Abs(int x)，Abs(-9.9f)调用函数 Abs(float x)，Abs(-9.8)调用函数 Abs(double x)。

2. 函数重载解析过程

把函数调用与多个同名重载函数中的某个函数相关联的过程称为函数重载解析。在具有多个同名函数的情况下，需要找到形式参数与实参表达式类型匹配最好的那个函数。C++进行函数参数匹配的原则和次序如下。

① 精确匹配。精确匹配是指实参与函数的形式参数类型完全相同，不需要做任何转换或只需

进行要平凡转换（如从数组名到指针、函数名到函数指针或 T 到 const T 等）的参数匹配。

② 提升匹配。提升主要是指从窄类型到宽类型的转换，这种转换没有精度损失，包括整数提升和 float 到 double 的提升。整数提升包括从 bool 到 int、char 到 int、short 到 int，以及它们的无符号版本，如 unsigned short 到 unsigned int 的提升。

③ 标准转换匹配。如 int 到 double、double 到 int、double 到 long double，派生类指针到基类指针的转换（将在第 4 章讲述），如 T*到 void *、int 到 unsigned int 的转换。

④ 用户定义的类型转换。在 C++语言中，程序员可以定义类型转换函数。如果在程序中定义了这样的转换函数，这些转换函数也会用于重载函数的匹配。

【例 2-23】 函数重载解析的例子。

```
//Eg2-23.cpp
#include <iostream>
using namespace std;
void f(int i){cout<<i<<endl;}
void f(const char*s){cout<<s<<endl;}
void main(){
    char c='A';
    int i=1;
    short s=2;
    double ff=3.4;
    char a[10]="123456789";
    f(c);                           // f(int i)  提升
    f(i);                           // f(int i)  精确匹配
    f(s);                           // f(int i)  提升
    f(ff);                          // f(int i)  转换
    f('a');                         // f(int i)  提升
    f(3);                           // f(int i)  精确匹配
    f("string");                    // f(const char*s)  精确匹配
    f(a);                           // f(const char*s)  精确匹配
}
```

在进行重载函数解析时，将按照"精确匹配→提升→转换→用户定义的类型转换"的次序寻找一个恰当的函数调用。

例如 f(i)调用，由于 i 是 int，正好与 f(int)的形式参数类型相匹配，所以 f(i)会调用函数 f(int)。而对于 f(c)调用，由于 c 是 char 类型，在重载函数中没有 f(char)这样的函数，所以精确匹配失败，接着 C++会尝试能否进行参数提升，恰好 char 能够提升为 int，所以调用 f(int)。

对于 f(ff)调用，首先是参数匹配失败，接着是参数提升失败，然后尝试参数类型转换，正好 double 能够转换成 int（要损失数值精度），所以调用函数 f(int)。

3. 重载函数的注意事项

① 重载函数必须具有不同的参数表（即在参数类型，或参数个数，或参数顺序方面有所不同）才是正确的。如果两个函数只有返回类型不同，而函数名、参数表都完全相同，就不能称为重载函数，而是属于函数的重复定义，是错误的。下面 3 个 f()函数是正确的函数重载：

```
int f(int, int);
double f(int);
int f(char);
```

下面两个 f()函数只有返回类型不同，是错误的：

```
        int f(int);
        double f(int);
```
② 在定义和调用重载函数时，要注意它的二义性。例如：
```
        int f(int& x) {…}
        double f(int x) {…}
        int g(unsigned int x) { return x; }
        double g(double x) { return x; }
```
函数 f()和 g()都是正确的重载函数，但是如何调用它们呢？例如：
```
        int  a=1;
        f(a);                           // 错误，产生二义性
        g(a);                           // 错误，产生二义性
```
C++无法确定调用 f(int& x)还是 f(int x)，因为两种调用都是正确的，产生函数调用二义性。同样，由于精确匹配和提升对于 g(a)的调用都会失败，因此会使用转换的原则调用 g(a)，但 int 既可以转换成 unsigned int，也可以转换成 double，则 g(a)调用 g(unsigned int x)或 g(double x)都是正确的，因此会产生二义性。

注意：C++所有的标准转换都是等价的，没有哪个转换存在什么优先权，从 int 到 unsigned int 的转换并不比从 int 到 double 的转换高一个优先级。

③ 重载函数和 const 形参。顶层 const 参数不影响实参的传入，也就是说一个拥有顶层 const 参数的函数，无法与另一个没有顶层 const 的同名同参数类型的函数相区别，属于重定义错误。例如，同一程序中若出现下面两个函数，则会产生重定义编译错误。
```
        int f(int x, int y) {  cout << "fa" << endl;  }
        int f(const int x, const int y) {  cout << "fb" << endl;  }
```
底层 const 则是可区别的，拥有指针或引用参数的函数和拥有底层 const 指针或引用的同名函数属于重载函数。

【**例 2-24**】 设计通过底层 const 引用区分重载函数 f()，通过底层 const 指针区别的函数 g()。

```
//Eg2-24.cpp
    #include <iostream>
    using namespace std;
    void f(int &x) {  cout << "f(int &)" << endl;  }
    void f(const int &x) {  cout << "f(const int& )" << endl;  }
    void g(const int * x) {  cout << "g(const int *)" << endl;  }
    void g(int * x) {  cout << "g(int *)" << endl;  }
    void main() {
        int   x = 10;
        const int   y = 9;
        f(x);                                       // 调用 f(int &x)
        f(y);                                       // 调用 f(const int &)
        g(&x);                                      // 调用 g(int *x)
    }
```

程序运行结果如下：
```
    f(int &)
    f(const int& )
    g(int *)
```
因为 const 对象不能转换成非 const 对象，所以用 const 对象调用 f()和 g()函数时只能调用 const 参数的函数。反之，非常量可以转换为 const，因此 4 个函数都能够接收非常量参数。但是当传递的实参为非常量对象的引用或指向常量的指针时，编译器会优先调用非常量参数的函数版本。

2.9.6 函数与 const 和 constexpr

在 C++中，函数参数可能是大型对象，用值传递方式进行参数传递需要进行大量的数据复制，存储空间和运行时间的开销较大，效率较低。而用 const 或 constexpr 限定的指针或引用传递参数，则可以避免函数对参数对象进行修改，既高效又安全。

用 const 限制函数的参数能够保证函数不对参数做任何修改，但向形参传递实参的过程，就是对象的复制过程，同样要遵守 2.5.4 节中关于顶层 const 和底层 const 复制的规则。

1. 形参是顶层 const

一方面，const 限定的参数不可修改；另一方面，实参传递忽略顶层 const。例如：

```
int f(int i1,const int i2){
    i1++;
    // i2++;                                // 错误，i2 是 const，不可修改
    return i1+i2;
}
```

本函数中的 i1++没有问题，而 i2++则是错误的。原因是，i2 是 const 型参数，而 const 型变量不允许重新赋值，也不允许修改。i2++将使 i2 增加 1，是不允许的。

在调用函数时，可以忽略参数的顶层 const 限制，即向顶层 const 参数传递的实参既可以是常量对象，也可以是非常量对象。由于参数 i2 就是顶层 const，可以接收常量和非常量实参，因此下述调用都正确。

```
const int x=9;
int  y=100;
f(100,x);                                   // x 是常量实参
f(x,y);                                     // y 是非常量实参
```

由于参数的顶层 const 被忽略，因此不能通过顶层 const 区分函数形参，在重载函数时当注意这个问题。例如，下面的 f()函数不是重载，而是重定义错误。

```
int f(int i1, int i2){…}
```

2. 形参是底层 const

简言之，常见的底层 const 包括用 const 限定的引用和指针两种情况，它们的复制规则同样适用于函数的底层 const 参数，即同类型的底层 **const** 或者能够被转换为相同的数据类型才能够被复制，而且非常量能够被转换成常量，但常量不能被转换为非常量。例如：

```
int  i = 10, const j = 10;
const int  *p1 = &i;                        // 正确
const int  *p2 = &j;                        // 正确
const int  &r1 = i;                         // 正确
const int  &r2 = 10;                        // 正确
int  *p3 = p1;                              // 错误
int  &r3 = r1;                              // 错误
int  &r4 = r2;                              // 错误
```

p1、p2、r1、r2 都是底层 const，能够接收常量和非常量。p2 和 r2 接收的类型是类型相同的常量对象，类型完全匹配，所以正确。p1 和 r1 接收的是类型相同的非常量对象，非常量可以向常量转换，因此也正确。

p1 是底层 const，要求复制对象也是底层 const，但 p3 是普通对象而非底层 const，所以出错。r3 和 r4 是普通引用，普通引用只能用相同类型初始化，但 r1 和 r2 都常量，类型不符。在函数参

数是底层 const 时，上面的复制规则适用于底层 const 参数传递。

【例 2-25】 函数 fp1()和 fr1()分别是有底层 const 指针和引用的函数，fp2()和 fr2()具有无 const 限定普通指针和引用的函数，运用上述底层 const 参数的复制规则分析程序中 fp1()、fp2()、fr1() 和 fr2()调用正确或错误的原因。

```
//Eg2-25.cpp
    #include <iostream>
    using namespace std;
    void fp1(const int *ap1){ }
    void fp2(int *ap2){ }
    void fr1(const int & ar1){  cout << "fr1" << endl;  }
    void fr2(int &ar2){  cout << "fr2" << endl;  }
    void main() {
        int   i = 10;
        const int  j = 10;
        int   *p1;
        const int  *p2;
        const int  *const p3=&i;
        fp1(p1);       fp1(p2);       fp1(p3);   // 正确
        fp1(&i);       fp1(&j);       fp2(p1);   // 正确
        fp2(p2);                                 // 错误
        fp2(p3);                                 // 错误
        fp2(&i);                                 // 正确
        fp2(&j);                                 // 错误
        fr1(i);        fr1(j);                   // 正确
        fr2(i);                                  // 正确
        fr2(j);                                  // 错误，非 const 引用参数只能接收同类非 const 实参
    }
```

对于按值传递的函数参数而言，将参数限定为 const 型意义不大，因为它们不会引起函数调用时实参的变化。但指针和引用参数存在实参被意外修改的危险。在这种情况下，可以将相关参数限制为 const 类型的引用或指针。此外，对于返回指针或引用的函数，也可以用 const 限制其返回值。

【例 2-26】 返回 const 引用的函数。

```
//Eg2-26.cpp
    #include<iostream>
    using namespace std;
    const int& index(int x[], int n){
        return x[n];
    }
    void main(){
        int   a[]={0,1,2,3,4,5,6,7,8,9};
        cout<<index(a,6)<<endl;
        index(a,2)=90;                           // 错误
        cout<<a[2]<<endl;
    }
```

函数调用 index(a, 2)返回 a[2]的地址，由于函数 index()返回的是 const 引用，所以不能对它进行修改。如果 index()的返回值没有 const 限制，如

```
    int& index(int x[], int n){
        return x[n];
    }
```

对于此函数而言，主函数没有错误。"index(a,2)=90;"将首先返回数组元素 a[2]，再将它改为 90，所以 main()中的最后一条语句将输出 90。

用 constexpr 限定函数与 const 有些区别，主要有以下两点： [11C++]

① 如果需要在编译期间就确定常量值（如数组下标），最好使用 constexpr()函数而非 const()函数。只要传入的参数都能够在编译期确定，constexpr()函数就能够在编译期计算出函数值。但是，如果有任何一个参数的值不能在编译期知道，就会产生调用错误。

② 使用了不能够在编译期间确定的参数调用 constexpr()函数时，该函数需要像一个普通的函数一样，在运行期计算它的值。

【例 2-27】 返回 constexpr 常量的函数。

```
//Eg2-27.cpp
    #include<iostream>
    using namespace std;
    constexpr int inc(int i) { return i+1; }
    int main(){
        int x;
        cin >> x;
        double stu1[inc(x)];        // L1，错误
        double stu2[inc(9)];        // L2，正确
        cout << inc(x) << endl      // L3，正确
        return 0;
    }
```

语句 L1 错误的原因是，定义数组 stu1 需要在编译期间确定下标维度大小，但 inc(x)调用的参数 x 不能够在编译期确定，所以错误；语句 L2 传递给 inc 的参数 9 是已知值，在编译期就能够确定 inc()函数的最终结果，即 10。因此，语句 L2 等效于"double stu2[10]"。语句 L3 中，虽然传递给 inc()函数的参数 x 的值不能够在编译期间确定，但 L3 也并未要求在编译期间就确定函数值，因此它就会像普通函数一样工作，即在执行到该语句时才调用 inc(x)函数。

2.9.7 内联函数

在函数声明或定义时，将 inline 关键字加在返回类型前面的函数就是将它指定为内联函数。

【例 2-28】 求两个数最大值的内联函数。

```
//Eg2-28.cpp
    #include<iostream>
    using namespace std;
    inline int max(int a, int b){
        return a>b?a:b;
    }
    void main(){
        int x1=max(3, 4);
        int x2=max(7, 2);
        int x4=max(x1, x2);
    }
```

内联函数的声明、定义和调用方法与普通函数相同，但C++对它们的处理方式不同。在编译时，C++将用内联函数的代码替换对它的每次调用。上面的main()函数多次调用了内联函数max()，在编译此程序时会将main()函数中的函数调用替换成如下形式：

```
void main(){
    int  x1=3>4?3:4;
    int  x2=7>2?7:2;
    int  x4=x1>x2?x1:x2;
}
```

由此可以看出，编译程序不需为内联函数建立函数调用时的运行环境，不需要进行参数传递，所以执行时间更快。当然，由于每次调用内联函数时，都会插入它的函数代码，所以它会使程序的代码增加，占用更多的存储空间。

说明：① 内联函数的声明或定义必须在函数的调用之前完成；② 一般而言，只有几行程序代码的（最好只有1～5行）、经常被调用的简单函数才适宜作为内联函数；③ inline 关键字仅是对编译器的一种建议，并非写上 inline 的函数就一定内联函数，将复杂函数指定为 inline 函数是无效的，编译器还是会把它处理成普通函数。例如，以下3类函数就不能作为内联函数：递归函数，函数体内含有循环、switch 语句之类复杂结构的函数，或者具有较多程序代码的大函数。

2.10 Lambda 表达式 ^{11C++}

Lambda 表达式实质上是一种基于模板（第7章）的匿名内联函数，因此也被称为 Lambda 函数。同普通函数一样，它具有函数形参表，返回类型和函数体。不同之处在于，Lambda 可以定义在函数内部，并且具有独特的定义形式：

[capture](parameters) [mutable] ->return_type {statement}

其中，capture 称为捕获列表，总是出现在 Lambda 表达式的开始位置。如果 Lambda 表达式要使用其父作用域（定义 Lambda 表达式的块作用域）中的变量，就可以将它们写在[ ]中，如果有多个变量，它们之间用逗号间隔。然后可以在 Lambda 表达式的函数体内使用这些变量，这一点是 Lambda 表达式与普通函数最大的区别。

Lambda 捕获变量的方式类似于函数参数传递，也有值捕获和引用捕获两种。如果只是使用外部变量值而不修改它，可以用值捕获方式；如果要修改变量的值，则需要用引用捕获方式。表 2-1 列出了 Lamda 表达式捕获其父作用域中的变量的各种形式。

表 2-1 Lambda 捕获父作用域中的变量方法

捕获列表	含义说明	捕获列表	含义说明
[]	不捕获任何外部变量	[=]	传值捕获所有外部变量
[&]	传引用捕获所有外部变量	[x,&y]	传值捕获 x，引用捕获 y
[&,x]	传值捕获 x，引用捕获其余变量	[=,&x]	引用捕获 x，传值捕获其余变量

注意：捕获列表中不允许重复捕获变量。例如，[=,a]是重复捕获，因为"="指明了用值传递方式捕捉了所有变量，其中包括捕获 a，再次列出 a 就是重复捕获了；同样，[&, &this]中的"&this"也是重复捕获。

parameters 是 Lambda 表达式的形参表，其用法与普通函数的形参表相同，如果不需要参数传递，则可以连同"()"一起省略。

statement 和->return_type 分别是 Lambda 表达式的函数体和返回类型。与普通函数不同的是：

Lambda 函数体中除了可以使用参数表中的形参之外，还可以使用 capture 捕获的外部变量；返回类型则采用置尾设置方式，即用"->"在函数形参表和函数体之间指明返回类型。在不需要返回值的时候，也可以连同"->"一起省略。此外，在返回类型明确的情况下，可以省略该部分，让编译器对返回类型进行推导。

在默认情况下，Lambda 表达式捕获的值变量具有 const 特征，如果在 Lambda 函体内想要修改其值，可以用使用 mutable 选项先取消它的常量性，然后就可以修改了。在使用 mutable 时，参数列表不可以省略，如果 parameters 为空，也要写上空括号()。

【例 2-29】 简单的 Lambda 表示式示例。

```
//Eg2-29.cpp
    #include<iostream>
    using namespace std;
    void main(){
        int  a = 1, b = 2;
        //  auto f0 = [](int c) mutable->int {return b += ++a + c; };
        //  auto f1 = [a, &b]  (int c)->int {return b += ++a + c; };
        auto f2 = [a, &b](int c)mutable->int {return b += ++a + c; };
        cout << f2(4) << "a=" << a << "\tb=" << b << endl;
    }
```

运行结果如下：

  8 a=1 b=8

程序中把 f0、f1 和 f2 分别绑定到了功能相同的 Lambda 表达式上，其中"(int c)"表示该函数具有一个 int 类型的参数，"->int"表示函数返回 int 类型的结果，"[a, &b]"捕获列表用值方式捕获 main()函数定义的变量 a，用引用方式捕获变量 b，函数的功能是对 a 执行自增后[3]，再与参数 c 相加并赋给 b。可以像函数一样调用绑定到 Lambda 上的对象，程序中的 f2(4)实际上就是调用 f2 绑定的 Lambda 函数，运行结果中的第 1 个"8"就是该函数计算出来的。

但是，f0 和 f1 绑定的 Lambda 表达式是错误的，f0 的错误在于捕获列表为空，却在函数体中使用了 main()作用域中的变量 a 和 b，未经捕获的变量不允许在 Lambda 函数体中使用，因此出错。f1 的错误在于"++a"。原因是按值传递方式捕获的 a 是常量，不能执行自增运算。而 f2 绑定的 Lambda 表达式用 mutable 取消了按值传递捕获的 a 的常量特征，因此该表达式中的"++a"是允许的。

Lambda 可以出现在程序语句的各位置，如运算表达式、函数参数表、循环语句、输出语句中，也可以是独立的函数调用形式，使用灵活，可以用简洁的代码设计出功能强大的程序。

【例 2-30】 Lambda 表达式调用形式的简单例程。

```
//Eg2-30.cpp
    #include<iostream>
    #include <algorithm>
    using namespace std;
    void main(){
        float  f = 6.0;
        cout << [&](float x) {  return f += abs(x);  } (-3);                 // L1
```

---

[3] f2 对应的 Lambda 对 a 是按值捕获的，相当于函数的值形参传递，因此表达式内的++a 并不能改变 main()函数的 a 的值，即 a 的值仍然是 1。

```
        cout << '\t' << f << '\n';
        double  a6[] = {23,10,-4,9,34,50};
        sort(a6, a6 + 6, [](double a, double b) {  return a>b;  });         // L2
        for(auto a : a6 )
            cout << a << "\t";
        cout << endl;
        sort(a6, a6 + 6, [](double a, double b) {  return a<b;  });         // L3
        for(auto a : a6)
            cout << a << "\t";
    }
```

程序运行结果如下：
```
    9    9
    50   34   23   10   9    -4
    -4   9    10   23   34   50
```

语句 L1 在 cout 中定义并调用了一个 Lambda 表达式，以引用方式捕获了 main()函数中的全部变量，接收一个 float 参数，并将它加到捕获的变量 f 上。L1 语句最后( )中的"-3"就是传递给 f()参数的。输出结果的第 1 行中的两个 9，一个是 Lambda 表达式的函数值，另一个是表达式通过引用修改后的 f 值。

在 C++的 algorithm 头文件中有一个具有三个形参的通用排序算法函数 sort()，可以对由前两个参数指定的一段数据区间（如数组、链表中任意两个位置之间的数据等）进行排序，第 3 个参数是一个指定排序方式的函数。语句 L2 的 Lambda 表达式为 sort()函数定义了一个从大到小排序的匿名函数，L3 则定义了一个从小到大的排序函数。从输出结果的第 3、4 行可以看出，这两个 Lambda 表达式实现了相应的排序功能。

2.11 命名空间

1. 命名空间的概念

在程序设计时，要求同一程序在全局作用域中声明的每个变量、函数、类型、常量等都必须具有唯一的名称，如有重复，就会产生命名冲突。程序员不一定对系统的全部库函数名和全局变量符号都熟悉，容易定义与系统已有名称重复的变量名。另外，如果一个程序由许多程序员共同编写，彼此并不知道对方定义的标识符名称，同名在所难免。诸如此类原因还有很多，如在程序中引入另一个系统或第三方软件商提供的库文件，它们定义的全局名称（如全局变量、函数、类型等的名称）也容易与当前程序的已有名称相同。上述情况引发的名字冲突问题称为全局命名空间污染问题，处理起来并不容易，在大型程序中尤其困难，C++标准引入命名空间来解决此问题。

命名空间就是每个程序员或每个不同的函数库各自独立地定义的一个名称，将自己设计的全部对象（包括变量、函数、类型、类等）都包含在此名称之下。这样，每个变量的全名就是"命名空间::对象名称"，只要命名空间不同名，就能够有效地区分程序中的同名变量。

2. 命名空间的定义

定义命名空间的关键字是 namespace，其语法如下：
```
namespace name{
    members;
}
```

name 是命名空间的名字，只要是一个合法的 C++标识符都可以；members 是命名空间中包括的成员，可以是变量、函数声明、函数定义、结构声明、类的声明等。

【例 2-31】 设计命令空间 ABC，其中有包括计数器、学生结构、类型定义和简单函数。

```cpp
//Eg2-31.cpp
    namespace ABC{
        int  count;
        typedef float  house_price;
        struct student{
            char *name;
            int  age;
        };
        double add(int a, int b) { return (double)a+b; }
        inline int min(int a, int b);
    };
    int ABC::min(int a, int b) { return a>b?a:b; }
```

这里定义了一个命名空间 ABC，它有 5 个成员：count、house_price、student、add 和 min，有变量、结构、类型以及函数的声明或定义。

函数的定义有两种方式：在命名空间内定义，如函数 add()；也可以在命名空间外定义，如 min()。当在命名空间外定义时，要用"命名空间::"作为函数名的前缀，表示该函数是属于某个命名空间的成员，它的有效范围仅在此命名空间内。

3. 名字空间的应用

命名空间的成员的作用域局限于命名空间内部，可以通过作用域限定符::访问它，语法如下：

　　　　namespace_name::identifier

identifier 就是命名空间的成员名。例如，访问上面的 ABC 命名空间中的成员：

```cpp
    void main(){
        ABC::count=1;                  // 访问 ABC 空间中的 count
        int count=9;                   // main()函数中的 count，与 ABC 中的 count 无关
        ABC::student s;                // 用 ABC 空间中的 student 结构定义 s
        s.age=9;
        int x=ABC::min(4,5);           // 调用 ABC 中的 min()函数计算两数最小值
    }
```

另外，可以用 using 命令将命名空间中的成员引入当前程序中，以简化命名空间的使用。using 有下面两种使用方式。

① 引用命名空间的单个成员。用法如下：

　　　　using namespace_name::identifier

例如，用 using 简化 ABC 命名空间中 count 的使用：

```cpp
    void main(){
        using ABC::count;              // L1
        count =2;                      // L2
        //  int count=9;               // L3
        ……
        count=count+2;                 // L4
    }
```

语句 L1 表示本程序使用 ABC 命名空间中的 count 变量。语句 L3 是错误的，因为 main()中已

有 count，它是 using 从 ABC 命名空间引入的。如果没有语句 L1，则语句 L2 和 L4 应该写成：

```
ABC::count=2                    // L2
ABC::count= ABC::count+2        // L4
```

这样的书写方式显然要麻烦得多。

② 引入命名空间的全部成员。用法如下：

```
using namespace 命名空间名称
```

例如，用 using 将 ABC 命名空间的全部成员引入程序中：

```
using namespace ABC;            // L1
void main(){
    int  count=9;               // 错误，已有来源于ABC中的count，重复定义
    student  s;
    count=5;
    s.age=min(43, 32);
}
```

语句 L1 用 using 语句将 ABC 命名空间中的全部成员引入程序中，所以在 main() 中可以直接使用来源于 ABC 中的任何成员了。

命名空间为全局名称的冲突问题提供了一种解决方案。如果一个系统由多个文件组成，而每个文件由不同的开发商或程序员提供，则开发商和程序员可以将他们定义的名称局限在自定义的命名空间中，即使大家都定义了相同的名称，也不会产生冲突。

2.12 预处理器

C++预处理器（也叫预编译器）提供了一些预处理命令，如#define、#else、#elif、#endif、#error、#if、#ifdef、#ifndef、#include、#line、#pragma、#undef 等。这些命令在正式编译之前执行，所有的预处理命令都以"#"开头，独占一行，语句结束时不需要分号。

1．#define 和#undef

#define 常用于定义一个标识符常量或带参数的宏。例如：

```
#define    pi           3.14159
#define    MAX(a,b)     ((a)>(b)?(a):(b))
```

在对程序进行预编译时，C++会用"#define"定义的标识符常量的值替代常量名，用宏的代码替代宏名。例如，若对上述定义存在下面的引用：

```
x=pi+5;
int y=MAX(9, 3);
```

在编译相应程序之前，上面的两条语句将被预处理为下面的形式：

```
x=3.14159+5;
int y=((9))>(3)?(9):(3));
```

#undef 用于删除由#define 定义的宏，使之不再起作用。例如：

```
#undef   MAX
```

此命令之后，MAX 就不再有意义了。

2．条件编译

条件编译指示编译器只对满足条件的语句或语句块进行编译，使同一程序在不同的编译条件下，能够得到不同的目标代码。常用的条件编译有以下两种形式。

(1) 第 1 种形式
```
#ifdef 标识符
    语句组 1
[#else
    语句组 2
]
#endif
```
[ ]中的内容是可选项,即可以有#else 部分,也可以没有#else 部分。意思是,如果已经用#define 定义了某标识符,就编译语句组 1;否则就编译语句组 2,当然前提是存在#else 部分。

(2) 第 2 种形式
```
#ifndef 标识符
    语句组 1
[#else
    语句组 2
]
#endif
```
如果没有用#define 定义某标识符,就编译语句组 1,否则编译语句组 2。

【例 2-32】 #ifdef 条件编译的应用例子。

```
//Eg2-32.cpp
#include <iostream>
using namespace std;
#define DK
#ifdef DK
    void f1(){  cout<<"DK is defined!"<<endl;  }
#else
    void f1(){  cout<<"DK not defined!"<<endl;  }
#endif
void main(){
    f1();
}
```

由于"#ifdef DK"为真,所以本程序相当于下面的程序:
```
#include <iostream>
using namespace std;
void f1(){  cout<<"DK is defined!"<<endl;  }
void main(){  f1();  }
```
请思考,如果去掉语句"#define DK",又会是什么情况呢?

2.13 作用域和生命期

作用域是指标识符在程序中的有效范围。生命期是指标识符在程序中的生存周期,也就是在程序运行过程中,标识符在内存中存在的时间。这里的标识符包括变量名、函数名、常量名、对象名、语句标号、宏名等。

2.13.1 作用域

C++的作用域大致可以分为全局作用域、局部作用域和文件作用域 3 种类型。还有一种更细的分法，按照作用域范围从大到小分为程序作用域、文件作用域、类作用域、函数作用域和块作用域 5 种类型。

① 程序作用域：指一个标识符在整个程序范围内有效。若一个程序由多个文件组成，具有这种作用域的标识符可以在该程序的各文件中应用。具有程序作用域的标识符只能在某个文件中定义一次，在要使用它的其它文件中用 extern 声明。例如，如果有 10 个文件都要用到某个变量，这个变量也只能在一个文件中定义，在其他 9 个文件中必须用 extern 声明后才能使用。

② 文件作用域：指在一个文件中所有函数定义之外定义的名字（包括函数名），其有效范围为从定义它的语句位置开始，直到文件结束。具有文件作用域的名字只能在定义它的文件中使用，但不能在组成同一程序的其他文件中使用。

③ 函数作用域：指在函数范围内有效的标志符。

④ 块作用域。写在{}内的一条或多条语句就构成了一个语句块，在其中定义的标识符就只能在这对"{ }"中使用，而且只在定义（或声明）它的语句位置到离它最近的"}"之间有效，即只能在这段代码区域内引用它，这就是块作用域。

在 C++中，任何在"{ }"中定义或声明的标识符都具有块作用域。局限在一个函数内部的标识符都具有块作用域，包括在函数内部定义的变量或对象、函数的形式参数等。

⑤ 作用域限定符::。在函数中，一旦在当前作用域中找到了需要的名字，编译器就会忽略外层作用域中的同名实体。也就是说，若局部变量和某个全局变量同名，局部变量名会隐藏全局变量名。在这种情况下，可用作用域限定符"::"存取全局变量的值。

【例 2-33】 块作用域及作用域限定符的应用。

```
//Eg2-33.cpp
    int  i;                      // L0
    int  f(){
        int  i;                  // L1
        i=1;                     // 修改 L1 定义的 i
        ::i=0;                   // 修改 L0 定义的 i
        {
            int  j=0;            // L2
            static int  k;       // L3
            i=2;                 // 修改 L1 定义的 i
            ::i=3;               // 修改 L0 定义的 i
        }                        // j、k 的作用域到此结束
        j=2;                     // 错误，j 已无定义
        return k;                // 错误，k 已失去作用域
    }
```

在本例中，最外层的 i 和函数名 f 具有文件作用域，可在整个文件中应用。f()内层的 i、j、k 具有块作用域，只能在包含它的最近一对"{ }"内有效。

if、switch、for 以及 while 之类的复合语句也是一种块语句，在其中（包括在其条件测试语句中）定义的名字具有块作用域，其有效范围是该语句本身。

【例 2-34】 下面的程序说明在 if 语句中定义的变量的作用域。假设在 if 之前没有 i 和 p 的任何说明和定义。

```
//Eg2-34.cpp
    if(int i=5) {                        // i 作用域自此开始
```

```
        int  p=0;                           // p 的作用域自此开始
    }                                       // p 的作用域到此结束
    else {
        i=1;
        p=2;                                // 错误，p 无定义
    }                                       // i 的作用域到此结束
```

下面的例子说明 switch 中定义的变量的作用域。
```
void f(int i){
    switch(int j=i) {                       // j 的作用域开始于此
        case 1:     j=j+1;
        case 2:
        ……
        case 3:     cout<<j;
    }                                       // j 的作用域到此结束
    cout<<j<<endl;                          // 错误，j 已无定义
}
```

对于 for 和 while 循环语句，标准 C++规定在其循环测试条件中定义的变量，其作用域也限于循环本身，即结束于循环体结束的"}"。按此标准，下面的程序存在错误。
```
void f1(int z){
    for(int i=0; i<z; i++){
        int j=i;
        cout<<i*j<<endl;
    }                                       // i 的作用域到此结束
    cout<<i<<endl;                          // 错误，i 已无定义
}
```

但在某些 C++编译器中，这段程序能够正确编译和运行，原因是在标准 C++之前，上面的 for 循环是按如下方式处理的：
```
int  i=0;
for(; i<z; i++){
    ……
}
```

现在，某些编译器仍按这种方式处理 for 循环，如 Visual C++ 6.0 就是这样的。

2.13.2 变量类型及生命期

根据变量的作用域范围，变量可分为全局变量和局部变量两大类。在函数内部定义的变量就是局部变量（包括函数参数），它们只能在定义它的函数中使用；在函数之外且不在任何一对"{ }"内定义的变量（不属于任何函数）就是全局变量，其有效范围从其在文件中的定义位置开始到文件结束。

变量的生命期是指变量在内存中存在的时间，生命期与变量所在的内存区域有关。为了更清楚地理解这个问题，先看看运行程序对内存的应用情况。

一个程序在其运行期间，它的程序代码和数据会被分别存储在 4 个不同的内存区域中，如图 2-7 所示。

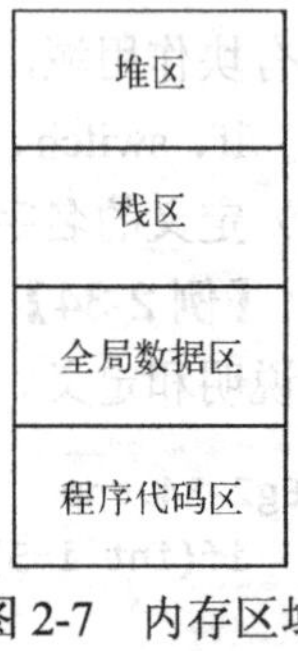

❖ 程序代码区：程序代码（即程序的各函数代码）存放在此区域中。
❖ 全局数据区：程序的全局数据（如全局变量）和静态数据（static）存放在此区域中。

| 堆区 |
| 栈区 |
| 全局数据区 |
| 程序代码区 |

图 2-7 内存区域

❖ 栈区：程序的局部数据（在函数中定义的数据）存放在此区域中。
❖ 堆区：程序的动态数据（new、malloc 就在此区域中分配存储空间）存放在此区域中。

全局数据区中的数据由 C++编译器建立，对于定义时没有初始化的变量，系统会自动将其初始化为 0。这个区域中的数据一直保存，直到程序结束时才由系统负责回收。

堆区的数据由程序员管理，程序员可用 new 或 malloc 分配其中的存储单元给指针变量，用完之后，由程序员用 delete 或 free 将其归还系统，以便其他程序使用。

在函数中定义的局部变量（除了 static 类型的局部变量外，static 类型的变量在全局数据区中），只有当函数被调用时，系统才会为函数建立堆栈，并在栈区中为函数中定义的局部变量分配存储空间，且不会对分配的存储单元做初始化工作。一旦函数调用完成，系统就会回收这些变量在栈区中的存储单元。

全局变量和静态变量存储在全局数据区中，它们具有较长的生命期。非静态的局部变量存储在栈区中，其生命期很短，只在函数调用期间有效。

静态变量可分为静态全局变量和静态局部变量，前者的作用域是整个程序范围，后者的作用域局限于定义它的语句块。静态局部变量的作用域与普通局部变量的作用域是相同的，但它与全局变量有着同样长的生命期，即程序结束时它才会被释放。普通局部变量的生命期只有函数调用期间才存在，函数调用完成后就结束了。

【例 2-35】 静态变量的生存期长于其作用域的例子。

```
// Eg2-35.cpp
    #include <iostream>
    using namespace std;
    static int n;                    // n 被初始化为 0
    void f(){
        static int  i;               // i 被初始化为 0
        int  j=0;
        i+=2;
        j+=2;
        cout<<"i="<<i<<", ";
        cout<<"j="<<j<<endl;
    }
    void main(){
        n+=5;
        f();                         // 输出 i=2，j=2；
        i=2;                         // 错误，i 虽然为 static，但其作用域为函数 f()内部
        f();                         // 输出 i=4，j=2；
    }                                // i、n 的生命期到此才结束
```

第 1 次调用函数 f()后，因为 i 为静态变量，虽然失去了作用域（这就是 i=2 错误的原因），但未失去其生存期（即它占据的内存未被系统回收），第 2 次调用函数 f()时，将直接在 i 对应的存储器中加 2，所以结果是 4。而 j 是普通局部变量，第 1 次调用函数 f()后，其作用域和生存期都结束了，第 2 次调用又重新开始定义它，所以两次调用函数 f()，j 的输出都是 2。

2.13.3 初始化列表、变量初始化与赋值

当变量在被创建时就获得一个指定的值，称为**初始化**。初始化值可以是任意复杂的表达式，当同时定义多个变量时，位于前面的变量马上就能够用于初始化另一个变量。例如：

```
        int  i=10, j=i*10;
```
初始化的方式有以下几种：
```
        int x=0;
        int x(0);
        int x={0};                                                        11C++
        int x{0}                                                          11C++
```
这 4 种初始化方式是等价的，后两种称为**初始化列表**方式，是 C++ 11 新标准的一部分。在新标准中，"{ }"除了用于变量初始化，还可用于赋值。而在此前的 C++ 标准中，仅部分场合才允许使用这种初始化方式，如数组初始化。

在使用"{ }"为内置数据类型的变量初始化或赋值时，如果其中的初始值是变量且存在丢失信息的风险，将出现编译错误，而直接用"{ }"中的值只会出现编译警告。下列最后两语句错误即是这种原因。
```
        double  d = 92.221, d1{ 92.221 }, d3{ d };                       11C++
        int  x = d;
        x = { 32 };                                                      11C++
        d = { 32 };                                                      11C++
        d = x;
        d = { x };                                  // 错误                11C++
        int y = { d };                              // 错误                11C++
```
不要把"int x=10;"等同于下面的语句组，它们是不同的。
```
        int  x;
        x=10;
```
虽然 x 的最终值都是 10，但"x=10"是赋值语句，可以理解为：先除掉 x 对应内存单元中的值，再写入 10；而"int x=10"没有这个过程，它是在为 x 分配内存单元的同时就写入 10。

变量初始化的默认规则是：如果定义变量时提供了初始值表达式，系统就用这个表达式的值作为变量的初值；如果定义变量时没有为它提供初值，则全局数据区中的变量将被系统自动初始化为 0，栈和堆中的变量不被初始化。

全局变量、命名空间的变量、静态变量会被保存在全局数据区中，所以它们会被系统自动初始化为 0；局部变量（也叫自动变量）被存储在栈区中，动态分配的变量（用 malloc 和 new 建立）被存储在堆区中，它们都不会被系统用默认值初始化。

【**例 2-36**】 全局变量、静态变量、局部变量的初始化。

```
//Eg2-36.cpp
    #include <iostream>
    using namespace std;
    int  n;                                   // 初始化为 0
    void  f(){
        static int  i;                        // 初始化为 0
        int  j;                               // 不被初始化，j 值未知
        cout<<"i="<<i<<", ";
        cout<<"j="<<j<<endl;
    }
    int *p1;                                  // p1 被初始为 0
    void main(){
        int  *p2;                             // p2 不被初始化，值未知
        int  m;                               // m 不被初始化，值未知
        f();                                  // 输出 i=0, j=?, ?表示不确定值
        cout<<"n="<<n<<endl;                  // 输出 n=0
```

```
        cout<<"m="<<m<<endl;              // 输出 m=?，?表示不确定值
        if(p1)
            cout<<"p1="<<p1<<endl;        // p1=0，无输出
        if(p2)
            cout<<"p2="<<p2<<endl;        // 输出 p2=?，?表示不确定地址
    }
```

对变量初始化应当引起足够的重视，未被初始化的局部变量拥有一个不确定的值，它是引起程序运行错误的重要原因之一，并有不易查错。有些编译器会对此提出警告，有些编译器则会出现运行错误。比如，本例在 VC 6.0 环境中会提出编译警告，但程序可正常运行；而在 VS 2015 环境中，会出现运行时错误。

2.13.4 局部变量与函数返回地址

弄清楚了局部变量的存储方式和生命期之后，当用指针或引用从函数中返回一个地址时要小心，一定不要返回局部变量的指针或引用。

【例 2-37】 函数 f1()返回局部对象的引用，会产生不可预知的错误运行值。

```cpp
//Eg2-37.cpp
    #include<iostream>
    using namespace std;
    int &f1(int x){
        int  temp=x;
        return temp;
    }
    void main(){
        int  &i=f1(3);
        cout << i << endl;
        cout << i << endl;
    }
```

虽然在两条输出 i 的语句间没有其他语句，但两次输出的结果仍然可能不一致。下面是在 VC 6.0 环境下的输出结果：

```
    3
    4200045                    // VS 2015 中的结果:      1581570872
```

第 2 次输出的 4200045 只是一个随机值而已，就算是其他值也是可以理解的。原因很简单，函数 f1()返回了局部变量的 temp 的地址，函数调用结束后，这个地址就无效了，会再次把这个存储区域分配给谁，这个存储区域中的内容将被如何改写，将不得而知。

同样，如果函数的返回类型是指针，不要返回局部变量的地址，否则会引发与本例同样的错误。下面的 f1()函数就存在这样的问题。

```cpp
    int *f1(){
        int temp=1;
        return &temp;
    }
```

2.14 文件输入和输出

程序与文件的数据交换方法同它与标准输入/输出设备的数据交换方法相同，从文件读取数据

与从键盘输入数据的方法相似,将数据写入文件与将数据输出到显示器的方法相似。但 iostream.h（或 iostream）中定义的数据类型和函数只能用于标准输入/输出设备的数据处理。

C++将处理文件的数据类型放在了头文件 fstream（或 fstream.h）中,其中定义了 ifstream 和 ofstream 两种数据类型,ifstream 表示输入文件流,ofstream 表示输出文件流。C++文件操作过程可概括为以下 5 个步骤。

<1> 在程序中包含头文件 fstream（或 fstream.h）：
```
#include <fstream>;
using namespace std;
```
<2> 定义文件流变量：
```
ifstream inData;                   // 定义输入文件流变量
ofstream outData;                  // 定义输出文件流变量
```
<3> 将文件流变量与磁盘文件关联起来：
```
fileVar.open(filename, mode)
```
fileVar 是第<2>步定义的文件流变量,filename 是磁盘文件名,mode 是打开或建立文件的方式,可以是：
```
ios::in              // 打开输入文件,ifstream 类型变量的默认方式
ios::out             // 建立输出文件,ofstream 类型变量的默认方式
ios::app             // 增加方式,若文件存在,将在文件尾增加数据,否则就建立文件
ios::trunk           // 若文件存在,则文件中已有内容将被清除
ios::nocreate        // 若文件不存在,则打开操作失败
ios::noreplace       // 若文件存在,则打开操作失败
```
例如,要打开目录 C:\dk 下的文件 ab.txt,若该文件存在就打开,否则建立该文件,可以用下面的命令建立：
```
ofstream outData;
outData.open("C:\\dk\\ab.txt",ios::app);
```
说明：由于"\"被 C++语言用于转义符,所以在指定文件路径时用"\\"作为文件路径中目录之间的间隔符,其中第一个"\"是转义符,与回车换行符"\n"中的"\"意义相同。

第<2>、<3>步也可以合并为一步。下面的命令与上面两条命令等价：
```
ofstream outData("C:\\dk\ab.txt",ios::app);
```
<4> 用文件流（<<或>>）操作文件,读/写文件数据。将输入文件流变量与>>连接,就能够从文件中读入数据,与 cin 用法相同。将输出文件流变量与<<连接,就能够将数据输出到文件中,与 cout 用法相同。

<5> 关闭文件。文件操作完成后,应该关闭文件。关闭文件时,系统会立即将文件缓冲区中的数据写回磁盘文件,并且断开文件流变量与磁盘文件之间的联系。关闭文件的方法如下：
```
inData.close();                    // inData 是输入文件流变量
outData.close();                   // outData 是输出文件流变量
```

【例 2-38】 建立一磁盘文件 D:\data.txt,从键盘输入数据（23, 34, 56, 78, 98, 23, 32, 89, 12）到文件中,然后从该磁盘文件中将这些数据读出到数组 a 中,并计算其总和。

```
//Eg2-38.cpp
    #include<iostream>
    #include<fstream>
    using namespace std;
    void main(){
        ofstream outData("d:\\data.txt");          // 在 C 盘根目录下建立文件 data.txt
        ifstream inData;                            // 定义 inData 为输入数据的文件
```

```
    int   x, a[10];
    for(int i=0; i<10; i++){
        cin>>x;
        outData<<x<<" ";              // outData 将 x 写入文件 data.txt，数据间用空白间隔
    }
    outData.close();                  // 关闭文件 data.txt
    inData.open("D:\\data.txt");      // 以输入方式打开 C:\data.txt 文件，以便从中读数据
    int  j=0;
    while(!inData.eof())              // 从文件中读数据，直到遇到文件结束符
        inData>>a[j++];               // 从文件中将数据读入到数组 a 中
    inData.close();                   // 关闭文件
    int  s=0;
    for(int i=0; i<10; i++){
        s+=a[i];
        cout<<a[i]<<" ";              // 输出数组 a，该数组中的数据来源于文件
    }
    cout<<endl;
    cout<<"the sum is: "<<s<<endl;
}
```

2.15 编程实作

【例 2-39】 有三名学生的姓名、学号以及数学、英语、计算机成绩如下：

　　李大海，s1601,87,56,97
　　王明志，s1602,87,89,78
　　张致新，s1603,98,76,88

编写程序，将学生成绩保存到磁盘文件，然后从磁盘上读出学生成绩并计算每位同学的总分。

程序设计思路：分两步进行。① 在 D 盘建立输出数据文件 student.dat，然后通过循环从键盘输入学生数据；② 建立输入文件，从 student.dat 文件中读取每位同学的数据，每次读位同学的数据并计算总分，同时输出。

1．编写读入学生成绩到文件中的源程序

<1> 启动 Visual C++ 2015，选择"文件 | 新建 | 项目 | Win32 控制台项目"菜单命令。

<2> 在弹出的"名称"对话框中并输入项目文件名 student，指定文件目录。

<3> 单击"解决方案资源管理器" | "student"项目下的"源文件"列表，打开 student 源文件，输入下面的程序代码。

```
//Eg2-39-1.cpp
    #include <iostream>
    #include<string>
    #include <fstream>
    using namespace std;
    void main() {
        ofstream outfile("D:\\student.dat");
        string name, id;
        int math, eng, computer;
        for(int i=0; i<3; i++) {
            cout << "输入姓    名：";        cin >> name;
            cout << "输入学    号：";        cin >> id;
```

```
        cout << "输入数学成绩: ";      cin >> math;
        cout << "输入英语成绩: ";      cin >> eng;
        cout << "输入计算机成绩: ";    cin >> computer;
        outfile << name << " " << id << " " << math<< " " << eng << " " << computer << endl;
    }
    outfile.close();
}
```

2. 运行程序，查看建立的文件

编译程序，修改程序中的错误，然后运行程序。根据屏幕提示输入每个学生的各项数据，每输入一个数据后按一次 Enter 键。结束后，用 Windows 的记事本或 VC 编辑器打开建立的文件"D:\student.dat"，观察文件格式，如图 2-8 所示，然后按相同格式增加 5 个学生的成绩在文件后面。

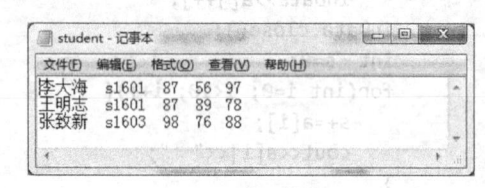

图 2-8 用文件建立的数据文件

3. 读取建立的文件数据

文件一经建立，就能多次使用，可以对它进行读取、修改、查找等操作。现在编写一程序，将文件 student.dat 中的数据读出来，并显示在屏幕上。在 C++编辑器中输入、编译并运行下面的程序，然后检查屏幕上的数据是否与文件 D:\student.dat 中的数据一致。

```
//Eg2-39-2.cpp
    #include<iostream>
    #include<fstream>
    #include<string>
    using namespace std;
    void main() {
        ifstream infile("D:\\student.dat");
        string  name, id;
        int  math, eng, computer, sum = 0;
        cout << "姓名\t" << "学号\t" << "数学\t" << "英语\t" << "计算机\t" <<"总分"<< endl;
        infile >> name;
        while(!infile.eof()) {
            infile >> id >> math >> eng >> computer;
            sum = math + eng + computer;
            cout << name << "\t" << id << "\t" << math << "\t" << eng
                 << "\t" << computer << "\t" << sum << endl;
            infile >> name;
            sum = 0;
        }
        infile.close();
    }
```

为了对文件中的数据进行各种处理，常常将文件中的数据读取到数组、树、链表或栈之类的数据结构中。

习 题 2

1. C++语言的 struct、enum、union 与 C 语言的有何区别？
2. const、constexpr 与#define 有什么区别？如何区分顶层 const 和底层 const。
3. 什么是类型转换？C++的类型转换有哪几种？在哪些情况下会发生隐式类型转换？
4. 什么是函数重载？在函数调用时，C++是如何匹配重载函数的？
5. 什么是引用？左值引用和右值引用有什么区别？使用它们时要注意哪些问题？
6. 什么是内联函数？它有什么特点？哪些类型的函数不能被定义为内联函数？
7. 简述命名空间的概念。如何访问特定命名空间的成员？std 命名空间是怎么回事？
8. C++的作用域有哪些类型？变量有哪些类型？变量类型与变量的初始化有什么关系？
9. 指出下面程序段的错误。

（1）
```
    int &f1(int x=0, int y){
        return x*y;
    }
    int *f2(int a, int b=1){
        int  t=a*b;
        return &t;
    }
    void main(){
        int  i=10;
        const int  r;
        int  &lr=i;
        int  &&rr=i;
        rr=lr;
        int  &a, *p;
        r=10;
        a=r;
        char  *c = "nonconst";
        const char  *pc1 = "dukang";
        char *const  pc2 = "dukang";
        char const  *pc3 = "dukang";
        const char const  *pc4 = "dukang";
        pc1[2] = 't';
        pc2[2] = 't';
        pc3[2] = 't';
        pc4[2] = 't';
        pc1 = c;
        pc1 = pc2;
        pc1 = pc3;
        pc2 = pc4;
        pc3 = c;   cout<<f1(3);
        cout<<f2(2,3);
    }
```

（2）
```
    #include <iostream>
    #include<memory>
```

```
using namespace std;
void main() {
    int i = 10;
    auto_ptr<int> ap1(new int(4)), ap2;
    ap2 = ap1;
    cout << *ap2;
    cout << *ap1 << endl;
    char *c;
    shared_ptr<char> sc;
    sc = c;
    sc = new char(10);
}
```

10. 读程序，写出程序的执行结果。

(1)
```
#include <iostream>
using namespace std;
int print(int i){  return i*i;  }
double print(double d){  return 2*d;  }
void main(){
    int    a=25;
    float  b=9.2;
    double d=3.3;
    char   c='a';
    short  i=3;
    long   l=9;
    cout<<print(a)<<endl<<print(b)<<endl<<print(d)<<endl;
    cout<<print(c)<<endl<<print(i)<<endl<<print(l)<<endl;
}
```

(2)
```
#include <iostream>
using namespace std;
int  n;
int  *p1;
void  fun(){
    static int  a;
    int  b;
    cout<<"a="<<a<<", ";
    cout<<"b="<<b<<endl;
}
void main(){
    int  *p2;
    int   m;
    fun();
    {
        int  n(10), m(20);
        cout<<"n="<<n<<endl<<"m="<<m<<endl;
    }
    cout<<"n="<<n<<endl<<"m="<<m<<endl;
    if(p1)
        cout<<"p1="<<p1<<endl;
    if(p2)
```

```
            cout<<"p2="<<p2<<endl;
    }
(3)
    #include <iostream>
    using namespace std;
    double f(int a=10, int b=20, int c=5){  return a*b*c;  }
    void main(){
        cout<<f()<<endl<<f(20)<<endl<<f(10,10)<<endl<<f(10,10,10)<<endl;
    }
(4)
    #include <iostream>
    using std::endl;
    using std::cout;
    int &f(int& a, int b=20){
        a=a*b;
        return a;
    }
    void main(){
        int   j=10;
        int   &m=f(j);
        int   *p=&m;
        cout<<j<<endl;
        m=20;
        cout<<j<<endl;
        f(j, 5);
        cout<<j<<endl;
        *p=300;
        cout<<j<<endl;
    }
(5)
    #include <iostream>
    #include <memory>
    using namespace std;
    struct Node{
        int  data;
        shared_ptr<Node> next;
    };
    void main() {
        int  a[] = {3,4,1,8,9,2,7};
        shared_ptr<Node> list(new Node), p;
        list->data = 0;
        p = list;
        for(auto v : a) {
            shared_ptr<Node> q(new Node);
            q->data = v;
            p->next = q;
            p = p-> next;
        }
        p->next = NULL;
        p = list->next;
        int   s = 0;
```

```
            while(p) {
                cout << p->data << "\t";
                s += p->data;
                p = p->next;
            }
            cout << "\ns=" << s << endl;
        }
```
(6)
```
        #include<iostream>
        #include <algorithm>
        using namespace std;
        void main() {
            int  s=0;
            int  a[] = {-1,-3,0,5,8,-11};
            std::for_each(begin(a), end(a), [&a,&s](int &x) { x=abs(x);    s += x;    });
            auto Max = [](int a, int b) {  return a > b ? a : b;   };
            sort(a, a + 6, [](int a, double b) {  return a>b;   });
            int   m = a[0];
            for(auto v : a) {
                cout << v << "\t";
                m = Max(m, v);
            }
            cout << "m="<< m << "\ts="<<s<<endl;
        }
```

11. 编写重载函数 min()，分别计算 int、double、flaot、long 类型数组中的最小值。
12. 某单位职工的基本工资数据如下：

职工编号	姓名	基本工资	加班工资	奖金	扣除	实发工资
K01	tom	1200	500	1000	134	
K02	john	2000	120	500	300	
K03	white	1400	200	400	120	

编写程序，从键盘输入各位职工的工资数据，存入磁盘文件 Salary.dat 中，然后从该文件中读出职工的工资数据，并计算每位职工的实发工资，输出格式与上面相同，但要输出已被计算出来的实发工资。实发工资的计算方法如下：

$$实发工资=基本工资+加班工资+奖金-扣除$$

第 3 章 类和对象

类（class）是面向对象程序设计的核心，是实现数据封装和信息隐藏的工具，是继承和多态的基础。类是一种有别于普通数据类型的自定义数据类型。普通数据类型只能包括数据定义，类却可以同时包括数据和函数的定义，并把它们组合成一个整体。对象其实是由类定义出来的变量。广义地讲，类与对象就是数据类型与变量的关系，凡是用数据类型定义的变量都是对象。

本章介绍应用抽象和封装的方法进行类设计的必备基础知识，包括类的结构、定义、访问权限、构造函数和析构函数、静态成员和类对象、this 指针、对象拷贝和对象移动等内容。

3.1 类的抽象和封装

面向对象程序设计通过数据抽象与封装来设计出表示问题的抽象数据类型，即 ADT（Abstract Data Type）。ADT 是指由用户定义，用于表示应用问题的数据模型，通常由基本数据类型（如 int、char、double 等）组成，并包括一组服务（即实现特定功能的函数，常被称为 ADT 的接口）。面向对象程序设计的主要任务就是对求解问题域中的各类事物进行数据抽象，然后把它们封装成对应的 ADT——类。

3.1.1 抽象

抽象是人们认识客观事物的一种常用方法，指在描述客观事物时，有意去掉被考察对象的次要部分和具体细节，只抽取出与当前问题相关的重要特征进行考察，形成可以代表对应事物的概念。计算机软件开发中采用的抽象方法主要有过程抽象和数据抽象两种。

过程抽象是面向过程程序设计采用的以"功能为中心"的抽象方法，它将整个系统的功能划分为若干部分，每部分由若干过程（函数）完成。过程抽象强调过程的功能设计，只需准确地描述每个过程要完成的功能，而忽略实现功能的详细细节（即只设计出函数应该提供的功能，不涉及具体的编码实现）。例如，若要实现两数的加、减、乘、除运算，采用过程抽象方法会得到类似于下面的抽象结果：

```
x add(a, b);                    // 功能：完成 a+b
x sub(a, b);                    // 功能：完成 a-b
x mul(a, b);                    // 功能：完成 a×b
x div(a, b);                    // 功能：完成 a÷b
```

过程抽象的结果给出了函数的名称、接收的参数和能够提供的功能，至于这些函数如何编码实现，则不是过程抽象关心的事情（函数的内部实现可以采用多种形式，但并不会影响函数的使用）。因此，过程抽象提供了信息隐藏和重用性，函数使用者只需知道函数的名称，功能和参数形式，不需了解其实现细节，就可以进行函数调用，应用它的功能。

数据抽象是面向对象程序设计方法，采用以"数据为中心"的抽象方法，忽略事物与当前问题域无关的、不重要的部分和具体细节，抽取同类事物与当前所研究问题相关联的、公有的基本特征和行为，形成关于该事物的抽象数据类型。在抽象数据类型中常用数据表示事物的基本特征，称为数据成员，用函数表示其行为，称为成员函数。

【例 3-1】 某社区要对小区内的宠物狗实行信息化管理，设计出表示宠物狗的抽象数据类型。

（1）问题分析

现实生活的各种宠物狗差别很大：有的高大，有的矮小；有的嘴长，有的嘴短；有的毛红，有的毛白；有的跑得快，有的跑得慢；有的叫声大，有的叫声小……要一五一十地把各种狗的全部特征和行为描述出来，非常困难，哪怕只把狗嘴说清楚也不容易，因为每个狗嘴的形状、大小、色彩各有不同。但是，这里的问题域是小区对宠物狗的管理，不需要把狗的所有特征和行为都描述出来。比如，狗喜欢什么饮食、食量大小、睡眠习惯、狗尾长短等特征和行为与本问题域没有太大关系，可以不予考虑。反之，狗的名字和主人是谁等特征对本问题域而言却是一个不可忽略的问题。

（2）数据抽象

忽略与本问题域无关的特征和行为：宠物狗的叫声大小，狗尾大小和长短，狗耳形状与大小，狗的听力好坏，饮食习惯[1]……

忽略不重要的、次要的宠物狗特征和行为：狗出生地在哪里，狗父狗母是谁，有无狗兄狗弟，狗毛的长短如何、粗细怎样，见到人后如何摇头摆尾，如此等等。

对于感兴趣的、与本问题研究有关的宠物狗共性特征进行抽取和描述。在对特征进行抽象时，忽略每条宠物狗的具体特征，把所有宠物狗都有的共性特征描述出来即可。假设本系统对宠物狗的品种、毛色、高低、长短感兴趣，以便通过这些特征识别是哪家的宠物狗，抽象方法如下：

在抽象狗毛颜色时，忽略狗毛的长短、粗细、色彩等，只关注狗毛是有颜色的，用 color 表示；在抽象狗的高低时，忽略藏獒比吉娃娃要高大许多，只关注狗是有高度的，用 high 表示；忽略每条狗的具体尺寸、狗名字和主人姓名，用 len 表示长短，name 表示狗名，owner 表示它的主人，breed 表示品种。抽象过程如图 3-1 所示。

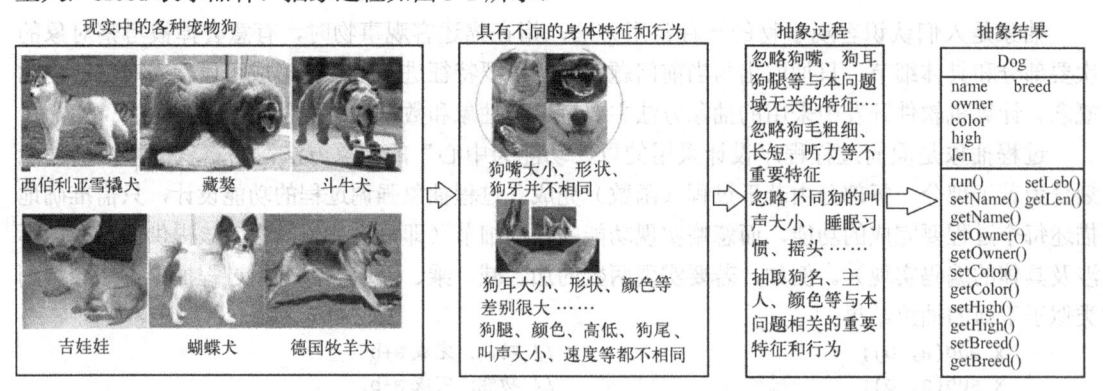

图 3-1 从各种具体的狗类中抽取共同的主要特征抽象出宠物狗类的过程

按照相同方法对宠物狗的行为进行抽象，假设本系统对宠物狗的奔跑速度比较关注，要对其进行抽象：忽略吉娃娃的奔跑快慢、跑步状态、头尾摆动状况，忽略牧羊犬、藏獒以及所有宠物狗奔跑的具体姿势和区别，用函数 run() 表示宠物狗跑这一行为。

---

[1] 这些被忽略掉的特征并非不重要，有些甚至是宠物狗的重要特征，但数据抽象应首先立足于问题域对客观事物的信息需求，从小区宠物狗信息管理问题域的角度看，这些信息确实没有什么用处，所以被忽略。但是，如果建立的是宠物狗医疗信息管理或宠物狗保健管理之类的信息系统，同样是设计宠物狗的抽象数据类型，这些特征或许是不可忽略的。

同样，忽略对识别狗时影响较小的、次要的特征和行为，抽取与本问题域相关的主要特征和行为，形成本问题域中关于宠物狗的抽象数据类型，如表3-1所示。

表 3-1　宠物狗的初次抽象

抽象类型	Dog
重要特征	owner, name, color, high, len, breed
重要行为	run()

然而，数据抽象到此并未结束，以数据为中心，并非只有数据，还包括对数据的操作。其原因是在面向对象程序设计中，数据通常被视为对象的"内部机密"，不允许直接访问，只有使用对象提供的授权函数才能操作访问。也就是说，Dog 的 name、color 等特征数据会被隐藏起来，在程序中不能够直接操作它们，只有通过Dog提供的函数才能够修改和访问这些数据。好比向某人借钱，你不能直接去拿他的钱包并从中拿钱，而只能由他自己从钱包中拿钱给你。

也就是说，抽象会将提取出的特征数据隐藏起来，不让用户知道和操作，但会提供操作这些数据的功能函数，并向用户公布。用户可以通过这些功能函数操作隐藏的数据，这些对用户公布的功能函数被称为接口。除了设计特征数据外，抽象的任务还包括为抽象数据类型设计出清晰而足够的接口，使用户可以通过这些接口访问到需要的功能，但抽象并不关心这些接口的实现细节。

计算机中对数据的操作不外乎读出和写入两类，因此设计接口的一种简单方法是针对抽象出的每个特征数据 X，设计 getx()、setx()两个读写该数据的函数，形式如下：

```
T x;
T getx() {  return x;  }
void setx(T y) {  x=y;  }
```

其中，x 是特征数据的名称，T 代表 x 的数据类型，getx()函数用于读取 x 的值，setx()用于设置 x 的值。

在 Dog 的抽象过程中，随着小狗的长大，高度会发生变化，可以设计函数 setHigh()实现对 high 的修改，getHigh()函数获取 high 的值。同样，需要设计其他属性的修改和访问函数，最终完成的 Dog 抽象数据类型如表3-2所示。

表 3-2　宠物狗的最终抽象

类　　型	Dog		
重要特征 （数据成员）	string name string owner string color double high double len string breed		name 为宠物狗名，字符串类型 owner 为狗的主人名字，字符串类型 color 为狗的颜色，字符串类型，如"黑色" high 为狗的身高，双精度数类型 len 为狗的长短，双精度数类型 breed 为狗的品种，字符串类型，如"贵宾犬"
接口 （成员函数）	void run() void setName(string) void setOwner(string) void setHigh(double) void setLen(double) void setBreed(string) void setColor(string)	/ / / / / /	按照狗的品种输出狗跑的大致状态、速度等 string getName()　　设置/获取狗的名字 string getOwner()　　设置/获取狗的主人名字 double getHigh()　　设置/获取狗的身高 double getLen()　　设置/获取狗的长短 string getBreed()　　设置/获取狗的品种 string getColor()　　设置/获取狗的颜色

数据抽象是面向对象程序设计中非常重要的概念，面向对象程序设计的核心任务就是设计出求解问题域中各相关事物的抽象数据类型。

3.1.2　封装

抽象将对象可以被观察到的行为设计成对应抽象数据类型的一组接口访问函数。通过这组接口函数，用户可以了解到该抽象类型的全部功能和调用方法。但是，抽象并没有实现每个接口函数,也不关心如何实现它。这就说明,抽象导致了接口与实现的分离,它定义了接口,但并未实现接口,这样的抽象数据类型还不能用来进行程序设计。要想使用它,必须先实现各接口的功能函数。这一任务由封装实现。

封装与抽象是一对互补的概念。抽象关注对象的外部视图,封装关注对象的内部实现,用来完成数据抽象设计的目标:用户只能通过接口访问抽象数据类型的功能,只需向接口函数传递正确的参数,就能够使用该接口的功能,不必知道这些功能的实现细节以及内部数据的状态。

为了实现数据抽象设计的目标,封装对抽象形成的数据类型进行了包装,将数据和基于数据的操作捆绑成一个整体,并且编码实现抽象所设计的接口功能;同时,采用信息隐藏技术只将接口显露给用户,允许用户通过接口访问该抽象类型的功能,但将接口之外的其余部分(通常包括对数据成员、接口的实现细节,以及抽象类型的结构)都隐藏起来,不让用户知道和访问。

封装之后的抽象数据类型才是可以用来进行程序设计的数据类型,由两部分构成:接口和实现。接口显露在外,描述了抽象类型显露给使用者的外部视图,实现则封装了细节,使用者对此一无所知,也不需知道,因为这并不影响用户对该类功能的使用。反之,封装后的抽象数据类型更便于使用,因为使用者不会被复杂的内部结构和实现细节所干扰,只需向接口传递正确的参数就能够使用到需要的功能。

面向对象程序设计语言通过类(class)来实现封装,也可以说封装后的抽象数据类型被称为类。类具有封装能力,能够将抽象类型的数据和操作函数包装成一个整体,并将数据的内部结构和接口的实现细节隐藏起来,只向外界提供接口。除了能够通过接口访问类的功能外,外部对象对类的内部构造和实现细节是一无所知的。类的基本结构如下:

```
class 类名 {
  public:
    公有成员;
  private:
    私有成员;
};
```

类的封装机制是:类名是抽象数据类型的名称,整个"{ };"内部的全体成员是一整体,成员之间可以相互访问,不受限制。private 区域是对用户隐藏的区域,用于实现信息隐藏,设置在此区域的数据和函数,用户不知道并且无权操作;public 区域是对用户公布的区域,用于实现接口功能,此区域的数据和函数可以被用户调用,并且通过它们操作 private 区域的隐藏数据。

注意:无论 private 还是 public 区域都可以放置数据和函数,但出于信息隐藏的目的,常常将数据成员放置到 private 区域,而将接口函数放置在 public 区域。

【例 3-2】 用类对宠物狗的抽象结果进行封装,完成宠物狗抽象数据类型 Dog 的最后设计。

(1)问题分析

例 3-1 已经完成了对宠物狗的抽象,需要隐藏的数据成员包括 name、owner、high、len、breed,只需用 C++的数据类型定义这些数据成员,并把它们放置在 class 的 private 区域。为了便于字符串的输入/输出,用 C++的 string 类型定义 name、owner、breed;可以用 int(以厘米为单位)或 double 类型(以米为单位)定义 high 和 len,这里将其定义为 double 类型。

接口函数是围绕数据成员设置的,因此其参数类型与其对应数据成员的类型相同。例如,setHigh()接口函数用于设置 high,而 high 是 double 类型,只需向 setHigh()函数传递 double 类型的参数,并用它设置 high,就完成了对狗高的修改。同时,getHigh()接口函数用于返回 high,因此需要返回 double 类型的数据,然后通过 return 返回 high,就能够获取狗的高度。按同样的思路和方法，完成所有接口函数的设计，并把它们放置在 public 区域。

（2）宠物狗封装好的抽象数据类型 Dog 如下。

```cpp
class Dog {
  public:
    void run() { cout << "I am " << name << ",my speed is " << rand()<< endl; }
    void setName(string Dname) { name = Dname; };
    void setOwner(string DOname) { owner = DOname; }
    void setHigh(double Dhigh) { high = Dhigh; }
    void setLen(double Dlen) { len = Dlen; }
    void setBreed(string type) { breed = type; }
    void setColor(string Dcolor) { color = Dcolor; }
    string getName() { return name; }
    string getOwner() { return owner; }
    double getHigh() { return high; }
    double getLen() { return len; }
    string getBreed() { return breed; }
    string getColor() { return color; }
  private:
    string   name;
    string   owner;
    string   color;
    double   high;
    double   len;
    string   breed;
};
```

经过类封装后的 Dog 才是可以用于程序设计的抽象数据类型，在程序中可以用来定义变量，如同用 int 定义变量一样。例如：

  int x;
  Dog dog1;

从某种意义上说，这两条语句并没有什么本质的区别。它们分别申请到了一块内存区域，一块名称为 x，而另一块名称为 dog1。x 是用系统内置数据类型定义的，而 dog1 是用自定义数据类型定义的。区别在于，x 只有 4 字节，可以直接读写 x 的值，而 dog1 是更大的一片内存区域，其中的数据成员只能通过 public 区域的接口函数才能被读写。

用 class 封装后的抽象数据类型称为类，面向对象程序设计的主要任务就是对问题空间的各类客观事物进行抽象，构造出代表各类事物的 class。

3.2　struct 和 class

面向对象设计语言通常采用 class 实现对抽象数据类型的封装，但在 C++中，struct 具有与 class 完全相同的功能，也可以用来设计类。

3.2.1　C++对 struct 的扩展

最初的 C++被称为"带类的 C"，扩展了 C 语言结构的功能。C++中的 struct 不仅可以包含数据，还可以包含函数，同时引入了 private、public 和 protected 三个访问权限限定符，其目的是实现数据封装和信息隐藏。C++结构的定义形式如下：

```
Struct 类名 {
    [public:]
        成员；
    private:
        成员；
    protected:
        成员；
};
```

其中的成员包括数据成员和成员函数，public、protected 和 private 用于设置成员访问权限，这些访问控制符可以按任意次序出现任意多次。

public 用于实现接口功能。被设置为 public 权限的成员称为类的公有成员，可被任何函数访问（包括结构内和结构外的函数）。struct 成员的默认访问权限就是 public，即一个没有被任何访问权限限制的成员，实际上具有 public 权限，可以被任何对象访问。

private 用于实现信息隐藏。被设置为 private 权限的成员（包括数据成员和成员函数）称为类的私有成员，只能被结构内部的成员访问。struct 之外的对象只能通过 public 区域中的公有接口才能访问这个区域中的成员。

protected 与继承有关，以后介绍。

C++默认 struct 成员都具有 public 权限，可被直接访问，通过访问控制权限的设置，可以改变 C++结构中成员的访问权限。

【例 3-3】 用 struct 对圆进行抽象，构造出计算圆周长和面积的抽象数据类型。

（1）问题分析

圆是一种常见的几何图形，具有圆心和半径，但本问题只需要计算圆的周长和面称，与圆心没有太大关系，可以被忽略，只需考虑圆的半径（radius）、周长（perimeter）、面积（area）。

（2）数据抽象

忽略圆心后，半径就是唯一的数据成员了，用 r 表示，按照抽象的原则，设置为私有数据成员，以实现信息隐藏。setR()、getR()接口函数用于设置、读取 r 的信息，perimeter()函数计算圆的周长，area()函数计算圆的面积。

（3）UML 类图

UML（Unified Modeling Language，统一建模语言）定义了用例图、类图、对象图、状态图、活动图、序列图、协作图、构件图、部署图等 9 标准图形，用于从不同的侧面对系统进行描述，能够表达软件设计中的动态和静态信息，便于系统的分析和构造，是面向对象软件的标准化建模语言。本书不打算详细介绍 UML 的全部内容，但会引用其中的部分图形来描述与之对应内容。这里首先介绍 UML 类图，以便用它表示数据抽象设计的类。

类图（Class Diagram）是 UML 中最重要也是最常见的一种图形，用于描述类的成员组成和关系。类图用一个矩形表示，其中包括类名、数据成员和成员函数三部分，如图 3-2 所示。在类图中，用 "+" 表示 public 访问特性，用 "-" 表示 private 访问特性，用 "#" 表示 protected（保护）访问特性，表示方法是在类成员的前面写上与其访问特性相对应的符号。

将 Circle 数据抽象的结果用类图表示出来，如图 3-3 所示，其含义是：类的名称是 Circle，只有一个数据成员 r，其类型为 double，访问特性为 private，即需要进行信息隐藏。该类有 4 个公有接口函数，其中 getR()、perimete()、area()函数不需要参数，函数结果是双精度数，setR()接收一个 double 类型的参数，无返回结果。

类名
数据成员
成员函数

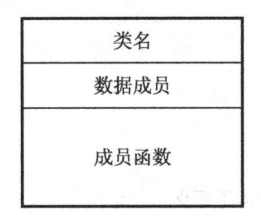

图 3-2 UML 类图的表示方法

Circle
- r : double
+ setR(double radio) : void + getR() : double + perimeter() : double + area() : double

图 3-3 Circle 的类型

用 struct 对图 3-3 的 Circle 进行封装，完成 Circle 抽象数据类型的设计，并用它定义半径为 4 的圆，完整的程序如 Eg3-3 所示。

```
//Eg3-3.cpp
    #include<iostream>
    #include<string>
    using namespace std;
    struct Circle {
      public:                                          //L1
        void setR(double radio) {  r = radio;  }
        double getR() {  return r;  }
        double perimeter() {  return 2 * 3.14*r;  }
        double area() {  return 3.14*r*r;  }
      private:                                         //L2
        double  r;
    };
    void main() {
      Circle  c;
      //  c.r = 4;                                     // L3  错误，r 为 private，不可访问
      c.setR(4);
      cout << "r=" << c.getR() << "\tperimeter=" << c.perimeter()
           << "\area=" << c.area() << endl;
    }
```

访问权限限定符的有效范围是从其开始直到下一个权限设置，所以本例中的 setR()、getR()、perimeter()、area()成员函数都被设置为public权限，它们可被Circle之外的对象访问，因此在 main()函数中对它们进行函数调用是正确的。但是 r 不一样，它具有 private 权限，只能被 Circle 内部的 setR()等 4 个函数访问，Circle 之外的任何对象要访问 r 都是禁止的，这就是 struct 对 r 进行信息隐藏的效果，也是语句 L3 错误的原因。

在 struct 封装的类中，如果没有设置成员的访问权限，默认为 public 权限。比如，删掉 L1、L2 两行，则所有成员都具有 public 权限，L3 语句也是合法的了。

3.2.2 类（class）

class 具有信息隐藏能力，能够完成接口与实现的分离，用于把数据抽象的结果封装成可以用于程序设计的抽象数据类型，是面向对象程序设计语言中通用的数据封装工具。Java、Python、Rube、PHP 等都用 class 来定义类。在 C++中，class 具有与 struct 完全相同的功能，用法一致，形式如下：

```
    class class_name {
      [private:]                                       // 可以省略
```

```
    成员;
public:
    成员;
protected:
    成员;
};                                              // 分号必不可少
```

class_name 是类名,常用首字符大字的标识符表示;private、public、protected 用于指定成员的访问权限,与其在 struct 中的含义和用法都相同;成员可以是数据成员或成员函数;一对"{}"界定了类的范围,"}"后面的分号必不可少,表示类声明的结束。

【例 3-4】 设计复数类 Complex,提供复数的修改、输入和显示功能。

(1) 问题分析

复数是数学和工程中常用的一种数据类型,由实部和虚部组成,能够进行加、减、乘、除等数学运算,但本问题并未要求实现这些功能,因此忽略这些运算。

(2) 数据抽象

出于信息隐藏目的,将复数实部、虚部设置为 double 类型的私有成员,并且设置输入、修改、显示它们的接口函数 inputData()、setReal()、setImage()、display(),如图 3-4 所示。

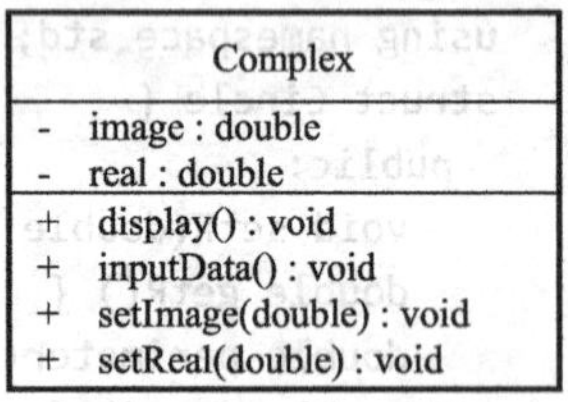

用 class 封装后的 Complex 类及其使用的完整程序如下:

Complex	
- image : double	
- real : double	
+ display() : void	
+ inputData() : void	
+ setImage(double) : void	
+ setReal(double) : void	

图 3-4 Complex 类图

```cpp
//Eg3-4.cpp
    #include<iostream>
    using namespace std;
    class Complex{
    public:
        void display() {  cout << real << "+" << image << "i" << endl;  }
        void inputData() {
            cout << "input real: ";
            cin >> real;
            cout << endl << "input image: ";
            cin >> image;
        }
        void setImage(double i) {  image = i;  }
        void setReal(double r) {  real = r;  }
    private:
        double  image;
        double  real;
    };
    void main() {
        Complex  c1;
        //  c1.image = 9.2;                             // L1  错误
        c1.inputData();
        c1.display();
        c1.setImage(9.2);                               // L2
        c1.setReal(5.3);
        c1.display();
    }
```

说明:① class 声明中的访问限定符 private、public、protected 没有先后次序之分,哪个在前面,哪个在后面没有区别。通常将 public 成员放在前面,private 成员的声明放在类的后面,以方便用户了解类的可访问接口。

② 在同一个类中，访问限定符 private、public、protected 的出现次数没有限制。例如，可以将一个 public 区域中的成员分散为多个 public 区域，也可以将多个 public 区域中的成员合并在一个 public 区域中。

③ 数据成员和成员函数都可以设置为 public、private 或 protected 属性。出于信息隐藏的目的，常将数据成员和只能让类内部访问的成员函数设置为 private 权限，将需要让类的外部函数（非本类定义的函数）访问的成员函数设置为 public 权限。

④ class 或 struct 后的"{…};"包围的区域是一种独立的作用域，称为类域。类域之中的数据和函数通称成员，其中数据称为数据成员，函数则常被称为成员函数。同一类域里的成员不受 public、private 和 protected 访问权限的限制，相互之间可以直接访问。例如，本例的 display()和 inputData()函数并未通过参数传递形式，就直接访问了私有成员 image 和 real。事实上，在一个成员函数内部还可以直接调用另一个成员函数。

⑥ struct 也是一种类，与 class 具有相同功能，用法也相同，把例 3-3 的 struct 换成 class，或把本例的 class 换成 struct，设计的 Complex 或 Circle 是完全相同的。唯一的区别是，在没有指定成员的访问权限时，struct 中的成员具有 public 权限，而 class 中的成员具有 private 权限。例如：

```
    struct Complex{                        class Complex{
        double  r;                             double  r;
        double  i;                             double  i;
      public:                                public:
        ……                                     ……
    };                                     };
```

struct Complex 中的 r 和 i 是 public 成员，而 class Complex 中的 r 和 i 是 private 成员。

虽然 struct 和 class 具有同样的功能，但在实际工作中，常用 class 设计具有成员函数的类，struct 则保留 C 语言中的用法，常用来设计只包含 public 数据成员的结构。

3.3 数据成员

数据成员可以是任何数据类型，如整型、浮点型、字符型、数组、指针、引用等，也可以是另一个类的对象或指向对象的指针，还可以是指向自身类的指针或引用，但不能是自身类的对象；可以是 const 常量，但不能是 constexpr 常量，可以用 decltype 推断定义，但不能用 auto 推断定义。此外，数据成员不能被指定为寄存器（register）和外部（extern）存储类型。例如：

```
    class A{…};
    class B{
      private:
        int  r;
        A  obja1, *obja2;            // 正确
        B  *objb, &objr;             // 正确
        B  b1;                       // 错误
        auto  b=a+1;                 // 错误
        decltype(r) a;               // 正确
        extern int  c;               // 错误
        const int  x;                // 正确
        constexpr int  y;            // 错误
      public:
```

……
};

C++ 11 之前的规范中不允许在声明（或定义）类时为数据成员赋初值，但 C++ 11 标准规定，可以为数据成员提供一个**类内初始值**，用于创建类对象时初始化数据成员。例如：

```
class A {
  private:
    int  a = 0;                  // C++ 11 之前错误，C++ 11 之后正确
    int  y = {0};                // C++ 11 之前错误，C++ 11 之后正确
    int  b[3] = {1,2,3};         // C++ 11 之前错误，C++ 11 之后正确
    const int  c = a;            // C++ 11 之前错误，C++ 11 之后正确
  public:
    // ……
};
```

类 A 在类似于 Visual Studio C++ 2013 之后的编译环境中是正确的，在 VC 6.0(不支持 C++ 11 标准)环境中则会产生编译错误。

实际上，类的声明（或定义）只是增加了一种自定义数据类型，此时类内部的数据成员并没有获取到相应的内存空间。只有在用类定义对象（变量）时，数据成员才被分配空间，在这个时间点上才会用相应的初始值初始化数据成员。

3.4 成员函数

3.4.1 成员函数定义方式和内联函数

在面向对象程序设计中，类的成员函数也称为方法或服务，有两种定义方式。

1. 类内定义成员函数

在声明类时，直接在类的内部就给出成员函数的定义，以这种方式定义的成员函数若符合内联函数的条件，就会被处理为内联（inline）函数。例如，一个日期类的定义如下：

```
class Date{
    int  day, month, year;
  public:
    void init(int d, int m, int y){
        day=d;
        month=m;
        year=y;
    }
    int getDay() {
        return day;
    }
    ……
};
```

在类 Date 中，成员函数 init()和 getDay()直接在类的内部进行了定义，都是内联函数。

2. 类外定义成员函数

在声明类时，若只声明了成员函数的原型，就需要在类的外部定义该成员函数，方法如下：

```
r_type class_name::f_Name(T1 p1, T2 p2, …);
```

其中，r_type 是成员函数的返回类型，class_name 是类名，::是域限定符，用于说明函数 f_Name()
是 class_name 的成员函数，f_Name 是成员函数名，T1、T2 是参数类型。

p1、p2 是形式参数，在类声明的函数原型中并无任何意义，可以省略。但在定义成员函数
时，形参是不可省略的。例如，Date 类的成员函数 init()和 getDay()也可用下面的方法定义。

```
class Date{
    int  day, month, year;
  public:
    void init(int, int, int);                    // 省略了形式参数
    int  getDay();
    inline int  getMonth()
};
int Date::getDay() {  return day;  }
int Date::getMonth() {  return month;  }
inline void Date::init(int d, int m, int y) {
    day=d;
    month=m;
    year=y;
}
```

init()和 getMonth()是内联函数，而 getDay()不是。在 C++中，若在类外成员函数的声明或定
义前加上关键字 inline，该成员函数也能够被定义为内联函数。

说明：① 若采用类外方式定义成员函数，则类声明时，成员函数原型中的形参名可以省
略，只声明各形参的类型；② 在类外定义成员函数时，成员函数的返回类型、函数名称、参数
表必须与成员函数原型的声明完全相同，而且必须指出每个形参的名字；③ 在类外定义成员函
数时，必须在成员函数名前面加上类名，并且在类名与成员函数之间用"::"间隔。

3.4.2 常量成员函数

在 C++中，为了禁止成员函数修改数据成员的值，可以将它设置为常量成员函数，方法是在
函数原型的后面加上 const。形式如下：

```
class x{
    ……
    T f(T1, T1, …) const;
    ……
};
```

其中，T 是函数返回类型，f 是函数名，T1、T2…是各参数的类型。将成员函数设置为 const 类型
后，表明该成员函数不会修改任何数据成员的值。例如：

```
class Employee{
    char  *name;
    double  salary;
  public:
    void init(const char *Name, const double y);
    double getSalary()  const;              // 常量函数，不能通过它修改 name 和 salary
    char *getName()  const;                 // 常量函数，不能通过它修改 name 和 salary
    void addSalary(double x) const;         // 常量函数，不能通过它修改 name 和 salary
};
// 本函数的参数是常量，但不是常量成员函数
void Employee::init(const char *Name, const double y) {
    name=new char[strlen(Name)+1];
```

```
        strcpy(name, Name);
        salary=y;
    }
    double Employee::getSalary() const{         // 正确
        return salary;
    }
    void Employee::addSalary(double x) const{
        salary+=x;                              // 错误，常量成员函数不能修改数据成员
    }
    char *Employee::getName(){                  // 错误，缺少 const，与类中声明的原型不符
        return name;
    }
```

说明：① 只有类的成员函数才能定义为常量函数，普通函数不能定义为常量函数。下面的函数定义是错误的：

```
    int f(int x) const{                         // 错误，普通函数不能被指定为 const
        int  b=x*x;
        return b;
    }
```

② 常量参数与常量成员函数是有区别的，常量参数限制函数对参数的修改，但与数据成员是否被修改无关。

3.4.3 成员函数重载和默认参数值

与普通函数可以重载一样，成员函数也可以重载，也可以为成员函数的参数指定默认值。

```
    class Date {
        int  day, month, year;
      public:
        void init(int d, int m=8, int y=2016) {
            day = d;
            month = m;
            year = y;
        }
        void init(int d, int m) {
            day = d;
            month = m;
            year = 2016;
        }
        void init(int d) {
            day = d;
            month = 8;
            year = d;
        }
    };
```

成员函数重载和默认参数值设置的规则与普通函数相同，即重载成员函数必须具有不同的参数表，如果某个参数指定默认值，就要求它右边的全部参数都必须指定默认值。

3.5 对象

类描述了同类事物共有的属性和行为，类的对象是具有该类所定义的属性和行为的实体。类

是抽象的、概念性的范畴，对象是实际存在的个体。类与对象的关系实质上就是数据类型与变量的关系，类是一种自定义数据类型，用它定义的变量就是对象。广义地讲，在面向对象程序设计中用任何数据类型定义的变量都可以称为对象。

1. 对象的定义

定义对象的方法与定义一个普通变量没有区别，形式如下：

  类名　对象1, 对象2;

【例 3-5】　设计时钟类，要求能够完成时间的设置和显示，并创建时钟类的对象，演示对象的概念和用法。

(1) 问题分析

任何时钟都是一个独立存在的有形实体，在钟面设置有时针、分针、秒针，人们通过这些指针查看时间，如果时间不准确，还可以通过这些指针调整时间。这些是时钟提供给人们使用的接口，可以设置对应的 public 函数来实现这一功能。

时钟的内部结构和内部运行机制则被封装在钟表内部，人们不知道这些内部结构，也不知道时钟的内部运行机制。（指针怎样移动？是电流驱动还是机械驱动呢？）事实上，这些都是时钟的事情，人们没必要知道。可以设置 private 成员来实现对它们的隐藏。

(2) 数据抽象

用类 Clock 来抽象和封装时钟类，用 hour、minute、second 表示时、分、秒，用私有成员函数 run() 仿真时钟的内部运行机制，相关操作（如设置时、分、秒）分别用 setTime()、setMinute() 和 setSecond() 公有成员函数来模拟，通过它们调整时间，用 dispTime() 模仿时间的显示。Clock 的抽象过程如图 3-5 所示。

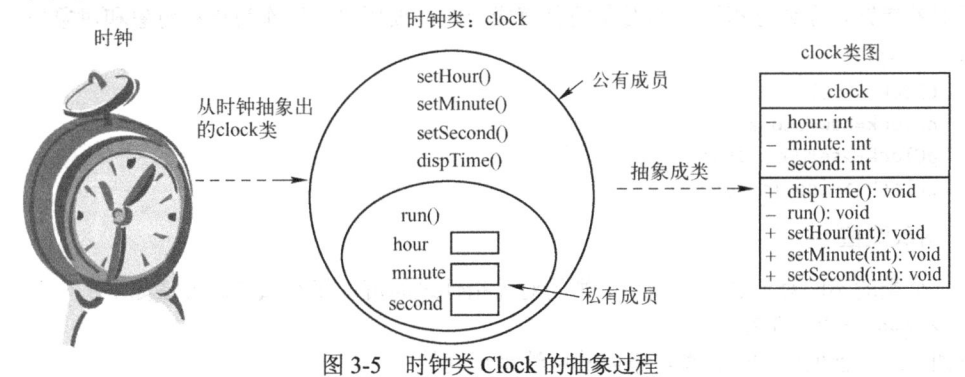

图 3-5　时钟类 Clock 的抽象过程

封装好的 Clock 类就是可以使用的抽象数据类型，可以像系统内置的 int、double 等类型一样用来定义变量，即 Clock 类的对象。下面语句定义了 myClock、yourClock 两个对象：

  Clock　myClock, yourClock;

每个对象都有 8 个成员，其中包括 hour、minute、second 三个数据成员以及 run()、dispTime()、setHour()、setMinute() 和 setSecond() 五个成员函数。图 3-6 是用 Clock 定义的两个对象 myClock 和 yourClock 的对象内存示意。

C++会为每个对象独立地分配存储空间，有多少个对象就要分配多少次存储空间。但是，只为每个对象的数据成员分配独立的存储空间，而同一类的成员函数在内存中则只有一份代码，供该类的所有对象公用。这样做的原因是，同一个类的所有对象的成员函数都相同，但所有对象的数据成员是不相同的（静态数据成员例外）。

```
          内存空间
          void setHour(int h) {hour = h;}
  myClock  hour   10      void setMinute(int m) {minute = m;}
           minute 23      void setSecond(int s) {second = s;}
           secon  54      void run();
                          void Clock:: display () {cout<<"Now is:"<<…
                          }
                          void Clock:: run () {
  yourClock hour  08         while (1) {
            minute 45           _sleep (1000);
            secon  33           display () :
                                if (++second>=60) {
                                ……
    堆栈区域                           代码区域
```

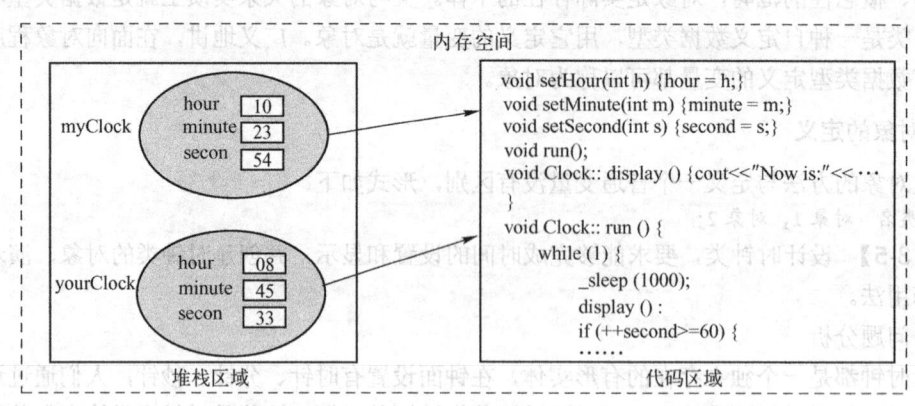

图 3-6 myClock 和 yourClock 对象示意

2. 对象应用

对象应用是指调用对象的接口函数获取类的功能，方法是用成员访问限定符"."作为对象名和对象成员之间的间隔符，形式如下：

    对象名.数据成员名
    对象名.成员函数名(实参表)

例如，访问 myClock 的成员：

    myClock.setHour(12);
    myClock.dispTime();

说明：① 在类外只能访问对象的公有成员，不能访问对象的私有和受保护成员；② 如果定义了对象指针，在通过指针访问对象的公有成员时，要用"->"作为指针对象和对象成员之间的间隔符。例如：

    Clock *pClock;
    pClock=new Clock;
    pClock->setHour(10);
    pClock->dispTime();

3. 对象赋值

同一个类的不同对象之间、同一个类的对象指针之间可以相互赋值。方法如下：

    对象名 1 = 对象名 2；

例如，对于前面的 Clock 类，下面的用法是正确的：

    Clock *pa, *pb, aClock, bClock;
    ……
    bClock=aClock;
    pa=new Clock;
    ……
    pb=pa;

说明：① 进行赋值的两个对象必须类型相同。② 对象赋值就是进行数据成员的值的复制，赋值之后，两个对象互不相干。在上面的语句中，经过赋值后，bClock 的数据成员与 aClock 的数据成员的值是相同的，但赋值完成后，它们就没有联系了。③ 若对象有指针数据成员，赋值操作可能会产生"指针悬挂"问题。这个问题留待介绍析构函数时再进行分析。

Clock 类及其对象引用的完整例程。

```cpp
//Eg3-5.cpp
#include<iostream>
#include<string>
using namespace std;
class Clock{
  public:
    void setHour(int h) { hour=h; }
    void setMinute(int m) { minute=m; }
    void setSecond(int s) { second=s; }
    void dispTime() { cout<<"Now is: "<<hour<<":"<<minute<<":"<<second<<endl; }
  private:
    int  hour, minute, second;
};
void main(){
    Clock  *pa, *pb, aClock, bClock;
    aClock.setMinute(12);
    aClock.setHour(16);
    aClock.setSecond(27);
    bClock=aClock;
    pa=new Clock;
    pa->setHour(10);
    pa->setMinute(23);
    pa->setSecond(34);
    pb=pa;
    pa->dispTime();
    pb->dispTime();
    aClock.dispTime();
    bClock.dispTime();
}
```

程序运行结果如下：
```
Now is: 10:23:34
Now is: 10:23:34
Now is: 16:12:27
Now is: 16:12:27
```

3.6 构造函数设计

在进行类的设计时，只把客观事物与问题域相关的主要特征和行为抽象和封装成类是不够的，这样的类虽然描述清楚了问题域中的事物及其关系，能够反映和解决问题本身，但是有缺陷，在用它们定义对象并编程时，可能还会出现某些问题。

从程序设计的角度出发，在设计类时应当考虑对象定义时数据成员的初始化、对象之间的复制、赋值、移动和销毁等问题，这些是通过构造函数、拷贝构造函数、拷贝赋值运算符、移动构造函数、移动赋值运算符和析构函数来实现的。也就是说，在设计类时，除了抽象和封装对象本身的数据和函数外，还应当根据需要，考虑上述特殊成员函数的设计。

3.6.1 构造函数和类内初始值

构造函数与类内初始值具有相似的功能，都用于为对象的数据成员提供初始值。类内初始值是指在类声明时为数据成员指定的初始值,这是 C++ 11 标准的新增加内容,以前的标准禁止在类声明数据成员时指定初值。构造函数(constructor)是与类同名的特殊成员函数,其主要任务是初始化对象的数据成员。只要有类的对象被创建,就必须执行构造函数完成对象的初始化。其定义形式如下:

```
class X {
    ……
    X(…);                    // 构造函数
    T  m=a;                  // 类内初始值
    ……
}
```

11C++

其中,X 是类名,X(…)是构造函数,可以有参数表。构造函数的声明和定义方法与类的其他成员函数相同,可以在类的内部定义构造函数,也可以先在类中声明构造函数,然后在类外进行定义。在类外定义构造函数的形式如下:

```
X::X(…){
    ……
}
```

构造函数的特点如下:① 构造函数与类同名,并且没有返回类型;② 构造函数可以被重载;③ 构造函数由系统自动调用,不允许在程序中显式调用;④ 构造函数不能被声明为 const 函数。

在用类定义对象时,类内初始值和构造函数将按以下次序执行:<1> 编译器建立对象,为数据成员分配内存空间;<2> 若指定了数据成员的类内初始值,则用类内初始值初始化数据成员;<3> 根据定义对象时提供的参数匹配正确的构造函数,执行构造函数。

【例 3-6】 某桌子类 Desk 具有长、宽、高、重四个数据成员,为它设计构造函数,通过构造函数的参数对数据成员进行初始化。

```
//Eg3-6.cpp
    #include <iostream>
    using namespace std;
    class Desk {
      public:
        Desk(int, int);                                          // 构造函数声明
        void outData() {
            cout << "Wight= " << weight << "\tHeight=" << high << endl;
            cout << "Length=" << length << "\tWidth=" << width << endl;
        }
      private:
        int  width, length, weight=2, high=3;
    };
    Desk::Desk(int w, int h) {                                   // 构造函数定义
        width = w;
        length = h;
        cout << "call constructor  !" << endl;
    }
    void main() {
        Desk d(3, 5);
        d.outData();
    }
```

程序运行结果如下：
```
    call constructor !                              // 构造函数输出
    Wight= 2   Height=3
    Lenght=5   Width=3
```
此结果表明，虽然程序中没有"d.Desk(…)"之类的语句，但构造函数确实被调用了，而且类内初始值也发挥了作用。构造函数调用的时机是 main()函数中用 Desk 定义对象 d 时，对于语句"Desk d(3,5);"，编译器可能将其扩展成下面的语句组：
```
    Desk d;
    执行类内初始化;
    d.Desk::Desk(3,5);
```
编译器首先为对象 d 分配内存空间，分配完成后执行类内初始化"weight=2, high=3"，然后立即自动调用构造函数初始化 d 对象的 width 和 length 数据成员。

在定义构造函数时，必须注意以下问题。① 构造函数不能有任何返回类型，即使 void 也不行。② 构造函数由系统自动调用，不能在程序中显式调用构造函数。③ 定义对象数组或用 new 创建动态对象时，也要调用构造函数，但定义数组对象时必须有不需要参数的构造函数（包括无参数构造函数和所有参数有默认值的构造函数）。④ 构造函数通常应定义为公有成员，因为在程序中定义对象时，要涉及构造函数的调用，尽管是由编译系统进行的隐式调用，但也是在类外进行的成员函数访问。请参考上述说明，理解下面代码的注释中所指出的错误原因。

```cpp
class Desk{
    Desk(){ weight=high=width=length=0; }        // 无参构造函数为 private
  public:
    void Desk::Desk(int ww,int l,int w,int h) {  // 错误，不能有返回类型
        weight=ww;
        high=l;
        width=w;
        length=h;
    }
  private:
    int  weight, length, width, high;
};
void main(){
    Desk  d(2,3,3,5);                   // 构造函数在定义对象时调用
    d.Desk(1,2,3,4);                    // 错误，构造函数不能被显式调用
    Desk  a[10];                        // 错误，应为无参构造函数，但它是 private
    Desk  *pd;
    Desk  d;                            // 错误，调用 Desk::Desk()，但它是 private
    pd=new Desk(1,1,1,1);               // 调用构造函数 Desk::Desk(int,int,int,int)
}
```

3.6.2 默认构造函数

创建类对象时，没有显式提供初始化值时调用的构造函数被称为默认构造函数，包括不带参数的构造函数，或者为所有的形参都提供了默认值的构造函数。

1. 无参构造函数

C++规定，每个类必须有构造函数，如果一个类没有定义任何构造函数，在需要时编译器将

会为它生成一个默认构造函数,称为**合成的默认构造函数**。类似于下面的形式:

```
class X {
    X() {}
    ……
}
```

合成的默认构造函数是一个无参数的构造函数,负责对象的初始化。如果创建的是全局对象或静态对象,则它将对象的位模式全部设置为 0(可以理解为将所有数据成员初始化为 0);如果创建的是局部对象,则不会对对象的数据成员进行初始化。

在某些时候,程序员必须显式地定义无参构造函数,以解决对象的初始化问题。比较典型的有以下几种情况。

① 只有在没有定义任何构造函数时,编译器才会创建合成的默认构造函数;一旦为类定义了任何形式的构造函数,就不会再创建合成的默认构造函数。在这种情况下,若需要创建无参对象,必须显式定义无参构造函数。在 C++ 11 中,也可以用下面的方式要求编译器创建合成的默认构造函数。

```
class X {
    X()=default;          // 要求编译器生成默认的合成构造函数       11C++
    X(…) {}               // 定义了需要参数的构造函数
    ……
}
```

前面的例 3-2 到例 3-5 都没有定义任何构造函数,C++编译器会自动为这些例中的类创建合成的默认构造函数,但是不会为例 3-6 创建合成的构造函数。

② 在某些情况下合成的默认构造函数会执行错误操作。比如,类具有数组或指针成员时,用合成的默认构造函数执行对象初始化,很有可能产生"指针悬挂"问题。

③ 在某些情况下,编译器无法为类创建合成的默认构造函数。比如,类 A 的一个数据成员是用类 B 创建的,但类 B 有其他构造函数,却没有默认构造函数,在这种情况下,类 A 必须定义构造函数,并负责为对象成员提供构造函数初值。

【例 3-7】 设计表示平面坐标位置的点类,可以修改和获取点的 x、y 坐标值,设置构造函数对点的数据成员进行初始化,并且能够用数组保存一系列的点。

问题分析与数据抽象:将点抽象成 Point 类,将它的坐标值 x、y 设置为私有数据成员,并设置 setPoint() 接口函数修改 x、y 的坐标值,设置 getx()、gety() 接口函数获取坐标点的 x、y 值,设置构造函数 Point(int xx, int yy) 初始化点的坐标值。由于要定义数组,而且已定义了有参数的构造函数,编译器不会再创建合成的默认构造函数了,必须显式定义默认构造函数将坐标点初始化为 0。数据抽象出的类图如图 3-7 所示。

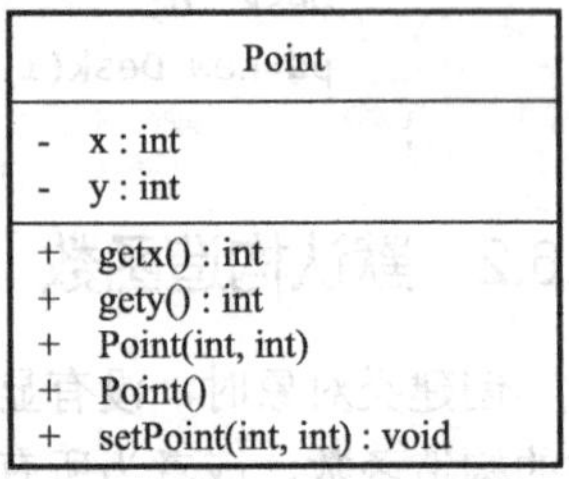

完整的程序代码如下。

Point
- x : int
- y : int
+ getx() : int
+ gety() : int
+ Point(int, int)
+ Point()
+ setPoint(int, int) : void

图 3-7 Point 类图

```
//Eg3-7.cpp
    #include <iostream>
    using namespace std;
    class Point {
      private:
        int  x, y;
      public:
        Point(int a, int b) {  setPoint(a, b);  }        // L1
        int getx() {  return x;  }
```

```cpp
        int gety() {  return y;  }
        Point() {  x = 0;    y = 0;  }                    // L2  显式定义无参构造函数
        void setPoint(int a, int b) {  x = a;    y = b;  }
    };
    Point   p0;                                            // L3
    Point   p1(1, 1);                                      // L4  调用构造函数Point(int,int)
    void main() {
        static Point   p2;                                 // L5  调用构造函数Point()
        Point   p3;                                        // L6  调用构造函数Point()
        Point   a[10];                                     // L7  调用构造函数Point()
        Point   *p4;                                       // L8  不调用任何构造函数
        p4 = new Point;                                    // L9  调用构造函数Point()
        p4->setPoint(8, 9);
        cout << "p0: " << p0.getx() << "," << p0.gety() << endl;
        cout << "p1: " << p1.getx() << "," << p1.gety() << endl;             // L10
        cout << "p2: " << p2.getx() << "," << p2.gety() << endl;
        cout << "p3: " << p3.getx() << "," << p3.gety() << endl;
        cout << "p4: " << p4->getx() << "," << p4->gety() << endl;
        cout << "a[0]: " << a[0].getx() << "," << a[0].gety() << endl;
    }
```

程序运行结果如下。
```
p0: 0,0
p1: 1,1
p2: 0,0
p3: 0,0
p4: 8,9
a[0]: 0,0
```

在本程序中，语句 L3、L5、L6、L7 和 L9 调用无参构造函数 Point() 完成对象的构造，如果将语句 L1、L2 和 L4 注释掉，则 Point 类没有任何构造函数，系统会为它生成一个默认构造函数：Point::Point(){}，以完成无参对象 p0、p2、p3、*p4 和数组对象 a 的构造。程序执行的结果如下：
```
P0: 0,0
P2: 0,0
P3: ?,?
P4: 8,9
a[0]: ?,?
```
其中的 "?" 表示值未知。

如果将 L2 注释掉，由于 L1 已经定义了带参数的构造函数，编译器不会再为 Point 类生成默认构造函数，L3、L5、L6、L7 和 L9 语句就无法调用无参构造函数创建 p0、p2、p3、*p4 等对象，程序编译时将产生 "找不到合适的构造函数……" 之类的错误信息。

2. 默认参数构造函数

在实际程序中，有些构造函数的参数在多数情况下都比较固定，只是有时会发生变化。这种类型的构造函数可以将自己的参数定义为默认参数，即为参数提供默认值。

【例3-8】在多数情况下，新建点坐标都是(0, 0)，修改例3-7设计的 Point 类，设置构造函数默认参数值为坐标(0, 0)。

```
//Eg3-8.cpp
```

```cpp
#include <iostream>
using namespace std;
class Point {
  private:
    int x, y;
  public:
    Point(int a=0, int b=0) { setPoint(a, b); }
    // Point() { x = 0;   y = 0; }          // L1 显式定义无参构造函数
    void setPoint(int a, int b) { x = a;   y = b; }
    ……
};
Point p1(1, 1);                              // L2 调用 point(int ,int)构造函数
void main (){
    static Point p2;                         // L3 调用 point(a,b)，a、b 默认为 0
    Point p3,a[10];                          // L4 调用 point(a,b)，a、b 默认为 0
    Point  *p4;
    P4=new Point;                            // L5 调用 point(a,b)，a、b 默认为 0
    ……
}
```

如果显式定义了无参数的构造函数，又定义了全部参数都有默认值的构造函数，就容易在定义对象时产生二义性。在本程序中，如果去掉语句 L1 的注释，语句 L3、L4、L5 将产生编译错误。因为 Point()和 Point(int a=0,int b=0)都可以定义对象 p0、p2 和*p4 所指向的对象，系统不能确定应该调用哪个构造函数，因此会产生二义性冲突错误。

3.6.3 重载构造函数

在一个类中，构造函数可以重载。与普通函数的重载一样，重载的构造函数必须具有不同的函数原型（即参数个数、参数类型或参数次序不能完全相同）。

【例 3-9】 设计一个日期类，能够接收年、月、日 3 个参数，或者月份和日期 2 个参数，或者日期 1 个参数，或没有参数建立对象，若未提供年、月、日，设置为 2008 年 8 月 8 日。

问题分析与数据抽象： 日期类的年、月、日可以用 year、month、day 三个数据成员表示，出于信息隐藏目的，将它们设置为 private 成员。围绕 3 个数据成员，可以设置 setDay()、getDay()等读写数据的公有接口，同时设置 dispDate()接口函数显示对象的年、月、日信息，题目还要求Tdate()能够通过 4 种方式建立对象，由于建立对象时需要调用构造函数，因此，可以用 4 个具有不同参数的构造函数来满足这些要求。因为要在其他函数中调用这些构造函数创建对象，所以必须将构造函数设置为 public 属性。数据抽象出的类图如图 3-8 所示。

测试日期类构造函数重载的完整程序如下，其中省略了setDay()、setYear()、setMonth()、getMonth()等。

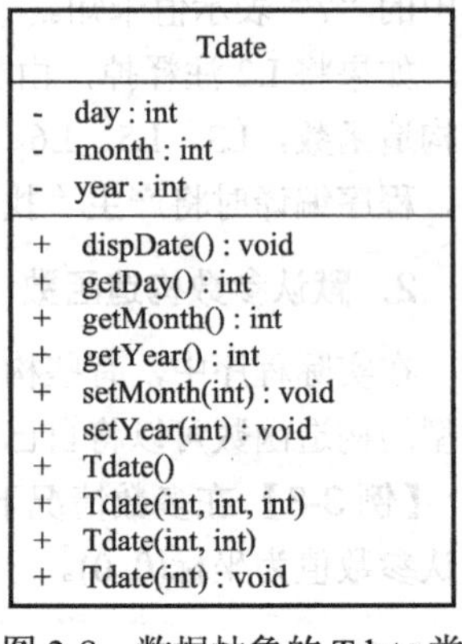

```cpp
//Eg3-9.cpp
#include <iostream>
using namespace std;
class Tdate {
  public:
    Tdate();
    Tdate(int d);
```

Tdate
- day : int
- month : int
- year : int
+ dispDate() : void
+ getDay() : int
+ getMonth() : int
+ getYear() : int
+ setMonth(int) : void
+ setYear(int) : void
+ Tdate()
+ Tdate(int, int, int)
+ Tdate(int, int)
+ Tdate(int) : void

图 3-8 数据抽象的 Tdate 类

```cpp
        Tdate(int m, int d);
        Tdate(int m, int d, int y);
        //……                                    // 省略了设置和读取数据成员值的接口函数
        void display(){ cout << month << "/" << day << "/" << year << endl; }
      private:
        int   year=2008, month=8, day=8;        // L0:类内初始值
    };
    Tdate::Tdate() { display(); }
    Tdate::Tdate(int d) {
        day = d;
        display();
    }
    Tdate::Tdate(int m, int d) {
        month = m;
        day = d;
        display();
    }
    Tdate::Tdate(int m, int d, int y) {
        month = m;    day = d;    year = y;
        display();
    }
    void main() {
        Tdate  oneday;                          // L1
        Tdate  aday();                          // L2  可以吗?
        Tdate  bday1(10);                       // L3
        Tdate  bday2 = 10;                      // L4
        Tdate  cday(2, 12);                     // L5
        Tdate  dday(1, 2, 1998);                // L6
    }
```

语句 L0 为数据成员指定了类内初始值,它将先于构造函数为数据成员指定初值。显然,如果构造函数修改了数据成员的值,会覆盖类内初始值;如果构造函数没有为数据成员执行初始化,该数据成员就会保留类内初始值指定的值。

本程序运行结果如下,请读者结合上面的说明,分析各输出行数据的来源。

```
    8/8/2008                                   // L1 的输出
    8/10/2008                                  // L3 的输出
    8/10/2008                                  // L4 的输出
    2/12/2008                                  // L5 的输出
    1/2/1998                                   // L6 的输出
```

本例在各构造函数内调用 display()成员函数并无任何意义,并不恰当,这里调用它只是为了测试各构造函数的调用情况。语句 L1 将调用构造函数 Tdate(),语句 L3、L4 将调用构造函数 Tdate(int),语句 L5 将调用构造函数 Tdate(int, int),L6 将调用构造函数 Tdate(int, int, int)。

语句 L2 不会调用任何构造函数,也不会定义任何对象。事实上,它声明了一个名为 aday() 的无参数函数,该函数返回一个 Tdate 类型的对象。

注意:L4形式的对象定义语句 "Tdate bday2=10;"调用的是构造函数Tdate::Tdate(int),该构造函数把一个 int 类型的整数转换成一个 Tdate 类型的对象,等价于 "Tdate bday2(10);"。仅当类提供了只需要一个参数的构造函数的情况下,才能使用 L4 这样的定义形式。

在一些情况下,可以用带默认参数的构造函数来替代重载构造函数,达到相同的效果。如上面的 Tdate 类可以用一个带默认参数的构造函数来替代所有的重载构造函数,如下所示:

```
class Tdate {
  public:
    Tdate(int m=8,int d=8,int y=2008) {
        month=m;    day=d;    year=y;
        display();
    }
    ……                                          // 其他成员
};
```

虽然这个 Tdate 类看上去很简洁，但它几乎具有例 3-9 中 Tdate 类全部构造函数的功能。

3.6.4 构造函数与初始化列表

除了在函数体中通过赋值语句为数据成员赋初值外，构造函数还可以采用成员初始化列表的方式对数据成员进行初始化。而且在某些情况下，必须采用初始化列表的方式才能够完成成员的初始化。成员初始化列表类似于下面的形式：

> 构造函数名(参数表)：成员1(初始值)，成员2(初始值),…{
> ……
> }

介于构造函数参数表后面的 ":" 与函数体{…}之间的内容就是成员初始化列表。其含义是将 "()" 中的初始值赋给它前面的成员。

【例 3-10】 用构造函数初始化列表对例 3-9 设计的 Tdate 的 month 成员进行初始化。

```
//Eg3-10.cpp
    #include <iostream>
    using namespace std;
    class Tdate{
      public:
        Tdate(int m, int d, int y);
        ……                                      // 其他公共成员
      protected:
        int month, day=30, year;
    };
    Tdate::Tdate(int m, int d, int y):month(m) {
        year=y;
        cout <<month <<"/" <<day <<"/" <<year <<endl;
    }
    void main(){
        Tdate bday2(10,1,2003);
    }
```

Tdate 类的数据成员 month、day 与 year 的初始化方式是不同的，month 采用初始化列表方式进行初始化，day 采用类内初始值，year 采用的是普通函数的初始化方式。

说明：① 构造函数初始化列表中的成员初始化次序与它们在类中的声明次序相同，与初始化列表中的次序无关。如对例 3-10 中的类而言，下面 3 个构造函数是完全相同的。

> Tdate::Tdate(int m,int d,int y):month(m),day(d),year(y){ }
> Tdate::Tdate(int m,int d,int y):year(y),month(m),day(d){ }
> Tdate::Tdate(int m,int d,int y):day(d),year(y),month(m){ }

尽管三个构造函数初始化列表中的 month、day 和 year 的次序不同，但它们都是按照 month

→day→year 的次序初始化的,这个次序是其在 Tdate 中的声明次序。它们在功能上与下面的构造函数等效:

```
Tdate::Tdate(int m,int d,int y) {
    month=m;
    year=y;
    day=d;
}
```

② 构造函数初始化列表的执行时间。如果数据成员有类内初始值,则执行次序为:

类内初始值 → 构造函数初始化列表 → 构造函数体

在一个类中,下列类成员必须采用类内初始值或构造函数初始化列表进行初始化:常量成员,引用成员,类对象成员,以及派生类构造函数对基类构造函数的调用等。注意,这些成员在 C++ 11 标准之前只能够采用构造函数初始化列表的方式初始化,用类内初始值进行初始化是从 C++ 11 标准才允许使用的。

【例 3-11】 常量和引用成员必须通过类内初始值或构造函数初始化列表进行初始化。

```
//Eg3-11.cpp
#include <iostream>
using namespace std;
class A {
    int   x, y;
    const int  i=4, j;                          // C++ 11 之前不允许
    int   &k;
  public:
    A(int a, int b, int c) : j(b), k(c), x(y) {
        y = a;
        cout << "x=" << x << "\t" << "y=" << y << endl;
        cout << "i=" << i << "\t" << "j=" << j << "\t" << "k=" << k << endl;
    }
};
void main() {
    int   m = 6;
    A   x(4, 5, m);
}
```

本程序的运行结果如下:

```
x=?        y=4
i=4        j=5        k=6
```

"?"表示值未知。构造函数初始列表中的 x(y)表示用 y 的值初始化 x,由于列表先于构造函数体执行,且 y 未执行类内初始化,所以此时还没有执行构造函数体中的"y=a;"语句,y 的值未知,致使 x 未知。当构造函数初始列表执行完后,再执行函数体,才将参数值 4 赋给 y。

本类的 i、j、k 都是引用或 const 成员,必须采用类内初始值或构造函数初始化列表的方式进行初始化,其他方式都是错误的。例如,若将 A 的构造函数改写为下面的初始化方式,程序将出现编译错误。

```
A(int a,int b,int x){ j=b;  k=x; }
```

作为构造函数初始化列表与函数体执行次序的验证,将例 3-11 的构造函数改为下面的形式,其余代码不做任何修改,则 x 和 y 都将为 4,从而表明 x(a)的确先于"y=x;"执行。

```
    A(int a,int b,int c):j(b),k(c),x(a) {
        y=x;
        ……
    }
```

采用构造函数初始化列表方式与在构造函数体内赋值的方式进行数据成中的初始化,虽然结果相同,但列表方式是直接初始化数据成员,赋值方式是先初始化再赋值,效率要比前者低。

3.6.5 委托构造函数 11C++

一个构造函数使用它所在类的其他构造函数执行自己的初始化功能,或者说一个构造函数把它自己的一些(或全部)职责委托给其他构造函数,就称为**委托构造函数**(delegating constructor)。

委托构造函数只能够在初始化列表中调用它要委托的构造函数,而且初始化列表中不允许再有其他成员初始化列表,但委托构造函数体中可以有程序代码。

【例 3-12】 改造例 3-9 设计的 Tdate 类的无参、具有一个参数和两个参数的构造函数,它们都委托具有 3 个参数的构造函数实现自己的功能。改造之后的程序如下:

```
//Eg3-12.cpp
    #include <iostream>
    using namespace std;
    class Tdate {
    public:
        Tdate();
        Tdate(int d);
        Tdate(int m, int d);
        Tdate(int m, int d, int y);
        //  ……                                    // 省略了设置和读取数据成员值的接口函数
        void display() { cout << month << "/" << day << "/" << year << endl; }
    private:
        int  year = 2008, month = 8, day = 8;    //                                  11C++
    };
    Tdate::Tdate() :Tdate(8, 1, 2008) {          // L1   委托构造函数
        cout<<"delegating constructor Tdate()"<<endl;
    }
    Tdate::Tdate(int d):Tdate(8,d,2008), month(2){ }  // L2   错误
    Tdate::Tdate(int m, int d):Tdate(m,d,2008) { }    // L3   委托构造函数
    Tdate::Tdate(int m, int d, int y) {               // L4   普通构造函数
        month = m;    day = d;    year = y;
        display();
    }
    void main() {
        Tdate  oneday;
        Tdate  bday1(10);
        Tdate  bday2 = 10;
        Tdate  cday(2, 12);
        Tdate  dday(1, 2, 1998);
    }
```

这个程序具有与例 3-9 完全相同的功能。语句 L1、L2、L3 位置的都是委托构造函数,它们委托了 L4 位置的构造函数完成自己的职责。L1 位置的委托构造函数体有程序代码,它在被委托

构造函数 Tdate(8, 1, 2008)执行之后才会被执行。L2 语句错误的原因是委托构造函数初始化列表不允许有成员初始化列表，应该删掉"month(2)"。

3.7 析构函数

析构函数（destructor）是与类同名的另一个特殊成员函数，作用与构造函数相反，用于在对象生存期结束时，完成对象的清理工作。如用 delete 删除对象分配的自由空间，清除某些内存单元的内容等。析构函数的名字由"~"+"类名"构成，形式如下：

```
class X{
    ……
    public:
        ~X();                              // 析构函数
    ……
};
```

在类外定义析构函数的形式如下：

```
X::~X(){
    ……
}
```

析构函数具有以下特点：① 析构函数的名字就是在类名前加上"~"，不能是其他名字；② 析构函数没有返回类型（void 也不行），没有参数表；③ 析构函数不能重载，一个类只能有一个析构函数；④ 析构函数只能由系统自动调用，不能在程序中显式调用析构函数。

当创建一个对象时，C++将首先为数据成员分配存储空间，接着调用构造函数对成员进行初始化工作；当对象生存期结束时，C++将自动调用析构函数清理对象所占据的存储空间，然后销毁对象。

【例 3-13】 析构函数和构造函数的应用。

```
//Eg3-13.cpp
#include <iostream>
using namespace std;
class A{
  private:
    int  i;
  public:
    A(int x){
        i=x;
        cout<<"constructor: "<<i<<endl;
    }
    ~A(){    cout<<"destructor : "<<i<<endl; }
};
void main(){
    A a1(1);
    A a2(2);
    A a3(3);
}                                                        // L1
```

本程序的运行结果如下：

```
constructor: 1
constructor: 2
constructor: 3
destructor : 3
destructor : 2
destructor : 1
```

当程序执行到语句 L1 位置时，所有对象的生存期到此结束，将按照与构造相反的次序调用析构函数完成对象销毁前的清理工作，程序的运行结果也证实了这一情况。

说明：① 若有多个对象同时结束生存期，C++将按照与调用构造函数相反的次序调用析构函数；② 构造函数和析构函数都可以是内联函数；③ 虽然析构函数与构造函数都只能被系统自动调用，但这些调用都是在类的外部进行的，因此在通常情况下应该将它们设置为类的公有成员；④ 每个类都应该有一个析构函数。

如果没有显式定义析构函数，C++编译器将产生一个最小化的默认析构函数，称为**合成的析构函数**，类似下面的情况：

    X::~X(){ }

在一般情况下，合成的析构函数能够满足对象析构的要求。但在有些情况下，必须编写析构函数才能够完成对象销毁前的资源清理工作，情况之一是用它来释放由构造函数分配的自由存储空间。

【例 3-14】 类 B 有指针成员，且构造函数为之分配了自由存储空间，就应该用析构函数回收构造函数分配的自由存储空间。

```cpp
//Eg3-14.cpp
#include <iostream>
using namespace std;
class B{
  private:
    int  *a;
    char *pc;
  public:
    inline B(int x){
        a=new int[10];
        pc=new char;
    }
    inline ~B(){
        delete []a;
        delete pc;
    }
};
void main(){
    B x(1);
}
```

对于例 3-14 而言，如果没有析构函数，程序也能正常地编译运行。但是，当用类 B 建立的对象结束生存期时，系统不会回收由 B 的构造函数分配的自由存储空间，会产生内存泄漏。

例 3-14 是应该为类提供析构函数的典型情况。即，若在构造函数中用 new 或 malloc 分配了存储空间，就应该在析构函数中用 delete 或 free 释放这些存储空间。

3.8 赋值运算符函数、拷贝构造函数和移动函数设计

同类对象之间的赋值和复制操作需要通过类的赋值运算符函数和拷贝构造函数完成。C++ 11 标准还提出了类的移动函数，以便在某些情况下执行对象移动操作。在面向对象程序设计过程中，对象的赋值、复制和移动很普遍，以致每个类都应该具有这些成员函数，如果在设计类时没有显式地定义它们，编译器就会自动为该类生成合成赋值运算符函数、合成拷贝构造函数和合成移动构造函数，定义各函数的默认操作。

在大多数情况下，这些合成的成员函数能够胜任其工作，完成对象的赋值、复制和移动操作。但在某些情况下，合成函数的默认操作会出问题。比较典型的情况是当类具有指针类型数据成员的时候，依赖合成赋值运算符函数进行对象赋值，或依赖拷贝构造函数进行对象复制，都会产生"指针悬挂"问题，这就必须显式定义类的赋值运算符函数和拷贝构造函数。

一般来说，如果一个类需要显式地定义析构函数，就需要为它显式地定义赋值运算符函数和拷贝构造函数。

3.8.1 赋值运算符函数

赋值运算符用于实现同类对象间的相互赋值。当把类的一个对象赋值给另外一个对象时，就会调用类的赋值运算符成员函数来完成对象间的赋值。类似下面的形式：

```
class A{…};
A  a, b;
a=b;                                          // 调用赋值运算符函数
```

这里的"="即赋值运算符，它是所有类都拥有的一个成员函数，称为赋值运算符成员函数，功能是把"="右边对象的数据成员复制给左边对象。

1. 合成赋值运算符函数

对于用户自定义的类而言，如果没有显式定义赋值运算符函数，C++编译器会为该类产生一个默认的合成赋值运算符成员函数，该函数以按位复制（bit-by-bit）的方式实现对象非静态数据成员的复制，即把赋值号右边对象的数据成员值原样复制到赋值号左边对象的对应数据成员中。

当把一个对象赋值给同类的另一个对象时，C++将按照下述步骤完成赋值操作：

\<1\> 查找该类是否提供了显式的赋值运算符成员函数，如果有且是可访问的（即 public 成员），就用此赋值运算符进行对象赋值；如果提供了但不是可访问的（即 private 或 protected 成员），就产生编译错误。

\<2\> 如果该类没有显式定义赋值运算符函数，就为该类生成一个合成赋值运算符函数，执行默认的赋值操作。在通常情况下，合成赋值运算符函数足以解决对象之间的赋值问题。但是，当类包含指针数据成员时，合成赋值运算符函数常会引发"指针悬挂"问题。

【例 3-15】 字符串类 String 具有指针数据成员 ptr 用于存放字符串内容，n 存放字符串编号。该类没有重载赋值运算符函数，编译器合成的赋值运算符成员函数会引发指针悬挂问题。

```
//Eg3-15.cpp
    #include <iostream>
    #include <string>
    using namespace std;
    class String{
```

```
    char  *ptr;
    int   n;
public:
    String(char *s, int a) {
        ptr=new char[strlen(s)+1];
        strcpy(ptr, s);
        n=a;
    }
    ~String(){  delete ptr;  }
    void print(){  cout<<ptr<<endl;  }
};
void main() {
    String p1("Hello", 8);                      // L1
    {
        String  p2("chong qing", 10);           // L2
        p2=p1;                                  // L3
        cout<<"p2:";                            // L4
        p2.print();                             // L5
    }                                           // L6
    cout<<"p1:";                                // L7
    p1.print();                                 // L8   错误
}                                               // L9
```

本程序在运行时会产生错误信息，错误发生在语句 L9 处。下面是运行结果：
p2:Hello
p1:茸茸茸茸茸

输出第 1 行是语句 L4 和 L5 产生的，第 2 行是语句 L7 和 L8 产生。"p1:"后面的输出是没有意义的乱码数据，程序执行到 L9 时，将产生指针悬挂的错误信息。错误原因是：当执行"p2=p1;"时，由于 String 类没有提供显式的赋值运算符函数，C++将为它生成合成赋值运算符函数，并调用它进行对象赋值。编译器为 String 合成的赋值运算符函数类似下面的形式：

```
String& String::operator=(const String &s){
    ptr=s.ptr;
    n=s.n;
    return *this;
}
```

"p2=p1;"操作相当于执行下面的两条语句：
```
    p2.n=p1.n;                                  // L10
    p2.ptr=p1.ptr;                              // L11
```

语句 L10 没有问题，但语句 L11 将使 p2 和 p1 对象的成员指针 ptr 指向同一动态存储区域，如图 3-9(b)所示。从图 3-9(b)可以看出，当"p2=p1;"执行后，p2 和 p1 的 ptr 成员指针都指向了相同的内存单元，当程序执行到 L6 指示的位置时，p2 对象的生命期结束，调用 p2 的析构函数回收 p2.ptr 指向的动态存储区域。当 p2.ptr 指向的动态存储单元被回收后，p1.ptr 仍然指向该内存区域，但该区域已不可用，这就是所谓的"指针悬挂"问题。

程序运行到 L9 位置时，p1 对象的生命期结束，将调用 p1 的析构函数。执行 p1 析构函数中的"delete ptr;"语句时将产生错误，因为 p1.ptr 指向的内存块已被 p2 的析构函数回收了。

2. 重载赋值运算符函数

当类没有指针成员时，编译器生成的合成赋值运算符函数通常能够正确地实现对象之间的赋值操作。但是，在设计类似 String 这样的包含指针数据成员的类时，编译器生成的合成赋值运算符函数不能够正确实施对象之间的赋值，必须为它显式提供赋值运算符成员函数。

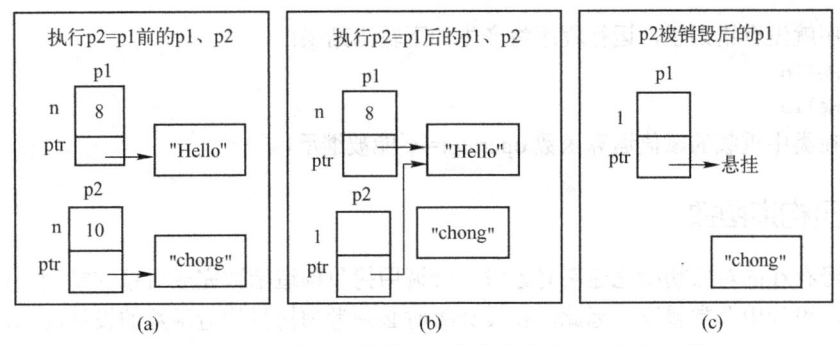

执行p2=p1前的p1、p2	执行p2=p1后的p1、p2	p2被销毁后的p1
(a)	(b)	(c)

图 3-9 默认赋值操作运算符产生的指针悬挂问题

运算符函数是类的特殊成员函数,有独特的定义语法,所有运算符函数的名称都是"operatorXX"。XX 代指运算符本身,如"+"运算符函数的名称是"operator+","-"运算符函数的名称是"operater-"……

赋值运算符是一个二元运算符,常返回本类对象的引用,其定义形式如下:

```
class X{
    ……
    X& operator=(const X &source, …);
};
```

Operator=()可以有多个参数。若有多个参数,则要求除第一个参数外的其余参数都要有默认值。第一个参数必须是自身类类型的引用,这个参数通常是 const 类型(但不是必须的,设为 const 只是为了避免在函数中的误操作修改了"="右边的对象)。

【例 3-16】定义类 String 的赋值运算符成员函数,解决赋值操作引起的指针悬挂问题。为例 3-15 的 String 类增加赋值运算符的重载函数,省略的代码与例 3-15 中的完全相同。

```
//Eg3-16.cpp
#include <iostream>
#include <string>
using namespace std;
class String{
    ……
  public:
    String& operator=(const String& s);          // 重载赋值运算符函数
    ……
};
……
String& String::operator=(const String& s) {
    if(this==&s)
        return *this;
    delete ptr;
    ptr=new char[strlen(s.ptr)+1];
    strcpy(ptr, s.ptr);
    return *this;
}
void main(){
    ……
}
```

这次程序就没有错误了,运行程序将产生如下输出结果:
　　p2:Hello
　　p1:Hello
说明:在类中重载的赋值运算函数 operator=不能被继承。

3.8.2 拷贝构造函数

在用已经存在的对象初始化建新对象时,会调用拷贝构造函数完成对象的复制,这一操作在面向对象程序设计中非常普遍。因此,在设计类时必须考虑拷贝构造函数的设计问题。比如,以下几种情况都会调用拷贝构造函数。

```
class X{};
X  obj1;
X  obj2 = obj1;              // 情况 1: 调用拷贝构造函数
X  obj3(obj1);               // 情况 2: 调用拷贝构造函数
f(X o);                      // 情况 3: 以对象作函数参数时,调用拷贝构造函数
X f(){
    X t;
    ……
    return t;                // 情况 4: 返回类对象时会调用拷贝构造函数
}
X a[4]={obj1,obj2}           // 情况 5: a[0]、a[1]调用拷贝构造函数,a[2]、a[3]调用默认构造函数
```

1. 合成拷贝构造函数及指针悬挂问题

每个类都应该有一个拷贝构造函数,如果没有定义类的拷贝构造函数,在需要时,编译器将为它创建一个具有最小功能的默认拷贝构造函数,称为**合成的拷贝构造函数**。形式如下:
　　X::X(const X&, …){ }
如果有多个参数,要求第一个参数必须是自身类类型的引用,其余参数必须有默认值。

合成拷贝构造函数以成员按位复制(bit-by-bit)的方式实现成员的复制。按位复制就是把一个对象各非静态数据成员的值原样复制到目标对象中。在没有涉及指针类型的数据成员时,合成拷贝构造函数能够很好地工作,但当一个类有指针类型的数据成员时,合成拷贝构造函数常会产生"指针悬挂"问题。

【例 3-17】 Person 是处理人员姓名和年龄的类,其中的姓名用字符串指针类型的数据成员 name 处理,由于没有考虑对象复制时指针成员的特殊性而重定义拷贝构造函数,合成拷贝构造函数引起了"指针悬挂"问题。

```cpp
//Eg3-17.cpp
#include <iostream>
#include<string>
using namespace std;
class Person{
  private:
    char  *name;
    int   age;
  public:
    Person(char *Name, int Age);
    ~Person();
    void setAge(int x){ age=x; }
```

```cpp
    void print();
};
Person::Person(char *Name,int Age){
    name=new char[strlen(Name)+1];
    strcpy(name,Name);
    age=Age;
    cout<<"constructor ...."<<endl;
}
Person::~Person(){
    cout<<"destructor..."<<age<<endl;
    delete name;
}
void Person::print(){
    cout<<name<< "\t The Address of name: "<<&*name<<endl;
}
void main(){
    Person p1("张勇", 21);                                  // L1
    Person p2=p1;                                          // L2
    p1.setAge(1);
    p2.setAge(2);
    p1.print();
    p2.print();
}
```

这个程序存在问题，在不同编译环境下会产生类似的错误。在 Visual C++ 6.0 环境下运行时，在输出下面的内容之后会弹出一个错误信息对话框，显示程序试图删除一个空指针。

```
constructor ....
张勇     The Address of name: 张勇
张勇     The Address of name: 张勇
destructor...2
destructor...1
```

输出结果表明程序只调用了一次构造函数，但调用了两次析构函数。输出结果的第 2、3 行分别是 p1.print 和 p2.print 产生的，这个输出表明 p1 和 p2 的 name 成员指向了同一地内存地址。

构造函数的这次调用是执行 "Person p1("张勇", 21);" 发生的，语句 L2 "Person p2=p1;" 将调用拷贝构造函数进行 p2 的初始化。因为 Person 类没有定义拷贝构造函数，所以 C++编译器将为它生成一个具有最小功能的合成拷贝构造函数，以成员按位拷贝的方式将 p1 各数据成员的值复制到 p2 的对应成员中。对于非指针类型的数据成员 age 而言，这样的复制并没有什么问题。但在复制指针成员 name 时就出问题了，它会将 p1.name 的值复制到 p2.name 中，致使 p2 和 p1 的 name 成员指向了同一内存地址，如图 3-10 左图所示。

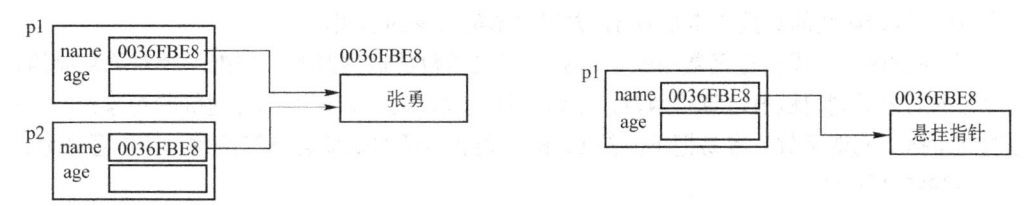

图 3-10 拷贝构造函数引起的指针悬挂问题

当遇到 main 最后的 "}" 时，将首先调用 p2 的析构函数，该函数中的语句 "delete name;" 将把 p2.name 所指向的自由存储单元归还系统，但问题是 p1.name 此时仍指向此存储区域，即

"指针悬挂"问题，如图 3-10 右图所示。

接下来系统将调用 p1 的析构函数，这次语句 "delete name;" 就出问题了，原因是 p1.name 所指向的存储区域已经被 p2 的析构函数释放了，不能再次释放。

2．定义拷贝构造函数

如果类没有指针成员，合成拷贝构造函数能够胜任其工作。但是如果类存在指针类型的数据成员，通常需要显式定义拷贝构造函数。

【例 3-18】 为例 3-17 的 Person 类定义拷贝构造函数，解决对象拷贝时产生的指针悬挂问题。

在例 3-17 的 Person 类中，增加拷贝构造函数的定义。省略部分与例 3-17 中的代码相同。

```
//Eg3-18.cpp
……
class Person {
  ……
  public:
    Person(const Person &p);                    // 拷贝构造函数
    ……
};
Person:: Person(const Person &p) {
    if(this==&p) return;
    name=new char[strlen(p.name)+1];
    strcpy(name,p.name);
    age=p.age;
    cout<<"Copy constructor ...."<<endl;
}
……
void main(){ … }
```

编译并运行该程序，这次不会有错误，将产生如下输出结果：

```
constructor ....
Copy constructor ....
张勇        The Address of name: 张勇
张勇        The Address of name: 张勇
destructor...2
destructor...1
```

程序运行结果的第二行输出表明，在定义 p2 时调用了 Person 类的拷贝构造函数。

3．拷贝函数的应用说明

① 拷贝构造函数与一般构造函数相同，与类同名，没有返回类型，可以重载。

② 拷贝构造函数的参数常常是 const 类型的本类对象的引用。

③ 要注意区分拷贝构造函数与赋值运算符成员函数的调用时机：在把一个对象复制给已定义对象好的对象时调用赋值运算符函数；当时正在定义新对象，但要用已建好的对象初始化该新对象时调用拷贝构造函数。容易把下面的 L2 语句误会为调用赋值运算符函数，请注意区分。

```
    class X{…};
    X   obj1;
    X   obj2;
    obj2=obj1;              // L1  obj2 已定义了，把 obj1 赋值给 obj2，调用赋值运算符函数
    X obj3=obj1;            // L2  新建 obj3，并用 obj1 初始化 obj3，调用拷贝构造函数
```

④ 当类具有指针类型的数据成员时，默认拷贝构造函数就可能产生指针悬挂问题，需要提供显式的拷贝构造函数。在其他情况下，默认拷贝构造函数就能完成对象的创建工作了。

对拷贝构造函数的调用常在类的外部进行，应该将它指定为类的公有成员。

3.8.3 移动函数 11C++

1. 对象移动的概念

程序设计中的对象拷贝是一件普通而常见操作，但在某些情况下，对象复制后就立即被销毁了，这样的对象就是临时对象，如以下代码段中的f()函数所示。

```
class A{…};
A f(){ A t; …… return t; }
A b;
b=f();
```

语句"b= f();"的执行过程是：① 调用 f()函数，执行 f()函数体内的代码；② 执行 "return t;"将创建无名临时对象并返回调用语句；③ 将无名对象复制给对 b；④ 销毁无名临时对象。

显然，无名临时对象会占用系统资源（资源的多少与其数据成员相关，如有大容量的数组成员就会占用大量的存储空间），分配和回收这些资源都会占用系统时间和资源，复制给另一个对象同样会耗占系统资源。

C++ 11 标准提出了采用对象移动而非复制的新技术来解决临时对象的复制问题，可以极大地提高程序性能。对象移动与对象复制操作的过程基本相同，区别在于第③步。采用对象移动技术执行"b=f();"语句的第③步是将临时对象的资源"转移"给对象b，其余操作相同。这一过程节省了把临时对象的资源复制给对象 b 的系统开销，如图 3-11 所示。临时对象的资源被转移之后，就不要对它曾经持有的资源有任何期望，如同现实中的资产转移之后，其所有权归新拥有者所有，原来的拥有者不应该再处理它。

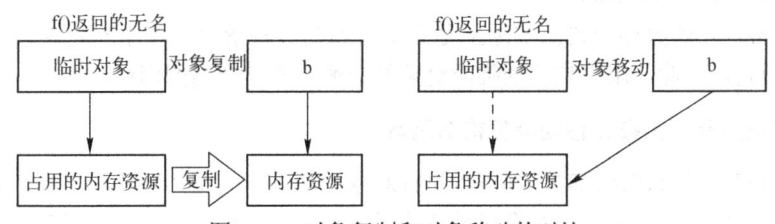

图 3-11 对象复制和对象移动的对比

2. C++标准库中的 move()函数

对象移动相当于把某对象拥有的内存资源"转让"给另一对象使用，其实质是把对象的内存资源（即右值）绑定到要转移给的对象。由于变量名对应内存的左值，不能直接绑定到右值。C++ 11 标准库中提供 move()函数实现对象的右值绑定，此函数定义在 utility 头文件中。

```
int    x = 0;
int    &lrx = x;                          // 正确，左值引用
int    &&rrx = x;                         // 错误，变量名是左值，不能绑定右值
int    &&rrx = std::move(x);              // 正确，rrx绑定到x的右值
```

move()函数不仅可以绑定内置数据类型的右值，也可以绑定用户自定义类型的右值。

【例 3-19】 用 C++标准库的 move()函数移动对象的右值资源。

//Eg3-19.cpp

```
#include <iostream>
#include<string>
#include<utility>
using namespace std;
class A {
    int  a;
  public:
    void setA(int x) { a = x; }
    int getA() { return a; }
};
void main() {
    A  b;
    //  A  &&r = b;                                                   // L1  错误
    A  &&r = move(b);                                                 // L2  正确
    r.setA(8);
    cout << b.getA() << "\t" << r.getA() << endl;                     // L3
    int  x=9;
    int  &&rx = std::move(x);
    cout << "rx="<<rx << "\tx=" << x << endl;                         // L4
    cout << "rx Addr:" << &rx << "\t\tx Addr:" << &x << endl;         // L5
}
```

程序运行结果如下：

```
8    8                                                                // L3 语句输出
rx=9  x=9                                                             // L4 语句输出
rx Address:002EFBA4     x Address:002EFBA4                            // L5 语句输出
```

输出结果表明，用 move()函数从源对象移动内存资源给新对象后，并不会销毁源对象，新对象"接管"了源对象的内存资源，但仍然可以通过源对象操作对应的内存资源，可以访问也可以赋值，如 L3 语句中的"b.getA()"。

但是，用 move()函数移动资源实际上是对源对象的一种承诺：除了对它赋新值或销毁它之外，就不再使用它。因此，用它来移动临时对象的资源是非常恰当的用法。

3．移动赋值运算符函数和移动拷贝构造函数

在对象赋值和新对象初始化时，都可以执行对象移动操作，用"转移"对象资源的方式取代复制资源的方式，将一个对象的内存右值转移给另一个对象操控。如果要实现对象移动，就需要为类定义移动运算符函数和移动拷贝构造函数。形式如下：

```
class A {
    ……
    A(A&& o){…}                                                       // 移动构造函数
    A &operator=(A&& o) {…}                                           // 移动赋值运算符
};
```

与赋值运算符和拷贝构造函数类似，如果一个类没有定义这些函数，编译器就会合成它们。但合成的条件不同，对于赋值运算符和拷贝构造函数而言，只要没有定义，编译器总会合成它们。

对于移动函数来说，就不是这样的了。如果一个类定义了赋值运算符函数、拷贝构造函数或者析构函数，编译器不会为它合成移动构造函数和移动赋值运算符。只有当一个类没有定义这些函数，而且每个非 static 数据成员都可以移动（内置数据类型是可移动的，如果数据成员是自定义类类型，只有当它也定义了移动函数时，才是可移动的），编译器才会合成移动构造函数和赋值运算符函数。例如：

```
        struct A {
            int  x;                                    // 内置类型可以移动
            std::string  s;                            // string 定义了移动操作
        };
        class B {
            A a;                                       // A有合成移动函数
        };
        class C {
            A a;
          public:
            C() {}
            C(C&o) {}                                  // 定义了拷贝构造函数，不会有合成移动函数
        };
        B  a1, a2 = std::move(a1);                     // a2 使用合成移动拷贝构造函数
        C  c1, c2 = std::move(c1);                     // c2 使用拷贝构造函数
```

在上面的代码段中，A、B 的数据成员都是可移动的，它们没有定义赋值运算符函数、拷贝构造函数和析构函数，编译器会为它们合成移动赋值运算符和移动构造函数。因此，定义 a2 时，move()函数调用合成移动构造函数将 a1 的内存"移动"给 a1。

【例 3-20】 Book 类具有书名（bookName）和书价（price）数据成员，为它设计移动赋值运算符函数和移动拷贝构造函数，采用对象移动方式处理临时对象复制，以提高效率。

```cpp
//Eg3-20.cpp
    #include<iostream>
    #include<string>
    using namespace std;
    class Book {
      public:
        Book(char* name="", double x = 0):price(x){    // 默认构造函数
            newbkName(name);
            cout << "constructor ...." << endl;
        }
        Book(const Book& bk):price(bk.price) {         // 拷贝构造函数
            newbkName(bk.bookName);
            cout << "Copy constructor..." << endl;
        }
        ~Book() {  delete bookName;  }
        Book(Book&& bk):bookName(bk.bookName) {        // 移动拷贝构造函数
            price=bk.price;
            bk.bookName = nullptr;
            cout << "Move constructor..." << endl;
        }
        Book& setData(char* name, double p) {
            newbkName(name);
            price = p;
            return *this;
        }
        Book &operator=(Book& bk) {                    // 赋值运算符函数
            if (this == &bk)
                return *this;
            delete bookName;
            newbkName(bk.bookName);
```

```cpp
        cout << "operator=" << endl;
        return *this;
    }
    Book &operator=(Book &&bk) {                        // 移动赋值运算符函数
        if (this == &bk)
            return *this;
        delete bookName;
        bookName=bk.bookName;
        bk.bookName = nullptr;
        cout << "move operator=(&&)" << endl;
        return *this;
    }
    char* getName() {  return bookName;  }
    double getPrice() {  return price;  }
      private:
        void newbkName(char *name) {                    // 类内私用函数
            bookName = new char[strlen(name) + 1];
            strcpy(bookName, name);
        }
        char* bookName;
        double price;
};
Book getBook(Book a) {                                  // 普通函数,调用拷贝构造函数传递a
    Book  b=a;                                          // 调用拷贝构造函数
    return a;                                           // 返回右值,调用移动拷贝构造函数
}
void main() {
    Book b, book;                                       // L1
    book.setData("数据库原理", 32.4);
    Book a =getBook(book);                              // L2
    cout << a.getName() <<"\t"<<a.getPrice()<<endl;
    Book c = std::move(a);                              // L3
    b = std::move(c);                                   // L4
    a = b;                                              // L5
}
```

程序运行结果如下:

```
constructor ....          // L1 语句输出,构造 a
constructor ....          // L1 语句输出,构造 b
Copy constructor...       // L2 语句输出,调用拷贝构造函数传递参数
Copy constructor...       // L2 语句输出,函数局部对象 b 构造
Move constructor...       // L2 调用移动构造函数把函数返回临时对象内存资源转换给 a
数据库原理     32.4
Move constructor...       // L3 语句,移动拷贝构造函数把 a 的资源转换给新建对象 c
move operator=(&&)        // L4 语句输出,move()调用移动赋值把 c 的内存资源移动给 b
operator=                 // L5 语句输出,调用赋值运算符进行对象复制赋值
```

说明:① 对象资源被移动之后,它应该是可析构和有效的。

"可析构"是说对象资源被移给另一个对象后,马上销毁它也不会影响其他对象。比如,执行 L2 语句后,就立即析构了 getBook()函数创建的临时对象,不会对 a 产生影响。在为类设计移动函数时,必须保障对象移动后就进入可析构状态,即销毁该对象不会影响"窃取"其资源的另一对象,对于被移动的指针成员,可以设置它为 nullptr 值,如本例的移动拷贝构造函数和移动赋

值运算符函数中将 bookName 设置为 nullptr 值一样，否则会产生"指针悬挂"问题。

"有效的"是说该对象的内存资源被移动后，并不会立即销毁对象，它仍处于可用状态，可以被赋新值（但是，通过移动而"窃取"了该内存资源的对象可能会修改其中的值）。比如，上面的 L4 语句执行后，对象 a 的内存资源被转移给了 c，但 a 仍是有效的。

② 拷贝左值，移动右值。一个类同时设置了拷贝构造函数、赋值运算符函数、移动拷贝构造函数和移动赋值函数时，编译器会使用与普通函数相同的参数匹配规则进行函数调用。对于左值使用拷贝构造函数或赋值运算符函数，如 L2 语句的参数名 book、L5 语句的 b 只能是左值，所以调用拷贝构造函数和赋值运算符函数。而 L2 的 getBook()函数返回的是对象右值，所以调用移动拷贝构造函数。

③ 如果类没有移动函数，则右值会被复制。如果一个类定义了拷贝构造函数和赋值运算符函数，但没有移动构造函数和移动赋值运算符，编译器不会合成移动构造函数和移动赋值运算符，也就不能执行移动操作，即使调用 move()函数也只能执行对象拷贝操作。

```
class A {
  public:
    A() = default;
    A(A& o) :x(o.x) {  cout << "1" << endl;  }
    A& operator=(A &o) {  x = o.x;    cout << "2" << endl;    return *this;  }
  private:
    int x;
};
A  a1, a2;
A a3(a1);
A a4 = std::move(a2);              // 调用拷贝构造函数，因无移动拷贝构造函数
a3 = std::move(a1);                // 调用赋值函数，因无移动赋值运算符函数
```

3.9 静态成员

1. 静态成员的声明及意义

在类中，若在数据成员或成员函数的声明或定义前面加上关键字 static，就将它定义成了静态数据成员或静态成员函数。静态成员同样遵守 public、private、protected 访问权限的限定规则。其定义形式如下：

```
class X{
    ……
    static type  dataName;
    static type funName(…);
    ……
}
```

其中，dataName 是静态数据成员的名称，funName 是静态成员函数的名称，type 代表数据类型。

静态数据成员是属于类的，整个类只有一份副本，相当于类的全局变量，供该类所有对象公用，能够被该类的所有对象访问；非静态数据成员是属于对象的，每个对象都有非静态数据成员的一份拷贝，为该对象专用。

静态成员函数也是属于整个类的，它只能访问属于该类的静态成员（包括静态数据成员和静态成员函数），不能访问非静态成员（包括非静态的数据成员和成员函数）。

2. 静态成员的定义

在类的声明中，将数据成员指定为静态成员只是一种声明，并不会为该数据成员分配内存空间，在使用之前应该对它进行定义。静态数据成员常常在类外进行定义，形式如下：

类型 类名::静态成员名；
类型 类名::静态成员名=初始值；

但是，对静态成员函数而言，除了在类声明中的成员函数前面加上 static 关键字外，其定义与普通函数没有区别。

注意：① 在类外定义数据成员时，不能加上 static 限定词；② 在定义静态数据成员时可以指定它的初始值（第 2 种定义形式），若定义时没有指定初值，系统默认其初值为 0。

原则上，类的静态数据成员必须在类外定义，否则会出错。但在一些编译器中（如 Visual C++ 6.0），若没有在类外进行静态数据成员的定义，它会在定义该类的第一个对象时定义相关的静态数据成员（即为所有的静态数据成员分配内存空间），并将这些静态数据成员初始化为 0。

3. 静态成员的访问

静态成员属于整个类，如果将它定义为类的公有成员，在类外可用下面两种方式访问。
① 通过类名访问（这种访问方式是非静态成员不具有的）：
类名::静态数据成员名；
类名::静态成员函数名(参数表)；
② 通过对象访问：
对象名.静态成员名；
对象名.静态成员函数名(参数表)；

【例 3-21】 设计一个书类，能够保存书名、定价，以及所有书的本数和总价。

问题分析与数据抽象：用 Book 表示书类，每本书都有书名和定价，可以抽象出数据成员 bkName 和 price 来表示它们。但是，书的本数和总价则不是每本书都有的数据，整个书类用一个变量统计就可以了，静态数据成员正好是全类对象共用的数据成员，用静态成员 number、totalPrice 表示书的本数和总价正好符合要求。

为了访问数据成员，以数据成员为中心，分别为每个成员设置修改成员值的接口函数 setXX()和读取成员值的 getXX()函数，以及显示书本信息和统计结果的函数 display()。

书本总数和总价的统计可以在构造函数和析构函数中进行，每定义一本新书就增加本书和总价，每析构一本书就减少册数和总价。另外，修改书价也会引起总价的变化。

数据抽象结果如图 3-12 所示，其中下划线标注的数据成员是静态成员，实现后的程序如下。

```
// Eg3-21.cpp
    #include <iostream>
    #include <string>
    using namespace std;
    class Book {
      private:
        string   bkName;
        double   price;
        static int   number;
        static double   totalPrice;
      public:
        Book() { bkName = "";    price = 0;    number++;   };
        Book(string, double);
```

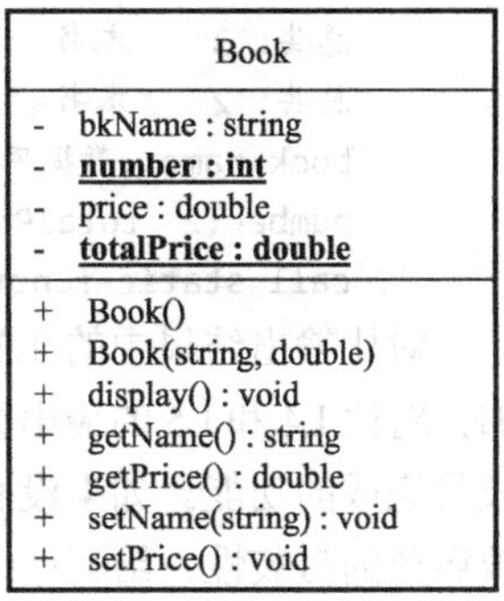

```cpp
    ~Book();
    void setName(string bname) { bkName = bname; }
    void setPrice(double bprice) {
        totalPrice -= price;
        price = bprice;
        totalPrice +=price;
    }
    double getPrice() { return price; }
    string getName() { return bkName; }
    static int getNumber() { return number; }
    static double getTotalPrice() { return totalPrice; }
    void display();
};
Book::Book(string name, double Price) {      // 构造函数，可访问静态和非静态成员
    bkName= name;
    price = Price;
    number++;
    totalPrice += price;
}
Book::~Book() {
    number--;                                // 析构一本书就减少书的本数
    totalPrice -= price;                     // 析构一本书就减少书的总价
}
// 此函数仅是一个验证，表示非静态成员函数可以访问静态的数据和函数成员
void Book::display() {
    cout << "book name :" << bkName << " " << "pirce :" << price << endl;
    cout <<"number:"<< number <<" "<< "totalPrice: "<< totalPrice << endl;
    cout << "call static function " << getNumber() << endl;
}
int  Book::number = 0;                       // 定义并初始化静态数据成员
double Book::totalPrice = 0;
void main() {
    Book  b1("C++ 程序设计", 32.5), b2;
    b2.setName("数据库系统原理");
    b2.setPrice(23);
    cout<<b1.getName()<< "\t"<<b1.getPrice()<<endl;       // L1
    cout<<b2.getName()<< "\t"<<b2.getPrice()<<endl;       // L2
    cout<<"总共: "<< b1.getNumber() << "\t本书"           // L3
        <<"\t 总价:  " <<b1.getTotalPrice()<<"\t元"<<endl;
    {
        Book b3("数据库系统原理", 23);
        cout << "总共: " <<b1.getNumber()<< "\t本书"      // L4
            <<"\t 总价:  "<<b1.getTotalPrice()<<"\t元"<<endl;
    }                                                     // b3 析构
    cout<<"总共: "<<Book::getNumber()<< "\t本书"          // L5
        <<"\t 总价:  "<< Book::getTotalPrice()<<"\t元"<< endl;
    b2.display();
}
```

Book
- bkName : string
- **number : int**
- price : double
- **totalPrice : double**
+ Book()
+ Book(string, double)
+ display() : void
+ getName() : string
+ getPrice() : double
+ setName(string) : void
+ setPrice() : void

图 3-12 Book 类

本程序的运行结果如下：

```
C++ 程序设计    32.5                    // L1 的输出
数据库系统原理   23                      // L2 的输出
总共: 2   本书    总价:  55.5   元      // L3 的输出
```

```
总共: 3    本书    总价: 78.5    元          // L4 的输出
总共: 2    本书    总价: 55.5    元          // L5 的输出
book name :数据库系统原理    price :23        // 此之后是函数 display()的输出
number:2   totalPrice: 55.5
call static function 2
```

对比输出结果中的 L3 和 L4 的输出会发现，每增加一本书，书本数和总价格都能正确增加；对比 L4 和 L5 的输出会发现，每减少一本书，书的总本数和总价格就会减少，这些都是静态成员完成的功能。如果没有静态数据成员，只有通过全局变量才实现这样的功能。但全局变量会破坏类的封装性，给程序维护带来负担（程序中的其他函数可能误改全局变量）。

语句 L4 通过 b1 对象调用 Book 类的静态成员函数，但程序运行结果表明它输出的是已经定义了 b3 对象之后的总书价和总本数。事实上，若将语句 L4 中的 b1.getNumber()改写成下面的调用，也会得到完全相同的结果。

```
           b2.getNumber()
或者       b3.getNumber()
或者       Book::getNumber()
```

因为静态成员函数属于整个类，不论通过哪个对象调用到的静态成员函数都是相同的，所以建议通过类调用静态成员函数（见语句 L5），以区别于普通成员函数的调用。成员函数 b2.display()只是一种验证，表明非静态成员函数可以调用静态成员和普通成员（非静态）。

说明：① 同普通成员函数一样，静态成员函数也可以在类内部或类外定义，还可以定义成内联函数；② 静态函数只能访问静态成员（包括静态的数据成员和成员函数），不能访问非静态成员。例如，下面的 Book::getNumber()函数是错误的。

```
int Book::getNumber() {
    price=20;              // getNumber()是静态函数，不能访问非静态成员
    return number;
}
```

③ 在类外定义静态成员函数时，不能加上 static 限定词。下面的函数定义是错误的。

```
static int  Book::getNumber() {  return number;  }
```

④ 静态成员函数可以在定义类的任何对象之前被调用，非静态成员只有在定义对象后，通过对象才能访问。例如，对于 Book 类，有下面的语句。

```
int x=Book::getNumber();                    // 正确
int y=Book::getPrice();                     // 错误，getPrice()不是静态成员函数
void main() {  cout<<x<<endl;  }
```

3.10 this 指针

1. this 指针的概念

类的每个对象都有自己的数据成员，有多少个对象，就有多少份数据成员的副本。然而类的成员函数只有一份副本，不论多少个对象，都公用这个成员函数。那么，不同对象是怎样公用这个成员函数的呢？换句话说，在程序运行过程中，成员函数怎样知道哪个对象在调用它，它应该处理哪个对象的数据成员呢？答案就是 this 指针。

this 是用于标识一个对象自引用的隐式指针，代表对象自身的地址，并且不允许修改，所以被指定为 const 指针，相当于下面的定义：

```
class X{};
```

```
            X *const this;
```
在编译类成员函数时，C++编译器会自动将 this 指针添加到成员函数的参数表中。在调用类的成员函数时，调用对象会把自己的地址通过 this 指针传递给成员函数。

【例 3-22】 一个处理坐标点的简单 Point 类。

```
//Eg3-22.cpp
    #include <iostream>
    using namespace std;
    class Point{
      private:
        int  x, y;
      public:
        Point(int a=0,int b=0) {  x=a;    y=b; }
        void move(int a,int b) {  x=a;    y=b; }
        int getx() {  return x;  }
        int gety() {  return y;  }
    };
    void main(){
        Point p1, p2;
        p1.move(10, 20);
        p2.move(3, 4);
    }
```

在编译 Point 类时，编译器会将 Point 类型的 this 指针参数添加在它的成员函数的参数表中。因为 Point 类的成员函数都是在类内定义的，所以它们还将被设置为内联函数。经过编译器的处理后，Point 类的成员函数类似于下面的形式：

```
            inline point(Point *const this,int a,int b) { this->x=a;   this->y=b; }
            inline getx(Point *this) {  return this->x;  }
            inline gety(Point *this) {  return this->y;  }
            inline void move(Point *this, int a, int b) {  this->x=a;   this->y=b; }
```

当 Point 类型的对象调用某个成员函数时，C++会把该对象的地址作为传递给 this 指针的实参，这样成员函数就知道调用它的对象是谁了。

例如，p1.move(10,20)会被编译器转换成类似于下面的调用形式：

```
        move(&p1, 10, 20);
```

而 p2.move(3,4)被编译器转换成下面形式的函数调用：

```
        move(&p2, 3, 4);
```

因为 this 指针是在程序员不知晓的情况下，由编译器添加到成员函数参数表中的隐含参数，所以称它为隐式指针。

说明：① 尽管 this 是一个隐式指针，但在类的成员函数中可以显式地使用它。比如，Point 类也可以定义如下：

```
        class Point {
          private:
            int  x, y;
          public:
            Point(int x=0, int y=0) {
                this->x=x;    this->y=y;              // 用 this 区别数据成员与形参，典型用法
            }
            void move(int a,int b) {  (*this).x=a;    (*this).y=b;  }
```

```
    int getx() { return this->x; }
    int gety() { return this->y; }
};
```

this 是一个指针，必须按指针的用法引用它，如 "this->x" 或 "(*this).x"。

② 在类 X 的非 const 成员函数中，this 的类型就是 X *。this 并不是一个常规变量，不能给它赋值，但是可以通过它修改数据成员的值。在类 X 的 const 成员函数中，this 被设置成 const X * 类型，不能通过它修改对象的数据成员值。

③ 静态成员函数没有 this 指针，在静态成员函数中不能访问对象的非静态数据成员，因为非静态数据成员是通过 this 指针传递给成员函数的。没有 this 指针，就意味着不能将对象的地址传递给静态成员函数。这也是静态成员函数只能访问静态数据成员的原因（静态数据成员是类范围内的全局变量，本类的所有成员函数都可访问）。

2. 通过 this 返回对象地址或自引用的成员函数

在类成员函数中，可以通过 this 指针返回对象的地址或引用，这也是 this 的常用方式。引用是一个地址，允许函数返回引用就意味着函数调用可以被再次赋值，即允许函数调用出现在赋值语句的左边。下面是一个具有返回本类对象的指针、引用及普通对象的 Tdate 类，借此理解 this 指针的一些典型应用方法。

【例 3-23】 有日期类，设计修改其年、月、日的成员函数，测试通过 this 指针返回对象的指针和引用的各种情况。

```
//Eg3-23.cpp
    #include <iostream>
    using namespace std;
    class Tdate {
      private:
        int  yy, mm, dd;
      public:
        Tdate(int y=2006, int m=01, int d=01);
        Tdate &setYear(int year);
        Tdate &setMonth(int month);
        Tdate *setDay(int day);
        Tdate setDate(int y, int m, int d);
        void display();
    };
    Tdate::Tdate(int y, int m, int d) { yy=y;     mm=m;     dd=d; }
    Tdate& Tdate::setYear(int year)  { yy=year;   return *this; }
    Tdate& Tdate::setMonth(int month){ mm=month;  return *this; }
    Tdate* Tdate::setDay(int day){ dd=day;   return this; }
    Tdate Tdate::setDate(int y, int m, int d) {
        yy=y;    mm=m;    dd=d;
        return *this;
    }
    void Tdate::display() {
        cout<<"address is: "<<this<<"\t"<<yy<<":"<<mm<<":"<<dd<<endl;
    }
    void main(){
        Tdate  d1, d2;                                       // L1
        cout<<"d1 ";    d1.display();                        // L2
        cout<<"d2 ";    d2.display();                        // L3
```

```
        d1.setYear(2007).setMonth(03).setDay(30);              // L4
        cout<<"d1 ";      d1.display();                         // L5
        d1.setDate(2000,01,10).setDay(30);                      // L6
        cout<<"d1 ";      d1.display();                         // L7
        Tdate  *p;                                              // L8
        p=d1.setDay(21);                                        // L9
        cout<<" p ";                                            // L10
        p->display();                                           // L11
        Tdate d3=d2.setYear(2006).setMonth(4);                  // L12
        cout<<"d3 ";      d3.display();                         // L13
        d1.setYear(2007).setMonth(03)=d3;                       // L14
        cout<<"d1 ";      d1.display();                         // L15
}
```

本程序的运行结果如下：

```
d1 address is: 002DFC60 2006:1:1
d2 address is: 002DFC4C 2006:1:1
d1 address is: 002DFC60 2007:3:30
d1 address is: 002DFC60 2000:1:10
p  address is: 002DFC60 2000:1:21
d3 address is: 002DFC2C 2006:4:1
d1 address is: 002DFC60 2006:4:1
```

第 1、2 行是语句 L2、L3 的输出，对照函数 Tdate::display()不难理解此结果。从中可以看出，d1、d2 的 this 指针的值分别是 002DFC60 和 002DFC4C，这就是 d1 和 d2 对象的地址。

语句 L4 看上去有些怪异，但结合函数定义也不难理解。由于成员函数 setYear()返回的是对象的引用，所以 d1.setYear(2007)的结果仍然是 d1，但 d1 的 year 已被设置成了 2007。同理可知，d1.setYear(2007).setMonth(03)的结果仍然是 d1，但月份已被设置为 3。由于结果仍是 d1，也就不难理解 d1.setYear(2007).setMonth(03).setDay(30)了，它等价于下面的语句组：

```
d1.setYear(2007);
d1.setMonth(03);
d1.setDay(30);
```

这就不难理解 L5 的输出，即运行结果的第 3 行。

运行结果的第 4 行为什么不是 "d1 address is: 002DFC60 2000:1:30" 呢？它是程序中语句行 L7 的输出。但在 L7 输出之前，L6 似乎已经将 d1 的日期设置为了 30。语句 L6 如下：

```
d1.setDate(2000,01,10).setDay(30);
```

原因是函数 setDate()返回的是一个普通 Tdate 对象，不是指针，也不是引用。编译器对函数 setDate()的处理方式类似于下面的情况。

```
Tdate Tdate::setDate(int y, int m, int d) {
    yy=y;      mm=m;      dd=d;
    Tdate  tmp=*this;
    return  tmp;
}
```

所以，函数 setDate()返回的不是对象 d1 本身，而是一个临时对象 tmp。因此，语句 L6 中的 setDay(30)实际等价于 tmp.setDay(30)，这就是 d1 的成员 dd 没有被修改的原因。

请读者根据成员函数的返回类型分析语句 L9、L12 和 L14 的赋值为什么是可行的，并进一步分析程序的运行结果。

3.11 对象应用

1. 对象数组和对象指针

类实际是一种自定义数据类型,既然是一种数据类型,就可以用来定义各种变量(即对象)。对象数组就是用类定义的数组,它的每个元素都是对象。

对象指针是指用指针指向类对象。对象指针与结构指针的访问方法相同,用"->"或"(*指针)."两种操作符访问其所指对象的成员。

【例3-24】 对象数组和对象指针的应用。

```
//Eg3-24.cpp
    #include <iostream>
    using namespace std;
    class point {
      private:
        int  x=0, y=0;
      public:
        point() {  x = 1;    y = 1;  }             // L1
        point(int a, int b) {  x = a;    y = b;  } // L2
        int getx() {  return x;  }                 // L3
        int gety() {  return y;  }
    };
    void main() {
        point  p1(3, 3);                            // 定义单个对象
        point  p[3]={ {2,2}, {3,3}, {4,4} };        // L4
        point  p2[3];                               // L5
        point*  pt;                                 // L6
        for(int i = 0; i<2; i++) {
            cout<<"p["<<i<<"].x="<<p[i].getx()<< "\t";   // 对象数组元素的访问
            cout<<"p["<<i<<"].y="<<p[i].gety()<< endl;
        }
        pt = &p1;                                   // 指向单个对象的指针
        cout<<"Point pt->x:"<<pt->getx()<<endl;     // 指针对象访问方法1
        pt = p2;                                    // 指向对象数组的指针
        cout<<"Point Array pt->x :"<<pt->getx()<< endl;
        pt++;                                       // 指向对象数组下一元素
        cout<<"Point Array pt->x :"<<pt->getx()<< endl;
        cout<<"Point (*pt).x :"<<(*pt).getx()<< endl;  // 指针对象访问方法2
    }
```

对象数组 p 有 3 个元素,每个元素都是一个 point 对象。程序的运行结果如下:

```
p[0].x=2   p[0].y=2
p[1].x=3   p[1].y=3
Point pt->x:3
Point Array pt->x :1
Point Array pt->x :1
Point (*pt).x :1
```

说明:① 如果在定义对象数组时没有进行元素的初始化,要求定义数组的类必须有默认构造函数。在本例中,如果没有定义 L2 语句处的默认构造函数,则语句 L5 是错误的。当然,不定义 L2 语句的默认构造函数,但为 L3 语句处的构造函数参数 a, b 指定默认值也可以。② 语句

L4 是用需要参数的构造函数创建数组时必须的初始化方式。

2. 向函数传递对象

类类型也可以作为函数的参数类型,通过它向函数传递对象。除了必须按照对象的访问控制权限访问类对象的成员外,作为参数传递的类对象,与普通变量的传递规则和方法是一致的,也可以分为 3 种参数传递方式:传递值,传引用,传指针。

传递值时,将通过拷贝构造函数以按位复制的方式,将实参对象的每个数据成员的值按位复制到形参对象的各数据成员中。参数传递完成后,形参与实参就没有关系了,所以按值传递对象的方式不能修改实参对象的值。引用和指针方式传递对象给函数的方式都是将实参对象的地址传递给函数,能够在函数中修改实参对象的值,都不会调用任何构造函数。

【例 3-25】 按传值、传引用、传指针的方式向函数传递参数对象。

```
//Eg3-25.cpp
    #include <iostream>
    using namespace std;
    class MyClass{
        int val;
      public:
        MyClass(int i) { val=i; }
        int getval() { return val; }
        void setval(int i) { val=i; }
    };
    void display(MyClass ob) { cout<<ob.getval()<<endl; }
    void change1(MyClass ob) { ob.setval(50); }
    void change2(MyClass &ob) { ob.setval(50); }
    void change3(MyClass *ob) { ob->setval(100); }
    void main(){
        MyClass a(10);
        cout<<"Value of a before calling change  -----";
        display(a);
        change1(a);
        cout<<"Value of a after calling change1()-----";
        display(a);
        change2(a);
        cout<<"Value of a after calling change2()-----";
        display(a);
        change3(&a);
        cout<<"Value of a after calling change3()-----";
        display(a);
    }
```

本程序的运行结果如下:

```
Value of a before calling change  -----10
Value of a after calling change1()-----10
Value of a after calling change2()-----50
Value of a after calling change3()-----100
```

函数 change1() 是按值传递的方式传递对象,不能修改 a 对象的成员值;change2() 和 change3() 分别按引用和指针方式传递对象,它们都修改了 a 对象的成员值。

说明:① 函数接收参数对象后,在函数体内必须按照访问权限访问对象成员,即只能访问对象的公有成员。例如，对上述 MyClass 而言，下面的 change()函数是错误的，它访问了 ob 对象的私有成员 val。

```
void change(MyClass ob) { ob.val=90; }
```

② 类成员函数可以访问本类参数对象的私有、保护、公有成员，而普通函数（非类成员）只能访问参数对象的公有成员。例如：

```
class A{
    private:
        int  x;
    public:
        void  f(A b){ b.x=10; }      // 正确，类的成员函数可以访问同类参数对象的私有成员
};
void g(A b){ b.x=10; }              // 错误，不能访问类的私有成员
```

3. 类对象成员

类的数据成员一般都是基本数据类型，也可以是结构、联合、枚举之类的自定义数据类型，还可以是其他类的对象。如果用其他类的对象作为类的成员，则称之为对象成员。类对象作成员的形式如下：

```
class X{
    类名1  成员名1;
    ……
    类名n  成员名n;
};
```

对象成员必须用类内初始化或构造函数初始化列进行初始化，只有当用对象成员的默认构造函数初始化时可以省略，编译器会自动调用对象成员的默认构造函数，其他情况必须使用类类初始化或者在构造函数初始化列表中显式初始化对象成员，否则产生错误。请看下面的例子。

【例 3-26】 设计 ID 类完成学生学号的管理，学生类 Student 完成学生学号和姓名的管理。

问题分析与抽象：本例主要探讨对象成员的初始化和应用问题。ID 类只用于管理学号的输入和修改，用数据成员 id 表示学号，setSid()和 getSid()修改和返回学号；学生类 Student 有学号和姓名，用数据成员 sid 和 name 表示，其中 sid 已由 ID 类实现了，可以通过类成员引用其功能，因此 Student 只需实现 name 管理的问题，但要考虑对象成员 sid 的初始化问题，必须在 Studet 构造函数初始化列表中对 sid 进行初始化。

数据抽象出的 Sid 和 Student 的类图和其关系如图 3-13 所示。图中的棱形连接了 Sid 和 Student，表示两类之间具聚合关系，棱形所在指向整体，包含另一方的一个或多对象。实现类图关系后的程序代码如下：

Sid
– id : int
+ getSid() : int
+ getSid(int) : void
+ Sid(int)
+ Sid() : void

Student
– name : string
+ getName() : string
+ setName(string) : void
+ Student(int, string)
+ Student()

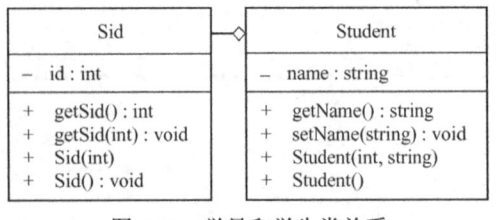

图 3-13 学号和学生类关系

```
//Eg3-26.cpp
#include <iostream>
#include<string>
using namespace std;
class Sid {
    public:
        ~Sid() { cout << "Sid des..." << id << endl; };
        Sid(int sid) :id(sid) { cout << "Sid cons..." << id << endl; }
        int getSid() {  return id;  }
        void setSid(int sid) {  id = sid;  }
    private:
```

```cpp
    int id;
};
class Student {
public:
    Sid  m_sid;                                           // L1
    // Sid m_sid = 9818;                                  // L2      11C++
    // Sid m_sid = Sid(9818);                             // L3      11C++
    ~Student() {
        cout << "Stu des.." << name << "\t" << m_sid.getSid() << endl;
    }
    Student(string sname,int stuid): m_sid(stuid), name(sname) {    // L4
        cout << "Stu con.." << name << "\t" <<m_sid.getSid() << endl;
    }
    string getName() { return name; }
    void setName(string sname) { name = sname; }
private:
    string  name;
};
void main() {
    Student  s("Randy", 9818);
    s.setName("tom");                                     // L5
    cout <<s.getName()<<"\t"<<s.m_sid.getSid()<<endl;     // L6
}
```

本程序的运行结果如下：

```
Sid cons...9818
Stu con..Randy    9818
tom    9818
Stu des..tom    9818
Sid des...9818
```

这个结果表明 Student 和 ID 的构造函数和析构函数都被调用了，并且通过 L5 语句把 s 对象的 name 修改成了 tom。

说明： ① **两类之间聚合关系的实现。** L1 语句的 "Sid sid;" 定义了 Student 类的对象成员 sid，实现了 Sid 和 Student 类之间的聚合关系。许多 UML 建模工具生成的 "Sid *sid;"，用对象指针建立两个类之间的联系，这也是实现对象之间聚合关系的常用技术。

② **对象成员的初始化。**

❶ 通过构造函数初始化列表初始化对象成员。L4 语句处的 ":m_sid(stuid)" 用于实现对象成员的 m_sid 的初始化，调用 Sid 类的构造函数 "sid::Sid(int sid)" 对 m_sid 对象的 id 数据成员进行初始化。

当一个类有对象成员且该成员没有类内初始化时，必须在其构造函数的初始化列表中，对对象成员进行初始化。只有当对象成员所在类有默认构造函数时，可以不在类的构造函数初始化列表中写出初始化对象成员的列表，但编译器会在此位置自动调用对象成员的默认构造函数。

如本例中，若将 L4 处的 ":m_sid(stuid)" 删掉，其余代码不做任何修改，程序将在编译时出现错误，原因是无法初始化 Student 类的对象成员 id。若为 class Sid 的构造函数指定默认值，对其实施类似 "Sid(int sid=0){…}"，那么删除 L4 处的 ":m_sid(stuid)" 就不会有问题。

❷ 通过类内初始值初始化对象成员。C++ 11 标准后，可以在声明类对象成员时就对它进行初始化，即为其指定类内初始值。L2、L3 语句是为对象成员指定了类内初始值，这两种语句形式不同，含义完全相同。

在本例中，删掉 L4 处的":m_sid(stuid)"和 L2 或 L3 处的注释，程序也不会有问题。

③ **对象成员的访问**。类对象成员同样遵守 public、private、protected 访问权限的约束限定。L6 中的"s.sid.getSid()"通过 s 的 public 对象成员 sid 访问了学号 id，这是访问对象成员的成员函数的典型语法。例如：

```
class Student{
    private:
        Sid m_sid;
        ……
}
Student s1("Tom", 1811);
s.sid.getSid();           // 错误，sid 是 Student 类的私有成员，不能通过它访问任何数据
```

④ **对象成员初始化次序问题**。对象成员的构造次序与它们在类中的声明次序相同，与它们在构造函数初始化列表中的次序无关。

【**例 3-27**】 类成员的构造次序。

```
//Eg3-27.cpp
#include <iostream>
using namespace std;
class A {
    int  a;
 public:
    A(int i = 1) :a(i) {  cout << "constructing A:" << a << endl; }
};
class B {
    int  b;
 public:
    B(int i) :b(i) {  cout << "constructing B:" << b << endl;  }
};
class C {
    A a1, a2;
    B b1, b2;
 public:
    C(int i2, int i3, int i4) : b1(i3), b2(i4), a2(i2) {}
};
void main() {
    C x(2, 3, 4);
}
```

本程序的输出结果如下，请读者分析其原因。

```
constructing A:1
constructing A:2
constructing B:3
constructing B:4
```

3.12 类的作用域和对象的生存期

1. 类的作用域

类构成了一种特殊的作用域，称为类域。类域是指类定义时的一对"{ }"括起来的范围，如下面的形式所示：

```
class X {                         // 类域开始
    ……
};                                // 类域结束
```

类域范围内的成员可以互相访问,不受成员访问控制权限的限定,类外的函数则只能访问类的公有成员。例如:

```
class X {                         // X的类域开始了,最外层{ }所框定的范围就是X的类域
    int  a, b;
    float  c;
  public:
    int  f1(int i) {              // 同一类域中的函数和数据可以相互访问
       int  a, y;
       a=i;
       X::a=9;
       return f3(a);              // 同一作用域内,成员函数调用不受先后次序影响
    }
    void f2(int j) {
       //  y=1;                    // 错误,y未定义,y只在f1内有效
       b=f1(j);
       a=j+b;
    }
    int f3(int n) {
       ruturn n*n;
    }
};                                // X的类域结束了,在后面就只能访问X的公有成员了
X  n, *p;
n.f1(2);                          // 正确,在类域外访问类的公有成员
n.a=2;                            // 错误,在类域外不能访问类的私有成员
p->f1(3);
```

在成员函数内部定义的变量,其作用域限于定义它的成员函数。如果类的数据成员与某个成员函数内定义的变量同名,可用"类名::数据成员名"的方式访问数据成员。例如,X 类的成员函数 f1()中的"X::a=9"就是对 X 的数据成员 a 的访问。

说明: ① 同一类中的成员拥有相同的作用域,它们可以相互访问而不用类名限定,而且不受声明先后次序的影响。如在上面的类 X 中,f1()访问了定义于其后面的 f3()成员函数,f2()直接访问了数据成员 a、b 以及成员函数 f1()。

② 在类域之外只能通过类的对象访问类的公有成员,而且必须用对象名和成员限定符"."进行限定;如果通过对象指针访问类成员,必须使用对象指针名和"→"加以限定。

2. 对象的生存期

对象的生存期是指对象从它被创建开始到被销毁前在内存中存在的时间。对象的生存期分为静态生存期和动态生存期。

静态生存期是指对象具有与程序运行期相同的生存期,这类对象一旦被建立后,它将一直存在,直到程序运行结束时才被销毁。全局对象和静态对象具有静态生存期。

动态生存期是指局部对象的生存期,局部对象具有块作用域,它的生存期是从它的定义位置开始,遇到离它最近的"}"就结束了。

【例 3-28】 对象的生存期分析。

```
//Eg3-28.cpp
```

```cpp
#include <iostream>
using namespace std;
class X{
  public:
    X(int ii = 1) { i=ii;   cout << "X (" << ii << ") created" << endl; }
    ~X() { cout << "X (" << i << ") destroyed" << endl; }
  private:
    int i;
};
class Z{
  public:
    Z():x3(3), x2(2) { cout << "Z created" << endl; }
    ~Z() { cout << "Z destroyed" << endl; };
  private:
    X x1, x2, x3;
};
X a(200);                        // a 的生命期开始了
void main (void){
    Z z;                         // z 的生命期开始了，且其成员对象x1\x2\x3 的生命期也开始了，且先于它
    {
        X  c(100);               // c 的生命期开始了
        static X  b(50);         // b 的生命期开始了
    }                            // c 的生命期结束了
}                                // z、x3、x2、x1、b 的生命期依次结束
                                 // main()函数结束后，a 的生命期才结束
```

说明：生存期与对象的构造次序和销毁次序密切相关。

① 局部对象和静态对象的构造次序与它们在块中的声明次序相同，即在块中先声明的就先构造，块即对象定义所在的"{ }"限定的代码区域。全局对象在 main()函数之前构造，在 main()函数结束之后销毁。

② 对象数据成员（包括对象成员）的构造次序与其在类中的声明次序相同，而与它们在构造函数的初始化列表中的次序无关。如在上面的 Z 中，尽管 x3 在 Z 的构造函数的初始化列中先于 x2 和 x1（x1 用默认值构造，未在初始化列表中），但在建立 Z 的对象时，C++仍会按照声明次序依次建立 x1、x2、x3 对象。

③ 在对象生存期结束时，具有相同生存期的对象将按与构造的相反次序销毁。

④ 非静态对象的生存期与其作用域是一致的，而静态对象的生存期则长于其作用域，程序结束时静态对象的生存期才结束。

例 3-28 的运行结果如下，请读者结合上面的说明，分析此结果的产生过程。

```
X (200) created
X (1) created
X (2) created
X (3) created
Z created
X (100) created
X (50) created
X (100) destroyed
Z destroyed
X (3) destroyed
X (2) destroyed
X (1) destroyed
```

```
      X (50) destroyed
      X (200) destroyed          // 在某些环境中运行时（如 VC 6.0），没有这行输出，试析其原因
```

3.13 友元

类的封装性具有信息隐藏的能力，它使外部函数只能通过类的 public 成员函数才能访问类的 private 成员。如果要多次访问类的私有成员，就要多次调用类的公有成员函数，势必进行频繁的参数传递、参数类型检查、函数调用等操作，不但操作麻烦，而且占用较多的存储空间和时间，降低程序的运行效率。

能否给某些函数特权，让它们可以直接访问类的私有成员呢？C++给出的答案是友元（friend）。友元机制允许一个类授权其他函数直接访问类的 private 和 protected 成员。

友元包括友元函数、友元类和友元成员函数。最常用的是友元函数，定义形式如下：

```
class X {
    ……
    friend T f(…);              // 声明 f 为 X 类的友元
    ……
};
……
T f(…) { …… }                    // 友元不是类成员函数，定义时不能用"X::f"限定函数名
```

其中，T 代表函数返回类型，友元不是类的成员函数，在定义时不能把"类名::"放在它的函数名前面。在上述形式的友元函数中，常常需要把类类型 X 作为它的参数类型，这样才能更好地体现友元的意义。

【例 3-29】 Point 是处理屏幕坐标点的类，为它设计计算两点之间距离的友元函数。

```
//Eg3-29.cpp
    #include <iostream>
    #include <cmath>
    using namespace std;
    class Point{
      private:
        int  x, y;
        friend int dist1(Point p1, Point p2);    // 声明 dist1 为 point 类的友元
      public:
        Point(int a=10, int b=10) {  x=a;   y=b;  }
        int getx() {  return x;  }
        int gety() {  return y;  }
    };
    int dist1(Point p1, Point p2) {
        double x=(p2.x-p1.x);                    // 友元可以直接访问对象的私有成员
        double y=(p2.y-p1.y);
        return sqrt(x*x+y*y);
    }
    int dist2(Point p1, Point p2){               // dist2()是普通函数
        double x=p2.getx()-p1.getx();            // 普通函数只能访问对象的公有成员
        double y=p2.gety()-p1.gety();
        return sqrt(x*x+y*y);
    }
    void main(){
        Point  p1(2,5), p2(4,20);
```

```
        cout<<dist1(p1,p2)<<endl;
        cout<<dist2(p1,p2)<<endl;
}
```

　　函数 dist1()和 dist2()都能计算出两点之间的距离。但 dist1()是类 Point 的友元，可以直接访问参数对象的私有数据成员；dist2()不是类 Point 的友元，只有通过参数对象的公有成员函数访问其私有数据成员。

　　友元使编程更简洁，程序运行效率也更高，但它可以直接访问类的私有成员，破坏了类的封装性和信息隐藏。

　　说明：① 在类域中的函数原型前加上关键字 friend，就将该函数指定为该类的友元了。类的友元函数是一种特殊的普通函数，可以直接访问该类的私有成员。关键字 friend 用于声明友元，它只能出现在类的声明中。

　　② 友元函数并非类的成员函数，所以它不受 public、protected、private 的限定，无论将它放在 public 区、protected 区还是 private 区，都是完全相同的。

　　③ 友元不具逆向性和传递性。即，若 A 是 B 的友元，并不表示 B 是 A 的友元（除非特别声明）；若 A 是 B 的友元，B 是 C 的友元，也不能代表 A 是 C 的友元（除非特别声明）。

　　一个类还可以是另一个类的友元，友元类的所有成员函数都是另一个类的友元函数，能够直接访问另一个类的所有成员（包括 public、private 和 protected）。友元类的定义形式如下：

```
class A {
    ……
    friend class B;          // 声明类 B 是类 A 的友元类
};
class B{
    ……
};
```

　　类 B 是类 A 的友元类，它的任何成员函数都能直接访问类 A 的私有成员。

　　注意：友元类不是双向的，类 B 是类 A 的友元并不意味着类 A 是类 B 的友元，如果想让类 A 成为类 B 的友元，必须在类 B 中加上 friend class A 的声明。

3.14　编程实例：类的接口与实现的分离

　　在实际的软件开发过程中，一个应用软件的代码量常常很大，可能由多个程序员分别编写不同的程序模块。将一个完整应用程序的所有程序代码放在一个文件中既不现实也不方便。实际情况是一个应用程序可能由多个文件组成。每个文件强调其逻辑结构，完成一定的功能，可以由不同的程序员编写，并且能够被编译器分别编译，最后通过一定的方式组装成一个应用程序。

　　类也常按这样的方式组织，分为接口和实现两部分。类的接口是指类的声明，实现是指类的成员函数的定义。在 C++程序中，常把接口放在一个与类同名的头文件中（即扩展名为 .h 的文件），而把类的实现放在一个与类同名的源程序中（即扩展名为 .cpp 的文件）。

　　【例 3-30】 建立一个整数堆栈类 stack，栈的默认大小为 10 元素，能够完成数据的入栈和出栈处理。将类的声明（即接口）存放在单独的头文件 Stack.h 中。

　　(1) 问题分析

　　堆栈是计算机领域中广泛应用的一种数据存取技术，是一种按顺序存取的数据结构，类似生活中按层次存放衣服的箱子，后放入的衣服压在上次入箱的衣服上面，称为入栈（push）；取出衣服时每次都只能取最上层的衣服，称为出栈（pop）。最先放入的衣服在箱子底层，最后才能取，因此堆栈是一种先进后出（First-In/Last-Out，FILO）数据结构，如图 3-14 所示。

（2）数据抽象

可以用数组、链表之类的数据存取技术实现堆栈，通过限定只能在数组或链表的一端进行数据读写就能够实现。本例将堆栈抽象成 Stack 类，用数组 data 保存堆栈的数据，为了实现只在数组一端进行读写数据的操作，设置 top 指针指示栈顶元素，每次只能够读出它指向的元素，每读出一个数据，top 就向下移动一个元素位置；同样，每次保存数据时，只能保存在 top 指向的位置，每存入一个数据，top 就向上移动一个位置，再设置 maxSize 表示数组的最大下标，代表示堆栈容量，其抽象结构如图 3-15 所示。

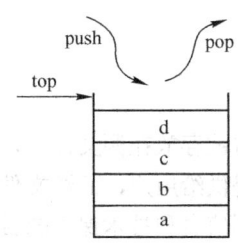

图 3-14　堆栈示意　　　　　　　　图 3-15　堆栈类

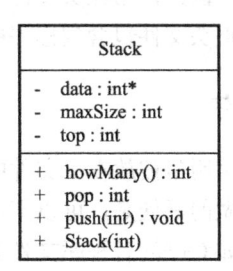

3.14.1　头文件

头文件常作为软件的接口，它以源码的方式提供给用户，用户可用#include 宏把头文件包含到自己的程序中。头文件中的信息对用户是可见的，常包含以下内容：常量定义、类型定义、变量声明、枚举、宏定义、条件编译指令、函数声明、内置函数定义、模板声明或模板定义，以及注释等内容。

对类而言，常把类的声明放在一个与类同名的头文件中，最终以源码形式提供给类的用户。用户通过头文件就能够了解类的全部成员（包括数据成员和成员函数），而且可以将类的头文件包含到应用程序中，定义类对象，并根据头文件提供的类信息，向类的成员函数传递参数，使用类的功能。因此，将堆栈类的声明单独保存在名为"Stack.h"的头文件中，代码如下。

```
//堆栈 stack 的头文件: Stack.h
    #ifndef Stack_h
    #define Stack_h
    class Stack{
     private:
       int  *data;            // 存放栈数据
       int  top;              // 存放栈顶指针
       int  maxSize;          // 栈的容量
     public:
       Stack(int stacksize=10);   // 构造函数建立具有 10 元素的默认栈
       ~Stack();
       void push(int x);          // 元素入栈
       int pop();                 // 元素出栈
       int howMany();             // 判定栈中有多个元素
    };
    #endif
```

说明：① 下面的语句
```
#ifndef Stack_h
#define Stack_h
……
#endif
```
是为 stack.h 增加的条件编译，首先检查程序中是否有 Stack_h 标识符，如果没有，则声明 Stack 类；如果有，则不再对 Stack 类进行声明。

② 同一头文件可能被多个不同的文件多次采用#include 包含到某些文件中，如果这些文件最终被放进了同一个应用程序，就相当于在同一程序中多次引入了相同头文件中的内容，会产生重复定义的错误。因此，常在头文件中加上条件编译，这样当同一程序多次引入相同头文件时，只有第一次才会把头文件包含到程序中。

3.14.2 源文件

函数或类的声明常被放在头文件中，它们的实现代码则常被存放在源文件中，称为接口与实现的分离。这样做的好处是，可以把头文件以源代码的方式提供给用户，而源文件以编译后的目标文件的方式（如 C++的各种库文件）提供给用户，能够达到信息和技术保密的目的，也为多个程序员同时进行软件开发提供了技术支持。在类设计时，常把类成员函数的实现代码放在与类同名的 CPP 源文件中。

本例中，将堆栈的成员函数的实现代码放入 Stack.cpp 源码文件中，如下所示：

```cpp
//堆栈 stack 的源文件：stack.cpp
#include "stack.h"             // 包含头文件
#include <iostream>            // push 和 pop 都用到了 cout，所以包含此头文件
using namespace std;
Stack::Stack(int stacksize) {
    if (stacksize>0) {
        maxSize = stacksize;
        data = new int[stacksize];
        for (int i = 0; i<maxSize; i++)
            data[i] = 0;
    }
    else {
        data = 0;
        maxSize = 0;
    }
    top = 0;
}
Stack::~Stack() {
    delete[] data;
}
void Stack::push(int x) {
    if (top<maxSize) {
        data[top] = x;
        top++;
    }
    else{
        cout << "堆栈已满，不能再压入数据：" << x << endl;
    }
```

```
}
int Stack::pop() {
    if(top <= 0) {
        cout << "堆栈已空! " << endl;
        exit(1);                              // 堆栈操作失败，退出程序！
    }
    top--;
    return data[top];
}
int Stack::howMany() {
    return top;
}
```

3.14.3 对类的应用

把类的声明与实现分别保存在头文件和源文件中，可以通过#include 将头文件包含到要使用它们的程序中。但仅仅包含类的头文件是不够的，还需要指明源文件所在的位置。

1. 直接引用类源文件

现在建立 Stack 类的应用程序。按下面的过步骤建立引用 stack 类的测试项目：stackUse。在 Visual Studio 2015 中，选择"文件"|"新建"|"项目"|"Win32 控制台应用程序"；在弹出的对话框的"位置"中指定保存项目的文件夹，在"名称"中输入项目名称：stackuse，然后单击"确定"。编译器会创建项目，并生成名为"stackuse.cpp"的主文件，在文件中输入下面的程序代码。

```
//应用栈类的主程序: stackmain.cpp
#include "stack.h"
#include <iostream>
using namespace std;
void main() {
    Stack  s1;
    s1.Push(1);
    s1.Push(12);
    s1.Push(32);
    int x1=s1.Pop();
    int x2=s1.Pop();
    int x3=s1.Pop();
    cout<<x1<<"\t"<<x2<<"\t"<<x3<<endl;
}
```

然后，把 stack.h 和 stack.cpp 复制到 stackuse.cpp 所在的目录中。

编译该项目，会出现多个类似于下面的链接错误：

  LNK2019 无法解析的外部符号 "public: void __thiscall Stack::push(int)" ……

此错误是指找不到 Stack::push 函数的实现代码。因为 stackUse.cpp 程序只表示包含 stack.h，并没有告诉C++编译器在哪里可以找出 stack.h 中声明的成员函数 Stack::push 的实现代码。可以用以下方法解决此问题。

方法 1：在应用 stack 的程序中添加"#include stack.cpp"，即把 stackuse.cpp 中的#include "stack.h"替换为#include "stack.cpp"，即：

```
#include "stack.cpp"
#include <iostream>
```

```
using namespace std;
void main() {…}
```
方法 2：在应用 stack 的程序中添加"#include "stack.h""，然后把 stack.cpp 添加到应用程序的工程项目中。在本例中，保持 stackuse.cpp 的原样，即：
```
#include"stack.h"
#include<iostream>
using namespace std;
void main() {…}
```
按照下面的步骤将 stack.cpp 源文件添加到应用程序的工程项目中：选择"项目"|"添加现有项"菜单命令，弹出选择文件的对话框，找到 stack.cpp 源文件，选中此文件，然后把此文件添加到了当前应用程序的工作项目中；编译并运行程序，可得到如下输出结果：

　　32　12　1

2．引用类的静态库

方法 1 和方法 2 把类的实现代码暴露给用户了，为了向用户隐藏实现代码，可以把类的实现文件编译成静态链接库（扩展名为 .lib 的文件），静态链接库由目标代码组成（即二进制代码文件），然后把它与类的头文件一起提供给用户。

（1）静态库的制作

现以制作 stack.cpp 的静态链接库 stack.lib 为例，介绍静态链接库的制作方法。

<1> 在 Visual studio 2015 中选择"文件"|"新建"|"项目"|"Win32 控制台应用程序"。

<2> 在弹出的对话框的"位置"中指定保存项目的文件夹，在"名称"中输入项目名称：stack。然后单击"确定"，弹出如图 3-16 所示的应用程序设置对话框。

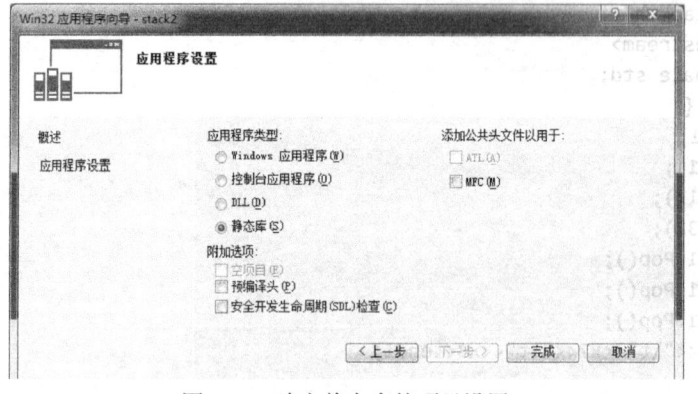

图 3-16　建立静态库的项目设置

<3> 选中"静态库"，并取消"附加选项"中"预编译头"和"安全开发生命周期检查"的选择，然后单击"完成"按钮。

<4> 把前面设计的 stack.h 和 stack.cpp 复制到本项目建立的文件夹"stack\stack"中。

<5> 按照方法 2 中的方法，把上一步复制的文件 stack.h 和 stack.cpp 添加到此工程中，本项目除了类 stack 的源码外，没有主函数 main()。

<6> 编译此工程。编译成功后会在目录 C:\stack\debug 中（该目录由编译器建立）生成 stack.lib 静态库文件。

（2）静态库的应用

建立了 stack.lib 静态库之后，就可以在程序中应用它了。不同的 C++编译环境中，引用静态库的方法大同小异。在 Visual Studio 2015 中，可以采用多种方法引用静态库中的函数。其中较便捷的一种方法是把头文件和静态库复制到要引用它的项目的文件夹中，然后直接把它们添加到该项目中。下面以在新建项目 stackUse2 应用 stack.lib 为例，说明静态库的应用方法。

<1> 在 Visual studio 2015 中，选择"文件"|"新建"|"项目"|"Win32 控制台应用程序"，在弹出的对话框的"位置"中指定保存项目的文件夹，在"名称"中输入项目名称：stackUse2。

<2> 把 stack.h 和 stack.lib 复制到 stackUse2 项目的源代码文件夹 xx\stackUse2\stackUse2 中。"xx"是<1>中指定的保存项目的文件夹。

<3> 选择"项目|添加现有项"，把 stack.h 和 stack.lib 都添加到 stackUse2 项目中。

<4> 打开 stackUse2.cpp，输入下面的程序代码。

```
#include "stack.h"
#include <iostream>
using namespace std;
void main() {
    Stack s;
    s.Push(10);
    cout<<s.Pop()<<endl;
}
```

编译并运行程序，程序的输出为：

10

如果是在 Visual C++ 6.0 中引用自定义静态库，则需要设置 Visual C++的集成环境，把 stack.lib 在磁盘上的位置告知编译器。

<1> 在 Visual C++ 6.0 中选择"新建"，在弹出的对话框中选择"Win32 Stack Library"，如图 3-17 所示。在该项目中添加 stack.h 和 stack.cpp 文件，编译后即可生成 stack.lib 静态库。

<2> 启动 Visual C++ 6.0，在其中建立一个如下的简单应用程序，并把 stack.h 复制到下面的应用程序所在的磁盘目录中。

```
#include "stack.h"
#include <iostream>
using namespace std;
void main() {
    Stack s;
    s.Push(10);
    cout<<s.Pop()<<endl;
}
```

<2> 编译此程序，将产生多个链接错误。

<3> 选择"工程 | 设置"菜单命令，弹出如图 3-18 所示对话框，选择其中的"Link"标签。

<4> 在"L 对象/库模块"下面的编辑框的最后输入 stack.lib 静态库文件所在的磁盘目录"C:\lib\stack\debug\stack.lib"。

<5> 编译程序，这次不会有错误了。运行此程序，将在屏幕上输出 10。

在实际编程中常把 stack.h 和 stack.lib 复制到与主程序相同的目录中。不管用哪种方式，在 VC 6.0 中需通过图 3-18 所示的项目编译环境设置对话框，指明静态库所在的磁盘目录。

静态库真正实现了类的接口与实现的分离。类的设计者将类的头文件和实现代码的静态库提供给用户，用户只能通过头文件了解类的接口以及类的各成员函数的功能，但无法知道各成员函数的实现代码，也就无法修改类成员的实现代码，这就使类的封装和信息隐藏更彻底。

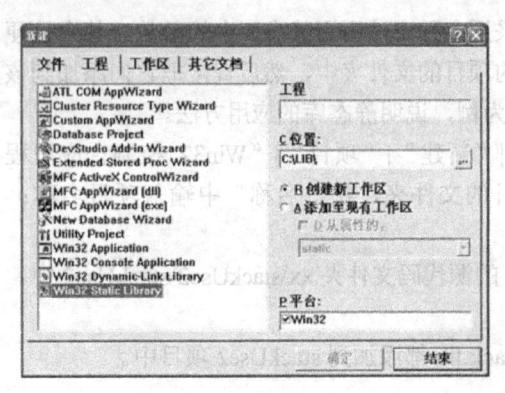

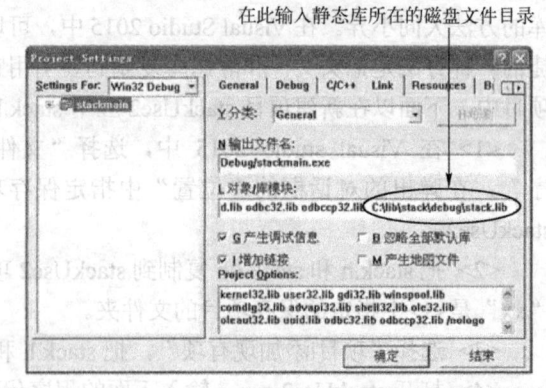

图 3-17　新建"lib"工程　　　　图 3-18　Visual C++工程项目的编译环境设置对话框

习 题 3

1. struct 和 class 有什么区别？
2. 什么是构造函数和析构函数，其作用是什么？有哪些类型的构造函数，分别会在什么时候被调用？
3. 类对象的访问权限有哪几种？各有何特点？如果将构造函数的访问权限指定为 private，会出现什么情况？
4. 什么是友元？它有什么作用？
5. 什么是 this 指针？它有什么作用？
6. 什么是类的静态成员？它与普通成员有什么区别？
7. 举例说明什么是构造函数的初始化列表，它有什么作用。
8. 分析下面程序中的错误。
```
class X{
  private:
    int  a=0, &b;
    const int  c;
    void setA(int i) {  a=i;  }
    X(int i) {  a=i;  }
  public:
    int X() {  a=b=c=0;  }
    X(int i, int j, int k) {  a=i;     b=j;     c=k;  }
    static void setB(int k) {  b=k;  }
    setC(int k) const {  c=c+k;  }
};
void main() {
    X  x1;
    X  x2(3);
    X  x3(1, 2, 3);
    x1.setA(3);
}
```
9. 读程序，写出程序运行结果。
（1）
```
#include <iostream>
#include <string>
using namespace std;
class X{
    int  a;
```

```
            char   *b;
            float  c;
         public:
            X(int x1, char *x2, float x3):a(x1), c(x3) {
                b=new char[sizeof(x2)+1];
                strcpy(b, x2);
            }
            X():a(0), b("X::X()"), c(10){ }
            X(int x1, char *x2="X::X(...)", int x3=10):a(x1), b(x2), c(x3) { }
            X(const X&other) {
                a=other.a;
                b="X::X(const X &other)";
                c=other.c;
            }
            void print() {  cout<<"a="<<a<<"\t"<<"b="<<b<<"\t"<<"c="<<c<<endl;  }
    };
    void main() {
        X  *A=new X(4,"X::X(int, char, float)", 32);
        X  B, C(10), D(B);
        A->print();                      B.print();
        C.print();                       D.print();
    }
```

(2)
```
    #include <iostream>
    using namespace std;
    class Implementation {
      public:
        Implementation(int v) {  value = v;  }
        void setValue(int v) {  value = v;  }
        int getValue() const {  return value;  }
      private:
        int  value;
    };
    class Interface {
      public:
        Interface(int);
        void setValue(int);
        int getValue() const;
      private:
        Implementation *ptr;
    };
    Interface::Interface(int v):ptr(new Implementation(v)) { }
    void Interface::setValue(int v) {  ptr->setValue(v);  }
    int Interface::getValue() const {  return ptr->getValue();  }
    void main() {
        Interface  i(5);
        cout<<i.getValue()<<endl;
        i.setValue(10);
        cout<<i.getValue()<<endl;
    }
```

(3)
```
    #include <iostream>
    using namespace std;
    class A {
        int  x;
```

```cpp
    public:
        A():x(0) { cout<<"constructor A() called..."<<endl; }
        A(int i):x(i) { cout<<"X"<<x<<"\tconstructor..."<<endl; }
        ~A() { cout<<"X"<<x<<"\tdestructor..."<<endl; }
};
class B {
    int y;
    A X1, X2[3];
    public:
        B(int j):X1(j), y(j) { cout<<"B"<<j<<"\tconstructor..."<<endl; }
        ~B() { cout<<"B"<<y<<"\tdestructor..."<<endl; }
};
void main() {
    A X1(1), X2(2);
    B B1(3);
}
```

(4)
```cpp
#include <iostream>
#include <assert.h>
using namespace std;
class Ctor {
    public:
        Ctor(char* str = nullptr);
        Ctor(Ctor&& t);
        Ctor& operator = (Ctor&& t);
        Ctor(Ctor& t);
        Ctor& operator = (Ctor& t);
        ~Ctor();
    private:
        char *p=nullptr;
};
Ctor::Ctor( char* str) {
    if(str) {
        this->p = new char[strlen(str) + 1];
        strcpy(this->p, str);
    }
    cout << "1:Ctor(Char *)" << endl;
}
Ctor::Ctor(Ctor&& t):p(move(t.p)) {
    t.p = nullptr;
    cout << "2:Ctor(Ctor&&)" << endl;
}
Ctor& Ctor::operator = (Ctor&& t) {
    this->p = move(t.p);
    t.p = nullptr;
    cout << "3:=(Ctor&&)" << endl;
    return *this;
}
Ctor::Ctor( Ctor& t) {
    this->p = new char[strlen(t.p) + 1];
    strcpy(this->p, t.p);
    cout << "4:Ctor(Ctor&)" << endl;
}
Ctor& Ctor::operator = (Ctor &t) {
    if(this != &t) {
```

```
            delete[] this->p;
            if(t.p) {
                this->p = new char[strlen(t.p) + 1];
                strcpy(this->p, t.p);
            }
        }
        cout << "5:=(Ctor &)" << endl;
        return *this;
    }
    Ctor::~Ctor() {
        if(this->p) {
            delete[] this->p;
            this->p = nullptr;
        }
        cout << "~Ctor" << endl;
    }
    void main() {
        Ctor c1("ok!"), c2("Hellow");
        Ctor c3(c1);
        c3 = c2;
        c3 = move(c2);
        Ctor c4(move(c1));
    }
```

10. 某单位的职工收入包括基本工资 Wage、岗位津贴 Subsidy、房租 Rent、水费 WaterFee、电费 ElecFee。设计实现工资管理的类 Salary，其形式如下：

```
class Salary {
  private:
    double Wage, Subsidy, Rent, WaterFee, ElecFee;
  public:
    Salary() { 初始化工资数据的各分项 };
    Salary() { 初始化工资的各分项数据为 0 };
    void setXX(double f) { xx=f; };
    double getXX() { return xx; };
    double RealSalary();                              // 计算实发工资
    ……
};
```

其中，成员函数 setXX()用于设置工资的各分项数据，成员函数 getXX()用于获取工资的各分项数据，XX 代表 Wage、Subsidy 等数据成员，如 Wage 对应的成员函数为 setWage()和 getWage()。

$$\text{实发工资}= Wage+Subsidy-Rent-WaterFee-ElecFee$$

编写程序完善该类的设计，并写出测试该类各成员函数的主函数 main()。

11. 设计工人类 Worker，它具有姓名 name、年龄 age、工作部门 Dept、工资 salary 等数据成员。其中，salary 即第 10 题中设计的 Sarary 类型的数据。按照第 10 题的形式完成 Worker 类的程序设计，并统计工人的人数（用静态成员统计人数）。

12. 设计一个整型链表类 List，能够实现链表节点的插入（insert）、删除（delete），以及链表数据的输出操作（print）。

第4章 继 承

继承是代码重用的基本工具，是面向对象程序设计的一个重要特征。继承克服了面向过程程序设计语言没有软件复用语言机制的缺点，使软件复用变得简单、易行，可以复用已有的程序资源，缩短软件开发的周期。

本章介绍C++继承的基本知识，包括：继承的方式、类型、派生类对基数成员的重载、覆盖和访问，派生类和基类构造函数的关系，以及多继承的二义性和虚拟继承等内容。

4.1 继承的概念

继承源于生物界，指后代能够传承前代的特征和行为。面向对象程序设计语言提供了与此概念相近的语言处理机制，可以基于一个已有的类创建新类，使新类自然获得已有类的全部功能。已有类称为基类，新类称为派生类。在一些面向对象程序设计语言（如 java）中，派生类也被称为子类，基类则被称为父类或超类。

事实上，派生类复制了基类的全体数据成员和成员函数，具有基类全体成员的一份复制品。派生类不仅能够继承基类的功能，还能够进行扩充、修改或重定义。

只能从一个基类派生的继承称为单继承，可以从多个基类派生的继承称为多继承。在单继承方式下，派生类只有一个基类；而在多继承方式下，派生类可以有多个基类。许多面向对象程序设计语言只支持单继承，而C++语言既支持单继承，又支持多继承。

同一个类可以作为多个类的基类，一个派生类也可以是另一个类的基类，通过这种方式，可以形成同类事物的一种继承层次结构。例如，一所大学中有教师和学生，学生又可以分为研究生和本科生，教师又可以分为任课教师和教辅人员。将教师和学生的共有特征和行为抽象出来，形成基类人，将研究生和学生的共有特征和行为抽象为学生类，将任课教师和教辅人员的共有特征和行为抽象为教师类，就形成了图 4-1 所示的继承层次结构的 UML 图。

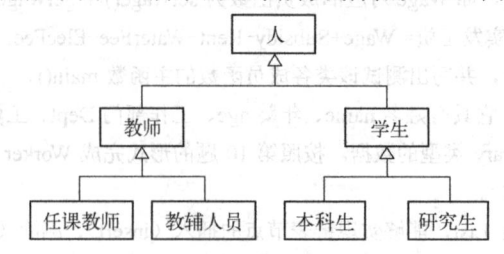

图 4-1 大学人员的继承层次

在 UML 图中，用空心三角形箭头表示继承关系，箭头端是基类，另一端是派生类。在图 4-1 所示的继承图中，人是教师和学生的基类，教师和学生则是人的派生类。派生类也可以是其他类的基类，如学生是本科生和研究生的基类，而本科生和研究生是学生的派生类。最顶层的人也是第三层的任课教师等类的基类，为了与教师基类相区别，把继承图中离派生类最近的基类称为直接基类，较远的基类称为间接基类。例如，人就是教师的直接基类，是任课教师的间接基类。

在图 4-1 中，可以把各类人员公有的数据成员和成员函数放在最上层的基类人中，其他各类人员则从基类继承这些数据成员和成员函数。例如，把每类人都有的姓名、身份证号、性别、身高等属性，以及获取姓名、修改身份证号、修改身高等行为，分别设计为基类的数据成员和成员函数。教师和学生类只需定义它们特有的数据成员（如教师编号、职称、学号、学习专业等）和成员函数（如修改教师编号、获取学生的专业等成员函数），至于姓名、身份证之类的数据成员，以及修改姓名、获取身份证编号等成员函数，则从基类人中继承。

继承使得一个类可以复用其他类的程序代码，提高了软件复用的效率，缩短了软件开发的周期。概括而言，继承具有以下几个优点：

- ❖ 继承是一种在普通类的基础上构造、建立和扩展新类的最有效手段。
- ❖ 继承是自动传播代码的有力工具。
- ❖ 继承能够减少代码和数据的重复冗余度，增强程序的重用性。
- ❖ 继承能够清晰地体现相似类之间的层次结构关系。
- ❖ 继承能够通过增强一致性来减少模块间的接口和界面，提高程序的易维护性。

4.2 protected 和继承

protected 可以用来设置类成员的访问权限，具有 protected 访问权限的成员称为保护成员。protected 主要用于继承，对于一个不被任何派生类继承的类而言，protected 访问属性与 private 完全相同。然而在继承结构中，基类的 protected 成员虽然不能被派生类的外部函数访问，却能被其派生类直接访问。

【例 4-1】 类 B 有数据成员 i、j、k，希望 j 可被派生类和自身访问，但不希望除此之外的其他函数访问。protected 权限正好具有这样的访问控制能力。

```cpp
//Eg4-1.cpp
    #include <iostream>
    using namespace std;
    class B{
      private:
        int  i;
      protected:
        int  j;
      public:
        int  k;
    };
    class D: public B {                 // L1   表示D从B派生
      public:
        void f() {
            i=1;                        // L2   错误
            j=2;                        // L3   正确
            k=3;                        // L4   正确
        }
    };
    void main(){
        B  b;
        b.i =1;                         // L5   错误
```

```
        b.j=2;                    // L6  错误
        b.k=3;
}
```

派生类 D 继承了类 B，L1 位置的 public 表示公有继承，其意义是：类 D 中从基类 B 继承而来的成员 i、j、k 保持了它们在类 B 中相同的访问权限，如图 4-2 所示。

在派生类中可以直接访问基类的 public 和 protected 成员，但不能直接访问基类的 private 成员。因此，D 的成员函数 f()可以直接访问基类 B 的 public 成员 k 和 protected 成员 j，但不能直接访问 B 的 private 成员 i，这就是语句 L2、L3、L4 正确与错误的原因。

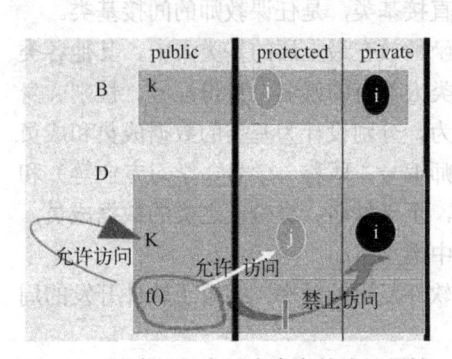

图 4-2 基类成员在派生类中的访问属性

对于类的外部函数而言，protected 和 private 成员都是不可访问的，语句 L5 访问类 B 的 private 成员，语句 L6 访问类 B 的 protected 成员，都是错误的。

说明：① 一个类如果不被其他类继承，则其 protected 和 private 成员具有相同的访问属性。只能被本类成员函数访问，不能被类的外部函数访问；② 一个类如果被其他类继承，派生类不能直接访问它的 private 成员，但能够直接访问它的 protected 成员，这就是 protected 成员与 private 成员的区别；③ 尽管基类的 public 和 protected 成员都能被派生类直接访问，但是有区别，public 成员能够被类的外部函数直接访问，protected 成员则不能。

4.3 继承方式

C++的继承可分为公有继承、保护继承和私有继承，也称为公有派生、保护派生和私有派生。不同继承方式会不同程度地改变基类成员在派生类中的访问权限。

1. C++继承的形式

在 C++中，继承的语法形式如下：

```
class 派生类名:[继承方式] 基类名 {
    派生类成员声明或定义;
};
```

```
struct 派生类名:[继承方式] 基类名 {
    派生类成员声明或定义;
};
```

其中，继承方式可以是 public、protected、private，分别对应公有继承、保护继承、私有继承。struct 和 class 具有相同的功能，区别是如果省略继承方式，C++默认 class 为 private 继承，而 struct 为 public 继承，如下所示：

```
    class   B{…}                // 用 struct 或 class 定义的类都可以作为基类
    struct  D1:B {…}            // D1  public 继承于 B
    class   D2:B {…}            // D2  private 继承于 B
```

派生类成员的定义与普通类的成员定义方式相同，但它们可以访问基类的 public 和 protected 成员。派生类通过继承获得了基类的全体数据成员和成员函数的一份副本，不需要编程就能够拥有与其基类相同的功能。

2. 公有继承

继承方式为 public 的继承称为公有继承，在这种继承方式下，基类成员的访问权限在派生类中保持不变。

【**例 4-2**】 公有继承的例子。

```
//Eg4-2.cpp
    #include <iostream>
    using namespace std;
    class Base{
        int  x;
    public:
        void setx(int n) {  x=n;  }
        int getx() {  return x;  }
        void showx() {  cout<<x<<endl;  }
    };
    class Derived:public Base{                    // L1
        int  y;
      public:
        void sety(int n) {  y=n;  }
        void sety() {  y=getx();  }               // L2
        void showy() {  cout<<y<<endl;  }
    };
    void main() {
        Derived  obj;                             // L3
        obj.setx(10);                             // L4   从 base 继承
        obj.showx();                              // L5   从 base 继承
        obj.sety(20);                             // L6
        obj.showy();                              // L7
        obj.sety();                               // L8
        obj.showx();                              // L9   从 base 继承
        obj.showy();                              // L10
    }
```

程序运行结果如下：
　　10
　　20
　　10
　　10

Base 类的 public 成员函数 setx()、getx()、showx() 形成了它的接口，外部函数可以通过这些接口函数访问 Base 类的功能，并通过这些接口函数访问其私有成员 x，如图 4-3 的上半部分所示。

Derived 从 Base 公有派生，拥有与 Base 相同的一份数据成员和成员函数，而且在派生类中的这些成员具有与它们在 Base 类中相同的访问权限。在图 4-3 中，Derived 成员中的 setx()、getx()、showx() 和 x 就是从基类 Base 继承而来的。由于 setx()、getx()、showx() 是 Base 类的公有成员，在公有继承方式下，它们在派生类 Derived 中也保持了与在基类 Base 中相同的访问权限，即这些成员在 Derived 类中也是公有成员。

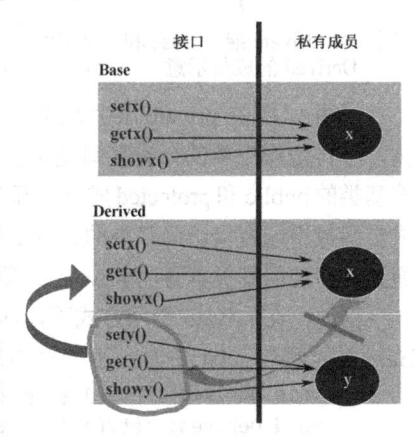

图 4-3 public 继承 Base 和 Derived 的成员示意

Derived 具有 x、y 两个 private 数据成员，y 是它自己定义的，x 则继承于 Base。它们虽然同为 Derived 类的私有成员，都不能被 Derived 的外部函数直接访问，但有区别：在 Derived 中定义的成员函数 sety()、showy()不能直接访问 x，只能通过 Base 的公有成员函数 setx()、getx()和 showx()访问 x。语句 L2 中的 showy 访问 Base 基类的 x 就是一个例子，其定义为：
```
void Derived::sety() { y=getx(); }
```
但不能定义成
```
void Derived::sety() { y=x; }
```

main()函数定义了一个派生类对象 obj，并调用了其成员函数 setx()、showx()、sety()和 showy()，尽管 Derived 没有定义成员函数 setx()、showx()，但从基类 Base 继承了它们，因此也是可用的。

说明：① 公有继承不改变基类成员在派生类中的访问权限。在公有继承方式下，基类中的 public 成员、private 成员、protected 成员在派生类中保持它们在基类中相同的访问权限。

② 派生类自己定义的成员函数不能直接访问基类的私有成员，只能通过基类的 public 成员或 protected 成员访问它们。

3．私有继承

继承方式为 private 的继承称为私有继承。在私有继承方式下，基类的 private 成员在派生类中仍是 private 成员，但基类的 public 和 protected 成员在派生类中会变成 private 成员。

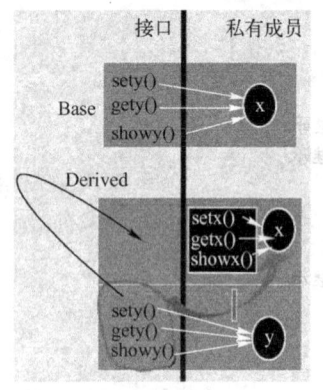

图 4-4 private 继承 Base 和 Derived 的成员示意

在例 4-2 中，若将语句 L1 处的 public 改为 private，则 Derived 就从 Base 私有派生，即
```
class Derived:private Base {
    ……
}
```
在其余代码不做任何修改的情况下，Base 和 Derived 类的成员结构如图 4-4 所示。从中可以看出，基类 Base 中的公有成员函数 setx()、getx()和 showx()在 Derived 派生类中都被改变成了 private 成员，这一改变是由 private 继承方式引起的。setx()、getx()和 showx()成员函数不再是 Derived 类的公有接口，Derived 的外部函数不能够直接访问它们，因此，在 private 继承方式下，main()中的语句 L4、L5 和 L9 就是错误的。

说明：① 在 private 派生方式下，基类的公有成员和保护成员在派生类中都变成了 private 成员，不再是派生类的公有接口函数，不能被派生类的外部函数访问。② 在私有派生方式下，虽然基类的 public 和 protected 成员在派生类中都变成了 private 成员，但它们仍然有区别。派生类的成员函数不能直接访问基类的 private 成员，但可以直接访问基类的 public 和 protected 成员，并且通过它们访问基类本身的 private 成员。

例如，在 private 继承方式下，Derived 中的函数 sety()要访问 Base 类的 x 成员，它只能通过 Base 类的函数 getx()进行，不能直接访问，如下所示：
```
void Derived::sety() { y=getx(); }    // 正确
void Derived::sety() { y=x; }         // 错误
```

对比图 4-3 和图 4-4 可以发现，在公有继承方式下，Derived 的外部函数能够直接访问从 Base 继承来的成员函数 setx()、getx()和 showx()；但在私有继承方式下，Derived 的外部函数则不能访问这些成员函数。

4．保护继承

派生方式为 protected 的继承称为保护继承。在保护继承方式下，基类的 public 成员在派生类中的访问权限将被修改为 protected 权限，而基类的 protected 成员在派生类中仍为 protected 成员，基类的 private 成员在派生类中仍为 private 成员。

表 4-1 是在各种继承方式下，基类和派生类成员访问权限情况的汇总表。

表 4-1 基类成员在派生类中的访问权限

派生类 基类	public 继承			protected 继承			private 继承		
	public	protected	private	public	protected	private	public	protected	private
public	√				√				√
protected		√			√				√
private			√			√			√

5. 阻止继承 [11C++]

如果不想让一个类作为其他类的基类，可以用 final 关键字阻止它被继承。

```
class Base{…}                // 可以被继承
class NoDeri final {…}       // 不能被继承
class D final:Base {…}       // 正确，D 不能被继承
class D1:NoDeri {…}          // 错误，NoDeri 不能被继承
class D2:D {…}               // 错误，D 不能被继承
```

4.4 派生类对基类的扩展

通过继承，派生类复制了基类数据成员和成员函数，不用编程就具备了基类的程序功能。在此基础上，派生类可以定义新成员或对基类继承来的成员函数进行重定义，实现需要的新功能。它们之间的关系可以概括如下：派生类可以增加新的数据成员和成员函数，重载从基类继承到的成员函数，覆盖（重定义）从基类继承到的成员函数，改变基类成员在派生类中的访问属性。

但是派生类不能继承基类的以下内容：析构函数，基类的友元函数，静态数据成员和静态成员函数。在 C++ 11 之前，派生类不能继承基类的构造函数。自 C++ 11 标准起，基类的构造函数也可以被继承。

4.4.1 成员函数的重定义和名字隐藏

基类的数据成员和成员函数在派生类中都有一份复制品，派生类能够直接访问从基类继承而来的 public 和 protected 成员，且只能通过这两类成员访问从基类继承而来的 private 成员。

派生类不仅可以添加基类没有的新成员，而且可以对从基类继承得到的成员函数进行覆盖或重载。覆盖也称为重定义，是指派生类可以定义与基类具有相同函数原型的成员函数（即具有相同的返回类型、函数名及参数表），而重载要求成员函数具有不同的函数原型。

注意：派生类对继承到的基类成员函数的重定义或重载会影响它们在派生类中的可见性，基类的同名成员函数会被派生类重载的同名函数所隐藏。

【例 4-3】 设计计算矩形与立方体面积和体积的类。

（1）问题分析

矩形具有长和宽，面积=长×宽，没有体积，可以设置为 0。具有高的矩形就是立方体，面积=2×底面积+2×侧面积$_1$+2×侧面积$_2$，体积=底面积×高。其中的底面积就是矩形的面积。立方体是对矩形的扩展，矩形完成了长和宽的处理，在此基础上完成高的处理就能够实现其功能。这一关

系可以通过继承实现。

(2) 数据抽象

将矩形抽象成类 Rectangle，用数据成员 width 表示宽，length 表示长，为了方便立方体派生类访问数据成员，将它们设置为 protected 访问权限；用成员函数 setWidth()、setLength()、getWidth()、getLength() 设置和获取矩形的宽和长，area() 和 volume() 成员函数计算矩形的面积和体积，成员函数 outData() 输出矩形的长和宽。

将立方体抽象成类 Cube，并从 Rectangle 类派生，Rectangle 类已经完成了矩形长和宽的处理功能，所以只需增加数据成员 high 表示高，setHigh() 和 getHigh() 成员函数完成对高的读、写功能。

虽然 Rectangle 类已经设置了 area、volume 和 outData 成员函数计算面积、体积，或输出数据成员的值，但立方体的面积、体积和数据成员是不同的，需要重新定义它们。数据抽象结果的类图及之间的继承关系如图 4-5 所示，实现该继承体系的代码如下：

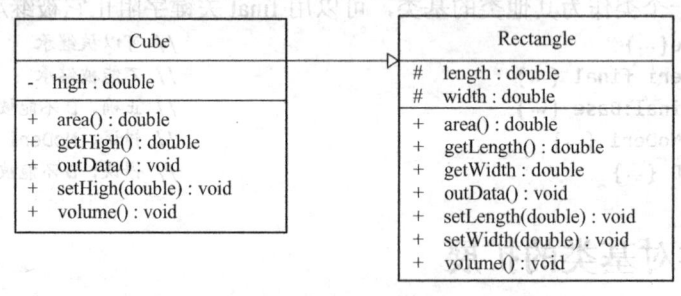

图 4-5 矩形和立方体的类图和继承关系

```
//Eg4-3.cpp
    #include <iostream>
    using namespace std;
    class Rectangle {
    public:
      void setLength(double h) {  length = h;  }
      void setWidth(double w) {  width = w;  }
      double getLength() {  return length;  }
      double getWidth() {  return width;  }
      double area() {  return length*width;  }
      double volume() {  return 0;  }
      void outData(){   cout<< "lenggh=" << length << "\t" << "width=" << width<< endl;  }
    protected:
      double  width;
      double  length;
    };
    class Cube :public Rectangle{
    public:
      void setHigh(double h) {  high = h;  }
      double getHigh() {  return high;  }
      double area() {  return width*length*2+width*high*2+length*high*2;  }     // L1
      double volume() {  return Rectangle::area()*high;  }
      void outData() {
        Rectangle::outData();                                                    // L2
        cout << "high=" << high << endl;
      }
    private:
```

```
        double  high;
    };
    void main() {
        Cube   cub1;
        cub1.setLength(4);                                              // L3
        cub1.setWidth(5);                                               // L4
        cub1.setHigh(3);                                                // L5
        cub1.Rectangle::outData();                                      // L6
        cub1.outData();                                                 // L7
        cout<<"立方体面积="<<cub1.area()<<endl;                          // L8
        cout<<"立方体底面积="<<cub1.Rectangle::area()<<endl;             // L9
        cout << "立方体体积=" << cub1.volume() << endl;                  // L10
    }
```

程序运行结果如下：
```
    length=4   width=5
    length=4   width=5
    high=3
    立方体面积=94
    立方体底面积=20
    立方体体积=60
```

派生类 Cube 通过继承获取了基类 Rectangle 全体成员的一份复制品，具有矩形长、宽和面积的处理能力。但从 Rectangle 继承来的成员函数 outData()、area()、volume()不能完成立方体的数据输出、表面积和体积计算的功能，因而被进行了重定义。也就是说，Cube 类中的 outData()、area()和 volume()成员函数都有两个版本，一个是从 Rectangle 继承得到的，另一个是它自己定义的，并且 Cube 重定义的函数名会隐藏它从基类继承到的成员函数名。

4.4.2 基类成员访问

在派生类中，可以直接访问通过继承得到的基类的 public 和 protected 成员，就好像这些成员是它自己定义的一样。派生类对基类成员的访问大致有以下 3 种方式。

① 通过派生类对象直接访问基类成员。在 public 继承方式下，基类的 public 成员在派生类中也是 public，可以被派生类对象的外部函数直接访问。在例 4-3 中，语句 L3 "cub1.setLength(4);"就属于这种访问方式。

② 在派生类成员函数中直接访问基类成员。在 public、protected、private 三种继承方式下，基类的 public 成员和 protected 成员可以被派生类的成员函数直接访问。在例 4-3 中，L1 语句直接访问了基类的 protected 成员 width 和 length。

③ 通过基类名称访问被派生类重定义所隐藏的成员。Cube 类的成员函数 outData()、area()、volume()都有两个不同的版本，而且是可用的。通过派生类对象 cub1 直接调用到的是派生类重定义的成员函数，如例 4-3 中的语句 L7、L8 和 L10；如果要调用从基类继承到的同名成员函数，则需用"基类::函数名(…)"形式指明是基类的成员函数，如语句 L2、L6 和 L9。

4.4.3 using 和隐藏函数重现 11C++

如果基类某个成员函数具有多个重载的函数版本，而派生类需要覆盖（即重定义）其中某个重载函数，定义自己的新功能，会隐藏基类同名的全部重载函数。在这种情况，派生类有两种方式引用被隐藏的基类成员函数：一是使用基类名称限定要访问的成员函数，如例 4-3 中的 L6 和

L9 语句所示；二是重载基类的所有同名函数，这些重载函数的代码与基类完全相同。

这两种方法都很烦琐，C++ 11 标准允许用 using 声明使基类重载函数在派生类中可见。方法简单，在派生类中用 using 声明基类的函数名，不需提供函数参数。一条 using 语句可以把从基类继承的指定函数名的所有重载版本添加到派生类作用域中，这些函数的访问权限与 using 语句所在区域的访问权限相同。

【例 4-4】 基类 B 的 f1()成员函数具有 3 个重载函数，派生 D 新增加了 f1()函数的功能，此 f1()会隐藏基类 B 中 f1()函数在派生类的可见性，用 using 将基类的 f1()引入到派生类作用域内。

```
//Eg4-4.cpp
    #include <iostream>
    using namespace std;
    class B {
      public:
        void f1(int a) {  cout << a << endl;  }
        void f1(int a,int b) {  cout << a+b<< endl;  }
        void f1() {  cout << "B::f1" << endl;  }
    };
    class D : public B {
      public:
        using B::f1;                              // L1  使基类的 3 个 f1 函数在此区域可见
        void f1(char * d) {  cout << d << endl;  }
    };
    void main() {
        D d;
        d.f1();                                   // L2  正确
        d.f1(3);                                  // L3  正确
        d.f1(3, 5);                               // L4  正确
        d.f1("Hellow c++!");
    }
```

如果派生类 D 中没有用 L1 语句位置的 using 声明，基类 B 的 3 个 f1()成员函数在派生类中会被类 D 定义的 f1 隐藏，则语句 L2、L3、L4 对 f1()函数的调用就会出错。

4.4.4 派生类修改基类成员的访问权限

基类的 protected 和 public 成员是允许派生成员直接访问的，但在不同继承方式下，可能改变它们在派生类中的访问权限。比如，在 private 继承方式下，基类的 public 和 protected 成员在派生类中的访问权限都会被更改为 private 访问权限。

然而某些时候，从类的整体设计上考虑，需要改变个别基类成员在派生类中的访问权限，在派生类中使用 using 声明可以实现这一目的。

在派生类的 public、protected 或 private 权限区域内，使用 using 再次声明基类的非 private 成员，就可以重新设置它们在派生类中的权限为 using 语句所在区域的权限。即 using 语句在 public 区域内即为 public 权限，在 protected 内即为 protected 权限，在 private 内则为 private 权限。

【例 4-5】 类 D 私有继承了类 Base，修改基类 Base 成员在派生类中的访问权限，设置基类成员 y 在派生类的权限为 private，其余成员在派生类中的权限保持与其在基类中的相同权限。

```
//Eg4-5.cpp
    #include <iostream>
```

```cpp
using namespace std;
class Base {
  public:
    int  x = 0;
    void setxyz(int a, double b, float c) {
        x = a;
        y = b;
        z = c;
    }
  protected:
    double  y = 0;
    float getZ() { return z; }
  private:
    float  z = 0;
};
class D :private Base {
  protected:
    using Base::getZ;                          // 指定 getz 为 protected 权限
    //  using Base::z;                         // 错误，不允许修改基类 private 成员
  public:
    using Base::x;                             // 指定 x 为 public 权限
    using Base::setxyz;                        // 指定 setxyz 为 public 权限
    void display() {
        cout << "x=" << x << "\ty=" << y << "\tz=" << getZ() << endl;
    }
  private:
    using Base::y;                             // 指定 y 为 private 权限
};
void main() {
    D  d;
    d.setxyz(8, 9, 10);
    d.display();
}
```

类 D 私有继承类 Base，因此 D 从 Base 继承来的全体成员都是 private 权限，但派生类 D 使用 using 声明改变了基类成员在 D 中的访问权限，具体情况见程序中的注释。

注意：一个类的私有成员永远只能被它内部的成员所访问！因此，不允许派生类使用 using 声明改变基类 private 成员在派生类中的访问权限。因为如果允许这样做的话，派生类就可以轻易修改基类的 private 成员的访问权限，从而间接访问类的私有成员，这与类的封装思想是相违背的。

4.4.5 友元与继承

每个类只能控制自己成员的访问权限。因此，如果一个类继承了其他类，则它声明的友元也只能访问它自己的全体成员，包括从基类继承到的 public 和 protected 成员。它的基类和派生类并不认可这种友元关系，按照规则只能访问公有成员。

【例 4-6】 类 Deri 是基类 Base 的友元，函数 f1()和 f2()是类 Deri 的友元，分析下面程序中 L4、L5、L7 正确的原因，以及 L8 和 L6 错误的原因。

```cpp
//Eg4-6.cpp
    #include <iostream>
```

```
using namespace std;
class Base {
  public:
    int  x = 0;
  protected:
    double  y = 0;
  private:
    float  z = 0;
    friend class  Deri;                                       // L1
};
class Deri :public Base {
  protected:
    int  dx = 1;
  public:
    friend void f1(Deri d);                                   // L2
    friend void f2(Base b);                                   // L3
    void f3(Base b) { cout<<b.x<<b.y<<b.z<<endl; }            // L4  正确
};
void f1(Deri d) {
    cout << d.x << d.y <<d.dx<<endl;                          // L5  正确
    //   cout<<d.z<<endl;                                     // L6  错误
}
void f2(Base b) {
    cout << b.x << endl;                                      // L7  正确
    //   cout << b.y << endl;                                 // L8  错误
}
void main() {
    Base  b;
    Deri  d;
    f1(d);
    f2(b);
}
```

语句 L1 声明了类 Deri 为类 Base 的友元，因此 Deri 的所有成员函数都可以访问 Base 的全体成员，语句 L4 处的 f3() 是 Deri 的成员函数，可以直接访问 Base 类型对象的公有成员 x，保护成员 y 和私有成员 z。

由于 f1() 函数是 Deri 类的友元，因此语句 L5 通过 Deri 类的对象 d 访问派生类自定义的成员 dx，以及从基类继承到的 public 成员 x 和 protected 成员 y，是允许的。语句 L6 访问基类 Base 对象中的私有成员 z 是错误的，因为 f1() 并非 Base 的友元。

函数 f2() 虽然接收 Base 类型的参数，但它只是 Deri 的友元，并不是 Base 类的友元，因此只能访问 Base 类对象的 public 成员，这是语句 L7 正确和 L8 错误的原因。

4.4.6 静态成员与继承

在继承体系中，如果基类定义了静态成员，则在整个继承体系中只有该成员的唯一定义，不论从该基类派生出了多少个或多少层次的派生类，静态成员都只有一个实例，为整个继承体系中的全体对象所共用。

静态成员的这种特征，对于管理继承体系中的共享数据或统计继承体系中的对象个数很有用，将共享数据或计数器设置为基类的静态成员，就能够实现这样的目的。

【例 4-7】假设父亲生了儿子、女儿，儿子又生有孙子，构成了家族继承体系，统计家族成员的人数。

问题分析与数据抽象：用 Father、Son、Daughter、Frandson 分别表示父亲类、儿子类、女儿类和孙子类，它们通过继承形成了层次结构的继承体系。在 Father 类中设计静态成员 personNum 统计家族的人数，每构造一个对象人数就增一，每析构一个对象就减一；由于每个人都有姓名，因此在基类 Father 中设置 name 数据成员代表人名。为了便于派生类访问 personNum 和 name 成员，把它们设置为 protected 访问权限。

```cpp
//Eg4-7.cpp
    #include <iostream>
    #include<string>
    using namespace std;
    class Father {
      protected:
        string  name;
        static int  personNum;
      public:
        Father(string Name = ""):name(Name) {  personNum++;  }
        ~Father() {  personNum--;  }
        static int getPersonNumber() {  return personNum;  }
    };
    int Father::personNum = 0;
    class Son :public Father {
      public:
        Son(string name) :Father(name) { }
    };
    class Daugther :Father {
      public:
        Daughter(string name) : Father(name) { }
    };
    class Grandson :public Son {
      public:
        Grandson(string name) : Son(name) { }
    };
    void main() {
        Father son("tom");
        Son sson("jack");
        Daugther dson("mike");
        {
            Grandson gson("s.jack");
            cout << son.getPersonNumber() << endl;          // L1  输出 4
        }
        cout << son.getPersonNumber() << endl;              // L2  输出 3
    }
```

运行该程序，输出结果为：
    4
    3

这个结果是保存在静态成员 personNum 中的值。每创建一个继承体系上的对象，该值会增 1。当程序执行到 L1 语句时，已分别用 Father、Son、Daughter、Grandson 四个类各创建了一个对象，每创建一个对象，静态成员 personNum 就增 1，因此为 4；到 L2 语句时，gson 失去作用域，将调用 Grandson 的析构函数，personNum 的值减 1，因此为 3。

4.4.7 继承和类作用域

每个类都建立了属于自己的作用域，本类的全体成员都位于此作用域内，相互之间可以直接访问，不受定义先后次序的影响。例如，一个成员函数可以调用在它后面定义的另一个成员函数。

当存在继承关系时，派生类的作用域嵌套在基类作用域的内层。因此，在解析类成员名称时，如果在本类的作用域内没有找到，编译器就会接着在外层的基类作用域内继续寻找该成员名称的定义，类似下面的形式：

```
class A { int g();         … };
class B:public A { int h(int);         … };
class C:public B { int c; int h();     int f(int);         … };
```

经编译器处理之后，形成类似于下面的块作用域：

```
A {
    int g() { }
    ……
    B {
        int h(int) {…};
        ……
        C {
            int c;
            int h() {…};
            int f(int i){ …   return B::h(i); }          // L1
            ……
        }
    }
}
……
C xa;
xa.g();
xa.h(3);                                                  // L2  错误
xa.B::h(3);                                               // L3  正确
```

当执行"xa.g()"时，就会从作用域 C 逐层向外寻找 g() 的定义。由于类 C 没有定义 g()，接着在直接基类 B 所在的外层作用域内寻找 g()，仍然没有找到，接下来在最外层基类 A 的作用域内查找，找到了函数 g() 并调用它。

在匹配寻找派生类对象成员名称的过程中，一旦在某个作用域内找到了，就停止查找。即使外层作用域内还有同名成员，也不找了。接下来进行调用函数的参数匹配。语句 L2 处的"xa.h(3)"错误的原因就在这里，在类 C 的作用域内找到了成员函数 h()，但不需要参数，虽然基类 B 的外层作用域内有符合要求的成员函数 h()，但编译器不会向外层继承查询，也不会调用它。

因此，如果派生类和基类有同名成员，则派生类中的同名成员会隐藏外层基类作用域中的同名成员，如需要在派生类中访问基类的同名成员，可用"类名::成员名"进行限定，如 L3 所示。

类作用域的这种嵌套方法，使内层的派生类能够像使用自己的成员一样使用外层基类作用域内的成员，但外层基类不能操作内层派生类作用域内的成员，正好满足了继承技术的实际需求。

4.5 构造函数和析构函数

在继承体系中，派生类不但继承了基类的数据成员，而且可能定义了新数据成员，这些成员都需要通过构造函数进行初始化。与第 3 章介绍的类的设计原则相同，位于继承体系中的类（基类、派生类）也需要设计构造函数、拷贝构造函数、赋值运算符函数、移动构造函数、移动赋值运算符以及析构函数，来控制它们的对象在执行相应操作时的行为。如果一个类（派生类）没有定义它们，编译器会在符合条件的情况下，自动为它们合成相应的默认函数。

例如，本章前面例子中的基类和派生类都没有定义构造函数，但是它们都符合默认的合成构造函数生成规则，C++编译器会在必要时自动为它们创建默认的合成构造函数，并用它们对基类和派生类的数据成员进行初始化。

4.5.1 派生类构造函数的建立规则

1. 派生类只能在构造函数初始化列表中为基类或对象成员进行初始化[①]

派生类可能有多个基类，也可能包括多个对象成员。在创建派生类对象时，派生类的构造函数除了要负责本类成员的初始化外，还要调用基类和对象成员的构造函数，并向它们传递参数，以完成基类子对象和对象成员的建立和初始化。

派生类只能采用构造函数初始化列表的方式向基类或对象成员的构造函数传递参数。形如：

```
派生类构造函数名(参数表):基类构造函数名(参数表)，对象成员名1(参数表)，… {
    ……
}
```

2. 派生类必须定义构造函数的情况

当基类或对象成员所属类只含有带参数的构造函数时，即使派生类本身没有数据成员要初始化，也必须定义构造函数，并以构造函数初始化列表的方式向基类和对象成员的构造函数传递参数，以实现基类子对象和对象成员的初始化。而且，构造函数初始化列表中命令执行完成后，才会执行构造函数体中的程序代码。

【例 4-8】 为例 4-3 的 Rectangle 类添加构造函数，并通过构造函数初始化矩形的长和宽。

不修改例 4-3 的程序代码，只在 Rectangle 类中添加构造函数，如下所示。

```
#include <iostream>
using namespace std;
class Rectangle {
  public:
    ……
    Rectangle(double w, double len):width(w), length(len) {  }
    ……
};
……
```

编译本程序，将出现"无法引用 Cube 的默认构造函数"错误。原因是 Cube 的基类 Rectangle 有了构造函数，编译器不会再为它合成默认的构造函数。在这种情况下，编译器也不会为 Cube 类生成默认的合成构造函数。因此，Cube 类必须定义构造函数，并通过它为基类 Rectangle 的构造函数提供初始化值。

在 Cube 类中添加构造函数，并在其初始化列表中调用基类构造函数，程序就正确了。

```
class Cube :public Rectangle {
  public:
    ……
```

[①] 在 C++11 标准中，对象成员也可以用类内初始值进行初始化。

```
    Cube(double w, double len, double h) : Rectangle(w, len), high(h) { }
  private:
    double high;
};
……
```

本例表明：在基类有其他构造函数而没有默认构造函数的情况下，编译器不会为派生类生成默认的合成构造函数，派生类必须定义构造函数，并通过它为基类构造函数提供初始化值，以完成对基类对象的初始化。

3. 派生类可以不定义构造函数的情况

当具有下述情况之一时，派生类可以不定义构造函数：基类没有定义任何构造函数，基类有默认构造函数（包括无参构造函数和全部参数都有默认值的构造函数）。

在这些情况下，派生类可以不向基类传递构造函数的参数，甚至不需要构造函数（如果派生类没有成员需要初始化）。如果派生类没有定义构造函数，编译器会自动为派生类生成默认的合成构造函数，并通过它调用基类的默认构造函数，实现基类成员的初始化。

【例 4-9】 类 A 具有默认构造函数，其派生类 B 没有成员要初始化，不必定义构造函数。

```
//Eg4-9.cpp
#include <iostream>
using namespace std;
class A {
  public:
    A() { cout<<"Constructing A"<<endl; }
    ~A() { cout<<"Destructing A"<<endl; }
};
class B:public A {
  public:
    ~B() { cout<<"Destructing B"<<endl; }
};
void main() {
    B b;
}
```

程序运行结果如下：
```
Constructing A
Destructing B
Destructing A
```

本例虽然派生类 B 没有定义构造函数，但它符合生成默认的合成构造函数的条件：① 基类 A 有默认构造函数；② 派生类 B 没有任构造函数。编译器会为它生成一个默认的合成构造函数，并通过它调用基类默认的构造函数，以创建它的基类子对象。类似下面的形式：

```
B::B():A() { }
```

在定义类 B 的对象时，这个构造函数会被自动调用，因此有了上面的程序运行结果。

4. 派生类构造函数只负责直接基类的初始化

C++语言标准有一条规则：如果派生类的基类也是另一个类的派生类，则每个派生类只负责它的直接基类的构造函数调用。这条规则表明，当派生类的直接基类只有带参数的构造函数但没有默认构造函数时（包括缺省参数和无参构造函数），它必须在构造函数的初始化列表中调用其直接基类的构造函数，并向基类的构造函数传递参数，以实现派生类对象中的基类子对象的初始化。

这条规则有一个例外，当派生类存在虚基类时，所有虚基类都由最后的派生类负责初始化。

【例 4-10】 类 C 具有直接基类 B 和间接基类 A，每个派生类只负责其直接基类的构造。

```
//Eg4-10.cpp
    #include <iostream>
    using namespace std;
    class A {
        int  x;
      public:
        A(int aa):x(aa) {
            cout<<"Constructing A"<<endl;
        }
        ~A(){  cout<<"Destructing A"<<endl;  }
    };
    class B:public A {                                    // 只负责直接基类 A 的构造
      public:
        B(int x):A(x){  cout<<"Constructing B"<<endl;  }
    };
    class C :public B{                                    // 只负责直接基类 B 的构造
      public:
        C(int y):B(y){  cout<<"Constructing C"<<endl;  }
    };
    void main(){
        C c(1);
    }
```

运行结果如下：
```
    Constructing A
    Constructing B
    Constructing C
    Destructing A
```

从运行结果可以看出，第一个被调用的构造函数属于最早的基类。其过程如下：在 main() 中定义 c 对象时，将导致 C 的基类 B 的构造函数调用；在调用 B 的构造函数时，由于 B 又是从类 A 派生的，所以先调用 A 的构造函数；然后返回到 A 的派生类 B，最后返回到 B 的派生类 C。B 和 C 的构造函数是在返回的过程中被调用的。

5．派生类继承基类的构造函数 [11C++]

C++ 11 标准允许派生类继承直接基类的构造函数，这在之前是禁止的。这一新规则为派生类构造函数的设计带来了一定程度上的方便，特别是基类构造函数具有较多参数，而派生类没有数据成员需要初始化，但它必须提供构造函数，其唯一目的是为基类构造函数提供初始化值。在这种情况下，它只需要继承直接基类的构造函数就可以了。

继承构造函数的方法很简单，用 using 在派生类中声明基类构造函数名即可。形式如下：

```
    class Base:{ … }
    class Derived: [public]  Base {            // 继承方式也可以是 private 或 protected
        ……
        using Base::Base;                       // 继承基类构造函数
        ……
    }
```

"Base::Base" 即基类构造函数的名称，using 语句说明了派生类要继承基类的构造函数，它不受访问权限控制，放在 public、protected 或 private 区域中没有任何区别。

用 using 在派生类中声明基类的构造函数和其他成员有所不同，声明其他成员只是使该成员在指定的派生类权限区域可见，并不生成代码。而用 using 继承基类构造函数，则会使编译器在派生类中生成类似于下面形式的派生类构造函数代码：

    Derived(参数表):Base(形参表) { }

其中的参数表与基类 Base 构造函数的参数表一致，这些参数是提供给基类构造函数使用的。如果基类有多个构造函数，则 using 语句会在派生类中为基类的每个构造函数生成一个与之对应的构造函数，并具有与基类构造函数相同的访问权限。

【例 4-11】 类 A 具有数据成员 x、y，并且定义了初始化它们的构造函数；类 B 从 A 派生，没有任何成员要初始化；类 C 从类 B 派生，具有新定义数据成员 c。设计 A、B、C 的构造函数。

问题分析：按照规则，类 B 虽然没有数据成员要初始化，但是它必须为基类 A 的构造函数提供初值（除非 A 具有默认构造函数），现在可以通过继承 A 的构造函数使问题更简单，类 C 要定义构造函数以便初始化其成员 c，同时必须为直接基类 B 提供构造初值。程序代码如下：

```cpp
//Eg4-11.cpp
    #include <iostream>
    using namespace std;
    class A {
        int  x, y;
      public:
        A(int aa) :x(aa) {  cout << "Constructing A:x=\t" << x << endl;  }
        A(int a, int b):x(a), y(b) {
            cout << "Constructing A:x=\t" << x << endl;
        }
    };
    class B :public A {
      public:
        using A::A;                                                  // L1
        /* B(int x) :A(x) {                                          // L2
            cout << "Constructing B\t" << endl;
         } */
    };
    class C :public B {
        using B::B;                                                  // L3
        int  c;
      public:
        C(int x, int y, int z):B(x,y), c(z) {                        // L4
            cout << "Constructing C:\t" << c << endl;
        }
    };
    void main() {
        B  b1(1), b2(8, 9);                                          // L5
        C  c1(1), c2(3, 4);                                          // L6
    }
```

程序运行结果如下：

  Constructing A:x= 1
  Constructing A:x= 8
  Constructing A:x= 1
  Constructing A:x= 3

语句 L1 使类 B 继承了基类 A 的构造函数，类 A 有两个构造函数，所以编译器会为类 B 生成两个构造函数，类似于下面的形式。

```
B::B(int a) : A(a) { }
B::B(int a, int b) : A(a, b) { }
```

因此，L5 定义 b1、b2 时分别调用了类 B 通过继承得到的构造函数 B(int)和 B(int, int)，并将参数传递给了基类 A 的构造函数，如运行结果的第 1、2 行所示。如果 B 没有继承 A 的构造函数，它必须编写类似于 L2 语句处的构造函数，否则会产生编译错误。

L3 语句继承了基类 B 的构造函数，编译器会为类 C 生成下面两个构造函数：

```
C::C(int a) : B(a) { }
C::C(int a, int b) : B(a, b) { }
```

L6 语句定义类 C 的对象 c1 和 c2 时调用的正是这两个构造函数。

L4 语句定义了类 C 的构造函数，通过它初始化数据成员 c。但是，该构造函数的初始化列表中还调用了基类构造函数 B(a, b)，这个构造函数是由 L1 语句产生的。

说明：① 派生类用 using 声明它继承基类的构造函数时，using 语句的位置不受访问权限影响，继承来的构造函数的访问权限与基类构造函数原有访问权限相同。

② 如果基类有多个构造函数，都会被继承，例外情况如④所列。

③ 如果基类构造函数具参数默认值，这些默认值不会被继承，继承将为派生类生成多个构造函数，每个构造函数的参数依次少一个。例如，有类 A 和 B 如下：

```
class A {
    int  x, y;
  public:
    A(int a , int b = 2) :x(a), y(b) {  cout<< "a=" <<a <<"\tb="<<b<<endl;  }
};
class B :public A {
  public:
    using A::A;
};
```

继承将为类 B 生成构造函数 B(int a) : A(a, 2)和 B(int a, int b) : A(a, b)。

④ 基类的默认构造函数、拷贝构造函数和移动构造函数不能够被继承。派生类如果没有定义这些构造函数，编译器将按照正常的规则自动为派生类合成它们。在确定是否应该合成这些构造函数时，将忽略继承构造函数的存在。比如，当一个类只有继承来的构造函数但没有定义其他构造函数时，编译器就认为该类没有定义构造函数，会自动为它合成默认构造函数、拷贝构造函数和赋值运算符函数。

⑤ 若派生类在继承基类构造函数的同时，还需要定义其他构造函数，必须按照前面的规则定义，即必须在构造函数初始化列表中为基类构造函数提供初始化值（除非基类有默认构造函数）。

4.5.2 派生类构造函数和析构函数的调用次序

如果派生类具有多个基类和对象成员，在创建派生类对象时，它们的构造函数调用次序如下：

基类构造函数 → 对象成员构造函数 → 派生类构造函数

① 当有多个基类时，将按照它们在继承方式中的声明次序调用，与它们在构造函数初始化列表中的次序无关。当基类 B 本身又是另一个类 A 的派生类时，则先调用基类 A 的构造函数，再调用基类 B 的构造函数。

② 当有多个对象成员时，将按它们在派生类中的声明次序调用，与它们在构造函数初始化列

表中的次序无关。

③ 当构造函数初始化列表中的基类和对象成员的构造函数调用完成之后,才执行派生类构造函数体中的程序代码。

对象析构的次序与其构造次序正好相反,即按照与构造函数相反的次序调用析构函数,最先构造的对象最后销毁。

【例 4-12】 类 D 从类 B 派生,并具有用类 A 和 C 建立的对象成员。分析创建 D 的对象时,基类、对象成员和派生类构造函数和析构函数的调用次序。

```
//Eg4-12.cpp
    #include <iostream>
    using namespace std;
    class A {
        int x;
      public:
        A(int i=0):x(i) { cout<<"Construct A----"<<x<<endl; }
        ~A() { cout <<"Des A----"<<x<<endl; }
    };
    class B {
        int y;
      public:
        B(int i):y(i) { cout<<"Construct B----"<<y<<endl; }
        ~B() { cout <<"Des B----"<<y<<endl; }
    };
    class C {
        int z;
      public:
        C(int i):z(i) { cout<<"Construct C----"<<z<<endl; }
        ~C() { cout<<"Des C----"<<z<<endl; }
    };
    class D : public B {
      public:
        C c1, c2;
        A a0, a4;
        D():a4(4), c2(2), c1(1), B(1) {
            cout<<"Construct D----5"<<endl;
        }
        ~D() { cout<<"Des D----5"<<endl; }
    };
    void main() {
        D d;
    }
```

派生类 D 具有基类 B 和对象成员 c1、c2、a0、a4,根据前面的调用次序,当在 main()函数中建立对象 d 时,将按照 "B→c1→c2→a0→a4→d" 的次序调用基类和对象成员的构造函数。

尽管类 D 的构造函数初始化列表是按 a4→c2→c1→B 次序排列的,但这一排列并不影响各构造函数和析构函数的调用次序,所以本程序的运行结果如下:

```
Construct B----1
Construct C----1
Construct C----2
Construct A----0
```

```
    Construct A----4
    Construct D----5
    Des D----5
    Des A----4
    Des A----0
    Des C----2
    Des C----1
    Des B----1
```
该结果也证实了前面所讨论的构造函数调用次序。

在本程序中还需要注意成员对象 a0 的构造。在类 D 的构造函数初始化列表中并没有对 a0 进行初始化,但从输出结果可以看出,a0 仍然按其在类 D 中的声明次序进行了初始化。其原因是类 A 具有默认构造函数,编译器会按 a0 在类 D 中的声明次序自动调用此构造函数。在程序编译时,编译器会改写 D 的构造函数为下面的形式:

```
    D::D() : a0(0),a4(4),c2(2),c1(1),B(1){ ... }
```
其中,对 a0 默认构造函数的调用是编译器加上去的。

说明: ① 构造函数与类对象的建立有密切关系,继承使类的构造函数变得更加复杂,派生类构造函数除了初始化本类成员外,还要负责为基类和对象成员的构造函数传递初始化参数。② 第 3 章讨论的非继承的构造函数的原则同样适用于派生类。例如,若定义派生类的对象数组就需要派生类具有默认构造函数,这就可能要求它的基类和对象成员也要有默认构造函数,等等。

4.5.3 派生类的赋值、复制和移动操作

派生类对象的构造函数不但要初始化自身的成员,而且肩负着初始化基类成员的使命。同样,派生类的赋值函数和拷贝构造函数以及移动赋值和移动构造函数不但要执行派生类成员的复制和移动,还要负责基类部分数据成员的复制和移动。

如果一个类没有定义赋值运算、拷贝构造函数、移动赋值和移动构造函数,编译器会为它们自动生成一个合成的函数版本。当然,合成函数是有条件的,当一个类有虚析构函数时,即使没有定义这些函数,编译器也不会合成它们。另外,如果一个类定义了赋值运算符或拷贝构造函数,编译器也不会为它合成移动赋值和移动构造函数。

派生类在定义赋值函数、拷贝构造函数和它们的移动函数版本时,要负责对基类成员进行相应的处理,它们应当调用基类与之对应的赋值函数、拷贝构造函数和移动函数,来完成基类成员的相应处理。下面的例子介绍了派生类定义这些函数的方法。

【例 4-13】 类 A 具有数据成员 x,并定义了赋值函数、拷贝构造函数和它们的移动函数版本,以实现对象间的赋值、复制或移动操作,类 B 从类 A 派生,并有数据成员 y。设计类 B 的赋值、拷贝构造函数和移动函数,实现派生类 B 的对象间的赋值、复制和移动操作。

```cpp
//Eg4-13.cpp
    #include <iostream>
    using namespace std;
    class A {
       int  x;
     public:
       A(int a =0, int b = 2) :x(a) { }
       A &operator=(A& o) {
          x = o.x;
          cout << "In A =(A&)" << endl;
```

```cpp
        return *this;
    }
    A& operator=(A &&o) = default;                    // 使用默认的合成移动赋值函数
    A(A &o):x(o.x) {  cout << "In A(&)"<<endl;  }
    A(A &&o):x(std::move(o.x)) {  cout<<"In A(&&)"<<endl;  }
};
class B :public A {
    int  y;
  public:
    B(int a=0, int b=0) : A(a), y(b){ }
    B& operator=(B& o) {
        A::operator=(o);
        cout<<"In B=(B&)"<<endl;
        return *this;
    }
    B& operator=(B &&o) {
        A::operator=(std::move(o));
        cout << "In B =(B&&)" << endl;
        return *this;
    }
    B(B &o):A(o) {  cout << "In B(&)" << endl;  }
    B(B &&o):A(std::move(o)) {  cout<<"In B(&&)"<< endl;  }
};
void main() {
    B  b, b1(1, 2);
    b = b1;                                           // L1
    B b2(b);                                          // L2
    B b3=std::move(B(8, 9));                          // L3
    b1 =std::move(b3);                                // L4
}
```

程序运行结果如下:

```
In A =(A&)                                            // L1 的输出
In B =(B&)                                            // L1 的输出
In A(&)                                               // L2 的输出
In B(&)                                               // L2 的输出
In A(&&)                                              // L3 的输出
In B(&&)                                              // L3 的输出
In B =(B&&)                                           // L4 的输出
```

程序运行结果的前 6 行表明,在执行派生类对象的赋值、复制、移动时都正确调用了基类和派生类的对应函数。最后一行是执行语句 L4 时的输出,L4 实现派生类对象的移动赋值,它实际上也正确执行了对基类部分成员 x 的移动,之所以只输出了 "In B=(B&&)",是因为它调用了基类 A 的合成移动赋值运算符函数,而该函数没有输出。

说明: 派生类在定义赋值、拷贝构造函数及移动函数时,无论基类的对应函数是自定义的还是合成的版本,都应当执行它们,以实现对象的正确复制或移动。因此,应当将基类的自定义赋值函数、拷贝构造函数和它们的移动函数版本都设置为 public 权限,以便派生类能够访问它们。

4.6 基类与派生类对象的关系

通过继承,派生类获得了基类成员的一份副本,构成了派生类对象内部的一个基类子对象。

因为这个原因，基类对象与派生类对象之间存在赋值相容性。

赋值相容是指在公有派生方式下，凡是需要基类对象的地方都可以使用派生类对象。基类对象能够解决的问题，用派生类对象也能够解决，包括下面 3 种情况：把派生类对象赋值给基类对象，把派生类对象的地址赋值给基类指针，或者用派生类对象初始化基类对象的引用。原因是，任何一个派生类对象的内部都包含一个基类子对象，在进行派生类对象向基类对象的赋值时，C++ 采用截取的方法从派生类对象中复制其基类子对象并将之赋值给基类对象，如图 4-6 所示。

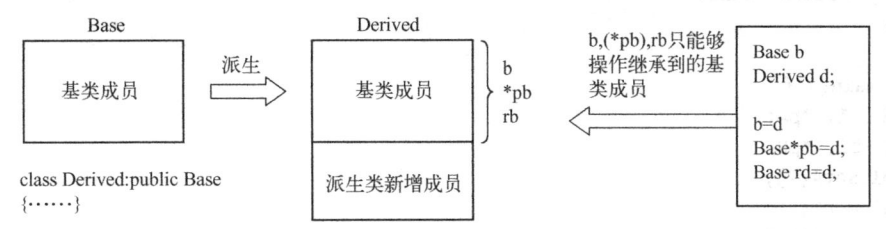

图 4-6　派生类和基类之间的赋值相容关系

在进行了上面的赋值后，就可以通过基类对象访问派生类对象，但只能访问派生类从基类继承而来的成员，不能访问派生类定义的新成员。反之则不行，即不能进行从基类对象到派生类对象的赋值转换，因为基类对象中并不包含派生类子对象，无法从中找到派生类自身定义的成员。因此，不能把基类对象赋值给派生类对象，不能把基类对象的地址赋值给派生类对象的指针，也不能把基类对象作为派生对象的引用。

4.6.1　派生类对象对基类对象的赋值和初始化

在把派生类对象赋值给基类对象，或者用派生类对象初始化基类对象时，并不存在从派生类向基类的类型转换。本质上是执行基类对象的拷贝构造函数或赋值运算符函数，通过它们把派生类对象中从基类继承到的数据成员复制给基类对象。

【例 4-14】 类 B 从类 A 派生，设计类 B 的拷贝构造函数和赋值运算符函数，并验证把派生对象赋值给基类对象或通过它初始化基类对象时，相关函数的调用情况。

```cpp
//Eg4-14.cpp
    #include <iostream>
    using namespace std;
    class A {
        int  a;
      public:
        void setA(int x) {  a = x;  }
        int getA() {  return a;  }
        A() :a(0) {  cout<< "A::A()"<<endl;  }
        A(A& o):a(o.a) {  cout<<"A::A(&o)"<<endl;  }
        A& operator=(A o) {
            a=o.a;
            cout<< "A::operaotor="<<endl;
            return *this;
        }
    };
    class B :public A {
        int  b;
      public:
```

```cpp
        void setB(int x) { b = x; }
        int getB() { return b; }
        B():b(0) { cout << "B::B()" << endl; }
        B(B& o):b(o.b) { cout << "B::B(&o)" << endl; }
        B& operator=(B o) {
            b=o.b;
            cout<<"B::operaotor="<<endl;
            return *this;
        }
    };
    void main() {
        A  a1, *pA;
        B  b1, *pB;
        b1.setA(2);
        a1 = b1;
        b1.setA(10);
        A  a2 = b1;
        a2.setA(1);
        cout << a1.getA() << endl;        // L1，输出 2
        cout << b1.getA() << endl;        // L2，输出 10
        cout << a2.getA() << endl;        // L3，输出 1
        // a2.setB(5);                    // L4，错误
        // b1 = a1;                       // L5，错误
    }
```

程序运行结果如下：

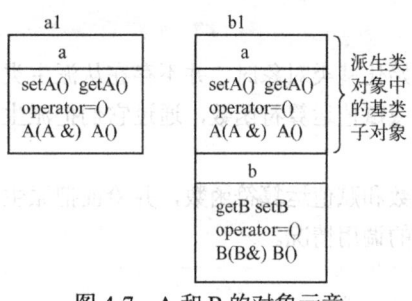

```
A::A()              // 1
A::A()              // 2
B::B()              // 3
A::A(&o)            // 4
A::operaotor=       // 5
A::A(&o)            // 6
2                   // 7
10                  // 8
1                   // 9
```

图 4-7 A 和 B 的对象示意

基类对象 a1 和派生类对象 b1 的基本结构如图 4-7 所示。这里只是为了说明基类 A 与派生类 B 之间的关系，内存中的 a1、b1 对象是不包括成员函数的。现结合此图和程序中的注释，理解本程序中的各赋值语句，分析程序中各输出语句的结论。

程序运行结果第 1 行是命令"A a1"的输出，第 2、3 行是"B b1"定义 b1 时的输出。

第 4、5 行都是执行"a1 = b1;"语句时的输出。这条语句等价于"a1.operator=(b1);"，在向 operator 传递参数 b1 时调用基类拷贝构造函数，输出了第 4 行，执行本函数时输出了第 5 行。

第 6 行是执行"A a2 = b1;"语句时调用基类 A 的拷贝构造函数的输出，等价于"A a2(b1);"。

最后 3 行输出表明，当完成派生对象向基类对象的赋值或初始化之后，两者之间的数据成员是独立存在的，不再有任何联系，一个对象数据成员的修改不会引起另一对象数据成员的变化。

上面的分析表明，在把派生类对象赋值给基类对象时会调用基类的赋值运算符函数；在用派生类对象初始化基类对象时，会调用基类的拷贝构造函数，将派生对象中的基类子对象的数据成员复制给被赋值或被初始化的基类对象。

main()函数中语句 L4 和 L5 的错误表明，只能把派生类对象赋值给基类对象，或者用它初始化基类对象；并且，通过基类对象只能够访问基类成员，不能访问派生类新增加的成员。

当初始化或赋值一个类类型的对象时，实际上是在调用某个函数。基类和派生类对象之间只允许从派生类对象到基类对象的赋值或初始化。**把派生类对象赋值基类对象时，实际上运行的只是基类定义的赋值运算符函数，该函数只能处理基类自己的数据成员。当用派生类对象初始化基类对象时，实际上也只调用基类的拷贝构造函数，该函数只能拷贝基类定义的成员。**

4.6.2 派生类对象与基类对象的类型转换

每个派生类对象中都包含有一个基类子对象，编译器可以由此实现派生类对象向基类对象的类型转换。反过来，基类对象中没有派生类新增加的成员，不能将它转换成派生类对象，因为它无法补充派生类定义的成员。因此，不存在从基类对象到派生类对象的类型转换。

1. 派生类对象到基类对象的隐式类型转换

由 4.6.1 节可知，用派生类对象赋值或初始化基类对象时，实际是通过赋值运算符函数或拷贝构造函数完成的，并没有执行类型转换。但是，当把基类对象的指针或引用绑定到派生对象时，编译器会自动执行从派生类对象到基类对象的隐式类型转换。

例如，对于例 4-14 的基类 A 和派生类 B，下面的语句段会发生类型转换。

```
B  b, b1, b2;
A  *pa=&b1;              // 正确，执行派生类向基类的转换
A  &rA=b2;               // 正确，执行派生类向基类的转换
A  a=b;                  // 正确，没有类型转换，通过基类拷贝构造函数初始化 a
```

b1 和 b2 是类型为 B 的派生类对象，会被转换成基类类型 A，转换的方法是截取派生对象中的基类子对象部分，然后将 pa 的 rA 分别绑定到转换后的对象上。

不论以哪种方式把派生类对象赋值给基类对象，都只能够访问到派生类对象中的基类子对象的成员，不能访问派生类的自定义成员。例如：

```
a.setB(10);              // 错误，不能通过基类对象访问派生类定义的成员
pa->getB();              // 错误，不能通过基类对象指针访问派生类定义的成员
rA.setB(1);              // 错误，不能通过基类对象的引用访问派生类定义的成员
a.setA(10);              // 正确
pa->getA();              // 正确
rA.setA(1);              // 正确
```

2. 基类对象到派生类对象的类型转换

只能把派生类对象赋值给基类对象（包括对象、引用、指针），不能把基类对象赋值给派生类对象。即使一个基类对象的指针或引用实际绑定到了一个派生类对象时，编译器也不会执行从基类到派生类的隐式类型转换。例如，针对本程序而言，下面的赋值方式是错误的：

```
b=a;                     // 错误，不允许从基类向派生类的转换
B  *pb=pa;               // 错误，不能把基类对象的地址赋值给指向派生类对象的指针
B  &rB=rA;               // 错误，不能把基类对象作为派生类对象的引用
```

虽然基类的指针 pa 和引用 rA 实际绑定到了派生类对象，它们也只对 B 从基类 A 继成而来的对象部分具有操作权限，对于 B 新增加的成员是无所知晓的。但从另一方面看，pa 和 rA 又确实绑定的是一个派生类对象，把它们转换成派生类类型是安全的。在这种情况下，可以用下面的方式指示编译器实施强制类型转换。

```
B  *pb =static_cast<B*> (pa);
B  &rB =static_cast<B&> (rA);
```

3. 对象、指针和引用的区别

把派生类对象赋值给基类对象或用派生类对象初始化基类对象，与把基类对象的指针或引用绑定到派生类对象存在一定的区别。前者在完成赋值或初始化操作后，基类对象与派生对象就没有关系了，而指针或引用从来就没有生成新对象，它们操作的是派生类对象内部的基类子对象。

```
void main() {
    B  b, b1;
    A  a=b, *pa = &b1, &rA = b1;        // L1
    b.setA(10);                          // L2
    a.setA(9);                           // L3
    pa->setA(20);                        // L4
    rA.setA(1);                          // L5
    cout << b.getA();                    // L6, 输出10
    cout << b1.getA();                   // L7, 输出1
}
```

执行语句L1后，对象a和b是没有任何联系的两个对象，语句L2将b的数据成员a设置为10，语句L3将a对象的数据成员a设置为9，但它与对象b的数据成员a没有任何关系。因此，L6输出的是数据10。

执行语句L1后，pa和rA都绑定到了b1对象内部的基类子对象上，操作的都是b1对象。语句L4通过指针pa将b1从基类继承到的数据成员a修改为20，随后L5又通过引用将它修改为1，所以L1语句输出的是rA修改后的1。

4. 派生类对象作为函数参数传递给基类对象

在函数中，如果形式参数是基类对象，也可以用派生类对象作为实参。对于例4-14，下面的程序段说明了把派生类对象作为实参传递给函数的基类对象参数的三种情况。

```
void f1(A a, int x) {  a.setA(x);  }
void f2(A *pA, int x) {  pA->setA(x);  }
void f3(A &rA, int x) {  rA.setA(x);  }
void main() {
    B  b;
    b.setA(1);
    f1(b, 10);                           // b.a 未被f1修改,仍然为1
    f2(&b, 10);                          // b.a 被f2修改为10
    f3(b, 15);                           // b.a 被f3修改为15
}
```

（1）形参是基类对象

如果形参是基类对象，在调用该函数时，可以用派生类对象作为实参调用该函数。这种参数传递方式将调用基类对象（即形参对象）的拷贝构造函数，把派生类中的基类子对象的对应数据成员复制给函数的形参对象，参数传递完成后，形参对象与实参对象就没有任何关系了，所以不能修改实参（即派生类对象）的数据成员值。

函数调用"f1(b, 10);"就是这种类型的参数传递方式。系统将b内部的基类子对象复制给形参对象a后，实参b与形参a就没有关系了。f1()在其函数体内修改形参对象a的数据成员值为10，但此修改与实参对象b没有关系。所以函数调用"f1(b, 10);"执行后，b内的基类成员a的值仍然为1，并未被f1()函数所修改。

（2）形参是基类对象的引用或指针

如果函数的形参是基类对象的引用或指针，在函数调用时，实参可以是派生类类型的对象或其地址。编译器将进行隐式类型转换，基类类型的形参引用或指针被绑定到派生类实参对象内部的基类子对象上，形参操作的实际上是实参对象本身。因此，这两种参数传递方式都能够修改实参对象的值。

函数 f2()和 f3()的第一个参数分别是基类 A 的指针和引用，所以当"f2(&b, 10);"执行时，f2()的形式参数 pA 会被绑定到派生类对象 b 内部的基类子对象上，即指向派生对象 b 内部的基类子对象，函数执行后，会将 b 的数据成员 a 修改为 10。同样，当"f3(b, 15);"语句执行时，f3()的形参 rA 会被绑定到 b 内部的基类子对象上，即 rA 是 b 继承到的基类子对象的别名，函数执行后会将对象 b 的数据成员 a 修改为 15。

4.7 多继承

4.7.1 多继承的概念和应用

C++允许一个类从一个或多个基类派生。如果一个类只有一个基类，就称为单继承。如果一个类具有两个或两个以上的基类，就称为多继承。多继承的形式如下：

```
class 派生类名:[继承方式] 基类名1, [继承方式] 基类名2, …{
    派生类成员声明或定义;
};
```

其中，继承方式可以是 public、protected、private，分别对应公有、保护和私有继承，其含义与单继承相同。通过多继承，派生类能够继承多个基类的数据成员和成员函数，具有多个基类的复合功能。

例如，假设有 3 个类 Base1、Base2、Base3，其中 Base1 有公有成员函数 setx()，保护成员函数 getx()，私有数据成员 a；Base2 有公有成员函数 sety()和 gety()，私有数据成员 y；Base3 有公有成员函数 setz()和 getz()，私有成员 z；类 Derived 从这 3 个类派生，且有自己的公有成员函数 setd()、display()和私有数据成员 d。图 4-8 是表示这 4 个类关系的示意图，其中的 Derived 类具有 3 个基类：Base1、Base2、Base3，它复制了这 3 个基类的全部数据成员和成员函数，具有 3 个基类的复合功能。

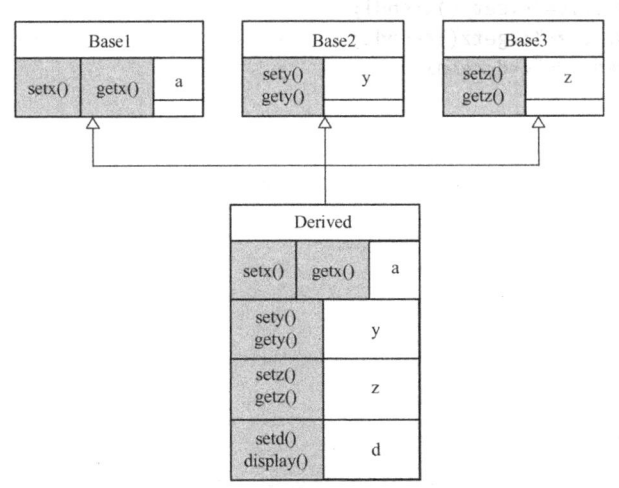

图 4-8 多重继承的示意

【例 4-15】 实现图 4-8 继承关系的简单程序。

```
//Eg4-15.cpp
#include <iostream>
using namespace std;
class Base1{
  private:
    int x;
  protected:
    int getx(){ return x; }
  public:
    void setx(int a=1){ x=a; }
};
class Base2{
  private:
    int y;
  public:
    void sety(int a){ y=a; }
    int gety(){ return y; }
};
class Base3{
  private:
    int z;
  public:
    void setz(int a) { z=a; }
    int getz() { return z; }
};
class Derived:public Base1,public Base2,public Base3{
  private:
    int d;
  public:
    void setd(int a){ d=a; }
    void display();
};
void Derived::display(){
    cout<<"Base1....x="<<getx()<<endl;
    cout<<"Base2....y="<<gety()<<endl;
    cout<<"Base3....z="<<getz()<<endl;
    cout<<"Derived..d="<<d<<endl;
}
void main(){
    Derived obj;
    obj.setx(1);
    obj.sety(2);
    obj.setz(3);
    obj.setd(4);
    obj.display();
}
```

运行结果如下:

```
Base1....x=1
Base2....y=2
Base3....z=3
Derived..d=4
```

虽然 Derived 类只定义了两个成员函数 setd()、display()和数据成员 d，但它拥有从基类继承来的公有成员函数 setx()、getx()、sety()、gety()、setz()、getz()，并且允许 Derived 的外部函数直接调用这些成员函数。

4.7.2 多继承方式下成员的二义性

在多继承方式下，派生类继承了多个基类的成员，当两个不同基类拥有同名成员时，容易产生命名冲突问题。

【例 4-16】 类 A 和类 B 是 MI 的基类，它们都有一个成员函数 f()，在类 MI 中就有通过继承而来的两个同名成员函数 f()，在调用时易产生冲突。

```
//Eg4-16.cpp
    class A {
      public:
        void f(){  cout<<"From  A"<<endl;  }
    };
    class B {
      public:
        void f() {  cout<<"From  B"<<endl;  }
    };
    class MI: public A, public B {
      public:
        void g(){  cout<<"From  MI"<<endl;  }
    };
    void main(){
        MI mi;
        mi.f();                             // 错误
        mi.A::f();                          // 正确
    }
```

mi.f()调用会产生二义性的命名冲突。因为 MI 有两个名为 f 的成员函数，一个来源于类 A，另一个来源于类 B。编译器无法确定 mi.f()是调用 A::f 还是 B::f，所以产生编译错误。

在这种情况下，应当用类域限定符明确指出调用函数所属的基类。如要调用来源于基类 A 中的函数 f()，就应明确地写成 mi.A::f()，要调用来源于 B 的函数 f()，就应写成 mi.B::f()。

4.7.3 多继承的构造函数和析构函数

当一个类具有多个基类时，派生类必须负责为每个基类的构造函数提供初始化参数，构造的方法和原则与单继承相同。构造函数的调用次序仍然是先基类再对象成员，然后是派生类的构造函数。基类构造函数的调用次序与它们在被继承时的声明次序相同，与它们在派生类构造函数初始化列表中的次序没有关系。同样，析构函数的调用次序仍然与构造函数的调用次序相反。

【例 4-17】 类 Base1、Base2、Base3、Derived 的继承关系见图 4-8，验证其构造函数和析构函数的调用次序。

```
//Eg4-17.cpp
    #include <iostream>
    using namespace std;
    class Base1{
      private:
        int  x;
```

```
    public:
        Base1(int a=1){
            x=a;
            cout<<"Base1 constructor x="<<x<<endl;
        }
        ~Base1(){  cout<<"Base1 destructor..."<<endl;  }
    };
    class Base2{
      private:
        int y;
      public:
        Base2(int a){
            y=a;
            cout<<"Base2 constructor y="<<y<<endl;
        }
        ~Base2(){  cout<<"Base2 destructor..."<<endl;  }
    };
    class Base3{
      private:
        int z;
      public:
        Base3(int a){
            z=a;
            cout<<"Base3 constructor z="<<z<<endl;
        }
        ~Base3(){  cout<<"Base3 destructor..."<<endl;  }
    };
    class Derived:public  Base1, protected Base2, private Base3 {
      private:
        int y;
      public:
        Derived(int a, int b, int c):Base3(b), Base2(a) {
            y=c;
            cout<<"Derived constructor y="<<y<<endl;
        }
        ~Derived(){  cout<<"Derived destructor..."<<endl;  }
    };
    void main(){
        Derived d(2, 3, 4);
    }
```

本程序的运行结果如下：
```
Base1 constructor x=1
Base2 constructor y=2
Base3 constructor z=3
Derived constructor y=4
Derived destructor...
Base3 destructor...
Base2 destructor...
Base1 destructor...
```

在派生类 Derived 构造函数的初始化列表中并没有对基类 Base1 的构造函数进行初始化，但这是允许的，因为 Base1 具有默认构造函数，编译系统会自动调用它。

另外，Derived 构造函数对基类构造函数的初始化列表次序与继承次序并不相同，C++则按继承的先后次序调用基类的构造函数。

4.8 虚拟继承

1. 虚拟继承引入的原因

C++在解析派生类的成员函数调用时，按照以下次序查找成员函数所属的类：在派生类中查找该函数，如果找到，就确定该函数是派生类的成员函数，否则在基类中查找该成员函数。

在单继承方式下，这种解析方式能够正确地找到成员函数所属的类对象。但在多继承方式下，当一个类从多个基类派生，而这些基类又从同一个类派生时，这种解析方式就会产生成员名称的二义性。例如，在一个学校的人员管理系统中，有学生、雇员、学生雇员等不同类型的人，学生雇员就是勤工俭学的学生，具有学生和雇员两类人的共同特征。经过抽象之后，将这几类人抽象成 Student、Employee、StuEmployee 类，并且将他们共同的特征和行为抽象形成基类 Person，它们之间的继承关系如下所示：

```
class Person{
    char  *name;
  public:
    void  SetName();
    char* GetName();
    ……
}
class Student:public Person{ … }
class Employee:public person{ … }
class StuEmployee:public Student, public Employee{ … }
```

图 4-9 是各类的继承结构示意，可以看出 Person 有两个成员函数 SetName()和 GetName()，是 Student 和 Employee 两个类的基类，这两个类中都有 Person 的数据成员和成员函数的一份副本。stuEmployee 类从 Student 和 Employee 多重派生，具有这两个类的数据成员和成员函数的一份副本，其结构如图 4-10 所示。

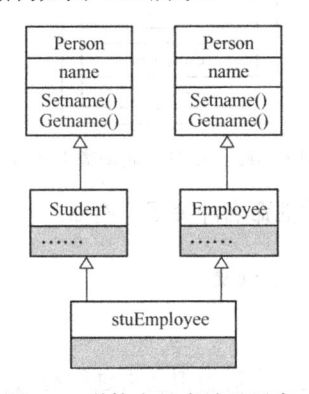

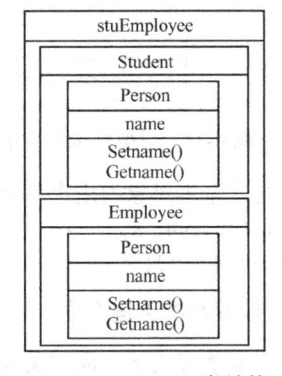

图 4-9 学校人员多继承示意   图 4-10 stuEmployee 类结构示意

从图 4-10 可以看出，stuEmployee 类中拥有 Person 类的两份成员，这种形式的继承容易使派生类对象的成员解析产生二义性。例如，假设有下面的成员引用：

```
stuEmployee  s;
s.SetName();                    // 错误，二义性冲突
```

对于 s.SetName()函数调用，编译器先在 stuEmployee 的类成员中查找成员函数 SetName()，结果没有找到；接下来，编译器会在 stuEmployee 的基类中查找成员函数 SetName()，但在 Student 和 Employee 两个基类中都找到了成员函数 SetName()，编译器不能确定应该调用哪个基类的 SetName()，因此产生二义性的命名冲突。出现这种问题时，可以指明调用成员函数所属类来解决二义性的命名冲突。例如：

```
s.Student::SetName();
s.Employee::SetName();
```

但是，这样的调用方式并未解决本质问题，在同一个对象 s 中存在 Person 的两份不同数据成员，容易产生数据的不一致性。为了解决这类问题，C++引入了虚拟继承的概念。

2. 虚拟继承的定义方式

利用关键字 virtual 限定继承方式，将公共基类指定为虚基类，就可以使该基类的成员在派生类中只有一份拷贝。虚基类的定义形式如下：

```
class 派生类名:virtual [继承方式] 基类名1, virtual [继承方式] 基类名2, …{
    派生类成员声明与定义;
};
```

对于前面的 stuEmployee 类，若采用下面的虚拟继承方式，就将基类 Person 声明成了虚基类。

```
class Student: virtual  public Person{……}       // Person为虚基类
class Employee: virtual  public Person{……}      // Person为虚基类
class StuEmployee:public Student,public Employee{……}
```

图 4-11 是 StuEmployee 类虚拟继承的示意。通过对公共基类的虚拟继承，派生类只保留了虚基类的一份成员副本，如图 4-12 所示。

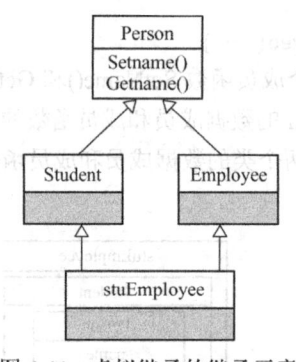

图 4-11　虚拟继承的继承示意 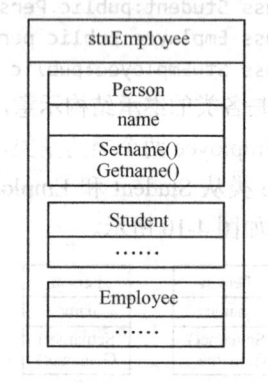　　　　　图 4-12　派生类中的虚基类 Peroson

现在通过派生对象引用虚基类中的成员就不会产生二义性的命名冲突了，例如：

```
stuEmployee s;
s.SetName();                                    // 正确
```

3. 虚拟继承的构造次序

在虚拟继承方式下，派生类需要在其构造函数的初始化列表中对虚拟基类进行初始化，以实现虚基类对象的初始化。但构造函数的调用次序与非虚拟继承不同，将按以下次序进行：① 先调用虚基类的构造函数，再调用非虚基类的构造函数；② 若同一继承层次中包含多个虚基类，就按照它们被继承的先后次序调用；若某个虚基类的构造函数已被调用，就不再被调用；③ 若虚基类由非基类派生而来，则先调用虚基类的基类构造函数，再调用非虚基类的构造函数。

【例4-18】 虚基类的执行次序分析。

```cpp
//Eg4-18.cpp
    #include <iostream>
    using namespace std;
    class A {
        int  a;
      public:
        A(){  cout<<"Constructing A"<<endl;  }
    };
    class B {
      public:
        B(){  cout<<"Constructing B"<<endl;  }
    };
    class B1:virtual public B ,virtual public A{
      public:
        B1(int i){  cout<<"Constructing B1"<<endl;  }
    };
    class B2:public A, virtual public B {
      public:
        B2(int j){  cout<<"Constructing B2"<<endl;  }
    };
    class D: public B1, public B2 {
      public:
        D(int m, int n): B1(m), B2(n){  cout<<"Constructing D"<<endl;  }
        A a;
    };
    void main(){
        D d(1,2);
    }
```

程序的运行结果如下：
　　Constructing B
　　Constructing A
　　Constructing B1
　　Constructing A
　　Constructing B2
　　Constructing A
　　Constructing D

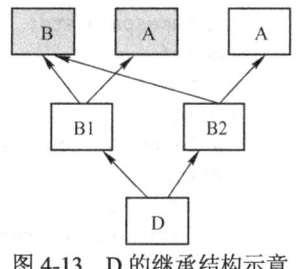

图 4-13　D 的继承结构示意

　　图 4-13 是派生类 D 的继承层次结构示意，图中左上部分有阴影的 B 和 A 表示虚基类。从图中可以看出，派生类 D 从 B1、B2 派生，由于都不是虚拟派生，所以按继承次序应先构造 B1，再构造 B2。由于 B1 从 B、A 虚拟派生，将依次调用 B 和 A 的构造函数，完成后才能调用 B1 的构造函数，即按 B→A→B1 的次序构造。程序运行结果的前 3 行就是这样得来的。

　　当 D 的 B1 基类构造完成后，按次序应该构造 B2 基类。因为 B2 是从 A、B 派生的，而 B 是虚基类，所以先调用 B 的构造函数。但是，作为虚基类的 B 在构造 D 的 B1 虚基类时就已经被构造了，所以就不再构造。接下来构造 B2 的基类 A。因为 A 不是 B2 的虚基类，所以直接调用它的构造函数，与 A 以前是否被构造无关，输出结果的第 4 行就来源于此。如果 A 是 B2 的虚基类，就不会调用 A 的构造函数，也不会有第 4 行输出结果，因为作为虚基类的 A 在构造 B1 时已经被构造了。

B2 的基类构造完成后，就应该调用 B2 的构造函数了，这就是输出结果的第 5 行。

D 的基类构造完成后，接下来应该构造它的成员对象 a，最后构造 D 自己。这就是输出结果的第 6 行和第 7 行。

4．虚基类由最终派生类初始化

在没有虚继承的情况下，每个派生类的构造函数只负责其直接基类的初始化。但在虚拟继承方式下，虚基类由最终派生类的构造函数负责初始化。最终派生类是指在多层次的继承结构中，创建对象时所用的类。由于继承层次结构上的每个类都可能创建对象，因此每个派生类都应该在它的构造函数初始化列表中为虚基类构造函数提供初始化值（不管虚基类是它的直接基类，还是间接类）。例如，如对于例 4-18 而言，如果有下面的对象定义：

```
B1  b(1);
D   d(2, 3);
```

对象 b 由类 B1 定义，所以 B1 是其虚基类 A、B 的最终派生类，它应该负责 A、B 的构造。对象 d 由派生类 D 创建，所以派生类 D 是虚基类 A、B 的最终派生类，它应该负责 A、B 的构造。

在虚拟继承方式下，若最终派生类的构造函数没有明确调用虚基类的构造函数，编译器就会尝试调用虚基类不需要参数的构造函数（包括无参和缺省参数的构造函数），如果没找到，就会产生编译错误。

在例 4-18 中，最后的派生类 D 的构造函数并没有为虚基类 B 和 A 提供初始化（即没有在类 D 的构造函数初始化列表中调用 B 和 A 的构造函数），程序也没有产生错误，原因是 B 和 A 都有无参构造函数。

【例 4-19】类 A 是类 B、C 的虚基类，类 ABC 从 B、C 派生，是继承结构中的最终派生类，它必须负责虚基类 A 的初始化。

```
//Eg4-19.cpp
    #include <iostream>
    using namespace std;
    class A {
        int a;
      public:
        void f() { cout << "A" << endl; }
        A(int x) {
            a = x;
            cout << "Virtual Bass A..." << endl;
        }
    };
    class B :virtual public A {
      public:
        void f() { cout << "B" << endl; }
        B(int i) :A(i) { cout << "Virtual Bass B..." << endl; }
    };
    class C :virtual public A {
        int x;
      public:
        C(int i) :A(i) {
            cout << "Constructing C..." << endl;
            x = i;
        }
    };
```

```
class ABC :public C, public B {
  public:
    ABC(int i, int j, int k):C(i), B(j), A(k) {      // L1，这里必须对 A 进行初始化
        cout << "Constructing ABC..." << endl;
    }
};
void main() {
    ABC obj(1, 2, 3);
    obj.f();                                          // 调用 B::f()
}
```

程序的运行结果如下：
```
Virtual Bass A...
Constructing C...
Virtual Bass B...
Constructing ABC...
B
```

虽然 A 是 ABC 的间接基类，但它是虚基类，而且没有缺省构造函数，所以 ABC 必须采用语句 L1 的方式对 A 进行初始化。如果 ABC 还有派生类，则它也必须为 A 提供构造函数初始化值。

如果 B 和 C 从 A 采用普通而非虚拟继承的方式派生，则在 L1 中对 A 的构造函数调用是不必要的，而且会产生编译错误。

5. 成员函数冲突与优先级

与非虚拟的多重继承一样，如果虚基类和派生类中都有同名成员函数，仍然有可能产生命名冲突。如类 A 具有函数 f()，类 B 和 C 都从 A 虚拟派生，类 ABC 继承了类 B 和类 C，见例 4-19，对于 ABC 类对象的 f() 成员函数调用，存在以下几种情况：

① 如果类 B、C 和 ABC 都没有定义 f() 函数，在类 ABC 的对象中只有一个来源于虚基类 A 中的 f() 函数，没有冲突。但是，若 B、C 都不是虚拟继承于 A，或者其中一个虚拟继承于 A、另一个非虚拟继承于 A，则在 ABC 对象中的 f() 函数有多个，会产生冲突。

② 如果类 B、C 中有一个定义了 f() 函数，则在调用 ABC 对象的 f() 函数时，B 或 C 中的 f() 函数具有优先权。例 4-19 中"obj.f()"的输出证明它调用的是类 B 中的 f() 函数。

③ 不论上面哪种情况，如果 ABC 类定义了 f() 函数，当 ABC 的对象调用 f() 函数时，不会有冲突，ABC 中的 f() 函数具有优先权。

4.9 继承和组合

继承和组合（也称为合成）是面向对象程序实现代码重用的两种主要方法。通过继承，派生类可以获得基类程序代码的一份副本，从而达到代码重用的目的。组合体现了类之间的另一种关系，是指一个类可以包含用其他类定义的对象成员。

继承关系常被称为"Is-a"关系，即两个类之间若存在 Is-a 关系，就可以用继承来实现它。例如，水果和梨、水果和苹果，它们就具有 Is-a 关系。因为梨是水果，苹果也是水果，所以梨和苹果都可以从水果继承，获得所有水果都具有的通用特征。

组合常用于描述类之间的"Has-a"关系，即一个类拥有其他类。例如，图书馆有图书，汽车有发动机、车轮胎、座位等，计算机有 CPU、存储器、显示器等，这些都可以用类的组合关系来实现。

【例 4-20】 设计学生选学课程程序，要求能够管理指定课程的选课学生名单。

(1) 问题分析

在校学生对这个问题非常熟悉，解决方法很多。可以设计出课程类、学生类分别管理课程信息和学生信息。学生选修课程则和课程和学生都有关系，可以用设计选修课程类来管理它。由于选修时需要知道选修的课程信息和学生名单。这一关系可以用类的包含关系处理，即选修课程类的内部包含课程和学生类的对象。

(2) 数据抽象

用 Coure 表示课程类，包括课程编号、学分和课程名称，分别用 courseName、cno 和 credit 表示它们，并设计 setCno()/getCno()、setCourseName()/getCourseName()、setCredit()/getCredit()来设置和读取数据成员的值，能够一次性设置全体数据成员值的 setCourse()成员函数和默认构造函数，以及显示成员值的 display 函数。

用 Student 表示学生类，它有学号和姓名，分别用 sno 和 stuName 数据成员表示。用 setSno()/getSno()和 setStudentName()/getStudentName()设置和读取 sno 和 stuName 的值，用 display() 函数显示成员的值。

课程选修类是本题的核心类，用 SelectCourse 表示，用数据成员 course、maxNum、curNum 分别表示选学的课程、最多允许选课的人数、实际选课人数，用指针成员 stu 存取选课学生名单，它指向 Student 类型的动态数组，该数组由构造函数分配。因为构造函数动态分配了 stu 成员的内存，所以该类必须设计析构函数回收 stu 分配到的内存。在这种情况下，编译器合成的默认拷贝构造函数、赋值运算函数已不能够正确处理指针成员 stu 的拷贝初始化和赋值拷贝了，它们会引发"指针悬挂"问题，因此必须重新定义它们。

为了设置和读取相应数据成员的值，设计 setCourse()/getCourse()、setStudent()/getStudent()、setMaxNum()/getMaxNum()、setCurNum()/getCurNum()等成员函数，以及能够随时添加和打印选课学生的信息 appenStudent()和 display()成员函数。

课程类、学生类和选课类抽象结果的类图及其关系如图 4-14 所示。

```cpp
//Eg4-20.cpp
#include <iostream>
#include <string>
using namespace std;
// 课程类 Course 的代码如下，编译器会为该类生成合成的拷贝构造函数和赋值运算符函数
class Course {
  public:
    void setCno(int cNumber) {  cno = cNumber;  }
    void setCredit(double crd) {  credit = cno;  }
    void setCname(string cname) {  courseName = cname;  }
    int getCno() {  return cno;  }
    double getCredit() {  return credit;  }
    string getCourseName(){  return courseName;  }
    Course(int Cno=0, double cre=0, string cName="") {  setCourse(Cno, cre, cName);  }
    void display() {
        cout<<"课程号: "<<cno<<"\t 课程名称: "<<courseName<<"\t 学分: " <<credit<<endl;
    }
    void setCourse(int Cno = 0, double cre = 0, string cName = "") {
        cno = Cno;   credit = cre;    courseName = cName;
    }
  private:
```

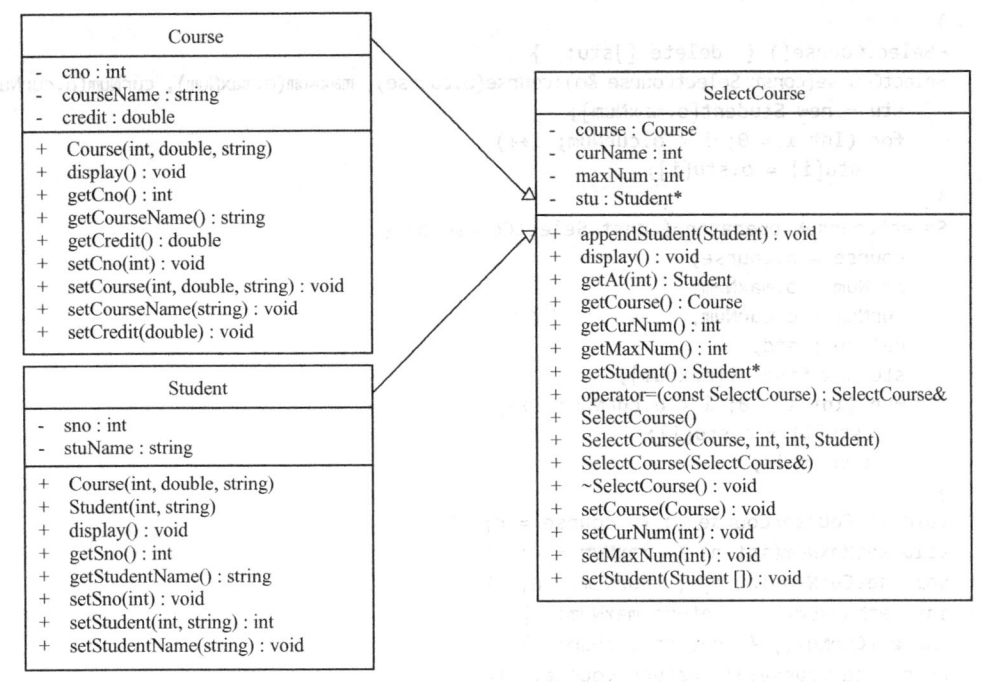

图 4-14 选课系统的类图及关系

```
    int    cno;
    double credit;
    string courseName;
};
// 下面是学生类 student 的程序代码,编译器会为该类合成默认的拷贝构造函数和赋值函数
class Student {
  public:
    void setSno(int Snumber) {  sno = Snumber;  }
    void setStudentName(string Sname) {  stuName = Sname;  }
    int getSno() {  return sno;  }
    string getStudentName() {  return stuName;  }
    Student(int Sno = 0, string SName = "") {  setStudent(Sno, SName);  }
    void display() {  cout<<"学号: "<<sno <<"\t 姓名: "<<stuName<<endl;  }
    void setStudent(int Sno = 0, string Sname = "") {  sno = Sno; stuName = Sname;  }
  private:
    int    sno;
    string stuName;
};
/* 下面是课程选修类 SelectCourse 的类代码,由于合成拷贝构造函数和合成赋值函数不能够正确完成
   指针成员 stu 的复制,因此必须显式定义拷贝构造函数和赋值运算符函数,否则程序运行时会产生
   "指针悬挂"错误!
*/
class SelectCourse {
    public:
    SelectCourse() {  stu = new Student[maxNum];  }
    SelectCourse(Course c, int mNum, int cNum, Student s[]):course(c), maxNum(mNum),
                   curNum(cNum), stu(new Student[maxNum]) {
        for (int i = 0; i <cNum; i++)
            stu[i] = s[i];
```

```cpp
    }
    ~SelectCourse() {  delete []stu;  }
    SelectCourse(const SelectCourse &o):course(o.course), maxNum(o.maxNum), curNum(o.curNum) {
        stu = new Student[o.maxNum];
        for (int i = 0; i < o.curNum; i++)
            stu[i] = o.stu[i];
    }
    SelectCourse& operator=(const SelectCourse o) {
        course = o.course;
        maxNum = o.maxNum;
        curNum = o.curNum;
        delete []std;
        stu=new Student[maxNum];
        for (int i = 0; i < o.curNum; i++)
            stu[i] = o.stu[i];
        return *this;
    }
    void setCourse(Course c) {  course = c;  }
    void setMaxNum(int n) {  maxNum = n;  }
    void setCurNum(int n) {  curNum = n;  }
    int getMaxNum() {  return maxNum;  }
    int getCurNum() {  return curNum;  }
    Course getCourse(){  return course;  }
    Student* getStudent() {  return stu;  }
    void setStudent(Student s[]) {  stu = s;  }
    Student getAt(int n) {  return stu[n];  }
    void appenStudent(Student s){
        if(curNum<maxNum)
            stu[curNum++]=s;
    }
    void display() {
        course.display();
        cout<< "是多选课人数:" << maxNum << "\t 实选人数:" << curNum << endl;
        cout<< "选课学生名单:" << endl;
        for(int i=0; i<curNum; i++)
            stu[i].display();
    }
private:
    int  maxNum=10, curNum=0;
    Course course;
    Student *stu=nullptr;
};
// 下面是测试各类设计效果的main()函数, 因篇幅所限, 并未对各类的每个函数进行测试。
void main() {              // 下面的代码段, 测试SelectCourse类构造函数和显示函数的运行情况
    Course  course;
    course.setCourse(101, 3.5, "C++面向对象程序设计");
    Student  s[2], s1;
    s[0].setStudent(10, "高大山");
    s[1].setStudent(11, "李明育");
    SelectCourse sc(course,10,2,s);
    cout<<"------------------------sc------------------------"<<endl;
    sc.display();
    // 下面的代码段测试SelectCourse类的拷贝构造函数和添加选课学生函数的运行情况
    SelectCourse sc2, sc1 = sc;
    s1.setStudent(14,"黄始仁");
```

```
    sc1.appenStudent(s1);
    cout<<"---------------------sc1(sc)--------------------"<<endl;
    sc1.display();
    // 下面的代码段测试 SelectCourse 类的赋值运算符函数的运行情况
    sc2 = sc1;
    cout <<"---------------------sc2=sc1-----------------"<<endl;
    sc2.display();
    // 下面的代码段测试 SelectCourse 类中获取学生名单和人数的成员函数的运行情况
    Student *sname = sc2.getStudent();
    cout <<"---------------------sc2.getStudent()----------"<<endl;
    for(int i=0; i<sc2.getCurNum(); i++)
        (sname++)->display();
}
```

程序运行结果如下:

```
---------------------------sc----------------------------
课程号: 101    课程名称: C++面向对象程序设计学分: 3.5
是多选课人数:10    实选人数:2
选课学生名单:
学号: 10    姓名: 高大山
学号: 11    姓名: 李明育
---------------------------sc1(sc)-----------------------
课程号: 101    课程名称: C++面向对象程序设计学分: 3.5
是多选课人数:10    实选人数:3
选课学生名单:
学号: 10    姓名: 高大山
学号: 11    姓名: 李明育
学号: 14    姓名: 黄始仁
---------------------------sc2=sc1-----------------------
课程号: 101    课程名称: C++面向对象程序设计学分: 3.5
是多选课人数:10    实选人数:3
选课学生名单:
学号: 10    姓名: 高大山
学号: 11    姓名: 李明育
学号: 14    姓名: 黄始仁
---------------------------sc2.getStudent()--------------
学号: 10    姓名: 高大山
学号: 11    姓名: 李明育
学号: 14    姓名: 黄始仁
```

组合和继承是面向对象程序进行类设计和构建大型复杂应用程序的两种重要方法，本例 SelectCourse 类的设计，示范了使用组合方法把多个类组装成功能强大的复杂类的方法，具有典型代表意义。请结合程序中的注释，理解掌握组合类的设计方法，特别是什么情况下必须设计类的构造函数、拷贝构造函数和赋值构造函数。

4.10 节将以一个具体的编程实例介绍使用继承技术，设计功能强大的复杂类的方法。

4.10 编程实例

继承是面向对象程序设计的重要特性，通过继承能够设计出可重用性高，可扩展性好的应用程序，它在现代软件开发中的应用极其广泛。下面以一个简易的专业课程体系管理的继承类设计为例，介绍使用继承技术进行软件开发的方法和过程。

【例4-21】某校每位学生都要学习英语、语文、数学三门公共课程以及不同的专业课程。会计学专业要学习会计学和经济学两门课程，化学专业要学习有机化学和化学分析两门课程。编程序管理学生成绩，计算公共课的总分和平均分，以及所有课程的总成绩。

（1）问题分析

在这个问题中，由于英语、语文、数学三门公共课程是所有学生都要学习的，可以将它抽象成为一个基类 comFinal，由它来管理这三门基础课程的成绩。另外两个专业的课程则分别抽象成类 Account 和 Chemistry，分别管理会计学和化学两专业的课程成绩。由于在整个问题域中还涉及学生，应该抽象出学生类 Student 来管理学生的档案。为简化问题，此处忽略了学生类的设计，仅用一个姓名都代表学生，并将此名字作为 comFinal 类的一个数据成员。

（2）数据抽象

用 comFinal 表示公共基类，用字符数组 name 表示参与课程学习的学生姓名，用 english、chinese、math 分别表示英语、语文和数学成绩，并为每个数据成员设计 set/get 成员函数以修改/读取其值，以及成员函数 getTotal()、getAverage()、show()，分别计算总分、平均分、输出学生的各科成绩。设计构造函数 ComFinal()为各数据成员提供初始化值。由于设计了具有参数的构造函数，编译器不会再为本类合成默认构造函数，为了便于 ComFinal()的继承及构造，以及本类无参对象和数组的定义，重定义了本类的默认构造函数。

用 Account 表示会计学专业类，从 ComFinal 派生，具有会计学和经济学两门主科，分别用数据成员 account 和 econ 表示，设计设置/读取数据值的 set/get 成员函数，以及成员函数 getMajTotal()、getMajAvg()和 show()，分别计算两主科的总分、平均分，以及显示输出学生的各项成绩数据。

用 Chemistry 表示化学专业类，有化学分析和化学两门主科，分别用数据成员 analy 和 chemistr 表示，按照与设计 Account 类相同的方法设计 Chemistry 类。类继承结构如图4-15所示。

三个类都没有指针成员，也没有在构造函数中为任何数据成员分配动态存储空间，也就不需要在析构函数中进行动态存储空间的回收，因此，在上面的数据抽象过程中没有为各类定义拷贝构造函数、赋值运算符函数和析构函数。在没有定义这些函数的情况下，编译器会为它们生成对应的默认合成函数，这些合成函数能够正确完成对象的构造、复制、赋值和析构。

为了实现类的重用，将三个类的声明和实现分别保存在不同的头文件和源程序文件中。为此，可以先建立各头文件和源程序，将它们保存在 C:\course 目录下的项目子文件中。操作过程如下：

1. 在项目中添加各类的空头文件和源码文件

<1> 建立目录 C:\course，用于保存本程序中的所有文件。然后启动 Visual C++ 2015，选择"新建"|"项目"|"Visual C++"，在弹出的"新建项目"对话框中指定"位置"为"C:\course"，在"名称"文本框中输入"com_main"，单击"确定"按钮。

<2> 在弹出的向导对话中单击"下一步"，显示"应用程序设置"对话框，取消"附加项"下面的"预编译头"和"安全开发生命周期（SDL）检查"的复选，如图4-16所示。取消复选框中的"勾选"，然后单击"完成"按钮，进入 Visual C++2015 集成开发环境，如图4-17所示。

<3> 在"解决方案资源管理器"中右击"头文件"|"添加"|"新建项"，然后在弹出的对话框中选中"头文件"，并在名称中输入 ComFinal.h。按照同样的方法，将 Account.h、Chemistry.h 添加到项目中。

<4> 按照与添加头文件相同的方法，将各类的源文件 ComFinal.cpp、Account.cpp、Chemistry.cpp 添加到项目中。项目的结构如图4-17所示，只不过到目前为止，这些头文件和源文

件都是空文件。

```
                    Account
  - account : int
  - econ : int
  + Account()
  + Account(char*, int, int, int, int, int)
  + getAccount() : int
  + getEcon() : int
  + getMajAvg() : int
  + getMajTotal() : int
  + setAccount(int) : void
  + setEcon() : void
  + show() : void
```

```
                    ComFinal
  - chinese : int
  - english : int
  - math : int
  - name[] : char
  + ComFinal()
  + ComFinal(char[], int, int, int)
  + getAverage() : double
  + getChi() : int
  + getEng() : int
  + getMath() : int
  + getName() : string
  + getTotal() : int
  + setChi(char[]) : void
  + setEng() : int
  + setMath(int) : void
  + setName(char[]) : void
  + show() : void
```

```
                   Chemistry
  - analy : int
  - chemistry : int
  + Chemistry()
  + Chemistry(char*, int, int, int, int, int)
  + getAnl() : int
  + getChe(int) : int
  + getMajAvg() : double
  + getMajTotal() : int
  + setAnl(int) : void
  + setChe() : void
  + show() : int
```

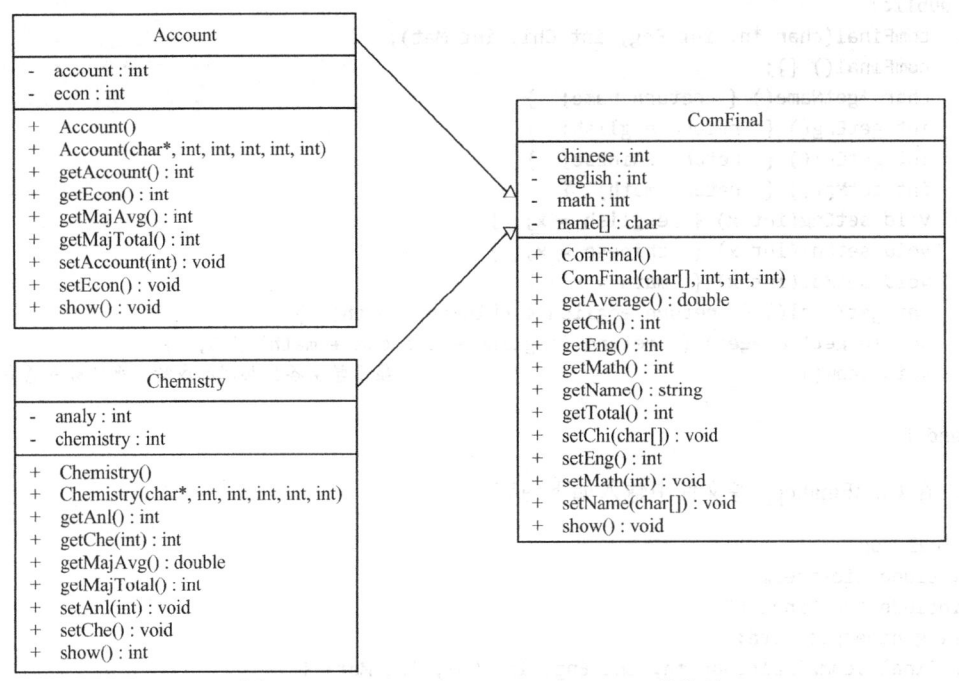

图 4-15 comFinal、Account、Chemistry 的继承

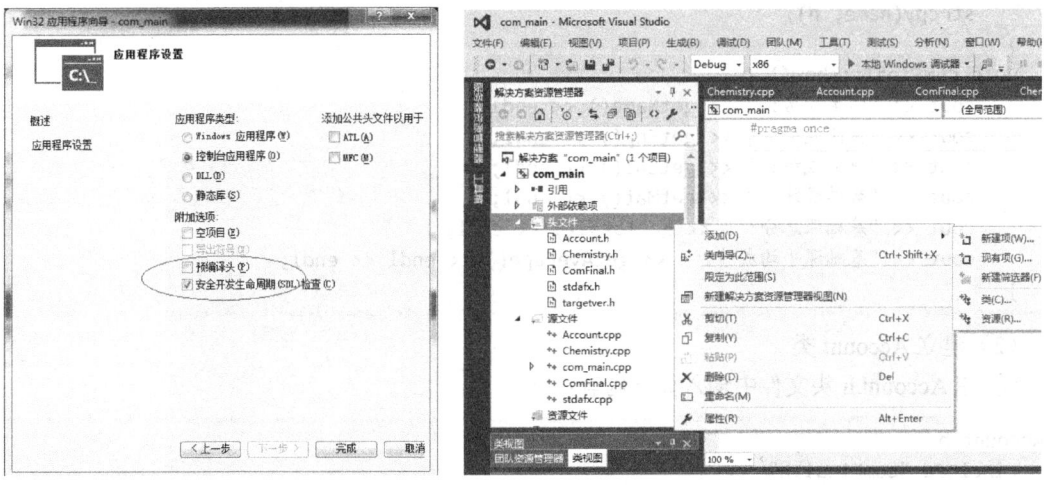

图 4-16 取消 "预编译头"、"安全开发" 设置

图 4-17 在项目中添加头文件和源文件

2. 编写各类头文件和源文件的程序代码

（1）建立 ConFinal 类

① 在 comFinal.h 头文件中输入如下内容：

```
//comFinal.h
    #ifndef comFinal_h
    #define comFinal_h
    class comFinal {
      protected:
```

```
        char  name[20];                      // 学生姓名
        int   english, chinese, math;        // 公共课成绩及总分
    public:
        comFinal(char *n, int Eng, int Chi, int Mat);
        comFinal() {};
        char *getName() { return name; }
        int getEng() { return english; }
        int getChi() { return chinese; }
        int getMat() { return math; }
        void setEng(int x) { english = x; }
        void setChi(int x) { chinese = x; }
        void setMat(int x) { math = x; }
        int getTotal() { return english + chinese + math; }
        double getAverage() { return (english + chinese + math) / 3; }
        void show();                          // 显示学生各公共课的成绩、平均分和总分
    };
    #endif
```

② 在 ComFinal.cpp 源文件中输入如下内容：

```
//ComFinal.cpp
    #include <iostream>
    #include "comFinal.h"
    using namespace std;
    comFinal::comFinal(char *n, int Eng, int Chi, int Mat) {
        english = Eng;    chinese = Chi;    math = Mat;
        strcpy(name, n);
    }
    void comFinal::show() {
        cout << "学生姓名: " << getName() << endl;
        cout << "英语成绩: " << getEng() << endl;
        cout << "语文成绩: " << getChi() << endl;
        cout << "数学成绩: " << getMat() << endl;
        cout << "基础课总分: " << getTotal() << endl;
        cout << "基础课平均成绩: " << getAverage() << endl << endl;
    }
```

（2）建立 Account 类

① 在 Account.h 头文件中输入如下内容：

```
//Account.h
    #include "comFinal.h"
    #ifndef Account_h
    #define Account_h
    class Account :public comFinal {
      protected:
        int  account;                        // 会计学成绩
        int  econ;                           // 经济学成绩
      public:
        Account(char *n, int Eng, int Chi, int Mat, int Acc, int Eco);
        Account() {};
        int getMajtotal() { return econ + account; }
        float getMajave() { return float((account + econ) / 2); }
```

```
        int getAccount() {  return account;  };
        int getEcon() {  return account;  }
        void setAccount(int x) {  account = x;  }
        void setEcon(int x) {  econ = x;  }
        void show();
    };
    #endif
```

② 在 Account.cpp 源文件中输入如下内容:

```
//Account.cpp
    #include "account.h"
    #include<iostream>
    using namespace std;
    Account::Account(char *n, int Eng, int Chi, int Mat, int Acc,
                                            int Eco) : comFinal(n, Eng, Chi, Mat) {
        econ = Eco; account = Acc;
    }
    void Account::show() {
        comFinal::show();
        cout << "会计学成绩: " << account << endl;
        cout << "经济学成绩: " << econ << endl;
        cout << "总分 " << getTotal() + account + econ << endl;
    }
```

(3) 建立 Chemistry 类

① 在 Chemistry.h 头文件中输入如下内容:

```
//Chemistry.h
    #include "comFinal.h"
    #ifndef chemistry_h
    #define chemistry_h
    class Chemistry :public comFinal {
      protected:
        int   chemistr;                        // 化学成绩
        int   analy;                           // 化学分析成绩
      public:
        Chemistry(char *n, int Eng, int Chi, int Mat, int Chem, int Anal);
        Chemistry() { };
        int getMajtotal() {  return analy + chemistr;  }
        float getMajave() {  return float((chemistr + analy) / 2);  }
        int getChe() {  return chemistr;  };
        int getAnl() {  return analy;  }
        void setChe(int x) {  chemistr = x;  }
        void setAnl(int x) {  analy = x;  }
        void show();
    };
    #endif
```

② 在 Chemistry.cpp 源文件中输入如下内容:

```
//Chemistry.cpp
    #include "stdafx.h"
    #include<iostream>
```

```
#include"Chemistry.h"
using namespace std;
Chemistry::Chemistry(char *n, int Eng, int Chi, int Mat, int Chem,
                                    int Anal) :comFinal(n, Eng, Chi, Mat) {
    chemistr = Chem; analy = Anal;
}
void Chemistry::show() {
    comFinal::show();
    cout << "有机化学: " << chemistr << endl;
    cout << "化学分析: " << analy << endl;
    cout << "总分 " << getTotal() + chemistr + analy << endl;
}
```

（4）建立主程序并运行程序

在 com_main.cpp 中输入下面的程序代码：

```
//com_main.cpp
#include "Chemistry.h"
#include "Account.h"
#include <iostream>
using namespace std;
void main() {
    Account a1("张三星", 98, 78, 97, 67, 87);
    Chemistry c1("光红顺", 89, 76, 34, 56, 78);
    a1.show();
    cout << "----------------------------------" <<endl;
    c1.setAnl(100);
    c1.show();
}
```

编译并运行该程序，输出结果如下：

```
学生姓名：张三星
英语成绩：98
语文成绩：78
数学成绩：97
基础课总分：273
基础课平均成绩：91

会计学成绩：67
经济学成绩：87
总分 427
----------------------------------
学生姓名：光红顺
英语成绩：89
语文成绩：76
数学成绩：34
基础课总分：199
基础课平均成绩：66

有机化学：56
化学分析：100
总分 355
```

习题 4

1. 简述继承、基类、派生类的概念，以及基类与派生类的关系。
2. 简述分别在 private、public 和 protected 继承方式下，基类与派生类成员之间的关系。
3. 分析在哪些情况下，派生类即使没有成员需要初始化也必须定义构造函数。
4. 简述虚拟继承的概念，C++为什么要引入虚拟继承。
5. 假设有类 A、B、C、D，类 A 是类 B 的基类，类 B 是类 D 的基类，类 B 有用类 C 创建的一个对象成员，若定义类 D 的对象，分析各类的构造函数和析构函数的调用次序。
6. 对于第 5 题，假设类 C 也从类 A 派生，即类 A 同为 B 和 C 的基类，其余题意同题 5，分析定义类 D 的对象时，各类的构造函数和析构函数的调用次序。
7. 对于第 6 题，假设类 B 和类 C 都虚拟继承于类 A，分析定义类 D 的对象时，各类构造函数和析构函数的调用次序。
8. 指出下面程序中的错误。

```
#include <iostream>
class A {
    int  x;
    A(int a) {  x=a;  }
  public:
    setA(int y) {  x=y;  }
};
class B final:private A {
  public:
    B(){  cout<<"B"<<endl;  }
};
class D:public B {
  public:
    void setA(int a){  A::setA(a);  }
}
void main() {
    A  a1(2), a2;
    A  a3=a1;
    B  b;
    b.setA(3);
}
```

9. 读程序，分析程序的运行结果。

（1）
```
#include <iostream>
using namespace std;
class A {
  public:
    A(int a, int b):x(a), y(b) {  cout<<"A constructor..."<<endl;  }
    void Add(int a, int b) {  x+=a;    y+=b;  }
    void display() { cout<<"("<<x<<","<<y<<")"; }
    ~A() {  cout<<"destructor A..."<<endl;  }
  private:
    int  x, y;
};
class B:private A{
```

```cpp
      private:
        int  i,j;
        A   Aobj;
      public:
        B(int a, int b, int c, int d):A(a,b), i(c), j(d), Aobj(1, 1) {
             cout<<"B constructor..."<<endl;
        }
        void Add(int x1, int y1, int x2, int y2) {
            A::Add(x1, y1);
            i+=x2;
            j+=y2;
        }
        void display(){
            A::display();
            Aobj.display();
            cout<<"("<<i<<","<<j<<")"<<endl;
        }
        ~B() {  cout<<"destructor B..."<<endl;   }
    };
    void main(){
        B b(1,2,3,4);
        b.display();
        b.Add(1,3,5,7);
        b.display();
    }
```

(2)
```cpp
    #include <iostream>
    using namespace std;
    class B {
      protected:
        void f1(int a, int b) {  cout << a + b << endl;  }
        void f2(int a) {  cout << a << endl;  }
    };
    class D : public B {
      public:
        using B::f1;
        void f1(char * d) {  cout << d << endl;  }
    };
    void main() {
        D  d;
        d.f1(3, 5);
        d.f1("Hellow using!");
    }
```

(3)
```cpp
    #include <iostream>
    using namespace std;
    class A {
        int  x, y;
      public:
        A(int a=0, int b=0) :x(a), y(b) {  cout<<"a="<< a <<"\tb="<< b<<endl;  }
    };
    class B :public A {
```

```cpp
    public:
        using A::A;
};
void main() {
    B  b, b1(10), b2(20), b3(30, 30);
}
```

(4)
```cpp
#include <iostream>
using namespace std;
class A {
    int  x;
  public:
    A(int a = 0, int b = 2) :x(a) { }
    A &operator=(A& o) {
        x = o.x;
        cout << "In A =(A&),x=" <<x<< endl;
        return *this;
    }
    int getX() { return x; }
    A& operator=(A &&o) = default;
};
class B :public A {
    int  y;
  public:
    B(int a = 0, int b = 0) :A(a), y(b) { }
    B& operator=(B& o) {
        A::operator=(o);
        cout << "In B=(B&),x=" << getX() << "\ty=" << y << endl;
        return *this;
    }
    B& operator=(B &&o) {
        A::operator=(std::move(0));
        cout << "In B =(B&&), x="<<getX()<<"\ty="<<y << endl;
        return *this;
    }
};
void main() {
    B  b, b1(1, 2);
    b = b1;
    b1 = std::move(b);
}
```

(5)
```cpp
#include <iostream>
using namespace std;
class A {
  public:
    A(int a):x(a) { cout<<"A constructor..."<<x<<endl; }
    int f() { return ++x; }
    ~A() { cout<<"destructor A..."<<endl; }
  private:
    int  x;
};
```

```cpp
class B:public virtual A{
  private:
    int y;
    A Aobj;
  public:
    B(int a,int b,int c):A(a),y(c),Aobj(c) {  cout<<"B constructor..."<<y<<endl;  }
    int f() {
        A::f();
        Aobj.f();
        return ++y;
    }
    void display() { cout<<A::f()<<"\t"<<Aobj.f()<<"\t"<<f()<<endl; }
    ~B() { cout<<"destructor B..."<<endl; }
};
class C:public B{
  public:
    C(int a,int b,int c):B(a,b,c),A(0) {  cout<<"C constructor..."<<endl;  }
};
class D:public C,public virtual A{
  public:
    D(int a, int b, int c):C(a,b,c),A(c){ cout<<"D constructor..."<<endl; }
    ~D(){ cout<<"destructor D...."<<endl; }
};
void main(){
    D d(7,8,9);
    d.f();
    d.display();
}
```

10. 某出版社发行图书和光盘，利用继承设计管理出版物的类。

要求如下：建立一个基类 Publication 存储出版物的标题 title、出版物名称 name、单价 price 及出版日期 date；用 Book 和 CD 类分别管理图书和光盘，它们都从 Publication 类派生；Book 类具有保存图书页数的数据成员 page，CD 类具有保存播放时间的数据成员 playtime；每个类都有构造函数、析构函数，且都有用于从键盘获取数据的成员函数 inputData()和用于显示数据的成员函数 display()。

11. 一个教学系统至少有学生和教师两种人员，假设教师的数据有教师编号、姓名、年龄、性别、职称和系别，学生的数据有学号、姓名、年龄、性别、班级和语文、数学、英语三门课程的成绩。编程完成学生和教师档案数据的输入和显示。

要求如下：设计三个类 Person、Teacher、Student，Person 是 Teacher 和 Student 的基类，具有此二类共有的数据成员姓名、年龄、性别，并具有输入和显示这些数据的成员函数；Teacher 类继承了 Person 类的功能，并增加对教师编号、职称和系别等数据成员进行输入和显示的成员函数；按同样的方法完善 Student 类的设计。

第 5 章 多 态 性

多态性是面向对象程序设计语言的又一重要特征,是指不同对象接收到同一消息时会产生不同的行为。继承处理的是类与类之间的层次关系问题,而多态是处理类的层次结构之间以及同一个类内部同名函数的关系问题。简单地说,多态就是在同一个类或继承体系结构的基类与派生类中,用同名函数来实现不同的功能。

本章介绍多态的原理与实现方法,包括虚函数、纯虚函数和抽象类等知识。

5.1 多态性概述

5.1.1 多态的概念

多态(polymorphism)是指不同对象收到相同消息时会执行不同的操作。通俗地讲,就是用一个相同的名称定义多个不同的函数,这些函数可以针对不同数据类型实现相同或相似的功能,即所谓的"一个接口,多种实现"。例如:

```
int add(int x, int b){  return x+y;  }
double add(double x, double y){  return x+y;  }
float add(float x, float y){  return x+y;  }
……
void main(){
    cout<<add(3, 4);
    cout<<add(4.5, 8);
}
```

这里的"add(x, y)"是一个接口,定义了计算两数总和的功能,但它有多种实现,可以分别实现整数、双精度数、浮点数等数据类型两个数之和的功能。对于 add()函数的使用者而言,它只需知道 add()函数的功能是计算两数和,把要计算和的两个参数传给 add()即可,并不需要知道 add()有多少个函数版本,也不需要了解这些函数是如何实现的。因此,从这个意义讲,多态简化了程序设计的复杂性,减轻了程序员的负担。

从广义上讲,面向对象程序设计语言的多态有下面 3 种表现形式:① 重载多态,包括函数重载和运算符重载,上面的 add()函数就是函数重载多态的例子;② 模板多态,通过一个模板生成不同的函数或类(第 7 章介绍);③ 继承多态,通过基类对象的指针(引用),调用不同派生类对象的重定义同名成员函数,表现出不同的行为。

若无特别说明,面向对象程序设计的多态性通常指第 3 种情况。实现这种多态性,要具备以下 3 个必要条件:① 有继承;② 派生类要覆盖(重定义)基类的虚函数,即派生类具有和基类函数据原形完全相同的虚成员函数;③ 把基类的指针或引用绑定到派生类对象上。下面的例子说明多态的基本概念。

【例 5-1】 设计一个管理动物声音的软件。

问题分析与数据抽象：所有的动物都会发声，但是当没有说明是猫，狗或鸟等具体动物时，则无法说清楚它发出的是什么声音。虽然无法实施，但确实知道动物有声音，面向对象程序设计语言提出了虚函数来表达这类确实存在但无法实施的抽象概念，到了可知的具体动物时，它会发出什么声音就是明确的了，此时再对相应的虚函数进行编码实现。

为此，可以用 Animal 表示动物类，用虚成员函数 sound()表示动物会发声这一行为。Dog、Cat、Wolf、Bird 是具体的动物，它们可以继承 Animal 的所有特征和行为。但是，每类动物能够发出什么声音是明确的，而且各不相同，需要覆盖（重定义）从 Animal 继承来的成员函数 sound()。Animal 和 Dog 等动物的继承关系形成了图 5-1 所示的继承层次结构。

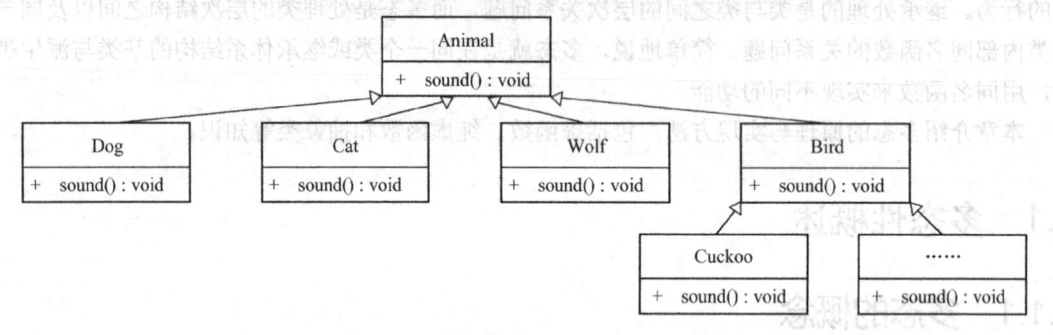

图 5-1 Animal 和 Dog 等的继承结构

据此继承体系，可以设计出下面的简易类：

```cpp
class Animal {
  public:
    virtual void sound() {  cout << "unknow!" << endl; }
};
class Dog :public Animal {
  public:
    void sound() {  cout << "wang,wang,wang!" << endl;  }
};
class Cat :public Animal {
  public:
    void sound() {  cout << "miao,miao,miao!" << endl;  }
};
class Wlof :public Animal {
  public:
    void sound() {  cout << "wu,wu,wu!" << endl;  }
};
```

多态是指当基类的指针（或引用）绑定到派生类对象上，通过此指针（引用）调用基类的成员函数时，实际上调用到的是该函数在派生类中的覆盖函数版本。例如，对于上面的继承结构，下面的 pA 指针实现的就是多态。

```cpp
void main() {
    Animal  *pA;
    Dog   dog;
    Cat   cat;
    Wlof  wlof;
    pA = &dog;     pA->sound();    // pA绑定到Dog对象，调用Dog的sound()函数
    pA = &cat;     pA->sound();    // pA绑定到Cat对象，调用Cat的sound()函数
    pA = &wlof;    pA->sound();    // pA绑定到Wlof对象，调用Wlof的sound()函数
}
```

pA 是基类 Animal 的指针，当它指向派生类对象时，通过它调用基类的成员函数 sound()，将调用实际所指对象的类类型中的成员函数 sound()，即多态。例如，指向 Cat 类的对象时，调用 Cat 中的成员函数 sound()；指向 Wolf 类的对象时，调用 Wolf 类中定义的成员函数 sound()。

除了指针，把基类的引用绑定到派生类对象上时，也能够实现多态。更一般地，在面向对象程序设计中，多态更多地体现在用基类对象的指针或引用作为函数的参数，通过它调用派生类对象中的覆盖函数版本。例如，针对 Animal 继承体系，要设计管理动物声音的函数 animalSound()，以管理每种动物的声音，多态能够很好地实现此需求。

```
void animalSound(Animal &animal) {  animal.sound();  }
```

animalSound()函数体现了"一个接口，多种实现"。即以基类 Animal 的引用为接口，可以访问到图 5-1 所示继承体系中 Animal 类的任何派生类对象的 sound()函数。

```
animalSound(dog);                    // 调用 Dog::sound()
animalSound(cat);                    // 调用 Cat::sound()
animalSound(wlof);                   // 调用 Wlof::sound()
```

animalSound()函数通过基类 Animal 的引用或指针，能够访问到从 Animal 类派生出的每种具体动物类实现的 sound()函数版本，这就是多态。

5.1.2　多态的意义

多态是继数据抽象与封装、继承之后，面向对象程序设计语言的第三个基本特征。通过多态，基类可以表达"做什么"的设计思想，派生类则体现"怎么做"，从另一角度将接口与实现分离开来，基类体现了接口，派生类则体现了实现。多态的这种特征对于软件开发和维护而言意义重大，使开发者在没有确定某些具体功能如何实施的情况下，站在高层（基类）设计并完成系统开发，等新功能明确并实现后，通过多态可以很容易地融入系统。概括而言，多态具有以下优点。

① 可替换性。多态对已存在代码具有可替换性。例如，在 Animal 继承体系中，如果现有的 Dog 类需要更新，重新编写了 sound()成员函数，只要该函数的原型保持不变，不用修改原系统中 animalSound()函数的任何代码，就能够调用到 Dog 类新编写的 sound()函数。也就是说，用新编写的 Dog 类更换以前的 Dog 类，原系统不受影响就能够调用新类的功能。软件升级变得简单易行。

② 可扩充性。多态对代码具有可扩充性。增加新的子类不影响已存在类的多态性、继承性，以及其他特性的运行和操作。也就是说，在不影响原系统功能的情况下，很容易派生新类，扩展系统新功能。

例如，上面的动物声音管理软件中并没有涉及鸟类的声音管理，现在要扩充系统的功能，使它能够管理鸟类的声音。这在多态中容易实现系统功能的扩展，只需从 Animal 类派生 Bird 类，再由 Bird 类派生各种鸟，如布谷鸟（Cuckoo），并覆盖 Animal 类的 sound()函数，如图 5-1 的虚线继承所示。现在，只需将 Bird 或 Cuckoo 类的对象传递给 animalSound()函数，它就能够自动调用它们的 sound()函数，管理鸟类的声音。例如：

```
Bird   bird;
Cuckoo  cuckoo;
animalSound(bird);                   // 调用 Bird::sound()
animalSound(cuckoo);                 // 调用 Cuckoo::sound()
```

ainmalSound()函数不作任何修改，就扩充了管理鸟类声音的功能。由此可见，通过多态扩展软件功能非常方便。

③ 灵活性。在多态程序结构中，基类通过虚函数，向派生类提供了一个共同接口，派生类

只要覆盖了基类的虚函数，基类指针（引用）就能容易地调用派生类实现的函数版本。从这种意义上讲，基类提供接口，派生类提供实现，两者分离，使软件功能的整体设计和功能的逐步实现、扩展更加灵活。

5.1.3 多态和联编

多态性与联编密切相关。一个源程序需要经过编译、连接才能够形成可执行文件，在这个过程中必须把调用函数名与对应函数关联在一起，这个过程就是绑定（binding），又称为联编。

绑定分为静态绑定和动态绑定。静态绑定即静态联编，是指在编译程序时就根据调用函数提供的信息，把它所对应的具体函数确定下来，即在编译时就把调用函数名与具体函数绑定在一起。

动态绑定又称为动态联编，是指在编译程序时还没有足够的信息能确定函数调用所对应的具体函数，即只有在程序运行过程中，执行函数调用时，才能取得对应的类型信息，把调用函数名与具体函数绑定在一起。

静态联编和动态联编都能够实现多态性，采用静态联编实现的多态就称为静态多态性，前面介绍的函数重载和第 6 章将介绍的运算符重载都具有静态多态性。采用动态联编实现的多态就称为动态多态性，是通过继承和虚函数，在程序执行时通过动态绑定实现的。平常所说的面向对象程序设计的多态性是指运行时的多态性。

因为静态多态性在编译时确定了函数调用的具体函数，不需要在执行程序时从多个同名函数中匹配调用函数，所以执行速度快。动态多态性需要在执行程序时从多个同名函数中匹配调用函数，所以比静态多态性的执行效率低，但提供了更多的灵活性、问题的抽象性和程序的可维护性。

5.2 虚函数

5.2.1 虚函数的意义

虚函数是运行时多态的基础，是通过动态联编实现的，允许函数调用与函数体之间的绑定关系在程序运行时才确定，即在程序执行时才确定调用函数的功能。

第 4 章曾经介绍过基类与派生类的对象之间具有如下赋值相容关系：派生类对象可以赋值给基类对象，派生类对象的地址可以赋值给用基类定义的指针，派生类对象可以作为基类对象的引用。但不论哪种赋值方式，都只能通过基类对象（或基类的指针与引用）访问到派生类对象从基类中继承到的成员，可这并不总是需要的。

【例 5-2】 某公司有经理、销售员、小时工等多类人员。经理按周计算薪金；销售员每月底薪 800 元，然后加销售提成，每销售一件产品提取销售利润的 5%；小时工按小时计算薪金。每类人员都有姓名和身份证号等数据，设计管理员工薪金的程序。

问题分析和数据抽象： 经理、销售员、小时工等各类工作人员都是公司的雇员，每类人员都有姓名和身份证号等信息，可以将它们抽象为雇员类 Employee，用 name 和 Id 分别表示姓名和身份证编号。其他人员则从 Employee 类派生。

将经理抽象成 Manager 类，用 weeklySalary 表示他的周工资，并设计 setSalary()/getSalary() 修改和访问周工资。将销售员抽象成 SalesPerson 类，用 basePay 表示底薪，salesValue 表示销售额，用 setBasePay()/getBasePay()、setSalesValue()/getSalesValue()成员函数设置和读取底薪及销售

额。将小时工抽象成 HourPerson 类，用 hprice 表示小时工资，用 hour 表示工作时间，并用 setHprice()/getHprice()、setHour()/getHour()设置/读取小时工价及工作时间。

由于要计算每类人员的工资并打印输出，可以将它抽象成 getSalary()和 print()成员函数，并设置为基类 Empolyee 类的虚成员函数。由于每类人员的工资计算和输出信息都不同，因此各派生类需要覆盖（重定义）这两个成员函数。它们的继承关系如图 5-2 所示。

```
                                    ┌─────────────────────────────────────┐
                                    │            Employee                 │
                                    ├─────────────────────────────────────┤
                                    │  - Id : String                      │
                                    │  - name : string                    │
                                    ├─────────────────────────────────────┤
                                    │  + Employee(string, string)         │
                                    │  + getId() : string                 │
                                    │  + getName() : string               │
                                    │  + getSalary() : float              │
                                    │  + print() : void                   │
                                    └─────────────────────────────────────┘
```

┌─────────────────────────────────────┐
│   Manager   │
├─────────────────────────────────────┤
│ - weekSalary : float   │
├─────────────────────────────────────┤
│ + getSalary() : float   │
│ + Manager(string, string, float) : int │
│ + print() : void   │
│ + setSalary(float) : void   │
└─────────────────────────────────────┘

┌─────────────────────────────────────┐   ┌─────────────────────────────────────┐
│   SalesPerson   │   │   HourPerson   │
├─────────────────────────────────────┤   ├─────────────────────────────────────┤
│ - basePay : float   │   │ - basePay : float   │
│ - salesValue : float   │   │ - salesValue : float   │
├─────────────────────────────────────┤   ├─────────────────────────────────────┤
│ + getBasePay() : float   │   │ + getHour() : float   │
│ + getSalary() : float   │   │ + getSalary() : float   │
│ + getSalesValue() : float   │   │ + getHprice() : float   │
│ + print() : void   │   │ + print() : void   │
│ + SalesPerson(string, string, float, float) : int │ + HourPerson(string, string, float, float) : int │
│ + setBasePay(float) : void   │   │ + setHour(float) : void   │
│ + setSalesValue(float) : void   │   │ + setHprice(float) : void   │
└─────────────────────────────────────┘   └─────────────────────────────────────┘

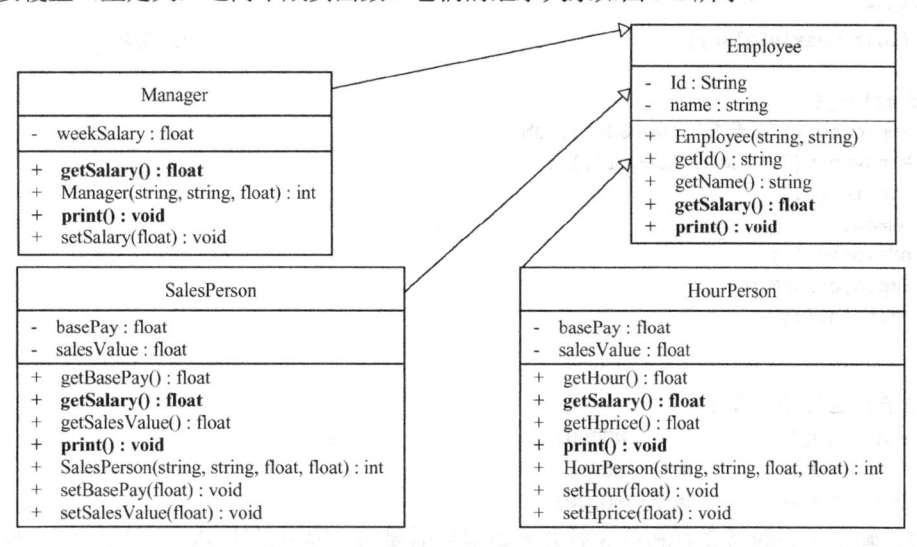

图 5-2　经理、销售员、小时工和雇员类的继承关系

采用多态方式计算各类人员的工资，打印信息可以简化程序设计。具体做法是以基类 Employee 类为接口，通过该类的指针或引用调用派生类对象的 getSalary()和 print()成员函数就可以有效地解决问题。

为简化问题，这里只给出 Employee 和 Manager 类的设计和部分相关代码，SalesPerson 和 HourPerson 类的设计和使用方法与 Manager 大同小异，在此略掉。

```cpp
//Eg5-2.cpp
    #include <iostream>
    #include <string>
    using namespace std;
    class Employee{
      public:
        Employee(string Name, string id){  name=Name;    Id=id;  }
        string getName(){  return name;  }               // 返回姓名
        string getID(){   return Id;  }                  // 返回身份证号
        float getSalary(){   return 0.0;  }              // 返回薪水
        void print(){  cout<<"姓名: "<<name<<"\t\t 编号: "<<Id<<endl;  }// 输出姓名和身份证号
      private:
        string  name;
        string  Id;
    };
    class Manager:public Employee{
      public:
        Manager(string Name,string id,float s=0.0):Employee(Name, id){
            weeklySalary=s;
    }
```

```
        void setSalary(float s) {  weeklySalary=s;  }        // 设置经理的周薪
        float getSalary(){  return weeklySalary;  }           // 获取经理的周薪
        void print(){                                          // 打印经理姓名、身份证、周薪
             cout <<"经理: " <<getName() <<"\t\t 编号: " <<getID()
                                  <<"\t\t 周工资: " <<getSalary() <<endl;
        }
    private:
        float weeklySalary;                                    // 周薪
};
void main(){
    Employee e("黄春秀","NO0009"),*pM;
    Manager m("刘大海","NO0001",128);
    m.print();
    pM=&m;
    pM->print();
    Employee &rM=m;
    rM.print();
}
```

本程序的运行结果如下：

```
经理：刘大海        编号：NO0001        周工资：128
姓名：刘大海        编号：NO0001
姓名：刘大海        编号：NO0001
```

显然，输出结果的第 2 行和第 3 行并不是我们需要的。因为指针 pM 和引用 rM 所操作的都是派生类对象 m，所以希望 pM->print()和 rM.print()的输出结果与 m.print()相同。也就是说，三个输出结果都应与第 1 行相同。

产生这种输出的原因是：当基类对象的指针指向派生类对象时，只能通过它访问派生类中的基类子对象。因此，尽管基类 Employee 的指针 pM 指向了派生对象 m，但它只能访问到 m 中属于基类 Employee 子对象的那部分成员，所以 pM->print()只能访问在 Employee 中定义的成员函数 print()，不能访问在 Manager 中定义的成员函数 print()。同理，引用 rM.print()也只能访问基类 Employee 中的成员函数 print()。

事实上，需要通过基类指针 pM 访问派生类 Manager 中的 print()函数，因为 pM 实际指向的是一个 Manager 对象。在 C++中，当指向基类对象的指针指向派生类对象时，可以通过强制类型转换，将基类指针转换成派生类的指针，这样就能实现对派生类成员函数的访问。如在例 5-2 中，把 pM->print()函数调用转换成下面的函数调用形式：

```
((Manager*)pM)->print();
```

则通过 pM 访问到的就是在派生类 Manager 中定义的成员函数 print()，输出结果是：

```
经理：刘大海        编号：NO0001        周工资：128
```

但这种类型转换方法并不灵活，C++给出了一种更好的解决方案——**虚函数**。虚函数只能在类中定义，即只能把类的成员函数声明为虚函数，不属于任何类的普通函数不能被定义成虚函数。虚函数的定义方法非常简单，只需在成员函数的声明前面加上 virtual 就行了，其他方面与普通成员函数的定义和使用方法完全相同。例如：

```
class x{
    ……
    virtual f(参数表);
}
```

任何构造函数之外的非静态函数都可以是虚函数，但需注意，关键字 virtual 只能出现在类内

部的声明语句之前而不能用于类外部的成员函数定义。如果基类把一个函数声明成虚函数，则该函数在其派生类中也是虚函数。

virtual 的意义在于指示编译器，对这类函数采取延后联编（动态绑定）的方法，在程序运行过程中才确定与之相对应的函数。而没有用 virtual 限定的函数则采用早期联编（静态绑定）的方式，在编译过程中就把与之对应的函数确定了。

虚函数的运行机制可以概括如下：如果基类中的非静态成员函数被定义为虚函数，且当派生类覆盖了（指在派生类中定义的成员函数，如果它的函数原型与其基类中的某个成员函数完全相同，也称为重定义）基类的虚函数，当通过基类的指针或引用调用派生类对象中的虚函数时，编译器将执行动态绑定，调用到该指针（或引用）实际所指对象所在类中的虚函数版本。

在例 5-2 中，若将基类 Employee 的成员函数 print()声明为虚函数，就能够让 pM->print()和 rM.print()访问到在派生类 Manager 中定义的 print()。做法很简单，只需在 Employee 类的成员函数 print()前面加上 virtual，其余程序代码不做任何修改，如下所示。

```cpp
class Employee{
    ……
    virtual void print(){ cout<<"姓名："<<name<<"\t\t 编号："<<Id<<endl; }
    ……
};
```

下面是将基类 Employee 中的 print()设置为虚函数后的运行结果。

```
经理：刘大海      编号：NO0001      周工资：128
经理：刘大海      编号：NO0001      周工资：128
经理：刘大海      编号：NO0001      周工资：128
```

此结果表明，pM->print()和 rM.print()调用的都是派生类 Manager 定义的 print()函数。

有了虚函数后，在设计继承体系中的基类时必须考虑两类成员函数的设计：一类是基类希望派生类继承而不要改变的函数；另一类是基类希望其派生类进行覆盖的函数，基类希望派生类各自定义适合自身的版本。对于前者，基类将其设置为普通成员函数；对于后者，基类将其定义为虚函数。

5.2.2　override 和 final [11C++]

override 和 final 是 C++ 11 标准才提出的用于限定虚函数的关键字，不能用它们限定非虚函数。如果派生类本意是想覆盖基类的某个虚函数，定义自己的虚函数版本，却因疏忽而提供了一个与虚函数同名但形参表不同的函数，仍然是合法的，编译器会将该函数作为派生类新定义的成员函数处理，它与从基类继承到的虚函数是相互独立的两个函数。例如：

```cpp
class B {
  public:
    virtual void outData(int a) {  cout << a;  };
};
class D : public B {
  public:
    void  outData(double b) {  cout << b;  }
};
```

类 D 的本意是用自己定义的 outData 覆盖从基类继承来的 outData 虚函数，但不小心将 int 类型的参数定义成了 double 类型，编译器会将它们处理成两个不同版本的函数。类似于下面的形式：

```
class D{
```

```
        ......
        virtual void outData(int a) { cout << a; };        // 从基类继承，虚函数
        void    outData(double b) { cout << b; }           // 类 D 自定义，非虚函数
    }
```

虽然编译类 D 并不会出现编译错误，但它无法正确实现多态，与类设计的本意并不相符，实际上是一种程序错误。要想调试并发现这样的错误非常困难。在 C++11 新标准中，可以用 override 关键字对派生类提供的覆盖虚函数进行标识，如果用 override 标记了派生类的某个函数，而该函数却没有覆盖其基类的某个虚函数，将出现编译错误，程序员就能够及时发现错误，解决问题。

```
    class D : public B {
      public:
        void outData(double b) override { cout << b; }     // 覆盖基类的虚函数
    };
```

override 声明类 D 将用 outData() 覆盖从基类继承到的 outData() 虚函数版本，但这两个函数的参数类型并不相同，将出现编译错误。类设计者因而能够及时发现错误，并将派生类 D 的 outData() 成员函数的形参类型改为 int，实现类 D 对虚函数 outData() 的覆盖。

override 只能出现在派生类的成员函数声明中，用来限定从基类继承到的虚函数。如果用它限定基类的非虚函数，或者派生类新定义的函数，则会产生编译错误。例如：

```
    class B {
      public:
        virtual void g1(int a) { cout << a; };
        void g2(int b) { cout << b; }
    };
    class D : public B {
      public:
        void  g1(int b)override { cout << b; }      // 正确，g1 与基类的虚函数 g1 匹配
        void  g2(int b)override { cout << b; }      // 错误，基类 B 的 g2 不是虚函数
        void  g3(inb b)override { cout << b; }      // 错误，基类 B 没有 g3 函数
        void  g1(char b)override { cout << b; }     // 错误，与基类的虚函数 g1 不匹配
    };
```

注意：用 override 可以明确表达类设计者用某函数覆盖从基类继承到的虚函数的意图，而不是说必须用 override 才能定义覆盖函数。

实际上，在 C++ 中，只要派生类中的函数声明与基类的某个虚函数原型相同，无论是否用 override 关键字声明，它都是基类虚函数的覆盖版本。

例如，下面对 D1 类中 g1() 的声明添加了 override 关键字，对 D2 的 g1() 没有用 override 声明，但它们与上面 B、D 类中 g1() 的函数原型相同，因此都是虚函数。

```
    class D1 :public D {
      public:
        void g1(int x) override { cout << x; }      // 添加了 override 声明
    };
    class D2 :public D1 {
        void g1(int a){ cout << a; }                // 去掉了 override 声明
    };
```

对于只想让派生类继承，而不允许覆盖的虚成员函数，可以将它指定为 final。成员函数一旦被限定为 final，则任何派生类对该函数的覆盖定义都是错误的。同 override 一样，final 也只能够用来限定虚函数。例如，对上面的类 B 和 D，有下面的继承关系。

```
    class D1 :public D {
      public:
        void g1(int x) final { cout << x; }         // 正确，不允许 D1 的派生类覆盖 g1
```

```
        void  f(int y) final {  cout<<y;  }        // 错误，f 不是虚函数
    };
    class D2 :public D1 {
        void g1(int a)override { cout << a; }       // 错误，D1 已声明 g1 为 final
    };
```

派生类 D1 覆盖了从基类 D 继承到的虚函数 g1()，并用 final 声明它的 g1()为最终版本，不允许 D1 的任何派生类覆盖 g1()，只能够继承它，而派生类 D2 企图覆盖 g1()是错误的。f()并不是虚函数，不允许用 final 限定，所以也是错误的。

5.2.3 虚函数的特性

派生类继承了基类的全部成员函数，但是对于从基类继承来的虚函数，派生类通常需要定义自己的覆盖函数版本，以实现派生类需要的新功能。

此外，在通常情况下，如果在程序中声明了某个函数而没有调用它，则可以不提供该函数的定义，但是类的虚函数不一样，无论程序中是否使用了虚函数，都必须为每个虚函数提供定义。这是因为编译器无法确定到底哪个虚函数会被使用。为了避免虚函数被调用时还没有定义的事情发生，因此要求所有的虚函数在程序执行之前都有定义。

除了上面两点不同于普通成员函数之外，虚函数还具有以下几个特性：① 一旦将某个成员函数声明为虚函数后，它在类的继承体系中就永远为虚函数了；② 将基类的成员函数定义为虚函数后，虚特性在定义它的类和之后继承它的派生类中有效，即使派生类在重定义该函数时并没有将它声明为虚函数，它仍然是虚函数；③ 如果定义虚函数的类从其他类派生，这些虚函数不会影响基类中的同名成员函数，基类中的同名函数保持它的原有特性。请看下面的例子。

【例 5-3】 虚函数与派生类的关系。

```
//Eg5-3.cpp
    #include <iostream>
    using namespace std;
    class A {
        public:
        void f(int i){   cout<<"…A"<<endl;  };
    };
    class B: public A {
        public:
        virtual void f(int i){   cout<<"…B"<<endl;  }
    };

    class C: public B {
      public:
        void f(int i){   cout<<"…C"<<endl;  }
    };
    class D: public C {
      public:
        void f(int){  cout<<"…D"<<endl;  }
    };
    void main(){
        A *pA, a;
        B *pB, b;
        C c;
```

```
    D d;
    pA=&a;    pA->f(1);        // 调用 A::f
    pA=&b;    pA->f(1);        // 调用 A::f
    pA=&c;    pA->f(1);        // 调用 A::f
    pA=&d;    pA->f(1);        // 调用 A::f
}
```

程序的运行结果如下：

...A
...A
...A
...A

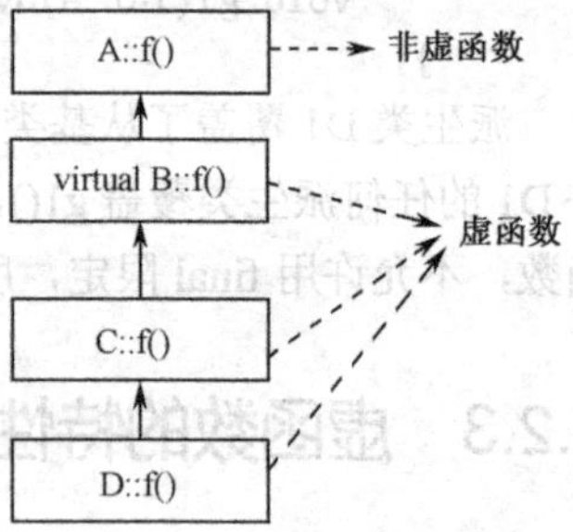

这个结果并没有体现成员函数的虚特性。怎么回事呢？

图 5-3 是 A、B、C、D 四个类中的 f()函数是否为虚函数的示意。在类 B 中将 f()声明为虚函数，所以在 B 的派生类 C 及 C 的派生类 D 中，f()都是虚函数。

图 5-3 虚函数与继承

① 虚函数特性只对自定义它之后的派生类有效，而对之前的基类则没有任何影响，因此在 B 的基类 A 中，f()不是虚函数。A::f()不是虚函数，则例 5-3 的 main()函数中的 4 个函数调用 pA->f(1)都只能调用到基类 A 中定义的函数 f()，所以就得到了上面的程序执行结果。

② 如果基类定义了虚函数，当通过基类指针或引用调用派生类对象时，会执行动态绑定，将访问到它们实际所指对象中的虚函数版本。

例如，若把例 5-3 中 main()的 pA 指针修改为 pB，将体现虚函数的特征。

```
void main(){
    A *pA, a;
    B *pB, b;
    C c;
    D d;
//  pB=&a;    pB->f(1);        // 错误，派生类不能访问基类对象
    pB=&b;    pB->f(1);        // 调用 B::f
    pB=&c;    pB->f(1);        // 调用 C::f
    pB=&d;    pB->f(1);        // 调用 D::f
}
```

"pB=&a;"是错误的，因为 pB 是用派生类 B 定义的指针，将它指向基类 A 的对象是错误的。

但是对于 c 和 d 而言，pB 是它们的基类 B 的指针，而 f()是在 B 中定义的虚函数，因此通过 pB 访问 c 和 d 是正确的，而且会体现函数 f()的虚特征：即当 pB 指向 c 时，将调 C::f()；当 pB 指向 d 时，将调用 D::f()。因此，程序的运行结果将是：

...B
...C
...D

③ 只有通过基类对象的指针和引用访问派生类对象的虚函数时，才能体现虚函数的特性。

当通过普通的基类对象访问派生类对象时，不能实现虚函数的特性，只能访问到派生类从基类继承到的成员。

【例 5-4】 只能通过基类对象的指针和引用才能实现虚函数的特性。

```
//Eg5-4.cpp
#include <iostream>
using namespace std;
class B{
  public:
```

```
        virtual void f(){  cout << "B::f"<<endl;  };
    };
    class D : public B{
      public:
        void f(){  cout << "D::f"<<endl;  };
    };
    void main(){
        D d;
        B *pB = &d, &rB=d, b;
        b=d;
        b.f();
        pB->f();
        rB.f();
    }
```

本程序的运行结果如下:
```
    B::f
    D::f
    D::f
```

输出结果的第 1 行是 b.f()产生的,表明通过基类对象 b 调用派生类对象 d 时,只能访问到基类 B 的成员函数 f()。输出结果的第 2 行是 pB->f()产生的,第 3 行是 rB.f()产生的,该结果表明通过基类 B 的指针 pB 和引用 rB 都能实现虚函数的多态性,访问到派生类中定义的虚函数 f()。

④ 派生类中的虚函数要保持其虚特征,必须与基类虚函数的函数原型完全相同(即要求每个对应形参的类型相同,函数返回类型也相同),否则就是普通的重载函数,与基类的虚函数无关。

【例 5-5】基类 B 和派生类 D 都具有成员函数 f(),但它们的参数类型不同,因此不能体现虚函数特性。

```
//Eg5-5.cpp
    #include <iostream>
    using namespace std;
    class B{
      public:
        virtual void f(int i){  cout << "B::f"<<endl;  };
    };
    class D : public B{
      public:
        int f(char c){  cout << "D::f..."<<c<<endl;  }
    };
    void main(){
        D d;
        B *pB = &d, &rB=d, b;
        pB->f('1');
        rB.f('1');
    }
```

本程序的运行结果如下:
```
    B::f
    B::f
```

这个结果表明,基类成员函数 f()虽然是虚函数,而且基类指针 pB 和引用 rB 也绑定到了派生类 D 的对象上,但通过它们并没有调用到派生类 D 定义的成员函数 f()。

原因是派生类 D 与基类 B 中的成员函数 f()具有不同的函数原型，所以它们是不同的成员函数。要让 D 中的 f()成为虚函数，必须让它与 B 中的 f()具有相同的函数原型，即 D 中成员函数 f()的原型必须是 void f(int i)。

⑤ 派生类对象通过从基类继承的成员函数调用虚函数时，将访问到派生类中的版本。

【例 5-6】 派生类 D 的对象通过从基类 B 继承的普通函数 f()调用派生类 D 中的虚函数 g()。

```
//Eg5-6.cpp
    #include <iostream>
    using namespace std;
    class B{
      public:
        void f(){  g();  }
        virtual void g(){  cout << "B::g"; }
    };
    class D : public B{
      public:
        void g(){  cout << "D::g"; }
    };
    void main(){
        D d;
        d.f();
    }
```

程序运行结果如下：
  D::g

由于 D 没有定义函数 f()，所以 d.f()将调用 B::f()，而 B::f()又调用了类 B 的虚函数 g()。归根结底，实质上是派生类对象 D 的对象 d 在调用虚函数 g()，因此将调用 D 中的虚函数 g()。如果 B::g()不是虚函数，本程序的输出结果将是"B::g"。

【例 5-7】 分析下面程序的输出结果，理解虚函数的调用过程。

```
//Eg5-7.cpp
    #include<iostream>
    using namespace std;
    class B{
      public:
        void f(){  cout << "bf ";  }
        virtual void vf(){  cout << "bvf ";  }
        void ff(){ vf();    f();  };
        virtual void vff(){ vf();   f(); }
    };
    class D: public B{
      public:
        void f(){  cout << "df ";  }
        void ff(){  f(); vf();  }
        void vf(){  cout << "dvf ";  }
    };
    void main(){
        D d;
        B *pB = &d;
        pB->f();
        pB->ff();
```

```
        pB->vf();
        pB->vff();
}
```

程序的运行结果如下：
  bf dvf bf dvf dvf bf

请读者结合前面介绍的虚函数特征，理解这个结果的产生过程。

⑥ 只有类的非静态成员函数才能被定义为虚函数，类的构造函数和静态成员函数不能被定义为虚函数。

⑦ 内联函数也不能是虚函数。因为内联函数采用的是静态联编的方式，而虚函数是在程序运行时才与具体函数动态绑定的，采用的是动态联编的方式，即使虚函数在类体内被定义，C++编译器也将它视为非内联函数处理。

5.3 虚析构函数

析构函数可以定义为虚函数（构造函数不能是虚函数）。在继承体系结构中，如果基类的析构函数是虚函数，则所有直接或间接从基类派生的类的析构函数都是虚函数。

在销毁通过基类指针（或引用）调用的派生类对象时，虚析构函数能够使继承体系中各层的类对象的析构函数都被调用。在销毁自由存储空间中用 new 建立的对象时，虚析构函数可以确保在用 delete 销毁动态分配的派生类对象时调用到正确的析构函数，完成对象所占用内存空间的回收。典型情况是当用基类对象的指针（或引用）调用派生类对象时，如果基类析构函数不是虚函数，则通过基类指针（或引用）对派生类的析构很可能是不彻底的。

【例 5-8】 在非虚析构函数的情况下，通过基类指针对派生对象的析构是不彻底的。

```
//Eg5-8.cpp
    #include <iostream>
    using namespace std;
    class A{
      public:
        ~A(){ cout<<"call A::~A()"<<endl; }
    };
    class B:public A{
        char *buf;
      public:
        B(int i){  buf=new char[i];  }
        ~B(){
            delete [] buf;
            cout<<"call B::~B()"<<endl;
        }
    };
    void main(){
        A* a=new B(10);
        delete a;
    }
```

程序运行结果如下：
  call A::~A()

这表明，通过指针 a 对派生类对象的销毁是不彻底的，因为派生类对象的析构函数没有被调用，分配给派生对象的 buf 成员的动态存储空间没有被回收，造成了内存泄露。

如果将类 A 和 B 的析构函数改为虚函数，即在析构函数~A()和~B()前面加上限定词 virtual，类似于下面的形式：

```
class A{
    ……
    virtual ~A(){…}
};
class B:public A{
    ……
    virtual ~B(){…}
};
```

当然，即使 virtual ~B()前面没有虚函数限定词 virtual，它仍然是虚函数。将 A、B 两类的析构函数改写成虚函数后，本程序的运行结果如下：

```
call B::~B()
call A::~A()
```

这表明，如果析构函数是虚函数，在通过基类的指针（或引用）销毁派生类对象时，同时调用了基类和派生类的析构函数，派生类对象的成员 buf 所占用的动态存储空间被回收。

5.4 纯虚函数和抽象类

在通常情况下，定义一个类的目的是用它来建立对象，并利用对象来解决实际问题。但在有些情况下，定义类的时候并不知道如何实现它的某些成员函数，定义该类的目的也不是为了建立它的对象，而是为了表达某种概念，并作为继承结构顶层的基类，然后以它为接口访问派生类对象。那些在基类中无法实现的成员函数，在派生类中却有具体的实现方法。在面向对象程序设计语言中，用纯虚函数来表示这类函数。具有纯虚函数的类就被称为抽象类。

例如，本章前面对动物类 Animal 的抽象，只知道所有的动物都会发声，却无法说出发出什么声音，就可以用纯虚函数 sound()来表示动物会发声这一行为，但从它派生出的 Cat、Dog 等具体动物类知道如何发声，可以重定义从 Animal 继承来的 sound()函数，实现各自的 sound()函数版本。定义 Animal 类的目的不是要定义它的对象，而用来表达动物这一概念，希望通过它的指针或引用访问由它派生出的所有具体动物类覆盖的虚函数 sound()，是一个抽象类。

5.4.1 纯虚函数和抽象类

纯虚函数是指在声明时被初始化为 0 的类成员函数。纯虚函数的声明形式如下：

```
class X{
    ……
    virtual return_type func_name (param) = 0;
}
```

纯虚函数在基类中声明，但它在基类中没有具体的函数实现代码，要求继承它的派生类为纯虚函数提供实现代码。

类中可以声明一个或多个纯虚函数，只要有纯虚函数的类就是抽象类。抽象类只能作为其他类的基类，不能用来建立对象，所以又称为抽象基类。C++对抽象类有以下限定：① 抽象类中含有纯虚函数，由于纯虚函数没有实现代码，因此不能建立抽象类的对象；② 抽象类只能作为其他类的基类，可以通它的指针或引用访问到它的派生类对象，实现运行时的多态性；③ 如果派生类只是简单地继承了抽象类的纯虚函数，没有覆盖基类的纯虚函数，则派生类也是一个抽象类。

【例 5-9】 在一个图形系统中，实现计算各种图形面积的程序设计。

问题分析： 所有图形都有面积，但只有落实到三角形、矩形等具体图形时才能够计算出它的面积。可以设计一个抽象类 Figure 来表示图形这一概念，并为它设置纯虚函数 area() 计算图形的面积。而圆、三角形、矩形等具体图形则从 Figure 派生，由它们提供纯虚函数 area() 的实现版本。借助于虚函数，就可以通过 Figure 的指针或引用访问到圆柱体、球体等派生类实现的面积函数。

```
//Eg5-9.cpp
    #include <iostream>
    using namespace std;
    class Figure{
      protected:
        double x,y;
      public:
        void set(double i, double j){   x=i;    y=j;  }
        virtual void area()=0;                                  // 纯虚函数
    };
    class Triangle:public Figure{
      public:
        void area(){   cout<<"三角形面积: "<<x*y*0.5<<endl;  }    // 重写基类纯虚函数
    };
    class Rectangle:public Figure{
      public:
        void area(int i){   cout<<"这是矩形，它的面积是: "<<x*y<<endl;  }
    };
    void main(){
        Figure *pF;
    //  Figure f1;                                              // L1，错误
    //  Rectangle r;                                            // L2，错误
        Triangle t;                                             // L3
        t.set(10,20);
        pF=&t;
        pF->area();                                             // L4
        Figure &rF=t;
        rF.set(20,20);
        rF.area();                                              // L5
    }
```

程序运行结果如下：

  三角形面积: 100
  三角形面积: 200

在本程序中，基类 Figure 的成员函数 area() 是纯虚函数，因此 Figure 是一个抽象类，不能用来建立对象，这是语句 L1 错误的原因。

尽管 Figure 的派生类 Rectangle 重新定义了函数 area()，但它有一个 int 类型的参数，根据虚函数的特征，只有派生类与基类的虚函数具有完全相同的函数名、返回类型以及参数表时，才能够实现虚函数的特性，所以 Rectangle 中的函数 area() 并不是其基类 Figure 的纯虚函数 area() 的覆盖函数版本。因此 Rectangle 仍然是一个抽象类，这就是 L2 错误的原因。

派生类 Triangle 为基类 Figure 的纯虚函数 area() 提供了覆盖函数版本，不再是抽象类了，可以用它来建立对象，所以语句 L3 是正确的。

语句 L4 和 L5 中的 pF 和 rF 分别是指向抽象类 Figure 的指针和引用，可以实现对派生类 Rectangle 对象 t 的虚函数 area()的访问。

5.4.2 抽象类的应用

在设计类的继承结构时，可以把各派生类都需要的功能设计成抽象基类的虚函数，每个派生类根据自己的情况重新定义虚函数的功能，以便描述每个类特有的行为。由于抽象基类具有各派生类成员函数的虚函数版本，可以把它作为访问整个继承结构的接口，通过抽象基类的指针或引用，访问在各派生类中实现的虚函数，这种方式也称为接口重用，即不同的派生类都可以把抽象基类作为接口，让其他程序通过此接口访问各派生类的功能。

通过接口重用的方式能够设计出功能强大的类继承体系，在设计处理大量类型不同但在高层又具有统一接口的类时，这种方式非常有效。类的设计人员可以继承抽象类的接口，为继承体系增加新类，也可以重新定义各派生类中虚函数的实现代码，而这些改动不会引起抽象类接口的变化，也不会引起访问类的其他程序的变化。

图 5-4 是抽象类接口重用的一个简单示意。抽象基类 Base 以虚函数的方式定义了继承结构中各派生类都共有的功能函数，各派生类根据自己的情况继承或重定义各自的虚函数版本。外部函数 pf 通过基类 Base 对象的指针（引用）就能够访问到在 Base 中声明的所有虚函数。事实上，pf()访问的并非 Base 的虚函数，而是以它为接口访问各派生类对象中的虚函数。比如，在下面的函数调用中，pf 实际访问的是派生类 Derived1 中定义的 vf1()、vf2()等函数：

```
Derived1 d1;
pf(&d1);
```

而在下面的函数调用中，pf()实际访问的是派生类 Derived21 中定义的 vf1()、vf2()等：

```
Derived21 d2;
pf(&d2);
```

以 Base 作为类继承结构的接口，更强大的功能在于它能自动适应继承结构的扩展。假设在图 5-4 的继承结构中增加了 Base 的直接派生类 Derived4，以 Base 为接口访问继承结构的 pf()函数不需做任何修改，就能访问派生类 Derived4 定义的 vf1()、vf2()等虚函数。此外，当重定义任何派生类中的 vf1()、vf2()等虚函数时，pf 也不需做任何修改就能访问最新的虚函数版本。抽象类的这种能力为软件的升级和维护带来了极大方便。现在来看一个以抽象类作为继承结构接口的完整例子。

【例 5-10】 扩展例 5-9 图形面积和体积的程序功能，假设有点、圆、圆柱体几种图形，要计算每种图形的面积和体积，并且要求输出各种图形的类名字及各类定义对象的数据成员。用接口与实现分离的方式，实现点、圆、圆柱体等几何图形的面积和体积计算功能。

问题分析：点、圆、圆柱体、三角形、四边形等都是几何图形，它们都具有共性，如有类型名，几何图形都能够计算其面积、体积和周长等。但当没有具体到圆、三角形等具体形状时，又无法实施面积、体积和周长的计算，虽然它们仅仅是个概念，但确实存在，最适合用纯虚函数和抽象类来描述它们。

因此，用类 Shape 表示几何图形这一概念，把各类图形计算面积、体积的函数设置成它的纯虚成员函数 area()和 volume()。为了便于图形数据的打印输出，在 Shape 类中可以设置输出图形类型、打印图形数据（如面积、体积、圆半径等）的纯虚函数 printShapeName()和 print()。将点、圆、圆柱体等具体图形抽象成类 Point、Circle、Cylinder，它们从 Shape 类派生，每个类根据自己的实情，重定义从 Shape 继承到的 area()、volume()等纯虚函数。

各类和抽象基类 Shape 形成了图 5-5 所示的继承结构，图中只列出了各类需要重定义的虚函数，省略了它们的数据成员和其他成员函数。这样，以 Shape 为接口，通过 Shape 的指针或引用能够访问到 Point、Circle 等派生类实现的 area()、volume() 等覆盖函数版本，实现各图形的面积和体积计算，以及各类图形数据输出等功能。

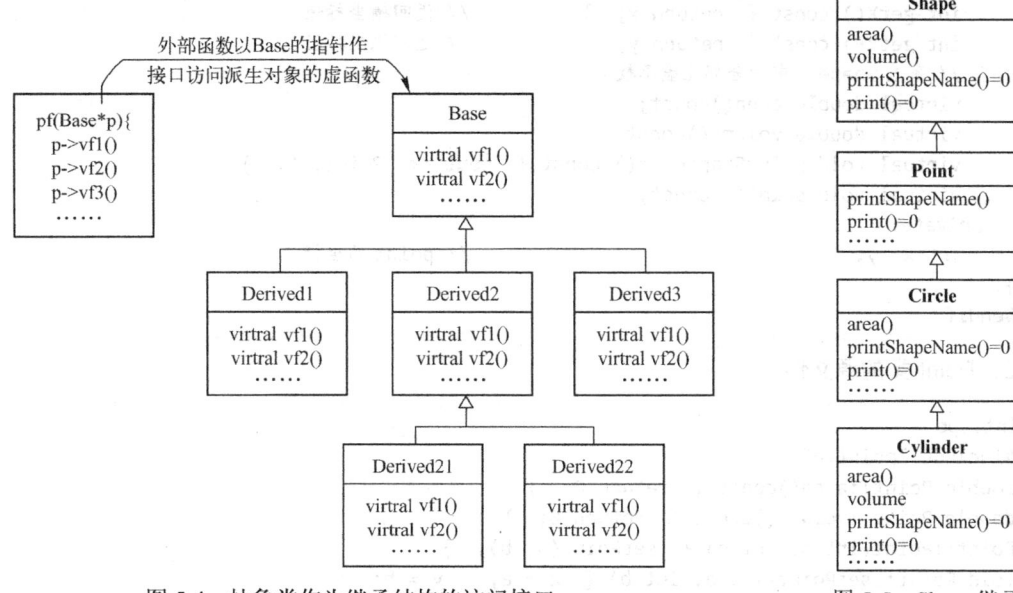

图 5-4　抽象类作为继承结构的访问接口　　　　　图 5-5　Shape 继承

1. shape 基类

Shape 是一个抽象类，头文件的内容如下。

```cpp
//Shape.h
    #ifndef SHAPE_H
    #define SHAPE_H
    class Shape {
      public:
        virtual double area() const = 0;
        virtual double volume() const = 0;
        virtual void printShapeName() const = 0;
        virtual void print() const = 0;
    };
    #endif
```

Shape 是一个抽象类，没有数据成员，但定义了继承结构中各类都需要的共有成员函数。定义 Shape 类的目的只是为了供 Point、Circle 等类继承，并提供被外部函数访问的统一接口。Shape.h 对 Shape 类的定义是完整的，没有源文件。

2. point 类

Point 类从 Shape 类派生，为了定义它的对象，它必须覆盖基类 Shape 中的全部纯虚函数。

```cpp
//Point.h
    #include<iostream>
    using namespace std;
    #include "shape.h"
```

```
#ifndef POINT_H
#define POINT_H
class Point : public Shape {
    public:
        Point(int = 0, int = 0);                              // 构造函数,将坐标值初始化为(0, 0)
        void setPoint(int, int);                              // 设置点的坐标值
        int getX() const { return x; }                        // 返回横坐标值
        int getY() const { return y; }                        // 返回纵坐标值
        // 覆盖 Shape 类中的全部纯虚函数
        virtual double area()const;
        virtual double volume()const;
        virtual void printShapeName() const { cout << "Point: "; }
        virtual void print() const;
    private:
        int x, y;                                             // point 的坐标值
};
#endif
```

3. Point 类的源文件

```
//Point.cpp
    #include "point.h"
    double Point::area()const { return 0; }
    double Point::volume()const { return 0; }
    Point::Point(int a, int b) { setPoint(a, b); }
    void Point::setPoint(int a, int b) { x = a;    y = b; }
    // 按[x, y]形式输出 point 对象的数据
    void Point::print() const{ cout << '[' << x << ", " << y << ']'; }
```

4. circle 类

Circle 类从 Point 类派生,继承了 Point 类的全部数据成员,但圆是有半径的,因此新增了数据成员 radius 表示半径。圆的面积、类型名称和输出数据不同于点,因此覆盖了从 Point 继承到的 area()、printShapeName()、print()虚函数,实现了自己需要的功能。

Circle 没有覆盖从 Point 继承到的体积计算函数 volume(),因为 Point 已覆盖了它从 Shape 类继承到的这个纯虚函数,返回体积 0。而圆没有体积,可以直接复用 Point::volume()函数的功能,没有必须再覆盖它。

```
#ifndef CIRCLE_H
#define CIRCLE_H
#include "point.h"
class Circle : public Point {
  public:
    Circle(double r = 0.0, int x = 0, int y = 0);
    void setRadius(double);
    double getRadius() const;
    virtual double area() const;
    virtual void printShapeName() const { cout << "Circle: "; }
    virtual void print() const;
  private:
    double radius;                                            // 圆的半径
};
#endif
```

5. Circle 类的源文件

```
//Circle.cpp
    #include "circle.h"
    Circle::Circle(double r, int a, int b):Point(a, b){  setRadius( r ); }
    void Circle::setRadius(double r){ radius = r > 0 ? r : 0; }
    double Circle::getRadius() const{ return radius; }
    double Circle::area() const{ return 3.14159 * radius * radius; }
    void Circle::print() const{
        Point::print();
        cout << "; Radius = " << radius;
    }
```

6. Cylinder 类

在圆的基础上增加高就变成了圆柱体，从 Circle 类派生出类 Cylinder 类是最合理的设计。但 Cylinder 类的面积、体积、类型和输出数据函数都不同于 Circle，因此需要覆盖 area()、printShapeName()、print()虚函数，实现自己需要的功能。

```
//Cylinder.h
    #ifndef CYLINDR_H
    #define CYLINDR_H
    #include "circle.h"
    class Cylinder : public Circle {
      public:
        Cylinder(double h = 0.0, double r = 0.0, int x = 0, int y = 0 );
        void setHeight(double);
        double getHeight();
        virtual double area() const;
        virtual double volume() const;
        virtual void printShapeName() const{ cout << "Cylinder: "; }
        virtual void print() const;
      private:
        double height;
    };
    #endif
```

7. Cylinder 类的源文件

```
//Cylinder.cpp
    #include "cylinder.h"
    Cylinder::Cylinder(double h,double r,int x,int y):Circle(r,x,y){ setHeight(h); }
    void Cylinder::setHeight(double h){ height = h > 0 ? h : 0; }
    double Cylinder::getHeight(){ return height; }
    double Cylinder::area() const{
        return 2 * Circle::area() + 2 * 3.14159 * getRadius() * height;
    }
    double Cylinder::volume() const{ return Circle::area() * height; }
    void Cylinder::print() const{
        Circle::print();
        cout << "; Height = " << height;
    }
```

8. main()函数

```cpp
//Main.cpp
#include <iostream>
#include <iomanip>
#include "shape.h"
#include "point.h"
#include "circle.h"
#include "cylinder.h"
using namespace std;
void vpf(const Shape *bptr) {                              // 利用基类 Shape 的指针作接口访问派生类
    bptr->printShapeName();                                // 打印对象所在的类名
    bptr->print();                                         // 打印对象的数据成员
    cout << "\nArea = " << bptr->area()                    // 输出对象的面积
         << "\nVolume = " << bptr->volume() << "\n\n";     // 输出对象的体积
}
void vrf(const Shape &bref) {                              // 利用基类 Shape 的引用作接口访问派生类
    bref.printShapeName();                                 // 打印对象所在的类名
    bref.print();                                          // 打印对象的数据成员
    cout << "\nArea = " << bref.area()                     // 输出对象的面积
         << "\nVolume = " << bref.volume() << "\n\n";      // 输出对象的体积
}
int main() {
    // 设置数据输出格式,保留小数点后 2 位有效数字
    cout << setiosflags(ios::fixed | ios::showpoint) << setprecision(2);
    Point point(7, 11);
    Circle circle(3.5, 22, 8);
    Cylinder cylinder(10, 3.3, 10, 10);
    Shape *arrayOfShapes[3];                               // 定义基类对象的指针数组
    arrayOfShapes[0] = &point;
    arrayOfShapes[1] = &circle;
    arrayOfShapes[2] = &cylinder;
    cout << "----- 通过基类指针访问虚函数 ----------\n";
    for(int i = 0; i < 3; i++)
        vpf(arrayOfShapes[i]);
    cout << "----- 通过基类引用访问虚函数 ----------\n";
    for (int j = 0; j < 3; j++)
        vrf(*arrayOfShapes[j]);
    return 0;
}
```

组装、编译并运行本程序,运行结果如下。

```
----- 通过基类指针访问虚函数 ----------
Point: [7, 11]
Area = 0.00
Volume = 0.00

Circle: [22, 8]; Radius = 3.50
Area = 38.48
Volume = 0.00

Cylinder: [10, 10]; Radius = 3.30; Height = 10.00
Area = 275.77
Volume = 342.12
```

```
----- 通过基类引用访问虚函数 ----------
Point: [7, 11]
Area = 0.00
Volume = 0.00

Circle: [22, 8]; Radius = 3.50
Area = 38.48
Volume = 0.00

Cylinder: [10, 10]; Radius = 3.30; Height = 10.00
Area = 275.77
Volume = 342.12
```

本程序把 Shape 设计成抽象类，并在 Shape 类中设计了 4 个纯虚函数 area()、volume()、printShapeName()和 print()，它们构成了访问派生类 Point、Circle、Cylinder 类中同名虚函数的接口。每个类都要根据自己的实际情况覆盖各虚函数，以实现本类需要的功能。程序中体现 Shape 类的接口功能的是下面 2 个函数：

```
void  vpf(const Shape *bptr)
void  vrf(const Shape &bref)
```

vpf()和 vrf()函数具有完全相同的功能，vpf()通过抽象基类 Shape 的指针 bptr 访问各派生类对象中定义的虚函数版本。下面的 for 循环展示了 vpf 通过指针访问 point、circle、cylinder 对象中的虚函数的过程，程序运行结果中的第 2~9 行就是这个 for 循环输出的。

```
for(int i = 0; i < 3; i++)
    vpf(arrayOfShapes[i]);
```

函数 vrf()通过 Shape 的引用 bref 访问各派生类对象的虚函数。下面的 for 循环演示了函数 vrf()通过 Shape 的引用访问派生类 Point、Circle、Cylinder 对象中的虚函数的过程，程序运行结果中的"-----通过基类引用访问虚函数-----"之后的全部输出结果都是该 for 循环输出的。

```
for(int j = 0; j < 3; j++)
    vrf(*arrayOfShapes[j]);
```

图 5-6 是本程序建立的对象与虚函数表的结构示意。arrayOfShape 数组保存了 3 个对象的地址，分别是 point、circle 和 cylinder，这 3 个对象的虚函数指针分别指向 Point、Circle、Cylinder 类的虚函数表 vtble（当一个类有虚函数时，C++编译器会为它创建一个虚函数表，在其中保存该类每个虚函数的地址）。

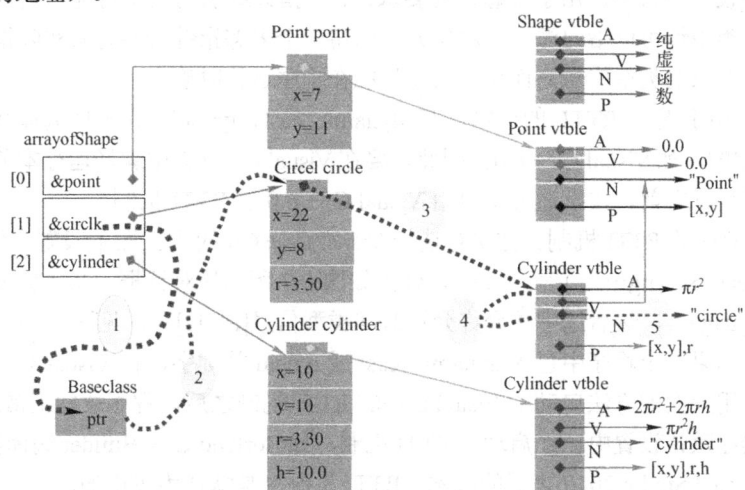

图 5-6 对象、虚函数、虚函数访问示意

每个类的虚函数表中保存了4个虚函数的地址：A表示area的地址，V表示volume的地址，N表示printShapeName的地址，P表示print的地址。各类的虚函数地址指向了对应的函数运行结果。Point vtble 中的 A 和 V 指向 0.0，表示它的点的面积和体积为 0。再如，Circle vtble 中的 A 指向了 πr^2，表示 Circle 的面积函数 area()将按 πr^2 计算圆的面积。

图 5-6 中的虚线表示 vpf(arrayOfShapes[1])调用时，其中函数 baseclassPtr->printShapeName()的执行过程，虚线上的编号表示虚函数的执行顺序。

① 将 arrayofShape 数组的第 i 个元素的地址传递给将函数 vpf()的形式参数，图 5-6 中所示的是 i=1 时的情况，即将 circle 对象的地址传递给函数形参 bptr。

② 通过指针 bptr 找到 circle 对象。

③ 通过 cricle 对象的虚函数指针 bptr 找到 Circle 类的虚函数表 vtable。

④ 从 Circle 的虚函数表向下偏移 8 字节（4 字节为一个地址，前面有 area 和 volume 两个虚函数地址，共 8 字节），找到 Circle 类的虚函数 printShapeName()的指针。

⑤ 根据 printShapeName()虚函数指针，找到 Circle 的 printShapeName()虚函数版本，执行该虚函数，将在屏幕打印输出字符串"Circle"。

本程序代表了抽象类的典型用法，在设计类继承层次结构时，常把各类都具有的通用功能抽象成虚函数或纯虚函数，放在最上层的基类中，派生类再继承或覆盖这些虚函数，完成本类需要的功能。然后以抽象基类为接口，就能访问整个继承结构中每个类定义的虚函数，不再需要针对每个具体类编写独立的应用程序，简化了软件设计的复杂度，也给软件的功能扩展和软件维护带来了极大的方便。

5.5 运行时类型信息

运行时类型信息（Run-Time Type Information，RTTI）提供了在程序运行时刻获取对象类型的方法，是面向对象程序语言为解决多态问题而引入的一种语言特性，在最初的非多态程序程序设计语言中并没有 RTTI 机制。因为早期的非面向对象程序设计语言如 C 和 Pascal 等，是一种静态数据语言，程序数据类型只能在编译期确定，在程序运行时不能改变，所以不需要 RTTI 机制。在面向对象程序设计语言中，由于多态性的要求，C++指针或引用类型可能与它们实际代表的类型不一致（如基类指针可以指向派生类对象），当将一个多态指针转换为其实际指向对象的类型时，就需要知道对象的类型信息，而这些信息只能在程序运行时确定。

在 C++中，用于支持 RTTI 的运算符有 dynamic_cast、typeid。在一些编译环境的默认设置中，RTTI 是关闭的，如 Visual C++ 6.0。因此，要在 Visual C++ 6.0 中编译运行本节后面的例程，需要在程序编译运行之前，按下述方法启用 Visual C++ 6.0 的 RTTI 机制。

打开 Visual C++的 RTTI 机制。方法是选择 Visual C++ 6.0 的"工程 | 设置…"（英文版的对应菜单是"Project|Setting…"）菜单命令，弹出如图 5-7 所示的对话框。从"Y 分类"的列表中选择"C++ Language"，然后选中"允许允许时间类型信息[RTTI]"，见图 5-7 中的圈释。

也就是说，如果一个程序中包含 dynamic_cast 或 typeid 关键字，在 Visual C++ 6.0 环境中会产生错误，只有用上面的方法启动了 Visual C++的 RTTI 机制之后，程序才能正常运行。

更多编译器在默认设置中已经启动了 RTTI 机制，如 Borland C++ Builder 编译器。Visual C++的新版本，如 Visual Studio 2010 之后的版本，RTTI 机制也是默认为可用的。

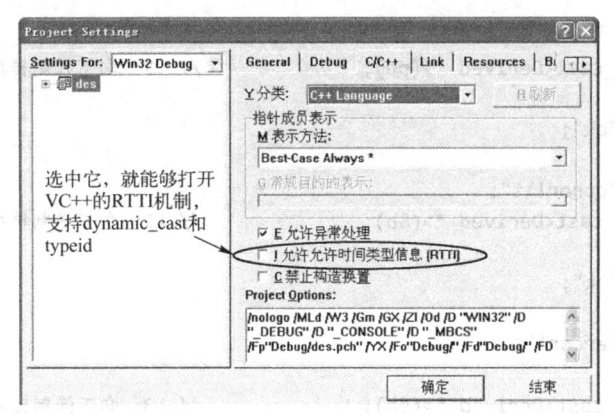

图 5-7 设置 Microsoft Visual C++的 RTTI

5.5.1 dynamic_cast

dynamic_cast 是一个强制类型转换操作符，用于多态基类的指针（引用）与派生类指针（引用）之间的转换，分为向上转换和向下转换两种。向上转换是指在类的继承层次结构中，从派生类向基类方向的转换，即把派生类对象的指针或引用转换成基类对象的指针或引用，这种转换常用 C++的默认方式完成。

dynamic_cast 在程序运行时执行，而 const_cast、static_cast 和 reinterpret_cast 强制类型转换则是在编译时完成的。dynamic_cast 的用法如下：

```
dynamic_cast<type *>(e)              // 指针转换，e 是指针
dynamic_cast<type &>(e)              // 引用转换，e 必须是左值
dynamic_cast<type &&>(e)             // 右值转换，e 不能是左值
```

其中，type 必须是类类型，通常情况下 type 类型中应该有虚函数。

dynamic_cast 把表达式 e 转换成 type 类型的数据。当 e 的类型符合下面三种情况之一时，转换能够成功能：① e 的类型是 type 的公有派生类；② e 的类型是 type 的公有基类；③ e 与 type 是同一类类型。如果指针不能转换成目标类型，转换失败，dynamic_cast 将返回 0 值；如果引用转换失败，dynamic_cast 将引发异常。

【例 5-11】 用 dynamic_cast 实现向上强制转换和向下强制转换。

```
//Eg5-11.cpp
    #include<iostream>
    using namespace std;
    class Base {
      public:
        virtual ~Base() {}
    };
    class Derived :public Base {
        void f() { cout << "f in Derived!\n" << endl; }
    };
    void main() {
        Base *pb, b;
        Derived d, *pd=&d;
        pb = &d;                              // 默认转换，编译时完成，是常用方式
        pb = dynamic_cast<Base *>(&d);        // 向上转换，运行时完成
        pb = dynamic_cast<Base *>(pd);        // 向上转换，运行时完成
```

```cpp
        pb = &b;
        pd = dynamic_cast<Derived *>(pb);       // L1: 向下强制转换
        if (pd)
            cout << "ok";
        else
            cout << "error!\t";
        pd = dynamic_cast<Derived *>(&b);       // L2: 向下强制转换
        if (pd)
            cout << "ok";
        else
            cout << "error!\t";
        pb = &d;
        pd = dynamic_cast<Derived *>(pb);       // L3: 向下强制转换
        if (pd)
            cout << "ok!";
        else
            cout << "error!\t\n";
}
```

程序的运行结果如下：

   error! error! Ok!

这个结果表明语句L1、L2的转换是失败的，语句L3的转换才是成功的。按照C++的说法，语句L1和L2的dynamic_cast向下强制转换是不安全的，L3是安全的。原因是，语句L1和L2转换的基类指针pb指向的b都是基类Base的一个对象，而基类对象b对派生类中增加的成员不知道，不能通过它转换出那些在派生类中新增的成员。换句话说，语句L1中的dynamic_cast根本不能从pb指向的b对象中转换出在派生类Derived中新增的成员函数f()，因为b只是一个Base对象。语句L3则不一样，虽然pb是一个基类Base的指针，但它实际指向的是派生类Derived的一个对象，所以pb能够被转换成派生类对象的指针pd。

  说明：① 在用dynamic_cast进行基类与派生类的指针或引用之间的转换时，基类必须是多态的，即基类必须至少有一个虚函数；② 只有在支持RTTI的程序环境中，才能使用dynamic_cast进行类型转换；③ 在向下强制类型转换时，只有当基类对象指针或引用实际指向了一个派生类对象时，dynamic_cast才能将它们转换成派生类对象的指针或引用，否则转换将不会成功。

  在类的继承结构体系中，在默认情况下，当用基类对象的指针（引用）操作派生类对象时，只能通过该指针（引用）访问派生类中对基类虚函数的覆盖函数版本。而那些在基类中没有被定义为虚函数或派生类新增的函数，通过基类指针是无法访问的。

  【例 5-12】 有3个类，B是D1和D2的基类，通过B的指针能够访问派生类的虚函数f()。

```cpp
//Eg5-12.cpp
    #include <iostream>
    #include <typeinfo>
    using namespace std;
    class B{
        int x;
      public:
        B(int i){  x=i;  }
        int getx(){  return x;  }
        virtual void f(){ cout<<"1: 基类B中的f, x="<<x<<endl;  }
    };
    class D1:public B{
```

```cpp
    int x;
  public:
    D1(int i):B(i){ }
    virtual void f(){  cout<<"2: 派生类 D1 中的 f, x="<<getx()<<endl;  }
};
class D2:public B{
    int x;
  public:
    D2(int i):B(i){ }
    virtual void f(){  cout<<"3: 派生类 D2 中的 f, x="<<getx()<<endl;  }
    void g(){  cout<<"4: 这是派生类 D2 特有的函数，其他类都没有！----\n";  }
};
void AccessB(B *pb){
    pb->f();
//  pb->g();                                // B 中没有定义 g()为虚函数，不能访问
}
void main(){
    B b(1);
    D1 d1(2);
    D2 d2(3);
    AccessB(&b);
    AccessB(&d1);
    AccessB(&d2);
}
```

本程序的运行果如下：

```
1: 基类 B 中的 f, x=1
2: 派生类 D1 中的 f, x=2
3: 派生类 D2 中的 f, x=3
```

这表明，函数 AccessB(B *)通过基类对象的指针访问到了派生类对象 d1 和 d2 中的虚函数 f()。

函数 AccessB()中的语句 "pb->g( );"若不被注释，将引发一条编译错误。因为 pb 是指向基类对象 B 的指针，通过它只能访问那些在类 B 中已经定义的函数，但 g()在基类 B 中没有被定义，它是派生类 D2 的成员函数，通过 pb 无法找到该函数，所以出错。

从本例可以看出，通过基类指针不能访问派生类新增加的成员函数，因为这些函数在基类中并没有定义。但在某些情况下，为了完成一些特定的程序任务，或者出于某种目的，确实需要通过基类指针访问派生类的成员函数，而且这种向下强制转换也是安全的，就可以通过 dynamic_cast 来实现这样的转换。

例如，在本程序的 AccessB()函数中，当 pb 指向派生类 D2 的对象时，需要访问 D2 类的成员函数 g()；当 pb 指向其他类的对象时，访问虚函数 f()。像这样的情况可以利用 dynamic_cast，将 AccessB()函数改写为下面的形式，其余程序代码不做任何修改，就能够通过基类对象 B 的指针 pb 访问到派生类 D2 新增的函数 g()。

```cpp
void AccessB(B *pb){
    D2 *p=dynamic_cast<D2 *>(pb);
    if(p)                                   // 如果转换成功，就调用 p->g()
        p->g();
    else                                    // 如果转换不成功，调用 p->f()
        pb->f();
}
```

当将 AccessB()改写为上面的形式后，例 5-12 的运行结果如下：

```
1: 基类 B 中的 f, x=1
2: 派生类 D1 中的 f, x=2
4: 这是派生类 D2 特有的函数，其他类都没有！----
```

这表明，当传递派生类 D2 的对象给基类指针 pb 时，dynamic_cast 将 pb 转换成了一个 D2 类型的指针，并把它赋值给了 D2 类型的指针 p。

5.5.2 typeid

在具有多态的 C++程序中，基类对象的指针或引用可以绑定到继承结构中的任何一个派生类对象上，因而引发了基类指针或引用的不确定性问题。即，并非任何时候都能够确定基类指针或引用实际指代的数据类型，它可能绑定到了某个基类对象，也可能绑定到了某个派生类对象。在这种情况下，可以用 typeid 操作符在程序运行时判定一个对象的真实数据类型，typeid 定义于头文件 typeinfo 中，它的用法如下：

```
typeid(exp)
```

其中，exp 可以是任何表达式，也可以是类对象、指针或引用，typeid 操作符返回一个 type_info 类对象的引用，type_info 类也是在头文件 typeinfo 中定义的，包含了一个数据类型的许多信息，该类有一个成员函数 name()，可以用它来获得表达式 exp 的类型名称。

【例 5-13】 用 typeid 判定数据的类型。

```
//Eg5-13.cpp
    #include <iostream>
    using namespace std;
    class A{};
    void main(){
        A   a, *p;
        A   &rA=a;
        cout<<"1: "<<typeid(a).name()<<endl;
        cout<<"2: "<<typeid(p).name()<<endl;
        cout<<"3: "<<typeid(rA).name()<<endl;
        cout<<"4: "<<typeid(3).name()<<endl;
        cout<<"5: "<<typeid("this is string").name()<<endl;
        cout<<"6: "<<typeid(4+9.8).name()<<endl;
    }
```

本程序的运行结果如下：
```
1: class A
2: class A *
3: class A
4: int
5: char const [15]
6: double
```

在类继承结构中，当把派生类对象赋值给基类对象，或把基类对象的指针或引用绑定到派生类对象时，如果基类没有虚函数，typeid 操作符返回的将是基类类型，而不是它们实际所指的派生类类型。但是，如果基类有虚函数，typeid 操作符返回的将是指针或引用实际所指的类类型。在实际编程时，常利用 typeid 的这一特点，在程序运行时对变量或对象的实际类型进行识别，并针对识别出的类型进行一些特殊处理。typeid 在多态中的一个重要用途就是识别多态运行过程中基类指针或引用实际指向的对象类型，并针对识别出的类型做出不同的处理。

【例5-14】在多态程序中，利用 typeid 获取基类指针所指的实际对象，并进行不同的成员函数调用。

```cpp
//Eg5-14.cpp
    #include <iostream>
    #include <typeinfo>
    using namespace std;
    class B{
        int x;
      public:
        virtual void f(){  cout<<"1: B::f()"<<endl;  }
    };
    class D1:public B{
      public:
        virtual void g(){  cout<<"2: D1::g()"<<endl;  }
    };
    class D2:public B{
        int x;
      public:
        virtual void f(){  cout<<"3: D2::f() "<<endl;  }
        void h(){  cout<<"4: D2::h()\n";  }
    };
    void AccessB(B *pb){
        if (typeid(*pb)==typeid(B))
            pb->f();
        else if (typeid(*pb)==typeid(D1)) {
            D1 *pd1=dynamic_cast<D1 *>(pb);
            pd1->g();
        }
        else if (typeid(*pb)==typeid(D2)) {
            D2 *pd2=dynamic_cast<D2 *>(pb);
            pd2->h();
        }
    }
    void main(){
        B b;
        D1 d1;
        D2 d2;
        AccessB(&b);                    // 输出:       1: B::f()
        AccessB(&d1);                   // 输出:       2: D1::g()
        AccessB(&d2);                   // 输出:       4: D2::h()
    }
```

5.6 编程实例

在本书 4.10 节设计的课程体系继承结构中，设计了 comFinal、Account、Chemistry 三个类，这些类的相关头文件 comFinal.h、account.h、chemistry.h，以及类的实现文件 comFinal.cpp、account.cpp、chemistry.cpp，都保存在目录 C:\course 中。

【例 5-15】 现对 4.10 节的编程实作进行完善，将 comFinal、Account、Chemistry 中的成员函数 show()设计成虚函数，并设计一个访问该类继承结构的接口函数 display()，通过基类 comFinal 对象的指针，访问派生类 Account、Chemistry 类对象的虚函数 show()。

图 5-8 是类继承层次中虚函数的示意，实现该继承结构多态的编程过程如下。

<1> 打开 4.10 节建立在目录 C:\course 中的工程项目文件 com_main.dsw。

<2> 在类 comFinal 的成员函数 show()声明前面加上限定词 virtual：

```
class comFinal{
    ……
    virtual void show();
};
```

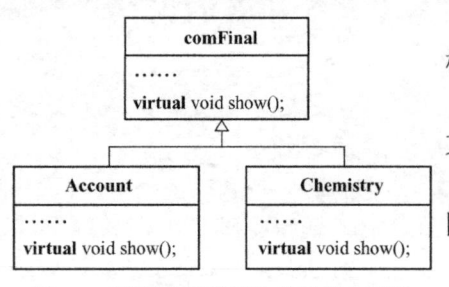

图 5-8　课程类继承层次结构及虚函数 show()的分布

除此之外，comFinal、Account、Chemistry 三个类的其他程序代码可不做任何修改。当然，也可以在 Account、Chemistry 类的 show()函数声明前面加上限定词 virtual。由于 Account、Chemistry 是 comFinal 的派生类，即使它们的函数 show()前面没有 virtual，也是虚函数。

<3> 改写主程序。编写访问本课程类继承结构的接口函数 display()和主函数，为此可以改写原来的主文件 com_main.cpp，内容如下：

```cpp
//com_main.cpp
    #include "comFinal.h"
    #include "Chemistry.h"
    #include "Account.h"
    #include <iostream>
    using namespace std;
    void display(comFinal* p) { p->show(); }
    void main() {
        comFinal *a[3];                                    // a 为基类对象指针的数组
        comFinal c("王十", 78, 78, 76);
        Account a1("张三星", 98, 78, 97, 67, 87);
        Chemistry c1("光红顺", 89, 99, 34, 56, 78);
        a[0] = &c;
        a[1] = &a1;
        a[2] = &c1;
        for(int i = 0; i < 3; i++) {
            cout << "--------------a[" << i << "]----------\n";
            display(a[i]);
        }
    }
```

编译并运行本程序，将得到如图 5-9 所示的运行结果，这些运行结果是 display()函数通过基类 comFinal 定义的指针 p 分别调用 comFinal 对象（即 a[0]）、Account 对象（即 a[1]）和 Chemistry 对象（即 a[2]）得到的。此外，可以通过基类 comFinal 对象的引用实现对派生类对象的访问，为此可将函数 display()改为如下形式：

```
void display(comFinal &p){ p.show(); }
```

并将 main()中对函数 display()的调用改为如下形式：

图 5-9　程序运行结果

```
        // a[i]为指针，*a[i]即所指对象
        display(*a[i]);
```
将得到与图 5-9 完全相同的运行结果。

习 题 5

1. 解释下述概念：
   多态   联编   静态联编   动态联编   虚函数   纯虚函数   抽象类   RTTI
2. 虚函数有什么特点？C++是如何实现虚函数的动态绑定的？
3. 抽象类有何特点和作用？
4. 指出下面程序段中的错误。
   ```
   class B {
     public:
       B(int a){   cout<<a<<endl;  }
       virtual void f()=0;
       virtual void f1(int a) {  cout << a;  };
       virtual void f2(int a)final {  cout << a;  };
       void f3(int c)final {  cout<<c;  }
       void f4(int b) {  cout << b;  }
   };
   class D : public B {
     public:
       void  f1(int b)override {  cout << b;  }
       void  f2(int b)override {  cout << b;  }
       void  f3(int b)override {  cout << b;  }
       void  g1(char b)override {  cout << b;  }
   };
   void main(){
       D d1;
   }
   ```
5. 读程序，写出程序运行的结果。

（1）
```
#include <iostream>
using namespace std;
class Base{
  protected:
    int n;
  public:
    Base(int m){  n=m++;  }
    virtual void g1(){  cout<<"Base::g1()..."<<n<<endl;    g4();  }
    virtual void g2(){  cout<<"Base::g2()..."<<++n<<endl;    g3();  }
    virtual void g3(){  cout<<"Base::g3()..."<<++n<<endl; g4();  }
    virtual void g4(){  cout<<"Base::g4()..."<<++n<<endl;  }
};
class Derive:public Base{
    int j;
  public:
    Derive(int n1, int n2):Base(n1){  j=n2;  }
    void g1(){  cout<<"Deri::g1()..."<<++n<<endl;g2();  }
```

```
        void g3(){  cout<<"Deri::g2()..."<<++n<<endl;g4();  }
    };
    void main(){
        Derive Dobj(1,0);
        Base Bobj=Dobj;
        Bobj.g1();
        cout<<"------------------"<<endl;
        Base *bp=&Dobj;
        bp->g1();
        cout<<"------------------"<<endl;
        Base &bobj2=Dobj;
        bobj2.g1();
        cout<<"------------------"<<endl;
        Dobj.g1();
    }
```

(2)
```
    #include <iostream>
    Using namespace std;
    class Shape{
      public:
        virtual double area(){  return 0;  }
        virtual void print()=0;
    };
    class Circle:public Shape{
      protected:
        double r;
      public:
        Circle(double x):r(x){}
        double area(){  return 3.14*r*r;  }
        void print(){  cout<<"Circle : r="<<r<<"\t area="<<area()<<endl;  }
    };
    class Cylinder:public Circle{
        double h;
      public:
        Cylinder(double r,double x):Circle(r),h(x){  }
        double area(){  return 2*3.14*r*r+2*3.14*h;  }
    };
    void shapeArea(Shape &s){  cout<<s.area()<<endl;  }
    void shapePrint(Shape *p){  p->print();  }
    void main(){
        Shape *s[3];
        s[0]=&Circle(10);
        s[1]=&Cylinder(20, 100);
        for(int i=0; i<2; i++){
            shapeArea(*s[i]);
            shapePrint(s[i]);
        }
    }
```
注意：本例有意不在 Cylinder 类中重载纯虚函数 print()，因此需要仔细分析 shapePrint(s[1])的输出结论。

(3)
```
    #include <iostream>
    using namespace std;
    class A{
```

```
    public:
      void virtual f(){  cout<<"f() in class A"<<endl;  }
};
class B:public A{
    public:
      void f(){  cout<<"f() in class B"<<endl;  }
      void fb(){  cout<<"normal function fb \n";  }
};
class C:public A{
    public:
      void f(){  cout<<"f() in class C"<<endl;  }
      void fc(){  cout<<"normal function fc"<<endl;  }
};
void f(A *p){
    p->f();
    if(typeid(*p)==typeid(B)){
        B *bp=dynamic_cast<B*>(p);
        bp->fb();
    }
    if (typeid(*p)==typeid(C)){
        C *bc=dynamic_cast<C*>(p);
        bc->fc();
    }
}
void main(){
    A *pa;    B b;    C c;
    pa=&b;    f(pa);
    pa=&c;    f(pa);
}
```

6. 用抽象类设计计算二维平面图形面积的程序，在基类 TDshape 中设计纯虚函数 area()和 printName()。area()用于计算几何图形的面积，printName()用于打印输出几何图形的类名，如 Triangle 类的对象就打印输出"Triangle"。每个具体形状的类则从抽象类 TDshpe 派生，各自需要定义其独有的数据成员和成员函数，并且定义 area()和 pintName()的具体实现代码，如图 5-10 所示。

```
                    ┌─────────────────────────┐
                    │        TDshape          │
                    ├─────────────────────────┤
                    │ virtual area()=0        │
                    │ virtual printNeme()=0   │
                    └─────────────────────────┘
                                △
                    ┌───────────┴───────────┐
        ┌───────────────────┐      ┌───────────────────┐
        │     Triangle      │      │    Rectangle      │
        ├───────────────────┤      ├───────────────────┤
        │ area(), printName()│     │ area(), printName()│
        │ getWitdth()       │      │ getHeight()       │
        │ setWidth()        │      │ setHeight()       │
        │ double width, height│    │ double width, height│
        └───────────────────┘      └───────────────────┘
```

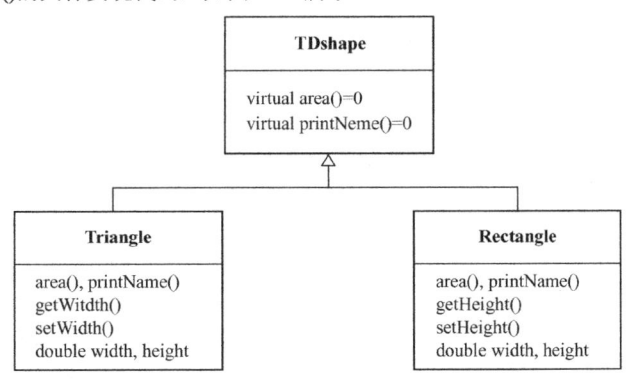

图 5-10 题 6 图

要求：编写以 TDshape 为接口的函数，借以访问具体类如 Triangle 和 Rectangle 类的成员函数 area()和 printName()。

7. 某公司有老板 Boss、雇员 Employee、小时工 HourlyWorker 和营销人员 CommWorker，他们的薪金计算方法如下：老板实行年薪制，如一年 15 万；雇员按月计酬，方法是基本工资+奖金；小时工按工作时间计算报酬，方法是工作小时×每小时单价；营销人员按月计酬，方法是基本工资+销售利润×5%。

每类人员都有姓名、职工编号、年龄、性别、工资等数据。设计计算各类人员报酬的程序，用虚函数 getPay()计算各类人员的应得报酬，用虚函数 print()打印输出各位工作人员的基本数据。

提示：将各类人员都共有的属性和行为抽象在类 Person 中，包括姓名、职工编号、年龄、性别等，以及函数 getPay()和 print()。getPay()设计为纯虚函数，print()设计为一般虚函数，其余类从 Person 类派生，各类再定义 getPay()的实现方法，并重载函数 print()输出具体数据。此外，每个类需要根据实际情况定义相应的成员函数，获取诸如工作时间、基本工资、销售利润之类的基础数据。

第 6 章　运算符重载

运算符重载是 C++的一项强大功能。通过重载，可以扩展 C++运算符的功能，使它们能够操作用户自定义的数据类型，用运算符写出简洁的代码，增加程序代码的直观性和可读性。

本章介绍 C++运算符重载的相关内容，包括：以类成员函数、友元和普通函数方式进行运算符重载的方法，输入、输出运算符及一些特殊运算符（如++、--、[]、()等）的重载方法。

6.1　运算符重载基础

C++有丰富的运算符，每个运算符都能够操作多种数据类型。例如，下面的加法表达式在 C++中都是正确的。

```
int    i=2+3;
double j=2+4.8;
float  f=float(3.1)+float(2.0);
```

这 3 条语句都用到了加法运算符"+"，运算的数据类型并不相同。C++通过运算符重载来实现加法运算符"+"的上述功能。

运算符其实是一种特殊的函数，称为运算符函数。运算符重载只不过是一种特殊的函数重载，它的命名规则和参数确定不同于普通的函数重载，有特殊的函数命名方式和固定不变的参数个数。就加法运算符而言，C++重载了多个加法运算符函数，每个重载的加法运算符"+"都能够实现不同类型数据的加法运算。例如，对于上面的 3 个加法表达式，C++提供了类似于下面形式的运算符重载函数：

```
int    operator+(int,int);
double operator+(int,double);
float  operator+(float,float);
```

其中，operator 是 C++规定每个运算符函数必有的限定词，表示它是一个运算符函数。operator+就是加法运算符"+"的函数名，紧接在"+"后面的就是函数的参数表。

C++为每个运算符都提供了多个运算符重载函数，这些重载函数实现了相同的功能，但能够操作不同的内置数据类型（如 int、float、char、double 等）。例如，"+"能够完成 int、float、char、double 等数据类型的加法运算，甚至允许在同一个加法表达式中出现不同的内置数据类型，它们都是通过加法运算符的重载运算符函数实现的。

应用运算符能够编写出简练的表达式、清晰而高效的程序代码。为了方便自定义数据类型（如用户定义的类或结构）的各种运算，C++允许程序员通过重载扩展运算符的功能，使重载后的运算符能够对用户自定义的数据类型进行运算。例如，设有复数类 Complex，其形式如下：

```
class Complex{
    double  real, image;
public:
    ……
};
```

假设定义了下面的复数对象,并且要实现两个复数相加的运算。
```
Complex c1, c2, c3;
……
c1=c2+c3;
```
当 C++编译器遇到"c2+c3"表达式时,将产生编译错误。因为 Complex 是程序员自定义的数据类型,C++并未定义它的加法运算,所以"+"不能实现两个 Complex 数据相加的功能。

但是,C++允许程序员重载加法运算符"+",扩展它的功能,除了完成系统内置数据类型的加法运算外,还能够实现两个 Complex 类型数据的加法运算。为了实现这一功能,需要采用下面的形式重载加法运算符。

```
Complex operator+(Complex c1, Complex c2){…}
```

1. 运算符重载限制

为了使运算符重载后不影响其原有功能的正常运行,C++对重载运算符进行了一些限制。
(1) 可以重载的运算符
只有 C++预定义操作符集合中的运算符才能够被重载,这些运算符如下:

+	-	*	/	%	^	&	|	~
!	,	=	<	>	<=	>=	++	--
<<	>>	==	!=	&&	||	+=	-=	/=
%=	^=	&=	|=	*=	<<=	>>=	[]	()
->	->*	new	new[]	delete	delete[]			

(2) 不能被重载的运算符

.	.*	::	?:

(3) 只能被重载为类成员函数的运算符

运算符函数可以被重载为类的非静态成员函数、类的友元函数,或普通函数。但 C++规定,以下运算符只能够被重载为类的非静态成员函数:

=	[]	()	->

(4) 运算符重载过程中的限定条件

① 不能改变运算符的优先级。② 不能改变运算符的结合顺序(如+、-、*、/ 等运算符按照从左到右结合,这个顺序不能改变)。③ 重载运算符不能使用默认参数。④ 不能改变运算符所需要的参数个数。⑤ 不能创造新运算符,只能重载系统已有的运算符。⑥ 不能改变运算符的原有含义。⑦ 若运算符被重载为类的成员函数,则只能是非静态的成员函数。

2. 运算符重载的语法

运算符的计算结果常为值类型,所以其重载函数通常也会返回值类型的数据,语法形式如下:

返回类型 operator@(参数表)

其中,operator 是 C++的保留关键字,表示运算符函数;@代表要重载的运算符,可以是前面列举的可重载运算符中的任何一个。

在重载运算符时,参数表中的参数个数必须与运算符需要的实际参数个数相符合。如两个整数相减,必须有且只两个参数,其对应的 operator-运算符函数可表示为:

```
int operator-(int a, int b){ return a-b; }
```

而整数取反的 operator-运算符函数只能有一个参数,类似于下面的形式:

```
int operator-(int a){ return -a; }
```

3. 与类相关的运算符重载方式

在 C++程序设计中,类是使用最多的自定义数据类型,C++为类提供了以下默认运算符功能:

赋值运算（=），取类对象地址的运算符（&），成员访问运算符（如"."和"->"）。这些运算符不需要重载就可以使用。但是，如果要在类中使用其他运算符，就必须明确地重载它们。类运算符重载有3种方式：重载为类的非静态成员函数，重载为类的友元函数，重载为普通函数。

（1）非静态成员函数重载运算符

如果运算符作为类的成员函数重载，其参数个数要比该运算符实际的参数个数少一个。原因是其第一个参数是通过对象的 this 指针传递的，this 指针是一个隐含的参数，由 C++编译系统自动处理。静态成员函数没有 this 指针，所以不能将运算符重载为类的静态成员函数。

例如，在复数 Complex 类中重载加法运算符，以成员运算符函数重载的形式如下：

```
class Complex{
  double  real, image;
 public:
   Complex operator+(Complex b){…}
   ……
};
```

（2）友元或普通函数重载运算符

如果将运算符重载普通函数或类的友元，它需要的参数个数就与运算符实际需要的参数个数相同。例如，若用友元函数重载 Complex 类的加法运算符，则形式如下：

```
class Complex{
   ……
   friend Complex operator+(Complex a, Complex b);        // 友元声明
   ……
};
Complex  operator+(Complex a, Complex b){…}              // 友元定义
Complex  operator-(Complex a, Complex b){…}              // 普通函数
```

友元与普通函数的区别在于，友元可以直接访问类的私有成员，而普通函数只能通过类的公有成员访问其私有成员。

（3）重载为成员与非成员函数的选择

如上所述，除了=、[]等运算符只能重载为类成员函数之外，有些运算符既可以重载为类的成员函数，也可以用普通函数方式进行重载，到底用哪种方式重载更好呢？

一般而言，复合赋值运算符（如+=、-=、*=、/=等）通常应该重载为类成员，但并不是必须这样做（这一点与"="不同）；另外，对于要改变对象状态的运算符，或者与给定类型密切相关的运算符，如++（自增）、--（自减）、解引用运算符，也适合重载为类成员函数。

算术运算（+、*、/、-等）、相等与否的比较、关系运算、位运算等运算符具有对称性，通常允许运算符左、右两边的对象进行交换或类型转换，则适宜重载为非成员函数。

6.2 重载二元运算符

6.2.1 类与二元运算符重载

二元运算符就是需要两个操作数的运算符，又称为双目运算符，如+、-、*、%等。其常用形式如下：

　　　　a @ b

其中的@代表任一可重载的二元运算符，a 和 b 代表两个参与运算的操作数，如 1+3、3*x 等。上面的调用形式将被 C++解释为以下两种运算符函数调用形式之一：

```
a.operator@(b)
operator@(a, b)
```

第一种形式是@被重载为类的非静态成员函数的解释方式，这种方式要求运算符@左边的参数（即第一个参数）必须是一个对象，operator@是该对象的成员函数。第二种形式是@作为类的友元或普通重载函数时的解释方式。

二元运算符作为类的非静态成员函数、普通函数、类的友元函数重载的区别如下：

① 以非静态成员函数的方式重载二元运算符时，只能够有一个参数，它实际上是函数的第二个参数（即运算符右边的操作数），其第一个参数（运算符左边的操作数）由C++通过this指针隐式传递，而作为普通函数和类的友元函数重载时需要两个参数。

② 调用类的重载运算符时，作为类成员函数运算符的左参数必须是一个类对象，而作为友元或普通函数重载的运算符则无此限制。

重载二元运算符为非静态成员函数的形式如下：

```
class X{
    ……
    T1 operator@(T2 b) {          // 实际为 T1 operator@(X *this ,T2 b)
        ……
    }                              // 其中 X *this 形参由编译器自动添加
}
```

其中，T1是运算符函数的返回类型，T2是参数的类型，原则上T1、T2可以是任何数据类型，而实际上它们常与X相同。

重载二元运算符为类的友元函数或普通函数时需要两个参数，其形式如下：

```
class X{
    ……
    friend T1 operator(T2 a,T3 b);
}
T1 operator(T2 a,T3 b){…}         // 友元函数定义
T1 operator(T2 a,T3 b){…}         // 普通函数
```

T1、T2、T3可以是不同的数据类型，但它们通常都是类X。友元与一般函数重载的区别是：友元可以访问类的任何数据成员，而普通函数只能访问类的public成员。

【例6-1】 设计复数类Complex，利用成员运算符函数重载实现复数的加、减运算，用友元运算符函数重载实现其乘、除等复数运算。

```
//Eg6-1.cpp
    #include<iostream>
    using namespace std;
    class Complex {
      private:
        double  r, i;
      public:
        Complex (double R=0, double I=0):r(R), i(I){ };
        Complex operator+(Complex b);                        //L1 复数加法
        Complex operator-(Complex b);                        //L2 复数减法
        friend Complex operator*(Complex a, Complex b);      //L3 复数乘法
        friend Complex operator/(Complex a, Complex b);      //L4 复数除法
        void display();
    };
    Complex Complex::operator +(Complex b){ return Complex(r+b.r, i+b.i); }
    Complex Complex::operator -(Complex b){ return Complex(r-b.r, i-b.i); }
```

```
    Complex operator *(Complex a, Complex b){
        Complex t;
        t.r=a.r*b.r-a.i*b.i;
        t.i=b.r*b.i+b.i*b.r;
        return t;
    }
    Complex operator/(Complex a, Complex b) {
        Complex t;
        double x;
        x=1/(b.r*b.r+b.i*b.i);
        t.r=x*(a.r*b.r+a.i*b.i);
        t.i=x*(a.i*b.r-a.r*b.i);
        return t;
    }
    void Complex::display(){
        cout<<r;
        if (i>0)
            cout<<"+";
        if (i!=0)
            cout<<i<<"i"<<endl;
    }
    void main(void) {
        Complex c1(1,2), c2(3,4), c3, c4, c5, c6;
        c3=c1+c2;
        c4=c1-c2;
        c5=c1*c2;
        c6=c1/c2;
        c1.display();
        c2.display();
        c3.display();
        c4.display();
        c5.display();
        c6.display();
    }
```

程序的运行结果如下：

```
1+2i
3+4i
4+6i
-2-2i
-5+10i
0.44+0.08i
```

主函数 main() 中的 c3、c4、c5、c6 就是分别调用重载运算符函数计算出来的。对于程序中的运算符调用：

```
c3=c1+c2;
c4=c1-c2;
```

C++会将它们转换成下面形式的调用语句：

```
c3=c1.operator+(c2);
c4=c1.operator-(c2);
```

从形式上看，这两次函数调用只提供了一个参数 c2，但实际上是两个参数，其左参数虽然没有出现在参数表中，但编译器会通过 c1 对象的 this 指针传递该参数。

而 c5 和 c6 的计算
```
c5=c1*c2;
c6=c1/c2;
```
是通过友元 "*" 和 "/" 重载实现的，C++编译器会将它们转换成下面的函数调用形式：
```
c5=operator*(c1, c2);
c6=operator/(c1, c2);
```
概括而言，可以用下面两种方式调用以类成员函数方式重载的二元运算符：
```
a @ b;                              // 隐式调用二元运算符@
a.operator@(b)                      // 显式调用二元运算符@
```
友元运算符函数的调用也有下面两种形式：
```
a@b;                                // 隐式调用二元运算符@
operator@(a,b)                      // 显式调用二元运算符@
```
在上面的程序中，若将主函数 main()中对 c3、c4、c5、c6 的计算语句改为如下显式调用方式，将得到完全相同的运行结果：
```
c3=c1.operator+(c2);
c4=c1.operator-(c2);
c5=operator*(c1, c2);
c6=operator/(c1, c2);
```

6.2.2 非类成员方式重载二元运算符的特殊用途

对于不要求返回左值且可以交换参数次序的运算符函数（如+、−、*、/ 等运算符），最好用非成员形式（包括友元和普通函数）重载它。因为在用运算符计算表达式的值时，如果参数的类型与运算符需要的类型不匹配，C++会对参数进行隐式转换。

在调用重载的二元运算符函数时，如果第 2 个实参与形参的类型不匹配，C++将进行所有可能的隐式类型转换。但是对于第 1 个参数，就要分情况了：对于非类成员的重载运算符函数，C++编译器在参数不匹配的情况下将对第 1 个参数进行隐式类型转换，但不会对类成员运算符函数的第一个参数进行任何隐式类型转换。例如，下面对 Complex 的应用中，L2 语句是错误的。
```
void main(){
    Complex c1, c2(1, 2);
    c1=c2+2;                        // L1
    c1.display();
    c1=2+c2;                        // L2
    c1.display();
}
```
表达式 "c2+2" 是正确的。虽然例 6-1 中 Complex 的 operator+成员函数要求 "+" 的两个参数都是 Complex 类型的对象，而 "c2+2" 的第二个参数是 int 类型，但 C++会调用默认构造函数
```
Complex(double R=0, double I=0):r(R), i(I){ }
```
将 "2" 转换成一个 Complex 对象。所以，"c2+2" 等效于下面的表达式：
```
c2+Complex(2,0)
```
转换之后，就符合 Complex::operator+(Complex)函数的参数需求了，因此是正确的。

而表达式 "2+c2" 对于例 6-1 而言是错误的。因为 Complex 的 operator+运算符函数要求参加加法运算的两个参数是 Complex 对象，而 "2+c2" 中的 2 不是 Complex 对象。由于 2 是 "2+c2" 表达式的第一个参数，而在例 6-1 中，operator+是以成员函数方式重载的，C++不会对它进行任何形式的隐式类型转换，因此是错误的。当然，可以采用下面的形式进行显式转换。
```
Complex(2, 0)+c2
```

但是，如果例 6-1 中的 operator+运算符函数是 Complex 类的友元或普通重载函数，当提供给它的第一个参数类型不匹配时，C++就会对它进行可能的隐式转换。由于"2+c2"的第 1 个参数不符合 operator+的第 1 个参数要求，C++会调用 Complex 的构造函数对它进行隐式类型转换，转换结果如下：

   Complex(2,0)+c2

因此，当 operator+被重载为 Complex 类的友元运算符函数或对 Complex 相加的普通运算符函数时，"2+c2"表达式是正确的。

在设计 C++程序时，像"2+c2"和"c2+2"之类的对称运算表达式也可以直接通过友元或普通函数运算符重载实现。

【例 6-2】 用友元运算符重载实现复数与实数的加法运算。方法是：实数与复数的普通运算符函数或实部相加，复数的虚部保持不变。

```cpp
//Eg6-2.cpp
#include <iostream>
using namespace std;
class Complex {
  private:
    double  r, i;
  public:
    Complex(double R = 0, double I = 0) :r(R), i(I) { }
    friend Complex operator+(Complex a, double b) {  return Complex(a.r + b, a.i); }
    friend Complex operator+(double a, Complex b) {  return Complex(a + b.r, b.i); }
    void  display();
};
void Complex::display() {
    cout << r;
    if (i>0)
       cout << "+";
    if (i != 0)
       cout << i << "i" << endl;
}
void main(void) {
    Complex c1(1, 2), c2;
    c2 = c1 + 5;
    c2.display();                             // 输出: 6+2i
    c2 = 5 + c1;
    c2.display();                             // 输出: 6+2i
}
```

6.3　重载一元运算符

一元运算符只需要一个运算参数，如负数（–）、自增加（++）等。其常见调用形式为：
  @a　或　a@

其中，@代表一元运算符，a 代表操作数。@a 代表前缀一元运算，如"++a"；a@表示后缀运算，如"a++"等。@a 调用将被 C++解释为下面的形式之一：
  a.operator@()
  operator@(a)

前者是一元运算符作为类成员函数重载时的函数形式，后者是作为非类成员（如友元或普通函数）重载时的函数形式。类成员重载的一元运算符不需要参数，而非类成员重载时需要一个参数。

6.3.1 作为成员函数重载

一元运算符作为类成员函数重载时不需要参数，其形式如下：

```
class X{
    ……
    T operator@(){…}        // 等价于 T operator@(X *this)，this 指针参数由系统自动添加
}
```

T 是运算符@的返回类型。从形式上看，作为类成员函数重载的一元运算符没有参数，但实际上它包含了一个隐含参数，即由编译器自动添加的 this 指针。

【例 6-3】 设计一个时间类 Time，能够完成秒钟的自增运算。

```cpp
//Eg6-3.cpp
#include<iostream>
using namespace std;
class Time{
  private:
    int  hour, minute, second;
  public:
    Time(int h, int m, int s);
    Time& operator++();
    void display();
};
Time::Time(int h, int m, int s) {
    hour=h;
    minute=m;
    second=s;
    if(hour>=24)
        hour=0;                            // 若初始小时超过24，重置为0
    if(minute>=60)
        minute=0;                          // 若初始分钟超过60，重置为0
    if(second>=60)
        second=0;                          // 若初始秒钟超过60，重置为0
}
Time& Time::operator ++(){
    ++second;
    if(second>=60) {
        second=0;
        ++minute;
        if(minute>=60){
            minute=0;
            ++hour;
            if(hour>=24)
                hour=0;
        }
    }
    return *this;
}
void Time::display(){
    cout<<hour<<":"<<minute<<":"<<second<<endl;
}
void main(){
    Time t1(23, 59, 59);
```

```
    t1.display();
    ++ ++t1;                              // 连续自增,隐式调用方式
    t1.display();
    t1.operator ++();                     // 显式调用方式
    t1.display();
}
```

本程序的运行结果如下:
```
23:59:59
0:0:1
0:0:2
```
以类成员方式重载的一元运算符函数,也有下面两种调用方式:
```
@a;                                       // 隐式调用一元运算符@
a.operator@()                             // 显式调用一元运算符@
```
@代表所有重载为类成员函数的一元运算符。像++、--这样能够实现连续自增、自减的运算符,其重载函数应该返回对象的引用,否则不能实现对象的连续运算。

6.3.2 作为友元函数重载

用友元函数重载一元运算符时需要一个参数。如在例 6-4 中,将++运算符重载为 Time 类的友元函数的情况如下。

【例 6-4】 用友元重载 Time 类的自增运算符++。

```
//Eg6-4.cpp
    class Time{
        ……                                // 省略的代码与例 6-3 相同
        friend Time& operator++(Time &t);
    };
    Time& operator ++(Time &t) {
        ++t.second;
        if(t.second>=60){
            t.second=0;
            ++t.minute;
            if(t.minute>=60){
                t.minute=0;
                ++t.hour;
                if(t.hour>=24)
                    t.hour=0;
            }
        }
        return t;
    }
    void main(){
        Time t1(23, 59, 59);
        t1.display();
        ++ ++t1;                          // 隐式调用方式
        t1.display();
        operator++(t1);                   // 显式调用方式
        t1.display();
    }
```

本程序中省略掉的程序代码与例 6-3 完全相同，程序的运行结果也与例 6-3 完全相同。

用友元重载一元运算符时，同样有两种调用运算符函数的方式。

```
@a;                        // 隐式调用一元运算符@
operator@(a)               // 显式调用一元运算符@
```

对于像++、--这样的特殊一元运算符，运算结果会影响操作数自身，当以友元形式重载这样的运算符时，应该将参数设置为对象的引用。为了能够实现连续的自增、自减运算，就需要像例 6-3 与例 6-4 那样，重载运算符函数需要返回对象的引用。如果传递值参数，则不能修改对象自己的值；如果是返回值，就不能实现连续的运算。比如，将例 6-4 中的++运算符函数改为下面的重载形式：

```
class Time{
    ……                              // Time 类的其余代码同例 6-4
    friend Time operator++(Time t);
};
Time operator++(Time t){
    ……                              // 省略的程序代码同例 6-4 的 operator ++(Time &t)
    return t;
}
……
void main(){
    Time t1(23, 59, 59);
    t1.display();
    ++ ++ t1;
    t1.display();
    operator++(t1);
    t1.display();
}
```

经此修改后，本程序的运行结果如下：

```
23:59:59
23:59:59
23:59:59
```

此结果表明，向运算符函数传递值形参不能够修改参数对象的值，返回值类型的对象不能实现对象的连续运算。

6.4 特殊运算符重载

前面介绍了运算符重载的整体情况和一般规则，适用于 C++的绝大多数运算符重载。本节再介绍几个特殊运算符的重载方法。

6.4.1 运算符++和--的重载

++和--都有前缀和后缀两种情况，而且通常需要改变运算对象自身的状态，适合重载为类的成员函数（但并非必须，C++也允许重载它为非成员函数）。由于它们都是一元运算符，无论将其重载为类成员运算符函数还是友元运算符函数，都有相同的形式。例如，对于自增运算符++，重载为类的成员函数时，前自增和后自增就会都是下面的形式：

```
class X{
    ……
```

```
    X& operator++(){…};              // 前自增
    X operator++(){…};               // 后自增
}
```
若将它们重载为友元运算符，都是下面的形式：
```
class X{
    friend X& operator++(X& o);      // 前自增的友元声明
    friend X operator++(X& 0);       // 后自增的友元声明
}
```
C++系统内置的"++"和"--"前置运算符函数返回的是运算对象的引用，后置运算返回对象的原值（递增、递减之前的值）而非引用。为了保持与它们的一致性，重载的自增、自减前置运算符函数也通常返回对象的引用，后置运算则返回值而非引用，但都不是必须的。

因此，无论是重载为成员函数还是友元函数，前自增和后自增运算的函数原型只有返回类型略有差异，C++将它们视为同一函数，在编译上面的 X 类时，会产生 operator++函数重定义的编译错误。自减运算符也存在同样的问题。

为了区分类似于++、--这类既可以作为前缀又可以作为后缀的运算符，C++采用了下面的方法：如果重载为前缀运算符，就采用常规的重载方法；如果重载为后缀运算符，就在运算符函数的参数表中增加一个无用的形式参数。下面是重载为类成员的一元运算符的前缀和后缀形式：
```
class X{
    ……
    X& operator@(){…};               // 前缀
    X operator@(int){…};             // 后缀
}
```
下面是重载为友元和普通函数的形式：
```
class X{
    friend X& operator@(X& o);       // 前缀的友元声明
    friend X operator@(X& o, int );  // 后缀的友元声明
}
X& operator@(X& o){…};               // 前缀的普通函数重载
X operator@(X& o, int ){…};          // 后缀的普通函数重载
```
其中，@代表++或--运算符。可以看出，不管是被重载为类的成员函数，还是被重载为类的友元或普通函数，后缀形式的一元运算符都比前缀形式的一元运算符多一个形式参数。这个形式参数唯一的作用是告知 C++编译器该运算符是后缀运算，参数的值没有任何实际意义，所以它常常只有一个类型名，连形式参数的名字也不需要。

【例 6-5】 设计一个计数器 counter，用数据成员 n 保存计数器的值，用类成员重载自增运算符实现计数器的自增，用友元重载实现计数器的自减。

```
//Eg6-5.cpp
#include<iostream>
using namespace std;
class Counter {
  private:
    int  n;
  public:
    Counter(int i = 0)  {  n = i;  }
    Counter& operator++();
    Counter operator++(int);
    friend Counter& operator--(Counter &c);
    friend Counter operator--(Counter &c, int);
```

```cpp
    void display();
};
Counter& Counter::operator++() {
    ++n;
    return *this;
}
Counter Counter::operator++(int) {
    Counter t(*this);
    n++;
    return t;
}
Counter& operator--(Counter &c) {
    --c.n;
    return c;
}
Counter operator--(Counter &c, int) {
    Counter temp(c);
    c.n--;
    return temp;
}
void Counter::display() {
    cout << "counter number = " << n << endl;
}
void main() {
    Counter a;
    ++a;                    // 调用 Counter::operator++()
    a.display();
    a++;                    // 调用 Counter::operator++(int)
    a.display();
    --a;                    // 调用 operator--(Counter &c)
    a.display();
    a-- ;                   // 调用 operator--(Counter &c, int)
    a.display();
}
```

程序运行结果如下：

```
counter number = 1
counter number = 2
counter number = 1
counter number = 0
```

6.4.2 下标[]和赋值运算符=

1. 重载下标运算符

C++将数组下标定义为一种运算，用运算符[]表示。在C/C++中，数组不具有检测下标值范围的功能，在存取数组元素时，不小心就可能造成数组元素的越界访问，产生不正确的程序结果。

在C++中，可以重载下标运算符[]。通过重载可以检查数组的大小，并可在访问数组元素时检查下标值是否越界，禁止对数组的越界访问以建立安全的数组。其重载形式如下：

```cpp
class X{
    ……
    X& operator[](type n);
```

    };

说明: ① []是一个二元运算符,具有数组名和下标变量两个参数。数组名由编译器通过对象的 this 指针隐式传递,在函数参数表中不须提供。因此,在参数表中只需提供一个参数,代表数组的下标,原则上 type 可以是任何一种顺序数据类型,如枚举、字符、整型等。

② []可以同时出现在赋值符"="的左边和右边,所以重载运算符[]时常返回引用,因为返回引用的函数可以在赋值符"="的左边调用。

③ []只能被重载为类的非静态成员函数,不能被重载为友元和普通函数。

【例 6-6】 设计一个工资管理类,能够根据职工的姓名录入和查询职工的工资。

```cpp
//Eg6-6.cpp
    #include <iostream>
    #include <string>
    using namespace std;
    struct Person {                                       // 职工基本信息的结构
        double salary;
        char *name;
    };
    class SalaryManage {
        Person *employ;                                   // 存放职工信息的数组
        int max;                                          // 数组下标上界
        int n;                                            // 数组中的实际职工人数
    public:
        SalaryManage(int Max = 0) {
            max = Max;
            n = 0;
            employ = new Person[max];
        }
        ~SalaryManage() { delete[]employ; }
        double &operator[](char *Name) {                  // 重载[],返回引用
            Person *p;
            // 下面的代码段查找有无姓名与 Name 参数代表的同名职工,如有,就返回其工资
            // 否则建立该职工,录入工资,然后返回该职工的工资
            for(p = employ; p<employ + n; p++)
                if(strcmp(p->name, Name) == 0)
                    return p->salary;
            p = employ + n++;
            p->name = new char[strlen(Name) + 1];
            strcpy(p->name, Name);
            p->salary = 0;
            return p->salary;
        }
        void display() {                                  // 输出全部职工的姓名和工资
            for(int i = 0; i<n; i++)
                cout << employ[i].name << "  " << employ[i].salary << endl;
        }
    };
    void main() {
        SalaryManage s(3);
        s["杜一为"] = 2188.88;                            // []被重载为返回引用的函数,所以[]可以出现在"="左边
```

```
        s["李海山"] = 1230.07;
        s["张军民"] = 3200.97;
        cout << "杜一为\t" << s["杜一为"] << endl;        // 返回杜一为的工资
        cout << "李海山\t" << s["李海山"] << endl;
        cout << "张军民\t" << s["张军民"] << endl;
        cout << "-------下为 display 的输出--------\n\n";
        s.display();
    }
```

本程序的运行结果如下：
```
    杜一为      2188.88
    李海山      1230.07
    张军民      3200.97

    以下为 display 的输出--------

    杜一为      2188.88
    李海山      1230.07
    张军民      3200.97
```

2. 重载赋值运算符=

程序中的赋值语句是通过赋值运算符函数实现的，使用它的场合较多。在设计类时，如果没有为它提供赋值运算符成员函数，编译器会自动为它合成一个默认的赋值运算符函数。如果该类对象没有分配动态存储空间，默认赋值运算符函数能够正确完成对象的赋值拷贝。

如果对象构造时分配了动态存储空间，默认赋值运算符函数多数时候都不能正确地进行对象的赋值拷贝，需要为类重载赋值运算符函数。此外，有时需要通过赋值运算符实现特殊的对象赋值拷贝操作，也需要重载赋值运算符函数。关于重载赋值运算符函数的详细内容，请参考本书 3.8.1 节。

6.4.3 类型转换运算符

本书 2.8 节介绍了与类无关的数据类型之间的转换方法，这里再介绍 C++中类与标准类型、自定义类类型之间的类型转换方法。

1. 用构造函数实现类的类型转换

构造函数具有类型转换的功能，能够将其他类型的数据转换类类型的对象。

【例 6-7】 有日期类 Date，设计其构造函数，能够将整型数据转换成一个 Date 类的对象。

```cpp
//Eg6-7.cpp
    #include <iostream>
    using namespace std;
    class Date{
      private:
        int  year, month, day;
      public:
        Date(int yy=1900, int mm=1, int dd=1){
            year=yy;    month=mm;    day=dd;
        }
        void Show(){  cout<<year<<"-"<<month<<"-"<<day<<endl;  }
    };
```

```
void main(){
    Date d(2000,10,11);
    d.Show();
    d=2006;
    d.Show();
}
```

程序的运行结果如下：
```
2000-10-11
2006-1-1
```

语句"d=2006;"调用 Date 类的构造函数，将整数 2006 转换成一个 Date 类的临时对象，然后将此对象赋值给 Date 类型的对象 d。此语句等效于语句"d=Date(2006);"。

因为只提供了一个参数给 Date 的构造函数，所以 month 和 day 都默认为 1。程序运行结果的第 2 行就是对象 d 的成员函数 show()输出的结果。

2．类型转换运算符

构造函数只能实现其他类型（如 int、float、char 等）向类类型的转换，不能实现类类型向 C++基本类型的转换（如把一个类类型转换成 int、float、char 等类型），如果要实现这样的功能，需要重载类型转换运算符。

类型转换运算符是类的一个特殊成员函数，它负责将一个类类型的值转换成基本类型或其他的类类型的对象，定义形式如下：
```
class X{
    ……
public:
    operator type() {
        ……
        return type 类型的数据;
    }
};
```

类型转换运算符的功能是将类 X 转换成 type 类型，type 通常是 C++的基本数据类型。当然，type 也可以是另一个类类型。定义类型转换运算符时，需要注意以下 3 点：① 必须定义为类的成员函数；② 函数原形中不能指定返回类型，它必须返回将要转换成 type 类型的数据；③ 能够为一个类定义多个类型转换函数。

【例 6-8】 为圆类 Circle 设计类型转换函数，当将 Circle 对象转换成 int 类型时，返回圆的半径；当将它转换成 double 类型时，返回圆的周长；当将它转换成 float 类型时，返回圆的面积。

```
//Eg6-8.cpp
#include <iostream>
using namespace std;
class Circle{
private:
    double x, y, r;
 public:
    Circle(double x1, double y1, double r1){  x=x1;    y=y1;    r=r1;   }
    operator int(){   return int(r);   }
    operator double(){   return 2*3.14*r;   }
    operator float(){   return (float)3.14*r*r;   }
};
void main(){
```

```
    Circle c(2.3, 3.4, 2.5);
    int    r=c;                 // 调用 operator int()，将 Circle 类型转换成 int
    double length=c;            // 调用 operator double()，将 Circle 类型转换成 double
    float  area=c;              // 调用 operator float()，将 Circle 类型转换成 float
    double len=(double)c;       // 将 Cirlce 类型对象强制转换成 double
    cout<<r<<endl;
    cout<<length<<endl;
    cout<<len<<endl;
    cout<<area<<endl;
}
```

本程序的运行结果如下（请结合此结果理解每次转换函数的调用情况）：

```
2
15.7
15.7
19.625
```

3. 类型转换的二义性问题

无论是定义把其他类型转换成类类型的构造函数，还是定义把类类型转换成其他类型的类型转换运算符函数，都要注意避免转换函数的二义性问题。最常见的情况是定义多个参数都是数值类型的构造函数，或者定义了多个目标类型都是数值类型的类型转换函数。

【例 6-9】 类 B 同时设置了 int 和 double 类型参数的构造函数，以及将类 B 转换成 int 和 float 的类型转换函数，容易引发二义性问题。

```
//Eg6-9.cpp
    #include <iostream>
    using namespace std;
    class B {
        double  x;
      public:
        B(float a = 0) :x(a){ }
        B(double b=0.0) :x(b){ }
        operator int(){ return x; }
        operator float(){ return x; }
    };
    void f(long l){ cout << l << endl; }
    void main() {
        B b(4);                 // L1  无法确定调用 B::B(float)还是 B::B(double)
        f(b);                   // L2  无法确定调用 operator int()还是 operator float()
    }
```

语句 L1 和 L2 都会产生二义性问题。在执行 L1 语句时，并没有精确匹配参数的构造函数，只有把 int 类型的 4 转换成 float 或 double 才能定义对象 b。但两个转换都是可行的，并无优劣之分[1]，编译器无法确定调用哪个构造函数，因此产生二义性冲突。同样，L2 处的 f()函数需要 long 类型的参数，实参对象 b 可以转换成 int 或 float 类型，两个转换都可行，编译器也无法确定调用哪个转换函数，因而产生二义性问题。

---

[1] 在 C++中，只要是类型转换，编译器就按相同的规则处理，彼此之间并无优先级可言。比如，把 int 转换成 float 和转换成 double 都是同级别的，把 int 转换成 float 并不比转换成 double 有优先权。其他类型之间的转换也是如此。

综上所述，在进行类设计时最好不要像类 B 那样，同时为类设置多个内置数值类型的构造函数或类型转换函数，容易产生二义性问题。

6.4.4 函数调用运算符重载

在设计 C++的类时可以重载函数调用运算符，重载后就可以像函数一样使用类对象。例如：
```
class X{
    operator type(){…}                    // 类型转换运算符
    返回类型 operator( ) (形参表);        // 函数调用运算符
    ……
}
```
容易把函数调用运算符与类类型转换运算符混为一谈，因此特意列出，注意区分！

【例 6-10】 设计点类 Point，包含表示坐标位置的数据成员 x、y，重载函数调用运算符，其功能是可以用指定的参数移动坐标 x、y，或者输出点的坐标值。

```
//Eg6-10.cpp
#include<iostream>
using namespace std;
class Point{
  public:
    Point(int a=0, int b=0):x(a), y(b){ }
    Point &operator()(int dx, int dy){           // 函数调用运算符
        x += dx;    y += dy;
        return *this;
    }
    Point operator()(int dxy) {                  // 函数调用运算符
        x += dxy;   y += dxy;
        return *this;
    }
    void operator()() {                          // 函数调用运算符
        cout << "[" << x << "," << y << "]" << endl;
    }
  private:
    int  x, y;
};
int main(){
    Point pt,pt2(2, 2);          // L1，调用 Point::Point()和 Point::Point(int, int)
    pt=pt2(3, 6);                // L2，调用 Point::operator(int,int)
    pt();                        // L3，调用 Point::operator()，输出：[5, 8]
    pt2(6);                      // L4，调用 Point::operator(int)
    pt2();                       // L5，调用 Point::operator()，输出：[11, 14]
}
```

程序运行结果如下：
```
[5, 8]
[11, 14]
```

语句 L2、L3、L4、L5 与函数调用的形式没有什么区别，但它们并非函数调用，而是分别调用了重载的函数调用运算符。此外，要注意区分语句 L1 的 pt2(2, 2)和语句 L2 的 pt2(3, 6)，虽然它们形式相同，但前者是调用构造函数定义对象，后者使用的是对象的调用运算符函数。

说明：① 函数调用运算符只能用非静态成员函数重载；② 函数调用运算符函数可以有任意

多个参数,可以重载,但不能有参数默认值。

6.5 输入/输出运算符重载

在默认情况下,输入运算符>>和输出运算符<<只能实现C++内置数据类型(如int、float、char等)的输入和输出,要实现对自定义数据类型的输入和输出,就需要对它们进行重载。

1. 重载输出运算符<<

输出运算符<<也称为插入运算符,通过重载,可以实现自定义数据类型的输出。形式如下:

```
ostream &operator<<(ostream &os, classType object) {
    ……
    os<< …                  // 输出对象的实际成员数据
    return os;              // 返回 ostream 对象
}
```

ostream 是定义于 iostream.h 或 iostream 头文件中的输出流类,其主要功能是实现数据的输出。重载输出运算符<<就是扩展 ostream 类的功能,使它能够输出自定义类型 classType 的数据,如类与结构类型的对象等。

<<是二元运算符,其第一个参数是 ostream 对象的引用,第二个参数是要输出数据类型的一个对象,返回一个 ostream 对象的引用。由于输出运算符不会改变输出对象的值,所以在重载<<时,通常将第二个参数设置为 const 类型的引用,可以避免复制实参,提高效率。例如:

```
ostream &operator<<(ostream &os,const classType& object) {
    ……
}
```

由于<<是一个二元运算符,其重载运算符函数 operator<<的第一个参数又必须是 ostream 类对象的引用,所以它不能够被重载为类的成员函数。原因是当 operator<<被重载为类的成员函数时,其第一个参数必定是通过 this 指针传递的当前对象,而不是 ostream 类对象的引用。因此,输出运算符<<常被重载为类的友元函数。

2. 重载输入运算符>>

输入运算符>>也称为提取(析取)运算符,用于输入数据。通过输入运算符>>的重载,就能够用它输入用户自定义的数据类型,其重载形式如下:

```
istream &operator>>(istream &is,class_name &object) {
    ……
    is>> …                  // 输入对象 object 的实际成员数据
    return is;              // 返回 istream 对象
}
```

输入运算符也是一个二元运算符,其重载运算符函数 operator>>的第一个参数必须是 istream 类对象的引用,所以它不能被重载为类的成员函数,常被重载为类的友元函数。第二个参数是用户自定义类型数据的引用,函数返回 istream 类型的引用。

istream 也是 iostream(iostream.h)头文件中的一个类,其主要功能是实现数据的输入。

3. >>和<<重载的应用

在进行类设计时,如果该类有庞大的数据成员需要输入或输出,可以重载输入输出运算符,以简化该类对象数据成员的输入和输出。

【例6-11】 有一销售人员类 Sales,其数据成员有姓名 name、身份证号 id、年龄 age。重载输入输出运算符实现对 Sales 类数据成员的输入和输出。

```
//Eg6-11.cpp
#include<iostream>
#include<string>
using namespace std;
class Sales{
  private:
    char  name[10];
    char  id[18];
    int   age;
  public:
    Sales(char *Name, char *ID, int Age);
    friend ostream &operator<<(ostream &os,Sales &s);    // 重载输出运算符
    friend istream &operator>>(istream &is,Sales &s);    // 重载输入运算符
};
Sales::Sales(char *Name, char *ID, int Age) {
    strcpy(name,Name);
    strcpy(id,ID);
    age=Age;
}
ostream& operator<<(ostream &os, Sales &s) {
    os<<s.name<<"\t";                                    // 输出姓名
    os<<s.id<<"\t";                                      // 输出身份证号
    os<<s.age<<endl;                                     // 输出年龄
    return os;
}
istream &operator>>(istream &is,Sales &s) {
    cout<<"输入雇员的姓名，身份证号，年龄"<<endl;         // 显示输入提示信息
    is>>s.name>>s.id>>s.age;                             // 数据成员数据输入
    return is;
}
void main(){
    Sales s1("杜康", "214198012111711", 40);             // L1
    cout<<s1;                                            // L2
    cout<<endl;                                          // L3
    cin>>s1;                                             // L4
    cout<<s1;                                            // L5
}
```

程序运行结果如下：

```
杜康    214198012111711    40
输入雇员的姓名，身份证号，年龄
Tom 100 23
Tom        100        23
```

运行结果的第 1 行是语句 L2 的输出结果；第 2、3 行是语句 L4 的结果，其中第 3 行是从键盘输入的数据；第 4 行是语句 L5 产生的输出结果。

6.6 编程实例

字符串是程序设计时经常用到的数据类型，在传统的 C/C++程序设计中，字符类型数据的处

理常通过字符指针或字符串函数来完成，但这些函数在进行字符串的赋值、大小比较等操作时并不方便。标准C++提供了一个String类，它重载了+、+=、==、>、>=、<、<=等运算符函数，使字符串的赋值、连接与大小比较等操作与C++内置的int和float等类型的数据一样简便。要使用标准C++的String类，需在程序中"#include <string>"。

下面的例子模拟实现了标准C++中String类的部分功能，从中可以了解运算符重载的方法和用途，以及C++标准库中String类的强大功能。

1. 编程实作一

【例6-12】 设计一个字符串类String，通过运算符重载实现字符串的输入、输出以及+=、==、!=、<、>、>=、[ ]等运算。

```cpp
//Eg6-12.cpp
    #include <iostream>
    using namespace std;
    class String {
      private:
        int length;                                        // 字符串长度
        char *sPtr;                                        // 存放字符串的指针
        void setString( const char *s2);                   // 仅供内部成员函数调用的私有设置函数
      // 重载输入输出运算符
        friend ostream &operator<<(ostream &os, const String &s);
        friend istream &operator>>(istream &is, String &s);
      public:
        String(const char * = "");
        ~String();
        const String &operator=(const String &R);          // 重载赋值运算符 =
        const String &operator+=(const String &R);         // 字符串的连接 +=
        bool operator==(const String &R);                  // 字符串的相等比较 ==
        bool operator!=(const String &R);                  // 字符串的不等比较 !=
        bool operator!();                                  // 判定字符串是否为空
        bool operator<(const String &R) const;             // 字符串的小于比较 <
        bool operator>(const String &R);                   // 字符串的大于比较 >
        bool operator>=(const String &R);                  // 字符串的大于等于比较
        char &operator[](int);                             // 字符串的下标运算
    };
    void String::setString(const char *s2){
        sPtr = new char[length+1];
        strcpy(sPtr,s2);
    }
    String::String(const char *s):length(strlen(s)){  setString(s);  }
    String::~String(){  delete []sPtr;  }
    const String &String::operator=(const String &R) {
        if(&R != this){                  // 若=右两边的串不相同，才将=右边的串赋值给左边的串
            delete [] sPtr;
            length = R.length;
            setString(R.sPtr);
        }
        return *this;
    }
    const String &String::operator+=(const String &R) {
        char  *temp = sPtr;
```

```cpp
        length += R.length;
        sPtr = new char[length+1];
        strcpy(sPtr, temp);
        strcat(sPtr, R.sPtr);
        delete []temp;
        return *this;
}
bool String::operator==(const String &R){  return strcmp(sPtr, R.sPtr)==0; }
bool String::operator!=(const String & R){  return !(*this==R); }
bool String::operator!(){  return length ==0;  }
bool String::operator<(const String &R)const{  return strcmp(sPtr, R.sPtr)<0; }
bool String::operator>(const String &R){  return R<*this; }
bool String::operator>=(const String &R){  return !(*this<R); }
char &String::operator[](int subscript){  return sPtr[subscript]; }
ostream &operator<<(ostream &os,const String &s){
        os << s.sPtr;
        return os;
}
istream &operator>>(istream &is,String &s) {
        char temp[100];
        is>>temp;
        s=temp;
        return is;
}
int main(){
        String  s1("happy"), s2("new year"), s3;
        cout << "s1 is " << s1 << "\ns2 is " << s2 << "\ns3 is " << s3        // L1
             << "\n比较 s2 和 s1:"
             << "\ns2 ==s1 结果是 " << ( s2 == s1 ? "true" : "false")
             << "\ns2 != s1 结果是 " << ( s2 != s1 ? "true" : "false")
             << "\ns2 >  s1 结果是 " << ( s2 >  s1 ? "true" : "false")
             << "\ns2 <  s1 结果是 " << ( s2 <  s1 ? "true" : "false")
             << "\ns2 >= s1 结果是 " << ( s2 >= s1 ? "true" : "false");
        cout << "\n\n测试 s3 是否为空: ";                                     // L2
        if(!s3){
            cout << "s3 是空串"<<endl;                                         // L3
            cout<<"把 s1 赋给 s3 的结果是: ";                                  // L4
            s3 = s1;
            cout << "s3=" << s3 << "\n";                                      // L5
        }
        cout << "s1 += s2 的结果是: s1=";                                     // L6
        s1 += s2;
        cout << s1;                                                           // L7
        cout << "\ns1 +=  to you 的结果是: ";                                 // L8
        s1 += " to you";
        cout << "s1 = " << s1 <<endl;                                         // L9
        s1[0] = 'H';
        s1[6] = 'N';
        s1[10] = 'Y';
        cout << "s1 = " << s1 << "\n";                                        // L10
        return 0;
}
```

本程序的运行结果如下:

```
        s1  is  happy                                        // L1 语句输出下面连续的 9 行
        s2  is  new year
        s3  is
        比较 s2 和 s1:
        s2 == s1 结果是 false
        s2 != s1 结果是 true
        s2 > s1 结果是 false
        s2 < s1 结果是 true
        s2 >= s1 结果是 false
        测试 s3 是否为空: s3 是空串                           // L2 和 L3 语句输出
        把 s1 赋给 s3 的结果是: s3=happy                      // L4 和 L5 语句输出
        s1 += s2 的结果是: s1=happy new year                  // L6 和 L7 语句输出
        s1 += to you 的结果是: s1=happy new year to you       // L8 和 L9 语句输出
        s1 = Happy New Year to you                            // L10 语句输出
```

请结合主函数 main()中注释的语句编号，以及运行结果中的注释逐一理解每次输出结果，并借此理解运算符重载的方法和用途。

2. 编程实作二

【例 6-13】 改写 5.6 节的课程结构类，为 comFinal、Account、Chemistry 类重载输出运算符函数 operator<<，使程序能够直接利用 cout 输出各类的对象。

（1）重载 comFinal 类的输出运算符 operator<<

启动 VC++ 2015，打开目录 C:\course 中的 com_main.sln 工程文件；打开 comFinal.h 头文件，并在 comFinal 类的声明中添加 operator<<运算符函数的重载声明，如下所示：

```
// comFinal.h
    class comFinal{
        friend ostream &operator<<(ostream &os, comFinal &s);
        ……                                                   // 其余代码不作任何修改
    }
```

打开 comFinal.cpp 源文件，并在其中添加 operator<<的程序代码。

```
//comFinal.cpp
    ……
    ostream& operator<<(ostream &out, comFinal &o) {
        cout << "姓名\t" << "汉语\t" << "数学\t" << "英语\t"<< "总分\t" << "平均分" << endl;
        out << o.name<<"\t"<<o.chinese<<"\t"<<o.math<<"\t"<<o.english<<"\t"
            << o.getTotal() << "\t" << o.getAverage() << endl << endl;
        return out;
    }
    ……
```

（2）重载 Account 类的输出运算符 operator<<

在 Account 头文件的类中添加如下函数声明：

```
//Account.h
    class Account{
        friend    ostream &operator<<(ostream &os, Account &s);
        ……                                                   // 其余代码不作任何修改
    }
    ……
```

添加在 Account.cpp 中的实现代码如下:

```
//Account.cpp
    ostream& operator<<(ostream &out, Account &o) {
        cout << "姓名\t" << "汉语\t" << "数学\t" << "英语\t"
            << "会计学\t" << "经济学\t" << "总分\t" << "平均分" << endl;
        out << o.name<<"\t"<<o.chinese<<"\t"<<o.math<<"\t"<<o.english<<"\t"
            << o.account<<"\t"<<o.econ<<"\t"<<o.getTotal()+o.account+o.econ
            << "\t"<<(o.getTotal()+o.account+o.econ)/5<<endl<<endl;
        return out;
    }
    ……
```

（3）重载 Chemistry 类的输出运算符：operator<<

在 Chemistry 类的头文件和源代码中分别添加如下代码：

```
//Chemistry.h
    class Chemistry {
        friend  ostream &operator<<( ostream &os, Chemistry &s);
        ……                                              // 其余代码不作任何修改
    }
    ……
```

添加在 Chemistry.cpp 文件中的函数代码如下：

```
//Chemistry.cpp
    ostream& operator<<(ostream &out, Chemistry &o) {
        cout << "姓名\t" << "汉语\t" << "数学\t" << "英语\t" << "化学\t"
            << "化学分析\t" << "总分\t" << "平均分" << endl;
        out << o.name << "\t" << o.chinese << "\t" << o.math << "\t"
            << o.english << "\t" << o.chemistr << "\t" << o.analy << "\t\t"
            << o.getTotal()+o.chemistr + o.analy << "\t"
            << (o.getTotal() + o.chemistr + o.analy )/5<< endl << endl;
        return out;
    }
    ……
```

（4）验证重载结果

改写应用程序的主函数 main()，如下所示：

```
//com_main.cpp
    #include"Chemistry.h"
    #include"Account.h"
    #include<iostream.h>
    void main(){
        comFinal com("刘科学",78,76,89);
        Account a1("张三星",98,78,97,67,87);
        Chemistry c1("光红顺",89,76,34,56,78);
        cout<<com;                                                      // L1
        cout<<"-------------------------------------------------"<<endl;
        cout<<a1;                                                       // L2
        cout<<"-------------------------------------------------"<<endl;
        cout<<c1;                                                       // L3
    }
```

语句 L1、L2、L3 分别调用了 comFinal、Account 和 Chemistry 的输出运算符函数。程序运行结果如下所示。

姓名	汉语	数学	英语	总分	平均分		
刘科学	76	89	78	243	81		

姓名	汉语	数学	英语	会计学	经济学	总分	平均分
张三星	78	97	98	67	87	427	85

姓名	汉语	数学	英语	化学	化学分析	总分	平均分
光红顺	76	34	89	56	78	333	66

习 题 6

1. C++为什么要允许运算符重载?
2. 在程序中进行运算符重载时要注意哪些限制条件?
3. 将运算符作为类的友元重载和类成员函数重载有什么区别?
4. 类的类型转换方法有哪些?
5. 读程序,写出程序运行结果。

(1)
```
#include <iostream>
Using namespace std
class ABC{
    int a, b, c;
   public:
     ABC(int x, int y, int z):a(x), b(y), c(z){ }
     friend ostream &operator<<(ostream &out, ABC& f);
};
ostream &operator<<(ostream &out, ABC& f){
    out<<"a="<<f.a<<endl<<"b="<<f.b<<endl<<"c="<<f.c<<endl;
    return out;
}
void main(){
    ABC obj(10,20,30);
    cout<<obj;
}
```

(2)
```
#include <iostream>
#include <string.h>
Using namespace std;
class X{
  private:
    char *s;
  public:
    X(char *b){
        s=new char[sizeof(b)+1];
        strcpy(s, b);
    }
    ~X(){ delete s; }
    void display(){ cout<<"s="<<s<<endl; }
};
void main(){
```

```
        X x1("ok");
        X x2(x1);
        X x3=x1;
        x2.display();
        x3.display();
    }
```
写出本程序的结果,并指出本程序存在的错误。

(3)
```
    #include <iostream.h>
    class Number{
        int  n;
      public:
        Number(int x):n(x){ }
        Number& operator++(){ ++n;     return *this;  }
        Number& operator++(int){ n++;     return *this;  }
        friend Number &operator--(Number &o);
        friend Number &operator--(Number o,int);
        void display(){  cout<<"This Number is:  "<<n<<endl;  }
    };
    Number &operator--(Number &o){   --o.n;    return o;  }
    Number &operator--(Number o, int){   o.n--;    return o;  }
    void main(){
        Number N1(10);
        ++ ++ ++N1;
        N1.display();
        N1++;
        N1.display();
        --N1;
        N1.display();
        N1-- -- --;
        N1.display();
    }
```
重载运算符--时,前缀自减采用了引用参数,后缀自减采用的是普通参数,注意它们对程序结果的影响。

(4)
```
    #include <iostream>
    using namespace std;
    class Student{
      private:
        char  *name;
        int  age;
        double  Money;
      public:
        Student(char *n="NoKnow", int Age=17, double Mey=1000.998):age(Age), Money(Mey){
            name=new char[sizeof(n)+1];
            strcpy(name,n);
        }
        operator char*(){  return name;  }
        operator int(){  return age;  }
        operator double(){  return Money;  }
    };
    void main(){
        Student s1("阿瓦尔古丽",19,280000.998);
```

```
    char *Name=s1;
    int  Age=s1;
    double Money=s1;
    cout<<Name<<"\t"<<Age<<"\t"<<Money<<endl;
    Student s2("武昌鱼");
    Name=s2;
    Age=s2;
    Money=s2;
    cout<<Name<<"\t"<<Age<<"\t"<<Money<<endl;
}
```

6. 设计一个计数器类 Calculator，它只有一个用于计数的数据成员 count。该计数器的有效计数范围是 0～65535，实现计数器的前自增、后自增、前自减、后自减、两个计数器相加减等运算。

7. 建立一个二维坐标系的类 TwoCoord，用 x、y 表示坐标值，实现两坐标点的加、减运算，计算两坐标点间的距离，并重载输入/输出运算符，使之能够直接输入/输出坐标点的坐标值。

第 7 章 模板和 STL

模板（template）是 C++实现代码重用机制的重要工具，是泛型技术（即与数据类型无关的通用程序设计技术）的基础。模板表示的是概念级的通用程序设计方法，它把算法设计从具体数据类型中分离出来，能够设计出独立于具体数据类型的通用模板程序，具有函数模板和类模板两种类型，ANSI 标准 C++库（STL）是用模板技术实现的。

本章主要介绍如下内容：函数模板、类模板及其实例化，模板的类型与非类型参数，以及 STL 中的常见模板类、算法、元组、迭代器及其应用。

7.1 模板的概念

某些程序除了所处理的数据类型外，程序代码和功能完全相同，但为了实现它们，却不得不编写多个与具体数据类型紧密结合的程序。例如，为了求两个 int、float、double、char 类型数中的最小数，需要编写下列函数：

```
int min(int a, int b){   return (a<b)?a:b;  }
float min(float a, float b){   return (a<b)?a:b;  }
double min(double a, double b){   return (a<b)?a:b;  }
char min(char a, char b){   return (a<b)?a:b;  }
```

有没有办法能够简化这个编程过程，只写一段相同的代码，却能计算出两个不同类型数据的最小值呢？在 C 语言中，可以通过下面的宏来实现这个想法：

```
#define min(x,y) ((x)<(y)?(x):(y);)
```

在 C++中，虽然也可以利用宏来进行类似的程序设计，但宏避开了 C++的类型检查机制，在某些情况下可能引发错误，是不安全的。更好的方法是用模板来实现这样的程序设计。

模板相当于某些工艺制造中的模具、母板，通过它们能够制作出形状和功能相同的产品来。只不过 C++中的模板所"生产"的产品是函数或类。例如，只需要编写下面一个函数模板就能够生成上面所有的 min()函数。

```
template <typename T>
T min(T a,T b){
    return (a<b)?a:b;
}
```

关键字 template 表示定义模板，min 模板没有涉及任何具体的数据类型，<>中的 typename 表示 T 可以是任何数据类型，称为类型参数，也可以使用 class 替换它，下面的定义是完全等价的。

```
template <class T>
T min(T a,T b){ return (a<b)?a:b; }
```

但是，为了与定义类的 class 相区分，在 template 中常用 typename 来定义类型参数。

min 模板代表了求两数最小值的通用算法，与具体的数据类型无关，但它能够生成计算各种具体类型数据的最小值函数。编译器的做法是用具体的类型替换模板中的 T，生成具体类型的 min()函数。例如，用 int 替换掉模板中所有的 T 就能生成求两个 int 类型数据的 min()函数。

模板是一种忽略具体数据类型，只考虑程序操作逻辑的通用程序设计方法，它操作的是参数化的数据类型（即类型参数）而非实际数据类型。

在调用模板时，必须为它的类型参数提供实际数据类型，编译器将利用该数据类型替换模板中的全部类型参数，自动生成与具体数据类型相关的可以运行的程序代码，这个过程称为模板的**实例化**。由函数模板实例化生成的函数称为**模板函数**，由类模板实例化生成的类称为**模板类**。图7-1是模板、模板函数、模板类和对象的关系简图。

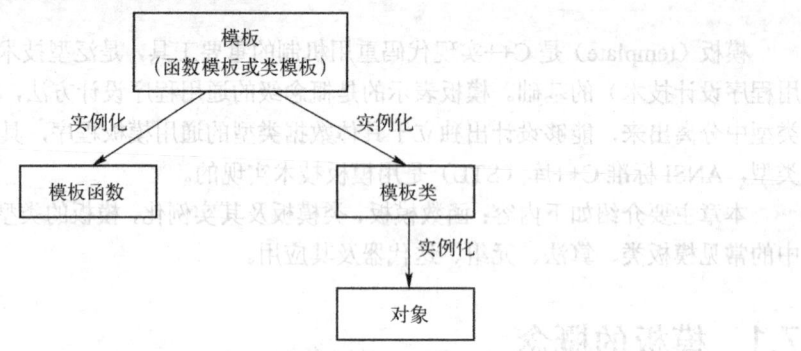

图 7-1　模板、模板函数、模板类和对象之间的关系

7.2　函数模板和模板函数

在计算机中，许多算法操作的数据类型虽然不同，但在程序逻辑上是相同的。例如，对int、float、char、double、short……不同数据类型进行排序、查找、求最大值、最小值等，完成这些任务的同类函数除了数据类型不同外，函数的程序代码完全相同。在C++中，函数模板是设计这类函数的高效工具。

函数模板提供了一种通用的函数行为，该函数行为可以用不同的数据类型进行调用，编译器会根据调用类型，自动将它实例化为具体数据类型的函数代码，也就是说，函数模板代表了一个函数家族。与普通函数相比，函数模板中某些函数元素的数据类型是未确定的，这些元素的类型将在使用时被参数化；与重载函数相比，函数模板不需要程序员重复编写函数代码，可以自动生成许多功能相同但参数和返回值类型不同的函数。

7.2.1　函数模板的定义

函数模板的定义形式如下：

```
template <typename T1, typename T2, …>返回类型 函数名(参数表){
    ……                                                   // 函数模板定义体
}
```

template是定义模板的关键字，写在一对<>中的T1、T2、…是模板参数，表示类或函数在定义时要用到的类型或值，如用来定义函数的形参、函数返回值，或定义函数的局部变量。其中的typename（可用class替换）表示其后的参数可以是任意类型。

模板参数名的作用域局限于函数模板的范围内，并且要求每个模板参数要在函数的形参列表中至少出现一次。

【例7-1】　求两数最小值的函数模板。

```
//Eg7-1.cpp
    #include <iostream>
    using namespace std;
    template <class T>
    T min(T a,T b) {
        return (a<b)?a:b;
    }
    void main(){
        double a=2, b=3.4;
        float  c=2.3, d=3.2;
        cout<<"2, 3     的最小值是: "<<min(2, 3)<<endl;
        cout<<"2, 3.4   的最小值是: "<<min(a, b)<<endl;
        cout<<"'a', 'b'的最小值是: "<<min('a', 'b')<<endl;
        cout<<"2.3, 3.2 的最小值是: "<<min(c, d)<<endl;
    }
```

程序运行结果如下：

```
2, 3     的最小值是: 2
2, 3.4   的最小值是: 2
'a', 'b' 的最小值是: a
2.3, 3.2 的最小值是: 2.3
```

说明：① 在定义模板时，不允许 template 语句与函数模板定义之间有任何其他语句。下面的模板定义是错误的：

```
template <class T>
int  x;                          // 错误，不允许在此位置有任何语句
T min(T a,T b){…}
```

② 函数模板可以有多个类型参数，但每个都必须用关键字 class 或 typename 限定。例如：

```
template <class T1, class T2, class T3>
T1 fx(T1 a, T 2 b, T3 c){…}
```

在这种情况下，函数模板的返回类型通常是 T1、T2、…中的一种，但每个类型参数（即 T1、T2、…）必须出现在函数的形参表中。

③ 普通函数或类通常把函数或类的声明放在头文件中，把实现代码放在另一个实现文件中，以达到接口与实现分离的目的。模板（包括函数模板和类模板）则不一样，由于在用模板创建（实例化）模板函数或模板类时，编译器必须掌握函数模板或类成员函数模板的确切定义，因此必须把模板的声明和定义保存在同一文件中，通常保存在同一头文件中。

7.2.2 函数模板的实例化

当编译器遇到关键字 template 和跟随其后的函数定义时，它只是简单地知道：这个函数模板在后面的程序代码中可能会用到。在这个阶段，编译器并不会根据函数模板生成任何代码，因为此时它并不知道函数模板要处理的具体数据类型，无法生成任何函数代码。当编译器遇到程序中对函数模板的调用时，才会根据调用语句中实参的具体类型，推断并确定模板参数的数据类型，并用此类型替换函数模板中的模板参数，生成能够处理该类型的函数代码，这一过程称为模板的实例化，生成的函数称为模板的实例，也称为模板函数。

例如，在例 7-1 中，当编译器遇到定义 template <class T> T min(T a, T b){…}时，并不会生成任何函数代码，但当它遇到函数调用 min(2, 3)时，会推断出调用参数 2、3 的类型都是 int，就会

用 int 替换函数模板中的所有类型参数 T，生成求两个整数最小值的模板函数，如下所示：

```
int min(int a, int b) {
    return (a<b)?a:b;
}
```

当编译器遇到 min('a', 'b')调用时，就会根据参数'a'、'b'的类型，将模板中的 T 全部替换成 char 类型，生成 char 类型的模板函数 min(char, char)，再调用此模板函数计算对应参数的最小值。图 7-2 是例程 7-1 中 min 函数模板实例化为各模板函数的示意。

```
            min 函数模板
         template<class T>
         T min(T a, T b)
         {return (a<b)?a:b;}
```

实例化 → min(2,3)生成的模板函数 a,b为int类型 int min(int a,int b) {return (a<b)?a:b;}

实例化 → min(a,b)生成的模板函数 a,b为double类型 double min(double a,double b) {return (a<b)?a:b;}

实例化 → min('a','b')生成的模板函数 a,b为char类型 char min(char a,char b) {return (a<b)?a:b;}

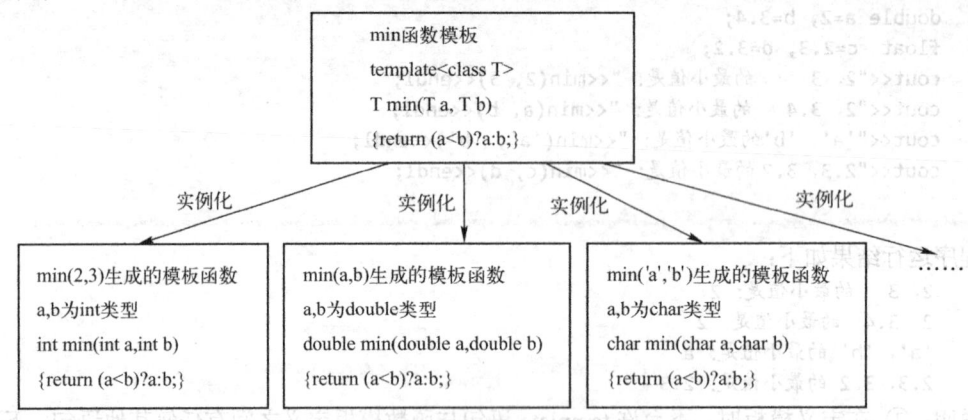

实例化 → ……

图 7-2 min 函数模板实例化的模板函数

当多次使用具有相同类型的参数调用模板时，编译器只在第一次调用时生成模板函数，此后再遇到相同类型的参数调用时，它将调用第一次实例化生成的模板函数。例如，假设在例 7-1 中有下面的函数调用：

```
int x=min(2, 3);
int y=min(3, 9);
```

编译器只在计算 x 时生成 int min(int, int)模板函数，并用此函数计算出 y 值。

7.2.3 模板参数

1. 模板参数的匹配问题

C++在实例化函数模板的过程中，只是简单地将模板参数替换成调用实参的类型，并以此生成模板函数，不会进行参数类型的任何转换。这种方式与普通函数的参数处理有着极大的区别。在普通函数的调用过程中，C++会对类型不匹配的参数进行隐式的类型转换。

例如，对于例 7.1 中的 min 函数模板，在 main()函数中进行不同的实例化：

```
void main(){
    double  a=2, b=3.4;
    float  c=2.3, d=3.2;
    cout<<"2, 3.2   的最小值是: "<<min(2, 3.2)<<endl;
    cout<<"a c      的最小值是: "<<min(a, c)<<endl;
    cout<<"'a', 3   的最小值是: "<<min('a', 3)<<endl;
}
```

编译该程序，会产生类似下面形式的多个编译错误：

```
C2782, "T min(T,T) " : 模板参数 "T" 不明确
……
```

错误来源于 main()函数中的 3 次 min()函数调用，是同一类型的错误，即模板参数不匹配。例如，

在遇到函数调用 min(2,3.2)时，编译器将先用调用实参的类型实例化函数模板，生成模板函数。由于 min(2, 3.2)的调用参数类型分别为 int 和 double 类型，而 min 函数模板中只有一个类型参数 T，不能让 T 同时取 int 和 double 两种类型。在模板实例化的过程中，C++不会进行任何形式的隐式类型转换，于是产生了上述编译错误信息。解决的办法有以下几种：

（1）在模板调用时进行参数类型的强制转换

在模板函数调用过程中，强制转换调用实参的类型，使其类型与模板参数相符合，这样可以避免模板实例化过程中的类型匹配问题。例如，将上面的模板调用改写成下面形式的语句，程序就能够编译运行，并得到正确的运行结果。

```
cout<<"2, 3.2    的最小值是: "<<min(double(2), 3.2)<<endl;
cout<<"a, c      的最小值是: "<<min(a, double(c))<<endl;
cout<<"'a' 3     的最小值是: "<<min(int('a'), 3)<<endl;
```

（2）显式指定函数模板实例化的类型参数

模板函数为用户提供了一种显式指定模板参数类型的方法：在调用模板函数时，将参数的实际类型写在调用函数名后面的"＜＞"中，编译器将以"＜＞"中指定的类型实例化函数模板，生成模板函数。

```
cout<<"2, 3.2    的最小值是: "<<min<double>(2,3.2)<<endl;
cout<<"a, c      的最小值是: "<<min<double>(a,c)<<endl;
cout<<"'a', 3    的最小值是: "<<min<int>('a',3)<<endl;
```

当有多个不同模板参数时，就要在函数调用后面的<>中分别指定各个模板参数的类型。

（3）指定多个模板参数

在模板函数的调用过程中，为了避免出现一个模板参数与多个调用实参的类型冲突问题，可以为函数模板指定多个不同的类型参数。

【例 7-2】 用两个模板参数实现求最大值的函数。

```
//Eg7-2.cpp
    #include <iostream>
    using namespace std;
    template <class T1,class T2>
    T1 max(T1 a,T2 b) {
        return (a>b)?a:b;
    }
    void main(){
        double   a=2, b=3.4;
        float    c=5.1, d=3.2;
        cout<<"2, 3.2    的最大值是: "<<max(2, 3.2)<<endl;
        cout<<"a, c      的最大值是: "<<max(a, c)<<endl;
        cout<<"'a', 3    的最大值是: "<<max('a', 3)<<endl;
    }
```

函数的运行结果如下：

```
    2, 3.2    的最大值是: 3
    a, c      的最大值是: 5.1
    'a', 3    的最大值是: a
```

这个运行结果并不精确，甚至存在较大的误差，但它并不代表程序有什么错误。如果注意到第一个调用参数 T1 的类型就不会有问题，其原因是 max 函数模板的返回值依赖于模板参数 T1，如果在调用时将精度较高的数据类型作为第一参数，即让 T1 取它的类型，结果将是准确的。

例如，将例 7-2 中的函数调用依次改为 max(3.2, 2)、max(c, a)、max(3, 'a')，将得到正确的程序运行结果。但是，这毕竟不方便，更好的解决方法是用 auto 推断函数返回类型，如下：

```
template <class T1, class T2>
auto max(T1 a, T2 b) { return (a>b)?a:b; }
```

2. 类型与非类型模板参数

在函数模板的一对<>中可以包括两种类型的参数：类型模板参数和非类型模板参数。类型模板参数是指用 typename 或 class 限定的参数，可以将它看成类型说明符，如同 int、double、char 等系统内置数据类型一样使用，如用来指定函数模板的返回类型，定义模板形式参数或模板内的局部变量等。非类型模板参数是用确定数据类型指定的参数，与普通函数的形参定义形式差不多。

【例 7-3】 用函数模板实现数组的选择法排序，数组可以是任意类型，用类型参数设定；但数组大小是整数类型，用非类型参数指定。

```
//Eg7-3.cpp
#include <iostream>
using namespace std;
template <class T, int n>              // a为类型参数，n为非类型参数
void sort(T a[n]) {
    for(int i = 0; i<n; i++) {
        int  p = i;
        for(int j = i; j<n; j++)
            if(a[p]<a[j])
                p = j;
        T t = a[i];
        a[i] = a[p];
        a[p] = t;
    }
}
template <class T>
void display(T& a, int n) {
    for(int i = 0; i<n; i++)
        cout << a[i] << "\t";
    cout << endl;
}
void main() {
    int  m = 7;
    int  a[] = { 1,41,2,5,8,21,23 };
    char b[] = { 'a','x','y','e','q','g','o','u' };
    //    sort<int, m>(a);               // L1 错误，只能向非类型参数传值，不能传变量m
    sort<int, 7>(a);                     // L2 正确
    sort<char, 8>(b);
    display(a, m);                       // L3 正确，n对应模板函数的普通形参
    display(b, 8);
}
```

程序运行结果如下：

```
41    23    21    8    5    2    1
y    x    u    q    o    g    e    a
```

本程序定义了两个函数模板：一个是数组排序模板 sort，另一个是通用的显示数组内容的模板 display。它们能够对任意内置数据类型的数组进行排序和输出，只需把数组的名称和大小传递

给它们，sort 模板函数就能对数组进行从大到小的排序，display 模板函数就能够输出数组的各元素。如果是用户自定义的数据类型，如类、结构、枚举等，只要重载了它们的比较运算符函数< 和输出运算符函数<<，也能够用 sort 和 display 模板函数对它们进行排序和输出。

在调用函数模板时，只能向非类型模板参数传递常数，不能传递变量。

语句 L1 向 sort 函数模板的非类型参数传递变量 m，故产生错误；语句 L3 向模板函数 display 也传递了变量 m，但没有出错，原因是 m 传递的对象是 display 的普通形参 n（没有在模板的< >中指定，就不是类型模板参数，也不是非类型模板参数），按照普通函数参数传递的方式进行处理。

3. 模板参数的作用域

模板参数遵循普通的作用域范围规则：模板参数的可用范围在其声明之后，直到模板声明或定义结束之前；同普通局部变量一样，模板参数会隐藏外层作用域中声明的相同名字。但与普通函数不同的是，在模板内不能重用模板参数名。

```
struct A{ };
template<typename A, typename B>
void f(A a, B b) {
    A  t = a;                    // t 是 typename A 指定的类型
    int  B;                      // 错误，重用模板参数定义变量名称
}
```

在 f 函数模板内，模板参数 A 隐藏了外层作用域定义的结构类型 A。

7.3 类模板

7.3.1 类模板的概念

函数模板用于设计程序代码相同但所处理的数据类型不同的通用函数。与此相似，类模板用来设计结构和成员函数完全相同，但所处理的数据类型不同的通用类。例如，对于堆栈类而言（见本书 3.14 节），可能存在整数栈、双精度数栈、字符栈等多种不同数据类型的栈，每个栈类除了所处理的数据类型不同之外，类的结构和成员函数完全相同，但为了在非模板的类设计中实现这些栈，不得不重复编写各栈类的相同代码，如下所示。

整数栈：
```
    class intStack{
      private:
        int  data[size];             // 用数组存放栈数据
        int  top;                    // 栈顶指针
int size=10;                         // 栈的默认大小
      public:
        void init(){…}               // 初始化栈
        void Push(int x){…};         // 入栈操作
        int Pop(){…};                // 出栈操作
    };
```
双精度栈（其中省略的内容与 intStack 相同）：
```
    class doubleStack{
      private:
        double  data[size];
        ……
    };
```

字符栈（其中省略的内容与 intStack 相同）：
```
class charStack{
  private:
    char  data[size];
    ……
};
```

上述各堆栈类，除了所处理的数据类型不同外，每个栈类的程序代码都相同。在 C++中，用类模板来设计这样的类簇最方便，一个类模板就能够实例化生成所有需要的栈类。

类模板也称为类属类，可以接受类型作为参数，设计出与具体类型无关的通用类。在设计类模板时，可使其中的某些数据成员、成员函数的参数或返回值与具体类型无关。

7.3.2 类模板的定义

类模板与函数模板的定义形式相似，必须以关键字 template 开始，后面是用"<>"括起来的模板参数，然后是类名。形式如下：

```
template<typename T1, typename T2, …>
class 类名{
    ……                          // 类成员的声明与定义
}
```

typename 表示其后的参数可以是任何类型，同一个类模板中可以定义多个不同的模板参数。typename 也可以用 class 代替，但它与"类名"前面的 class 具有不同的含义：一个用于声明类型参数，一个用于声明类。

类模板的模板参数也有类型参数和非类型参数两种。在类模板的<>中用 typename 或 class 指定的就是类型参数，用某种实际数据类型定义的参数就是非类型参数，在调用类模板时只能为其提供相应类型的常数值。与函数模板一样，非类型参数也是受限制的，通常可以是整型、枚举型、对象或函数的引用，以及对象、函数或类成员的指针，但不允许用浮点型（或双精度型）、类对象或 void 作为非类型参数。在下面的模板参数表中，T1、T2 是类型参数，T3 是非类型参数：

```
template<class T1, class T2, int T3>
```

在实例化时，必须为 T1、T2 提供一种数据类型，为 T3 指定一个整常数（如 10），该模板才能被正确地实例化。

现在以 Stack 类模板的设计为例，说明类模板的定义方法、类型参数和非类型参数的概念。

【例 7-4】 设计一个堆栈的类模板 Stack，在模板中用类型参数 T 表示栈中存放的数据，用非类型参数 MAXSIZE 代表栈的大小。栈模板头文件 Stack.h 的代码清单如下：

```
//Eg7-4.cpp / Stack.h
    template<class T, int MAXSIZE>          // MAXSIZE 是非类型参数，代表栈的容量大小
    class Stack{
    private:
        T  elems[MAXSIZE];                  // elems 数组用于存储栈的数据元素
        int  top;                           // 栈顶指针
    public:
        Stack(){ top=0; };
        void push(T e);                     // 入栈操作
        T pop();                            // 出栈操作
        bool empty(){ return top==0; }      // 判断栈是否为空
        bool full(){ return top==MAXSIZE; } // 判断栈是否满
```

```
};
template<class T, int MAXSIZE>                    // push 成员函数的类外定义
void Stack< T, MAXSIZE>::push(T e) {
    if(top==MAXSIZE){
        cout<<"栈已满,不能再加入元素了!";
        return;
    }
    elems[top++]=e;
}
template<class T, int MAXSIZE>                    // pop 成员函数的类外定义,指定为内联函数
inline T Stack<T, MAXSIZE>::pop(){
    if(top <= 0){
        cout<<"栈已空,不能再弹出元素了!"<<endl;
        return 0;
    }
    top--;
    return elems[top];
}
```

说明: ① 在 Stack 的模板参数中,T 是类型参数,MAXSIZE 是非类型参数。在实例化 Stack 栈时,必须为 MAXSIZE 提供一个 int 类型的常量值,不能用数据类型作为调用参数。

② 类模板的数据成员、成员函数的参数可以是类型参数,也可以是普通数据类型。如 Stack 的 push 成员函数的参数、elems 数据成员的类型就是类型参数 T,而 top 成员是 int 类型。

③ 在类模板内定义成员函数时,其定义方法与普通类成员函数的定义方法相同,如 Stack 的构造函数和栈空判定函数 empty 的定义。

④ 在类模板外定义成员函数时,必须将模板声明加在成员函数名前面,而且还需要用类模板的完整类型限定符去限定它。类模板的完整类型限定符为"类名<模板参数名>::"。例如,Stack 的 push 成员函数的定义如下:

```
template<class T, int MAXSIZE>                    // 类模板声明
void Stack< T,MAXSIZE>::push(T e){
    ......
}
```

push 函数名前面的 "Stack<T, MAXSIZE>::" 就是 Stack "类模板的完整类型限定符",在类外定义的所有 Stack 成员函数都必须将此限定符加在其函数名前面。

⑤ 如果要在类模板外将成员函数定义为 inline 函数,应该将 inline 关键字加在类模板的声明后。如 Stack 的 pop 成员函数就被定义成了 inline 函数,其定义如下:

```
template<class T, int MAXSIZE>                    // pop 成员函数的类外定义
inline T Stack<T, MAXSIZE>::pop(){…}              // 指定为内联函数
```

⑥ 不能像普通类那样简单地把类的声明放在头文件(如"类名.h")中,而把类的实现放在源文件(如"类名.cpp")中,这样做可能为类模板的实例化带来问题。因此,常将类模板的声明和定义都放在同一个文件中,就像将 Stack 模板的声明和定义都放在 Stack.h 中一样。

7.3.3 类模板实例化

类模板的实例化包括模板实例化和成员函数实例化。当用类模板定义对象时,将引起类模板的实例化。在实例化类模板时,如果模板参数是类型参数,则必须为它指定具体的类型;如果模板参数是非类型参数,则必须为它指定一个常量值。如对前面的 Stack 类模板而言,下面是它的

一条实例化语句：

   Stack<int,10> iStack;

<int, 10>就是为实例化 Stack 指定的模板实参，iStack 是用 Stack 模板定义的一个对象。由于 Stack 的第一个模板参数是类型参数，所以必须为它指定一种具体的数据类型（这里是 int）；第二个模板参数是非类型参数，必须为它指定一个常量值（这里是 10）。这条语句将用 Stack 类模板实例化生成容量为 10 的整数栈类。

编译器实例化 Stack 的方法是：将 Stack 模板声明中的所有类型参数 T 替换成 int，将所有的非类型参数 MAXSIZE 替换成 10，这样就用 Stack 模板生成了一个 int 类型的模板类。为了区别于普通类，暂且将该模板类记为 Stack<int,10>，即在类模板名后面的"<>"中写上模板实参表。该类的代码如下：

```
class Stack{
  private:
    int elems[10];                       // elems 数组用于存取栈的数据元素
    int top;                             // 栈顶指针
  public:
    Stack(){ top=0; };
    void push(int e);                    // 入栈操作
    int pop();                           // 出栈操作
    bool empty(){ return top==0; }       // 判断栈是否为空
    bool full();                         // 判断栈是否满
};
```

最后，C++将用这个模板类定义一个对象 iStack。当用语句"Stack<char,20> cStack;"实例化 Stack 类时，C++将用 char 替换 Stack 模板中所有的 T，用 20 替换模板中的 MAXSIZE，生成能够处理字符类型的 Stack<char, 20>模板类，再用生成的模板类定义对象 cStack。图 7-3 是类模板、模板类及模板对象之间的关系。

```
                    Stack类模板
                    template<class T, int MAXSIXE>
                    class Stack{
                      ……
                    }
         ┌──────────────┬──────────────┬──────────────┐
       实例化          实例化          实例化          实例化
         ↓              ↓              ↓              ↓
  Stack<int, 10>iStack  Stack<int, 10>cStack  Stack<double, 10>dStack   ……
      生成↓              生成↓              生成↓
  Stack<int, 10>模板类  Stack<char, 10>模板类  Stack<double, 10>模板类
      定义↓              定义↓              定义↓
     iStack对象          cStack对象          dStack对象
```

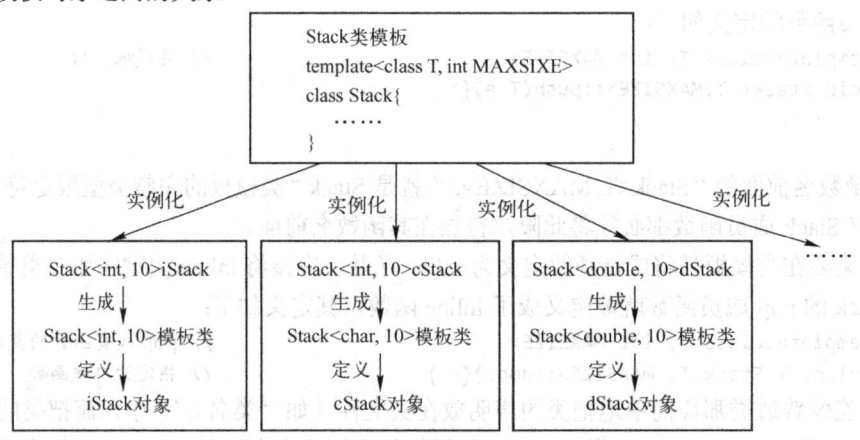

图 7-3 类模板、模板类及模板对象之间的关系

从图 7-3 中可以看出，类模板、模板类及模板对象之间的关系为：由类模板实例化生成针对具体数据类型的模板类，再由模板类定义模板对象。

注意：在上面的实例化过程中，只有被调用的构造函数才会被实例化，并不会实例化类模板的其他成员函数。也就是说，在用类模板定义对象时并不会生成类成员函数的代码。

类模板成员函数的实例化发生在该成员函数被调用时，这意味着只有那些被调用的成员函数才会被实例化，或者说，只有当成员函数被调用了，编译器才会为它生成真正的函数代码。例如，

对于例 7-4 的 Stack 类模板，假设有下面的 main()函数。

```cpp
void main(){
    Stack<int, 10>  iStack;
    iStack.push(i);
}
```

在 main()函数中并没有调用 Stack 的 empty()、full()及 pop()成员函数，所以 C++在 Stack<int, 10> iStack 的实例化过程中不会生成 empty()、full()和 pop()函数的代码。作为验证，可以将 Stack.h 中 pop()成员函数的类外定义删掉，同时将 empty()和 full()这两个函数在 Stack 中的定义改为如下声明，再编译运行该程序，可以发现程序同样能够正确地执行。

```cpp
class Stack{
    ……
    bool empty();         // 判断栈是否为空
    bool full();          // 判断栈是否满
};
```

7.3.4 类模板的使用

为了使用类模板对象，必须显式地指定模板实参。下面的例子展示了如何应用类模板 Stack<>。

```cpp
//Eg7-4b.cpp
    #include"stack.h"              // 该头文件的内容见例 7-4 所示的程序清单
    #include<iostream>
    using std::cout;               // 只使用 std 域名空间中的 cout
    using std::endl;               // 只使用 std 域名空间中的 endl
    void main(){
        Stack<int, 10>  iStack;    // 实例化 Stack 为 int 类型的栈类，栈容量为 10
        Stack<char, 10>  cStack;   // 实例化 Stack 为 char 类型的栈类，栈容量为 10
        cout<<"-------intStack----\n";
        int  i;
        for(i=1; i<10; i++)
            iStack.push(i);
        for(i=1; i<10; i++)
            cout<<iStack.pop()<<"\t";
        cout<<"\n\n-------charStack----\n";
        cStack.push('A');
        cStack.push('B');
        cStack.push('C');
        cStack.push('D');
        cStack.push('E');
        for(i=1; i<6; i++)
            cout<<cStack.pop()<<"\t";
        cout<<endl;
    }
```

本程序运行结果如下：

```
-------intStack----
9    8    7    6    5    4    3    2    1
-------charStack----
E    D    C    B    A
```

与普通类的对象一样，类模板的对象或引用也可以作为函数的参数，只不过这类函数通常是模板函数，且其调用实参常常是该类模板的模板类对象。

【例 7-5】 为例 7-4 建立的 Stack 类模板编写一个函数 display()，能够读取并显示 Stack 模板类建立的栈中的所有元素。

```cpp
//Eg7-5.cpp
    #include"stack.h"
    #include<iostream>
    using namespace std;
    template<class T>
    void display(Stack<T, 10> s) {
        while(!s.empty())
            cout<<s.pop()<<"\t";
        cout<<endl;
    }
    void main(){
        Stack<int,10>  iStack;
        cout<<"-------intStack----\n";
        for(int i=1; i<10; i++)
            iStack.push(i);
        display(iStack);
    }
```

运行该程序，将输出下面的结果：

```
-------intStack----
9 8 7 6 5 4 3 2 1
```

本程序中的类模板及函数模板的实例化过程如下：

<1> 在本例中，通过#include "stack.h"直接引用了 Stack 类模板，并定义了一个函数模板 display 来显示 Stack 的模板类对象。

```cpp
    template<class T>
    void display(Stack<T, 10> s) {
        ……
    }
```

该函数模板的形参是 Stack 类模板对象 s。

<2> 在 main()函数中，语句"Stack<int, 10> iStack;"将引起 Stack 类模板的实例化，生成了一个 int 类型的模板类 Stack<int, 10>，并建立了该模板类的一个对象 iStack。

<3> 调用语句"display(iStack);"，以 Stack<int,10>模板类的对象 iStack 为实参，编译系统将利用 display()函数模板实例化生成下面的模板函数。

```cpp
    void display(Stack<int, 10> s){…}
```

<4> 调用 display 模板函数，输出栈对象中的内容。

7.4 模板设计中的几个独特问题

7.4.1 内联与常量函数模板

无论是函数模板还是类模板，都可以定义为 inline 和 constexpr 函数，如同普通函数和类成员函数一样。inline 和 constexpr 关键字需要放在模板参数列表之后，函数返回类型之前。

```cpp
    template <class T>
    inline T min(T a, T b) { return (a<b) ? a : b; }
    template <class T>
```

```
constexpr T min(T a, T b) { return (a<b) ? a : b; }                11C++
```
下面的 min 函数模板声明则是错误的，inline 关键字的位置不对。
```
inline template <class T>
T min(T a, T b) { return (a<b) ? a : b; }
```

7.4.2 默认模板实参 11C++

与普通函数的参数可以有默认值类似，可以为模板参数指定默认值（包括函数模板和类模板），遵守同样的规则：一旦为某个模板参数指定了默认值，则它右边的模板参数都应该有默认值。

【例 7-6】 设计比较两个不同类型数字大小的函数模板 compare，第 2 个模板参数的类型默认为 double。当第 1 个参数大于第 2 个参数时返回 1，小于第 2 个参数时返回-1，相等时返回 0。

```
//Eg7-6.cpp
    #include<iostream>
    using namespace std;
    template <typename T, typename D = double>        // 默认模板参数
    int compare(T t = 0, D u = 0) {
        if (t > u)
            return 1;
        else if (t<u)
            return -1;
        else
            return 0;
    }
    void main() {
        cout << compare(10, 'a') <<"\t";              // compare<int, char>(10, 'a')
        cout << compare<int, char>() <<"\t";          // compare<int, char>(0, 0)
        // 下面两次 compare 调用都使用了默认模板参数 double
        cout << compare(20) << "\t";                  // compare<int, double>(20, 0)
        cout << compare<int>() << endl;               // compare<int, double>(0, 0)
        // compare();                                 // 错误：不能确定模板参数 T 的类型
    }
```

程序运行的结果如下：
```
    -1      0       1       0
```
为类模板指定默认参数的方法与函数模板相同，下面是为例 7-4 设计的堆栈类指定默认值的例子，其中省略的代码与例 7-4 完全相同。
```
    template<class T=int, int MAXSIZE=10>          // 模板参数默认值
    class Stack {
        ……
    };
    Stack<>  iStack;                  // 默认实例化 iStack 为 int 类型的栈类，栈容量为 10
    Stack<char, 20>  cStack;          // 实例化 cStack 为 char 类型的栈类，栈容量为 20
```

7.4.3 成员模板

可以把类（包括普通类和类模板）的某个或某几个成员函数设置为模板，称为成员模板。成员模板的定义方法与普通函数模板相同，但它是类的成员，可以访问类的所有成员，使用与类成

员访问权限和作用域限定的相同规则。同时，成员模板不能是虚函数。

【例 7-7】 OutArray 是一个数组输出的代理类，为它设计一个成员模板，用于输出指定大小的不同类型数组值。

为简化问题，可以重载 OutArray 类的函数调用运算符函数 operator()为成员模板，接收模板数组参数，并输出该数组中的数据元素。

```
//Eg7-7.cpp
#include<iostream>
using namespace std;
class OutArray {
  public:
    OutArray(ostream& o = cout) :os(o){ }
    template<typename T> void operator()(T *a, int n) {
        for(int i = 0; i < n; i++)
            os << a[i] << "\t";
        os << endl;
    }
  private:
    ostream &os;
};
void main() {
    double  d[] = {1.2, 3.4, 5.6, 8, 9, 21};
    char   *c[] = {"abc", "efg", "der", "aa"};
    OutArray out;                       // 定义 OutArray 类对象
    out(d, 6);                          // 实例化 OutArray::operator(double *, int)
    out(c, 4);                          // 实例化 OutArray::operator(char *, int)
}
```

程序运行结果如下：
```
1.2  3.4  5.6  8    9    21
abc  efg  der  aa
```

7.4.4 可变参数函数模板 11C++

C++ 11 标准支持参数类型和个数都不确定的函数模板，即可变参数模板，为功能需求明确，但数据类型和参数个数不确定的函数设计提供了更大的灵活性。可变参数函数模板形式如下：
```
template<typename T1, typename … T2>
r_type f(T1 p, T2 … arg){ … }
```
其中，T2 是可变模板参数，称为参数包，可以是零个或多个类型不同的模板参数。

【例 7-8】 设计 max 函数模板，能够从任意多个数字中计算出最大值。

```
//Eg7-8.cpp
#include<iostream>
using namespace std;
template<typename T1, typename … T2> double max(T1 p, T2 … arg) {
    double ret = max(arg …);                      // 包扩展
    if(p > ret)
        return p;
    else
        return ret;
}
```

```
template<typename T max(T t) {                      // 结束条件
    return t;
}
void main(int argc, _TCHAR* argv[]){
    cout << max(1, 12, 3, 4, 20) << "\t";           // 输出: 20
    cout << max('5', 32, '2',23.0) << "\t";         // 输出: 53    ('5'的ASCII)
    cout << max('a', 'z', 2) << "\t";               // 输出: 122   ('z'的ASCII)
    cout << max(2, 3.2) << endl;                    // 输出: 3.2
}
```

同函数模板一样，编译器根据模板函数调用的实参推断模板参数类型，对于可变参数模板，编译器将从实参中推断出参数的个数以及每个参数的类型。对于 main()中的函数调用，编译器为 max 实例化生成下面的函数版本：

　　double max(int p, **int arg, int arg, int arg, int arg**);
　　double max(char p, **int arg, char arg, double arg**);
　　double max(char p, **char arg, int arg**);
　　double max(int p, **double arg**)

各模板函数中的粗体就是通过调用实参从 max 函数模板中的参数包 T2 推断出来的。

可变参数函数通常都是递归调用的：函数实现时往往先处理包中的第一个实参，再调用包中的剩余实参调用函数，称为包扩展，类似于下面的形式：

```
    return_type f(T1 p, T2 ··· arg){
        处理 arg 中的第一个参数;
        f(···arg 中除第一个参数之外的其余参数);
        ……
    }
```

为了终止递归，通常会为可变参数模板定义一个非可变参数的函数。如例 7-8 中的"double max()"就是用于结束递归的函数，它会在变参模板函数的参数处理完毕后被调用到，用于结束 max()函数的递归调用。例如，"max('a', 'z', 2)"调用的包扩展过程如下：

　　<1>　max('a', 'z', 2);   // 包扩展函数
　　<2>　max('z', 2);   // 包扩展函数
　　<3>　max(2)   // 包扩展函数
　　<4>　max()   // 非模板函数，结束递归调用

7.4.5　模板重载、特化、非模板函数及调用次序

1. 模板重载

模板可以被另一个模板或普通函数重载，同函数重载的规则相同，要求重载的同名函数模板必须具有不同的形参表。

【例 7-9】 设计从两个数中找出最大值的函数模板，并重载该函数模板，实现从任意三个数中找出最大值的函数模板。

```
//Eg7-9.cpp
    #include<iostream>
    #include<string>
    using namespace std;
    template <typename T>
    inline T const& max(T const& a, T const& b){
        return a < b ? b : a;
    }
```

```cpp
template <typename T>
inline T const & max(T const& a, T const& b, T const& c){
    return max(max(a, b), c);
}
int main(){
    int a = 5, b = 12;
    string s1 = "aString1", s2 = "aString2";
    const char* c1 = "hellow template override!";
    const char* c2 = "hellow C++ 11!";
    const char* c3 = "hellow everyone!";
    cout << max(7, 42,32) << endl;           // L1
    cout << max(a, b) << endl;                // L2
    cout << max(s1, s2) << endl;              // L3
    cout << max(c1, c2,c3) << endl;           // L4
    cout << max(c1, c3) << endl;              // L5
}
```

程序运行结果如下：

```
42                    // L1 的输出
12                    // L2 的输出
aString2              // L3 的输出
hellow everyone!      // L4 的输出，错误
hellow everyone!      // L5 的输出，错误
```

从输出结果可以看出，重载的 max 函数模板能够正确地从 2 个或 3 个数值型和 string 类型的数中找出最大值，但不能从 char* 类型的字符串中找出正确的最大值。

2．模板特化

针对不同的数据类型，模板（包括函数模板和类模板）可以实例化出实用于该数据类型的可用函数或类，但要让一个模板实现对全部数据类型的正确处理，却不一定做得到。比如，在例 7-9 中，max 模板不能从 char*类型的 2 个或 3 个字符串中找出正确的最大值。原因很简单，char*类型的字符串需要用 strcmp()函数而不是"<"运算符比较其大小。为了解决这个问题，C++允许为模板定义针对某种数据类型的替代版本，称为模板的特化。特化是模板对指定数据类型的特殊实现，其语法形式如下：

```
template <>
用具体类型替换模板参数的函数模板或类模板；
```

<>中不需要任何内容，表示模板特化。特化模板必须与原模板具有相同的结构，在设计某种数据类型的特化模板时，只需把原模板中的类型参数替换成指定数据类型后，重新编写函数模板（或类模板成员函数）的实现代码就行了。

【例 7-10】 为例 7-9 的 max 函数模板提供特化版，找出 2 个 char*类型字符串中的最大值。

在例 7-9 中添加处理 const char*最大值计算的 max 特化模板函数，用 const char*替换 max 模板中的 T，其余代码不做任何修改。

```cpp
//Eg7-10.cpp
……
template<>
const char* const& max(const char* const& a, const char* const& b){
    return strcmp(a, b) < 0 ? b : a;
}
```

不修改程序的代码代码（包括main()函数），程序运行结果如下：
```
42
12
aString2
hellow template override!          // 正确
hellow template override!          // 正确
```
最后两行分别是 max(c1, c2, c3)和 max(c1, c3)的输出结果，它们是 max 模板的特化版本从 char*类型的字符串中找出的最大值，这次是正确的。

3. 为模板补充普通函数

针对模板不能正确处理的特定数据类型，除了提供处理该类型的特化版本外，还可以提供处理该类型的普通函数版本。

【例 7-11】 在例 7-10 中添加从两个 const char*类型的字符串中找出最大值的普通 max()函数。

在例 7-10 中添加普通 max()函数，其余代码不作任何修改，完整的程序代码如下：

```cpp
//Eg7-11.cpp
#include<iostream>
#include<string>
using namespace std;
template <typename T>
inline T const& max(T const& a, T const& b){ return a < b ? b : a; }
template <typename T>
inline T const& max(T const& a, T const& b, T const& c){ return max(max(a, b), c); }
template<>
const char* const& max(const char* const& a, const char* const& b){
    return strcmp(a, b) < 0 ? b : a;
}
inline char const* max(char const* a, char const* b){
    return std::strcmp(a, b) < 0 ? b : a;
}
int main(){
    int  a = 5, b = 12;
    string s1 = "aString1", s2 = "aString2";
    const char* c1 = "hellow template override!";
    const char* c2 = "hellow C++ 11!";
    const char* c3 = "hellow everyone!";
    cout << max(7, 42, 32) << endl;    // L1 输出：  42
    cout << max(a, b) << endl;         // L2 输出：  12
    cout << max(s1, s2) << endl;       // L3 输出：  aString2
    cout << max(c1, c2, c3) << endl;   // L4 输出：  hellow template override!
    cout << max(c1, c3) << endl;       // L5 输出：  hellow template override!
}
```

程序运行结果与例 7-10 完全相同，但是这次计算两个 char*类型字符串中的最大值时，调用的是普通 max()函数，而不是 max 函数模板的特化版本。

4. 函数参数匹配与调用次序

一个程序中可以同时拥有重载模板、特化模板和普通重载函数，对于每次函数调用，将从重载函数、普通函数以及能够通过调用实参推断出的模板函数中进行选择。当几者都与调用函数相匹配时，编译器的选择次序如下。

<1> 在众多符合调用条件的函数中选择最佳匹配的函数,在匹配非模板函数时会进行参数类型转换。在匹配函数模板时,除了下面两种转换外,不会进行其他数据类型的转换。① const 转换:可以将一个非 const 对象的引用或指针传递给 const 类型的引用或指针形参;② 数组或函数指针转换:如果函数形参不是引用类型,就可以对数组或函数类型的实参应用正常的指针转换规则。即,数组实参可以转换为一个指向其首元素的指针,函数实参可以转换成该函数类型的指针。

<2> 如果模板函数、模板特化函数和普通函数都符合函数调用要求,优先调用普通函数;如果没有普通函数,优先调用模板特化函数;当没有普通函数和特化模板函数时,才调用模板函数。如果有多个重载模板函数都符合要求,就选择精确匹配的模板函数;如果多个模板函数与调用实参都能精确匹配,就会产生二义性错误。

在例 7-10 中,具有符合两个 char*类型字符串最大值计算的模板函数 max 和模板特化函数 max,因此选择了模板特化函数 max;在例 7-11 中,具有符合调用条件的模板 max 函数、特化 max 函数和普通 max()函数,因此选择普通 max()函数。

7.5 STL

STL(Standard Template Library)即标准模板库,是 C++较晚加入的基于模板技术的一个库,它提供了模板化的通用类和通用函数。STL 的核心内容包括容器、迭代器、算法,三者常常协同工作,为各种编程问题提供有效的解决方案。

STL 提供了许多可以直接用于程序设计的通用数据结构和功能强大的类与算法,这些数据结构和算法是准确而有效的,用它们来解决编程中的各种问题,可以减少程序测试时间,写出高质量的代码,提高编程效率。

7.5.1 函数对象

对于程序设计中经常使用的+、−、*、/、%(取模)等算术运算符,>、<、>=、<=、==、!=等关系运算符,以及!、||、&&等逻辑运算符,STL 标准库中都为它们定义了对应的运算符模板类,能够实现对应的运算符操作,称为函数对象,都被定义于 functional 头文件中,具体名称如表 7-1 所示。在程序中可以用这些模板定义对象,实现相应的运算。

【例 7-12】 函数对象应用示例。

表 7-1 STL 中的函数对象

算术对象	关系对象	逻辑运算对象
plus<T>	equl_to<T>	logical_and<T>
minus<T>	not_equal_to<T>	logical_or<T>
multipies<T>	greater<T>	logical_not<T>
divides<T>	greate_equal<T>	
modulus<T>	less<T>	
megate<T>	less_equal<T>	

```
//Eg7-12.cpp
    #include<iostream>
    #include<functional>
    #include<algorithm>
    using namespace std;
    void main() {
        int a[] = {3, 1, 7, 0, -3, 2, 8, -5};
        plus<int> iadd;
        minus<double>  dm;
        less<int>  les;
        int   s = iadd(5, 6);
        double  d = dm(25, 5);
        cout << "s=" << s << "\td=" << d << "\t";
        if(les(5, 7))
            cout << "5<7"<<endl;
```

```
        else
            cout << "5>7" << endl;
        sort(a, a + 8, less<int>());              // 从小到大排序 a 数组
        for(int i = 0; i < 8; i++)
            cout << a[i]<<"\t";
        cout << endl;
        sort(a, a + 8, greater<int>());           // 从大到小排序 a 数组
        for(int i = 0; i < 8; i++)
            cout << a[i]<<"\t";
        cout << endl;
    }
```

程序运算结果如下：

```
s=11      d=20      5<7
-5   -3   0    1    2    3    7    8
8    7    3    2    1    0   -3   -5
```

程序中的"s=iadd(5, 6)"与"s=5+6"等效，"d = dm(25, 5)"与"d=25-5"从形式上看，后者似乎更简单，但在后面即将介绍的 STL 容器、算法中，常用 functional 头文件中定义的函数对象进行模板设计。例如，程序中的 sort 就是 STL 在 algorithm 头文件中定义的排序模板，它可以对由第 1、2 个参数指定的数组区间，采用由第 3 个参数指定的比较方法进行排序，less 是从小到大的排序，greater 则表示从大到小的排序方式。在没有指定第 3 个参数时，默认采用 less 方式排序。下面的两种语句是等效的：

```
    sort(a, a + 8);
    sort(a, a + 8, less<int>());
```

7.5.2 顺序容器

容器（container）是用来存储其他对象的对象。容器是容器类的实例，容器类是用类模板实现的，适用于各种数据类型。STL 的容器包括顺序容器、关联容器和容器适配器三类。

顺序容器是将相同类型对象的有限集按顺序组织在一起的容器，用来表示线性数据结构，常被称为序列容器。顺序类型容器包括向量（vector）、链表（list）和双端队列（deque）。

关联容器是非线性容器，是用来根据键（key，又称为查询键）进行快速存储、检索数据的容器。这类容器可以存储值的集合或键-值对。关联容器主要包括集合（set）、多重集合（multiset）、映射（map）和多重映射（multimap）。键是关联容器中存储在有序序对中的特定类型的值。映射和多重映射存储和操作的是键和与键相关的值，其元素是<键, 值>数据对。集合和多重集合存储与操作的只是键，其元素由单个数据构成。

容器适配器主要指堆栈（stack）和队列（queue），它们实际是受限制访问的顺序容器类型。表 7-2 列出了 STL 库中大部分常用容器的名称及其所在的头文件名称。

STL 是经过精心设计的，为了减小操作使用容器的难度，大多数容器提供了相同的成员函数。所有容器都有以下几个成员函数：

```
    empty()                // 判断容器是否为空，若为空，返回 true，否则返回 false
    max_size()             // 返回容器最大容量，即容器能够保存的最多元素个数
    size()                 // 返回容器中当前元素的个数
    swap                   // 交换两个容器中的元素
```

此外，各容器类还具有默认构造函数、拷贝构造函数、析构函数，并重载了=、<、<=、>和>=运算符函数，可以用它们直接进行两个容器之间的比较运算。

表 7-2　STL 中的容器及头文件名

STL 容器名	头文件名	说　明
vector	<vector>	向量，从后面快速插入和删除，直接访问任何元素
list	<list>	双向链表
deque	<dequpe>	双端队列
set	<set>	元素不重复的集合
multiset	<set>	元素可重复的集合
stack	<stack>	堆栈，后进先出（LIFO）
map	<map>	一个键只对于一个值的映射
multimap	<map>	一个键可对于多个值的映射
queue	<queue>	队列，先进先出（FIFO）
priority_queue	<queue>	优先级队列

表 7-3 是只有 vector、deque、list、set、multiset、map、multimap 才支持的成员函数。

表 7-3　顺序和关联容器共同支持的成员函数

成员函数名	说　明	成员函数名	说　明
begin()	指向第一个元素	rbegin()	指向按反顺序的第一个元素
end()	指向最后一个元素	rend()	指向按反顺序的末端位置
erase()	删除容器中的一个或多个元素	clear()	删除容器中的所有元素

1. vector

vector 是向量容器，具有存储管理的功能。在插入或删除数据时，vector 能够自动扩展和压缩其大小，可以像数组一样使用 vector，通过运算符[ ]访问其元素，但它比数组更灵活，当添加数据时，vector 的大小能够自动增加，以容纳新的元素。如图 7-4 所示，v 是一整型向量，begin、end 是向量的头尾查找函数，rbegin、rend 是反向查找向量头尾的函数，iterator 代表指向某个元素的迭代器，通过它可以遍历向量。

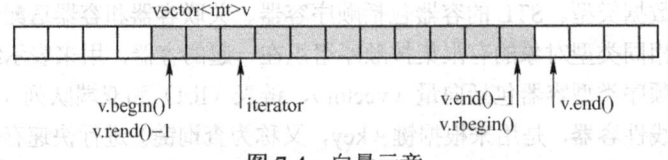

图 7-4　向量示意

（1）vector 的构造（模板参数 T 是数组类型）

```
vector<T> c             // 产生一个空 vector，其中没有任何元素
vector<T> c1(c2)        // 产生同型 c2 向量的一个复本（c2 所有元素被复制给 c1）
vector<T> c(n, elem)    // 产生大小为 n 的向量 c，且每个元素都是 elem
vector<T> c(beg, end)   // 产生一个向量，并用区间[beg, end]作为元素的初值
```

（2）赋值操作

```
c1=c2                   // 将向量 c2 的元素全部赋值给向量 c1
c.assign(n,e)           // 复制 n 个元素 e，赋值给向量 c
c.assign(beg, end)      // 将区间[beg, end]内的元素赋值给 c
c1.swap(c2)             // 将 c1 和 c2 向量互换
```

（3）直接访问向量元素

```
c.at[n]                 // 返回下标 n 所标识的元素，若下标越界，返回"out_of_range"
c[n]                    // 返回下标 n 所标识的元素，不进行范围检查
c.front()               // 返回第一个元素
```

```
        c.back()                    // 返回最后一个元素
(4) vector 向量的常用操作
        c.insert(pos, e)            // 在 pos 位置插入元素 e 的副本，并返回新元素的位置
        c.insert(pos, n, e)         // 在 pos 位置插入 e 的 n 个副本，不返回值
        c.insert(pos, beg, end)     // 在 pos 位置插入区间[beg, end]内的所有元素
        c.push_back(e)              // 在尾部插入元素 e
        c.pop_back()                // 删除最后一个元素
        c.erase(pos)                // 删除 pos 位置的元素
        c.erase(beg, end)           // 删除区间[beg, end]内的所有元素
        c.clear()                   // 删除所有元素，清空容器
        c.size()                    // 返回向量 c 中的元素个数
        c.resize(n)                 // 将 c 重新设置为大小为 n 个元素的向量，如果 n 比原来的元
                                    // 素多，则多出的元素常被初始化为 0
```

上述成员函数参数中涉及的位置 pos 都与 vector 的迭代器有关，要操作这些成员函数，必须定义对应向量的迭代器，并通过迭代器访问 pos 指向的向量元素。

【例 7-13】 vector 向量的应用举例。

```
//Eg7-13.cpp
    #include<iostream>
    #include<vector>                            // 向量头文件
    using namespace std;
    // 输出并删除整数向量的全部元素。注意，本函数将倒序输出向量中的元素
    void display(vector<int> &v) {
        while(!v.empty()){
            cout<<v.back()<<"\t";               // 输出向量的尾部元素
            v.pop_back();                       // 删除向量尾部元素
        }
        cout<<endl;
    }
    void main(){
        int    a[]={1, 2, 3, 4, 5, 6};
        vector<int>  v1, v2;                    // 定义只有 0 个元素的向量 v1、v2
        vector<int>  v3(a, a+6);                // 定义向量 v3，并用 a 数组初始化该向量
        vector<int>  v4(6);                     // 定义具有 6 个元素的向量 v4
        v1.push_back(10);                       // 在 v1 向量的尾部加入元素 10
        v1.push_back(11);
        v1.push_back(12);
        v1.insert(v1.begin(), 30);              // 将 30 插入到 v1 向量的最前面
        v2=v1;                                  // 将 v1 赋值给 v2，v2 与 v1 具有相同的元素
        v3.assign(3, 10);                       // 将 v3 的前 3 个元素都设置为 10
        cout<<"v1: ";      display(v1);
        cout<<"v2: ";      display(v2);
        cout<<"v3: ";      display(v3);
        v4[0]=10;    v4[1]=20;                  // 用数组方式访问向量元素
        v4[2]=30;    v4[3]=40;
        cout<<"v4: ";
        for(int i=0; i<6; i++)
            cout<<v4[i]<<"\t";
        cout<<endl;
        v4.resize(10);                          // 重置向量 v4 的大小，已有元素不受影响
        cout<<"v4: ";      display(v4);
    }
```

程序运行结果如下：
```
v1:  12  11  10  30
v2:  12  11  10  30
v3:  10  10  10
v4:  10  20  30  40  0   0
v4:  0   0   0   0   0   0   40  30  20  10
```

本例用到了 vector 的多种常用操作方法，包括定义、赋值、插入、删除、显示等内容，请参见程序注释理解此运行结果，借此理解 vector 的操作方法。

2. list

STL 中的 list 是一个双向链表，可以从头到尾或从尾到头访问链表中的节点，节点可以是任意数据类型，如图 7-5 所示。链表中节点的访问常常通过迭代器进行。在图 7-5 中，L 是 int 类型的链表，可用 front 成员函数找到 list 的第一个元素，用 back 找到 list 的最后一个元素。迭代器 iterator 用于指向链表的节点，通过它可以遍历整个链表。

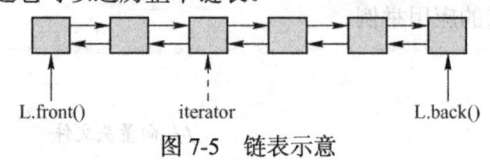

图 7-5 链表示意

(1) 链表的构造（模板参数 T 是链表的数据类型）

`list<T> c`	// 建立一个空链表 c
`list<T> c1(c2)`	// 建立与 c2 同型的链表 c1（c2 的每个元素都被复制）
`list<T> c(n)`	// 建立具有 n 个元素的链表 c，元素值由默认构造函数产生
`list<T> c(n,e)`	// 建立 n 个元素的链表 c，每个元素的值都是 e
`list<T> c(beg, end)`	// 建立一个链表 c，并用[beg, end]区间内的元素作初始化
`c.~list<e>()`	// 销毁链表 c，释放内存

(2) 链表赋值

`c1=c2`	// 将 c2 链表的全部元素赋值给 c1 链表
`c1.assign(n,e)`	// 将元素 e 复制 n 次到 c1 链表
`c.assign(beg,end)`	// 将区间[beg, end]的元素赋值给 c
`c1.swap(c2)`	// 将链表 c1 和 c2 的全部元素互换

(3) 链表存取

`c.front()`	// 返回第一个元素，不检查元素存在与否
`c.back()`	// 返回最后一个元素，不检查元素存在与否

(4) 链表插入和删除

`c.insert(pos,e)`	// 在 pos 位置插入元素 e 的副本，并返回新元素的位置
`c.insert(pos,n,e)`	// 在 pos 位置插入元素 e 的 n 个副本，没有返回值
`c.insert(pos, beg, end)`	// 在 pos 位置插入区间[bed, end]内的全部元素
`c.push_back(e)`	// 在尾部追加一个元素 e 的副本
`c.pop_back(e)`	// 删除最后一个元素
`c.push_front(e)`	// 在表头插入元素 e 的一个副本
`c.pop_front()`	// 删除第一个元素
`c.remove(val)`	// 删除值为 val 的元素
`c.remove_if(op)`	// 删除所有"造成 op(e)结果为 true"的元素
`c.erase(pos)`	// 删除 pos 指向的元素，返回下一元素的位置
`c.erase(beg, end)`	// 删除区间[beg,end]内的所有元素，返回下一元素位置
`c.resize(n)`	// 将链表 c 的大小重新设置为 n
`c.clear()`	// 删除链表所有元素，将整个容器置空

（5）链表的特殊操作

```
c.unique()                        // 若存在多个相邻且值相等的元素，则删除重复元素，只留一个
c.unique(op)                      // 若存在若干相邻且使op()操作为true的元素，则删除重复，只留一个
c1.splice(pos, c2)                // 将c2内的所有元素转换到c1内，pos之前
c1.splice(pos, c2, c2pos)         // 将c2链表的c2pos所指元素移到c1内的pos指向的位置
c1.splice(pos, c2, c2beg, c2end)  // 将c2内[c2beg, c2end]区间的所有元素转换到c1内pos前
c.sort()                          // 以 operator<为准则，对所有元素排序
c.sort(op)                        // 以 op()为准则，对所有元素排序
c1.merge(c2)                      // c2中的全部元素合并到c1，若c1、c2都已排序，则合并后list仍有序
c.reverse()                       // 将所有元素反序
```

说明：① 上面涉及的 c、c1、c2 都是指链表。② op 可以是 less<> 或 greater<> 之一，应用时须在<>中写上类型，如 greater<int>。less 指定排序方式为从小到大，greater 指定排序方式为从大到小，默认排序方式为 less。

【例 7-14】 list 应用的一个例子。

```cpp
//Eg7-14.cpp
#include<iostream>
#include<list>                              // 链表头文件
using namespace std;
void main(){
    int  i;
    list<int>  L1, L2;                      // 定义两个没有元素的整数链表 L1 和 L2
    int  a1[]={100,90,80,70,60};
    int  a2[]={30,40,50,60,60,60,80};
    for(i=0; i<5; i++)
        L1.push_back(a1[i]);                // 将a1数组加入到 L1 链表中
    for(i=0; i<7; i++)
        L2.push_back(a2[i]);                // 将a2数组加入到 L2 链表中
    L1.reverse();                           // 将 L1 链表倒序
    L1.merge(L2);                           // 将 L2 合并到 L1 链表中
    cout<<"L1 的元素个数为: "<<L1.size()<<endl;   // 输出 L1 的元素个数
    L1.unique();                            // 删除 L1 中相邻位置的相同元素，只留1个
    while(!L1.empty()){
        cout<<L1.front()<<"\t";             // 输出 L1 链表的链首元素
        L1.pop_front();                     // 删除 L1 的链首元素
    }
    cout<<endl;
}
```

本程序的运行结果如下：

```
L1 的元素个数为: 12
30    40    50    60    70    80    90    100
```

在合并 L2 到 L1 前，L1 和 L2 都是有序的，所以合并后的 L1 也是有序的。合并前的 L1 有 5 个元素，L2 有 7 个元素，则合并后的 L1 有 12 个元素。执行 L1.unique()后，删除了 L1 相邻的相同元素，最后只有 8 个元素了。

3. stack

堆栈（stack）是一种较简单的常用容器，是一种受限制的向量，只允许在向量的一端存取元素，后进栈的元素先出栈，即 LIFO（last in first out）。如图 7-6 所示。STL 中的堆栈提供的主要操作如下：

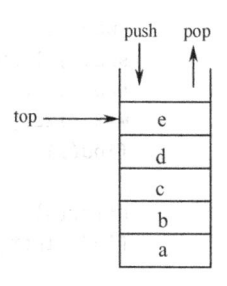

图 7-6 堆栈示意

```
    push()              // 将一个元素加入 stack 内，加入的元素放在栈顶
    top()               // 返回栈顶元素元素的值
    pop()               // 删除栈顶元素
```
top()与 pop()不同，top()只返回栈顶元素的值，不删除元素，而 pop()只删除栈顶元素，不返回值。

【例 7-15】 STL stack 应用的例子。

```
//Eg7-15.cpp
    #include<iostream>
    #include<stack>
    using namespace std;
    void main(){
        stack<int> s;
        s.push(10);     s.push(20);     s.push(30);
        cout<<s.top()<<"\t";
        s.pop();     s.top()=100;
        s.push(50);     s.push(60);
        s.pop();
        while(!s.empty()){
            cout<<s.top()<<"\t";
            s.pop();
        }
        cout<<endl;
    }
```

程序运行结果如下（请读者分析）：
    30   50   100   10

4．string

STL 中的 string 是一种特殊类型的容器，除了可以作为字符类型的容器外，更多的是作为一种数据类型——字符串，可以像 int、double 之类的基本数据类型那样定义 string 类型的数据，并进行各种运算。本书 1.4.7 节已经对 string 的定义、赋值和比较进行了介绍，这里介绍 string 类的成员函数，以及它与 char*字符串的区别。

（1）string 的常用成员函数

假设 s1、s2 的定义如下：
```
    string s1="ABCDEFH";
    string s2="0123456123";
    string s;
```
string 成员函数如下：
```
    substr(n1, n)      // 取子串函数，从当前字符串的 n1 下标开始，取出 n 个字符。如
                       // "s=s1.substr(2, 3)"的结果为：s="CDE"
    swap(s)            // 交换字符串。如"s1.swap(s2)"的结果为：s1="0123456123", s2="ABCDEFH"
    size()/length()    // 计算字符串中当前存放的字符个数。如"s1.length()"的结果为：7
    capacity()         // 计算字符串的容量（可容纳的字符个数）。如"s1.capacity()"的结果为：31
    max_size()         // 计算 string 类型数据的最大容量。如"s1.max_size()"的结果为：4294967293
    find(s)            // 在当前字符串中查找子串 s，如找到就返回 s 在当前串中的起始位置；若没
                       // 有找到，返回常数 string::npos。如"s1.find("EF")"的结果为：4
    rfind(s)           // 同 find，但从后向前进行查找。如"s1.rfind("BCD")"的结果为：1
    find_first_of(s)   // 在当前串中查找子串 s 第一次出现的位置。如"s2.find_first_of("123")"
                       // 的结果为：1
    find_last_of(s)    // 在当前串中查找子串 s 最后一次出现的位置。如"s2.find_last_of("123")"
```

	// 的结果为: 9
replace(n1, n, s)	// 替换当前字符串中的字符, n1 是替换的起始下标, n 是要替换的字符个数, s
	// 是用来替换的字符串。如"s1.replace(2, 3, s2)"的结果为: s1="AB0123456123FH"
replace(n1, n, s, n2, m)	// n1 是替换的起始下标, n 是替换掉的字符个数, s 是用来替换的
	// 字符串, n2 是 s 中用来替换的起始下标, m 是 s 中用于替换的字符个
	// 数。如"s1.replace(2, 3, s2, 2, 3)"的结果为: s1="AB234FH"
insert(n, s)	// 在当前串的下标位置 n 之前, 插入 s 串。如"s1.insert(2, "88888")"
	// 的结果为: s1="AB88888CDEFH"
insert(n1, n, s, n2, m)	// 在当前串的 n1 下标后插入 s 串, n2 是 s 串中要插入的起始下标, m
	// 是 s 串中要插入的字符个数。如"s1.insert(2, s2, 3, 2)"的结
	// 果为: s1="AB34CDEFH"

（2）string 与 C 语言形式的 char*字符串的转换

尽管 string 与 char*类型本质上都是字符串数据类型，但它们是有区别的：① string 是复杂的模板类，而 char*是简单类型 char 的指针；② string 类型的字符串不需要 null（即'\0'）结束符，而 char*需要，因此不能将 string 类型的串直接赋值给 char*类型的字符串。

如果将 string 类型的串转换成 const char*类型的串，可用 string 的 data()成员函数。如果是一般类型的 char*串，要赋值给 string 类型的串，可用 string 类的 copy()成员函数完成。下面的程序段说明了它们的用法：

```
string s1="ABCDEFH";
const char*  cs1;
cs1=s1.data();              // data()函数只适用于赋值给 const char*类型的串
char *cs2;
int len=s1.length();        // 计算 string 类型串的长度
cs2=new char[len+1];        // 分配 char*串的存储空间
s1.copy(cs2,len,0);         // 复制 string 串的内容到 char*串
cs2[len]=0;                 // 因 string 串中没有 null，将它加在 char*串的最后，上述代
                            // 码将 cs1 和 cs2 字符串赋值为"ABCDEFH"
```

【例 7-16】 string 应用的例子。

```
//Eg7-16.cpp
#include<iostream>
#include<string>
using namespace std;
void main(){
    string  s1="中华人民共和国成立了";
    string  s2="中国人民从此站起来了！";
    string  s3, s4, s5;
    s3=s1+", "+s2;
    int  n=s1.find_first_of("人民");
    if(n!=string::npos)
        cout<<"人民在 s1 中的位置: "<<n<<endl;
    else
        cout<<"在 s1 中没有该子串！";                 // npos 是没有找到时的函数返回值
    s4=s1.substr(4, 10);
    cout<<"s1= "<<s1<<endl;
    cout<<"s2= "<<s2<<endl;
    cout<<"s3= "<<s3<<endl;
    cout<<"s4= "<<s4<<endl;
    if(s1>s2)
        cout<<"s1>s2= true "<<endl;
    else
```

```
            cout<<"s1>s2= false"<<endl;
        s3.replace(s3.find("从此"), 4, "从1949年");
        cout<<"s3 after replace= "<<s3<<endl;
        s3.insert(s3.find("站"), "10月");
        cout<<"s3 after insert=   "<<s3<<endl;
    }
```

程序运行结果如下:

```
人民在s1中的位置: 4
s1= 中华人民共和国成立了
s2= 中国人民从此站起来了!
s3= 中华人民共和国成立了,中国人民从此站起来了!
s4= 人民共和国
s1>s2= true
s3 after replace= 中华人民共和国成立了,中国人民从1949年站起来了!
s3 after insert=   中华人民共和国成立了,中国人民从1949年10月站起来了!
```

7.5.3 迭代器

迭代器（iterator）是一个对象，常用来遍历容器，其操作类似于指针。但迭代器是基于模板的"功能更强大、更智能、更安全的指针"，用于指示容器中的元素位置，能够遍历容器中的每个元素。

迭代器提供了一些适用于多种容器类型的通用操作，给容器中的元素访问带来了极大的方便。迭代器提供的基本操作包括: ① 在容器中的特定位置定位迭代器; ② 在迭代器指示位置检查是否存在对象; ③ 获取存储在迭代器指示位置的对象值; ④ 改变迭代器指示位置的对象值; ⑤ 在迭代器指示位置插入新对象; ⑥ 将迭代器移到容器中的下一个位置。

迭代器是 STL 的核心，定义了哪些算法在哪些容器中可以使用，把算法和容器连接起来，使算法、容器和迭代器能够协同工作，实现强大的程序功能。

若某个容器要使用迭代器，就必须定义迭代器。定义迭代器时，必须指定迭代器所使用的容器类型。例如，若定义了一个保存 int 型元素的链表:

        list<int> L1;

则为 int 型的 list 容器指定迭代器 iter 的定义如下:

        list<int>::iterator iter;

其中，iterator 是定义迭代器的关键字，list<int>是迭代器能够访问的容器类型。完成此定义后，iter 迭代器可用于所有 int 型的 list。

迭代器提供的主要操作如下:

```
    operator *                  // 返回当前位置上的元素值
    operator++ 和 operator--    // 将迭代器前进/后退一个元素位置
    operator== 和 operator!=    // 判定两个迭代器是否指向同一个位置
    operator=                   // 为迭代器赋值
    begin()                     // 指向容器起点（即第一个元素）位置
    end()                       // 指向容器的结束点，结束点在最后一个元素之后
```

此外，还有 rbegin()和 rend()成员函数，功能同 begin()和 end()，但它反向顺序操作容器。

【例 7-17】 链表迭代器应用举例。

//Eg7-17.cpp

```cpp
#include<iostream>
#include<list>
using namespace std;
int main(){
    int  i;
    list<int>  L1, L2, L3(10);              // L1、L2 是空链表，L3 是有 10 个元素的链表
    list<int>::iterator  iter;              // 定义迭代器 iter
    int  a1[]={100,90,80,70,60};
    int  a2[]={30,40,50,60,60,60,80};
    for(i=0;i<5;i++)
        L1.push_back(a1[i]);                // 插入 L1 链表元素，在表尾插入
    for(i=0;i<7;i++)
        L2.push_front(a2[i]);               // 插入 L2 链表元素，在表头插入
    // 通过迭代器 iter 顺序输出 L1 的所有元素。迭代器是指针，访问 iter 指向的元素
    for(iter=L1.begin();iter!=L1.end();iter++)
        cout<<*iter<<"\t" ;
    cout<<endl;
    int sum=0;
    for(iter=--L2.end(); iter!=L2.begin(); iter--){  // 通过迭代器反向输出 L2 的所有元素
        cout<<*iter<<"\t";
        sum+=*iter;                         // 计算 L2 所有链表节点的总和
    }
    cout<<"\nL2: sum="<<sum<<endl;
    int data=0;
    for(iter=L3.begin(); iter!=L3.end(); iter++)   // 通过迭代器修改 L3 链表的内容
        *iter=data+=10;                     // 修改迭代器所指节点的数据
    for(iter=L3.begin(); iter!=L3.end(); iter++)
        cout<<*iter<<"\t";
    cout<<endl;
    return 0;
}
```

程序运行结果如下：

```
100   90   80   70   60
30    40   50   60   60   60
L2: sum=300
10    20   30   40   50   60   70   80   90   100
```

本程序为整数类型的 list 定义了一个迭代器 iter，该迭代器可用于任何 int 类型的 list 容器；定义了 L1、L2、L3 三个链表，通过迭代器 iter 顺序遍历 L1，并输出 L1 的所有元素；利用迭代器 iter 反向访问 L2 的元素，反向输出各元素的值，并计算 L2 所有元素的总和；同时，通过迭代器 iter 修改了 L3 链表所有元素的值。

说明：STL 中的迭代器可分为双向迭代器、前向迭代器、后向迭代器、输入迭代器和输出迭代器几种。前面介绍的迭代器属于双向迭代器，读者若要了解其他迭代器的用法，可参考 C++的帮助文档或 STL 的相关书籍。

7.5.4 pair 和 tuple 容器

pair 和 tuple 也是一种顺序容器，pair 由<键，值>构成的值对数据类型，tuple 则可以是任意个不同数据类型组合成的一种复杂结构的顺序容器。

1. pair 值对

pair 是在头文件 utility 中定义一个值对模板类型,主要用来把两个有关联的数据组合成一个数据结构,两个数据可以是同一类型或者不同类型。例如,pair<int, float>把一个 int 和一个 float 组合成一种数据结构。

(1) pair 对象构造,模板参数中的 T1、T2 可以是任意数据类型

```
pair<T1, T2> p1;                // 使用默认构造函数
pair<T1, T2> p2(v1, v2);        // 用给定值 v1,v2 初始化
pair<T1, T2> p3(p2);            // 拷贝构造函数
pair<T1, T2> p4{v1, v2};        // v1,v2 列表初始化            11C++
```

例如:

```
pair<int, double> p1, p2(1,5000);                           // p1 使用默认构造函数
pair<string, string> student{ "张大明", "信息管理与信息系统专业" };
pair<int, double> P3(p1);
```

(2) pair 元素访问

pair 实质上是一个结构体,提供了 first 和 second 两个公有成员,用于访问 pair 的两个数据成员。例如:

```
pair<char*, double> p2("讲师", 3000);
p2.first = "教授";
p2.second = 3500;
cout << p2.first << "\t" << p2.second << endl;       // 输出结果: 教授    3500
```

(3) 赋值操作

两个 pair 对象,如果它们的 first 和 second 成员类型相同,就可以相互赋值;此外,可以用 make_pair 模板函数创建 pair 对象,然后把它赋给 pair 对象。

```
pair<string, double> s1, s2;
s1 = make_pair("李明海", 90);                 // 创建 pair 对象再赋值
s2 = s1;                                      // 同类型 pair 对象直接赋值
```

pair 类型通常用来构造其他容器中的元素,如 map 中的映射值对,或者 vector、list、set 中的元素;也常用于函数的返回类型,可以一次返回一个值对,如学生的姓名和成绩、职工的姓名和工资,使函数设计更为简洁。

2. tuple 元组 ^{11C++}

tuple 是 tuple 头文件中定义的一种容器模板,称为元组。pair 只能有两个元素,而 tuple 可以有任意多个不同类型的元素(但一个定义好的 tuple 类型的成员数目是固定的),还可以用 STL 中的其他容器,如 list、vector、map、set 等作为元组的成员,建立随意而功能强大的数据结构。

(1) tuple 对象构造

定义一个 tuple 时,需要指出每个成员的类型。创建 tuple 对象时,可以使用 tuple 的默认构造函数,该默认构造函数对每个成员进行初始化。

```
tuple<T1, T2, … Tn> t;                    // 使用默认构造函数
tuple<T1, T2, … Tn> t(v1, v2 … vn);       // 使用指定值初始化
tuple<T1, T2, … Tn> t{v1, v2 … vn};       // 用值列表初始化
```

例如:

```
tuple<int, string, char*> t1, t2{1, "数据结构", "3.5 学分"};
tuple<string, vector<double>, int, list<int>> someVal("constants",{3.12,2.34,32}, 42, {0,1,1,1});
```

注意: tuple 的构造函数是 explicit 的,可以像 t2 那样用列表直接初始化,但不能用列表赋值方式初始化。例如:

```
            tuple<int, int, int > t={1,2,3};            // 错误
            tuple<int, int, int > t{1,2,3};             // 正确
```
（2）tuple 元素访问

tuple 中的每个数据成员都是 public 属性的，且每个成员都可以是对象、数组之类的复杂数据类型。C++标准模板中提供了一个 get 函数模板，它以类似于数组下标索引的方式访问元组中指定位置的成员，用法如下：

```
            get<i>(t)                    // t是元组，i是元组中的元素位置，第 1 个元素位置为 0
```

t 是一个 tuple 对象，<>中的值必须是常量表达式，表示访问第几个成员，返回指定成员的引用。例如，表示某考生的各科成绩的元组如下：

```
            tuple<char *, int, vector<string>,
                        list<int>> tue("tom", 101, {"语文","数学","英语"}, {76,87,91});
            get<0>(tue)                   // 返回考生姓名：   "tom"
            get<1>(tue)                   // 返回考生考号：   101
            get<2>(tue)                   // 返回考试科目：   {"语文","数学","英语"}
            get<3>(tue)                   // 返回科目成绩：   {76,87,91}
```

（3）tuple 操作

两个同类型的 tuple 可以进行小于（<）、相等（==）和赋值（=）运算。此外，可以用 make_tuple() 函数构造 tuple 对象，用调用参数的类型推断 tuple 类型等。例如：

```
            auto  t=make_tuple("string", 3, 2.1);
```

编译器会据实参推断元组类型 t 为：tuple<const char*, int, double>，等价于下面的定义：

```
            tuple<const char *, int, double> t("string", 3, 2.1);
```

当希望将一些类型不同但具有联系的数据组合成单一对象，而又不想定义类或结构时，用元组把这些数据组合起来（快而随意的数据结构）就显得非常有用。此外，用元组作为函数的返回类型可以一次返回多个数据。

【例 7-18】 元组的应用方法，在一个成绩系统中，要求函数返回的成绩数据包括：学生姓名、专业、班主任和大学英语、数学、C 语言等 5 科成绩，用元组处理数据可以简化程序设计。其中，inputData()函数用于说明为元组中的成员输入数据，并通过函数返回元组的方法；display()函数用于说明向函数传递元组参数的方法。

```
//Eg7-18.cpp
    #include <tuple>
    #include<string>
    #include<list>
    #include <vector>
    #include<iostream>
    using namespace std;
    struct Grade {                                          // 表示学生科目、成绩的数据结构
        string  courseName;
        double  grade;
        Grade(string s, double g):courseName(s), grade(g) {}
    };
    typedef  tuple<string, int, string, vector<Grade>>  Student;
    // inputData()函数返回的 Student 是一种复杂的元组数据类型，该元组保存学生的姓名、学号、专
    // 业，以及任意多门课程的成绩。
    Student inputData() {
        Student  stu;
        cout << "输入学生数据：姓名, 学号,专业" << endl;
        cin >> get<0>(stu) >> get<1>(stu) >> get<2>(stu);              // 元组简单元素的访问方法
```

```cpp
        string  cName;
        double  score=0;
        int  i = 1;
        while(cName != "exit") {
            cout << "输入第 " << i++ << " 科目名称, 输入 exit 结束:\t";
            cin >> cName;
            if(cName == "exit")
                break;
            cout << "成绩:\t";
            cin >> score;
            get<3>(stu).push_back(Grade(cName, score));      // 向元组向量元素中添加对象
        }
        return stu;
    }
    void display(Student student) {
        cout << get<0>(student) << "\t" << get<1>(student) << "\t" << get<2>(student) << "\t" << endl;
        // for 循环示范了访问元组中具有不确定个数的向量元素的访问方法
        for(int i = 0; i < get<3>(student).size(); i++)
            cout << get<3>(student)[i].courseName << "\t" << get<3>(student)[i].grade << endl;
    }
    void main(){
        auto t = make_tuple("string", 3, 20.01);             // 用 auto 和 make_tuple 定义元组的方法
        tuple<char*, int, double> tt("string", 3, 20.01);
        // tuple<int, int, int > t = {1,2,3};                // 错误
        tuple<int, int, int > t5{1,2,3};                     // 正确
        tuple<int, string,char*> t1,t2{1,"数据结构","3.5 学分"};
        t1 = t2;                                             // 同类型元组可以赋值
        cout << get<0>(t1) << "\t" << get<1>(t1) << "\t" << get<2>(t1) << endl;    //元组访问的常规方法
        // 下面的代码段示例了具用链表、向量元素的元组定义方法,以及元组中的链表访问方法
        tuple<string, vector<double>, int, list<int>>vtable("tomoto", {3.12,2.34}, 42, {10,8,9});
        list<int>::iterator iter;                            // 访问链表的迭代器
        for(iter = get<3>(vtable).begin(); iter != get<3>(vtable).end(); iter++)
            cout << *iter << "\t";
        cout << endl;
        // student 对象示例了向元组中的对象数组赋值的方法
        Student student{"李四", 1011, "计算机专业", {{"英语",76.4}, {"高数",87}, {"C++语言",89}}};
        display(student);
        student = inputData();
        cout << endl;
        display(student);
    }
```

程序运行结果如图 7-7 所示,该程序通过键盘输入张大明同学的 3 科成绩,请读者结合程序中的注释分析程序运行结果的输出数据。

7.5.5 关联式容器

STL 关联式容器包括集合和映射两大类,集合包括 set 和 multiset,映射包括 map 和 multimap,它们通过关键字(也称为查找关键字)存储和查找元素。在每种关联容器中,元素是按关键字有序存储的,容器遍历就以此顺序进行。因此,关联容器不支持 push_front 和 push_back 之类的操作,这些操作与它的排序规则相冲突,它不会按这样的方式存取数据,没有支持这些操作的必要。

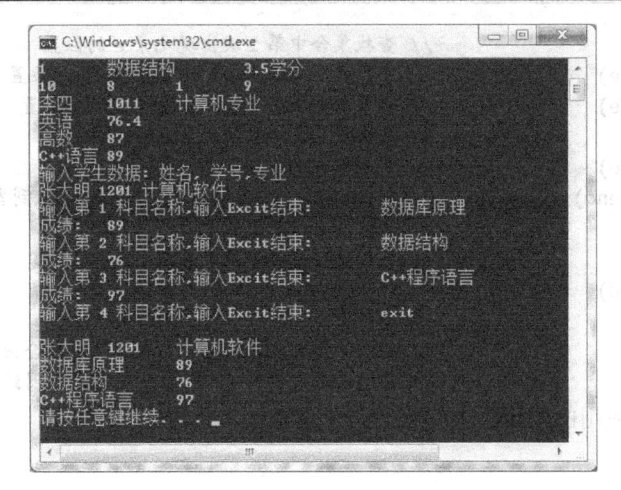

图 7-7 程序运行结果

1. set 和 multiset

集合类 multiset 和 set 提供了控制数字（包括字符及串）集合的操作，集合中的数字称为关键字，不需要有另一个值与关键字相关联。set 和 multiset 会根据特定的排序准则，自动将元素排序，两者提供的操作方法基本相同，只是 multiset 允许元素重复而 set 不允许重复。如果向 set 集合中插入相同的元素，set 会忽略它；向 multiset 集合插入相同元素时，则不会有问题，如图 7-8 所示。

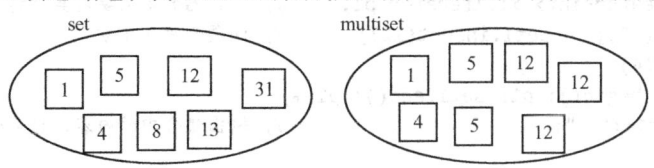

图 7-8 set 和 multiset

（1）set 和 multiset 的定义

```
set c                  // 建立一个空的 set/multiset 集合
set c(op)              // 以 op 为排序准则建立一个空集
set c1(c2)             // 建立一个集合 c1，并用 c2 集合初始化
set c(beg, end)        // 用区间[beg, end]建立一个集合 c
```

上述形式中的 set 可以是：

```
set/multiset<T>        // 建立 T 类型的，以 less<>（即从小到大）的排序集合
set/multiset<T, op>    // 建立 T 类型的，以 op 指定排序规则的集合
```

其中，op 可以是 less<>或 greater<>之一，应用时须在< >中写上类型，如 greater<int>。less 指定排序方式为从小到大，greater 指定排序方式为从大到小，默认排序方式为 less。

（2）set 和 multiset 的赋值比较运算

set 和 multiset 支持>、>=、<、<=、!=、==比较运算。例如，若有集合 c1、c2，可以用 c1==c2、c1>c2 对它们进行相等或大于判断。另外，可以用赋值运算符"="进行集合赋值，如 c1=c2。

（3）set 和 multiset 计算容量

```
size()                 // 计算容器的大小
empty()                // 判断容器是否为空，若为空，则返回 0
max_size()             // 返回容器能够保存的最大元素个数
```

（4）set 和 multiset 常用操作

```
count(e)               // 计算集合中元素 e 的个数
```

```
find(e)                    // 查找集合中第1次出现元素 e 的位置
lower_bound(e)             // 查找集合中第1个"元素值>=e"的位置
upper_bound(e)             // 查找集合中第1个"元素值>e"的位置
insert(e)                  // 在当前集合中插入元素 e;
insert(pos, e)             // 将 e 插入到 pos 位置
insert(beg, end)           // 将[beg, end]区间内的所有元素插入到当前集合中
erase(e)                   // 删除集合中的元素 e
erase(pos)                 // 删除集合中指定位置 pos 的元素
erase(beg,end)             // 删除区间[beg,end]的所有元素
clear()                    // 清空集合
begin()                    // 指向第1个元素位置,常与迭代器结合应用
end()                      // 指向最后元素的下一位置,常与迭代器结合应用
```

【例 7-19】 集合应用的例子。

```cpp
//Eg7-19.cpp
#include<iostream>
#include<string>
#include<set>
#include <functional>
using namespace std;
void main(){
    int a1[]={-2,0,30,12,6,7,12,10,9,9};
    set<int, greater<int> >set1(a1, a1+7);    // 定义从大到小排序的整数集合
    set<int, greater<int> >::iterator p1;     // 迭代器的定义要与集合排序相符
    set1.insert(12);    set1.insert(12);      // 向集合插入元素
    set1.insert(4);
    for(p1=set1.begin(); p1!=set1.end(); p1++)
        cout<<*p1<<" ";                       // 输出集合中的内容,它是从大到小的
    cout<<endl;
    string a2[]={"杜明","王为","张清山","李大海","黄明浩","刘一","张三","林浦海","王小二","张清山"};
    multiset<string>set2(a2, a2+10);          // 字符串 multiset 集合,从小到大排序
    multiset<string>::iterator p2;
    set2.insert("杜明");    set2.insert("李则");
    for(p2=set2.begin(); p2!=set2.end(); p2++)
        cout<<*p2<<" ";                       // 输出集合内容
    cout<<endl;
    string  sname;
    cout<<"输入要查找的姓名: ";
    cin>>sname;                               // 输入要在集合中查找的姓名
    p2=set2.begin();
    bool s=false;                             // s 用于判定找到姓名与否
    while(p2!=set2.end()){
        if(sname==*p2) {                      // 如果找到,就输出姓名
            cout<<*p2<<endl;
            s=true;
        }
        p2++;
    }
    if(!s)
        cout<<sname<<"不在集合中!"<<endl;      // 如果没有找到,就给出提示
}
```

程序运行结果如下:
```
30  12  7  6  4  0  -2
```

杜明　杜明　黄明浩　李大海　李则　林浦海　刘一　王为　王小二　张清山　张清山　张三
输入要查找的姓名：杜明
杜明
杜明

本程序定义了两个集合 set1 和 set2。set1 是 set 类型的从大到小排序的集合，因 set 类型是不允许元素重复的，程序输出结果表明确实没有重复元素。set2 是 multiset 类型的 string 集合，没有指定排序方式，默认为从小到大排序。程序还具有姓名查询功能，从键盘输入一个姓名后，将从 set2 集合中查找姓名，并列出找到的名字。

2．map 和 multimap

map 和 multimap 提供了操作<键，值>对的方法（其中的值也称为映射值），存储一对对象，即键对象和值对象，键对象是用于查找过程中的键，值是与键对应的附加数据。例如，若键是单词，对应的值是表示该单词在文档中出现次数的数字，这样的 map 就成了统计单词在文本中出现次数的频数表；再如，键是单词，值是单词出现的页号链表（同一单词可在不同页多次出现），用 multimap 实现这样的键值对象就可以构造单词索引表。map 中的元素不允许重复，而 multimap 中的元素是可以重复的，如图 7-9 所示。

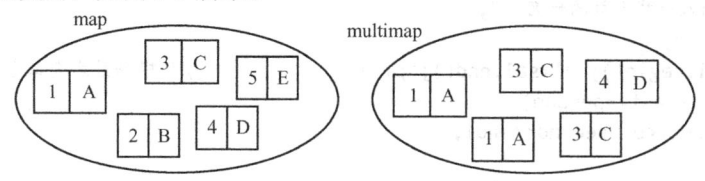

图 7-9　map 和 multimap 映射示意

虽然 set/multiset 集合中的元素只包括键，而 map 映射中的元素则由<键，值>对构成，但 map/multimap 提供的操作也是针对各元素中的键进行的，其操作方法与 set 集合操作键的方法相同。前面介绍的 set/multiset 集合的操作方法同样适用于 map/multimap，包括集合的建立方法、成员函数、比较运算、排序规则和方法等，只需将其中的 set 更改为 map，将 multiset 更改为 multimap。因此，这里只对 map/multimap 集合的 insert 成员函数及元素的访问方法作两点补充说明，对 map/multimap 的其余操作请参考 set/multiset 的操作方法。

（1）关于 insert 成员函数

从形式上看，map/multimap 和 set/multiset 的 insert 成员都具有如下相同的形式：

　　　insert(e)　　　　　　　　　　// 将元素 e 插入到 map，multimap，set，multiset

虽然语法形式相同，但插入到 map/multimap 和 set/multiset 的元素是有区别的。插入到 set/multiset 中的元素是单独的键，而插入到 map/multimap 中的元素是<键，值>构成的一对数据，这对数据是一个不可分割的整体，需要用 make_pair 成员函数构造：

　　　make_pair(k, v)

其中，k 代表键，v 代表值，make_pair 将<k,v>构造映射的元素。

（2）关于 map/multimap 元素访问

map/multmap 映射的元素是由<键，值>对构成的，且同一个键可对应多个不同的值，可以通过相关映射的迭代器访问它们的元素。map/multimap 类型的迭代器提供了两个数据成员：一个是 first，用于访问键；另一个是 second，用于访问值。

此外，map 类型的映射可以用键作为数组下标，访问该键所对应的值，但 multimap 类型的映射不允许用数组下标的方式访问其中的元素。

【例7-20】 用 map 查询雇员的工资。

```cpp
//Eg7-20.cpp
    #include<iostream>
    #include<string>
    #include<map>
    using namespace std;
    void main(){
        string name[]={"张大年", "刘明海", "李煜"};     // 雇员姓名
        double  salary[]={1200, 2000, 1450};              // 雇员工资
        map<string, double>sal;                           // 用映射存储姓名和工资
        map<string, double>::iterator p;                  // 定义映射的迭代器
        for(int i=0; i<3; i++)
            sal.insert(make_pair(name[i], salary[i]));    // 将姓名/工资加入映射
        sal["tom"]=3400;                                  // 通过下标运算加入 map 元素
        sal["bob"]=2000;
        for(p=sal.begin(); p!=sal.end(); p++)             // 输出映射中的全部元素
            cout<<p->first<<"\t"<<p->second<<endl;        // 输出元素的键和值
        string person;
        cout<<"输入查找人员的姓名: ";
        cin>>person;
        for(p=sal.begin(); p!=sal.end(); p++)             // 根据姓名查工资，找到就输出
            if(p->first==person)
                cout<<p->second<<endl;
    }
```

程序运行结果如下：
```
bob    2000
tom    3400
李煜    1450
刘明海    2000
张大年    1200
输入查找人员的姓名: tom
3400
```

multimap 与 map 的用法基本相同，区别在于，map 映射中的键不允许重复，而 multimap 中的键是允许重复的。此外，map 允许用数组的下标运算访问映射中的值，而 multimap 是不允许的，multimap 在构造一键对多值的查询时非常有用。

【例7-21】 用 multimap 构造汉英对照字典。

```cpp
//Eg7-21.cpp
    #include<iostream>
    #include<string>
    #include<map>
    using namespace std;
    void main(){
        multimap<string, string> dict;                    // dict 是用于存放字典的 multimap
        multimap<string, string>::iterator p;             // 定义访问字典的迭代器
        string  eng[]={"cliff","berg","precipice","tract"};
        string  che[]={"悬崖","冰山","悬崖","一片，区域"};
        for(int i=0; i<4; i++)
            dict.insert(make_pair(eng[i],che[i]));        // 批量插入字典元素
        // 插入单个元素
```

```
        dict.insert(make_pair(string("tract"), string("地带")));
        dict.insert(make_pair(string("precipice"), string("危险的处境")));
        dict.insert(make_pair("day", "一天"));             // L1: 正确[1]
        //  dict["precipice"]="悬崖，峭壁";                // L2: 错误
        for(p=dict.begin(); p!=dict.end(); p++)            // 输出字典内容
            cout<<p->first<<"\t" <<p->second<<endl;        // first 是键，second 是值
        string word;
        cout<<"请输入要查找的英文单词: ";
        cin>>word;
        for(p=dict.begin(); p!=dict.end(); p++)            // 遍历字典，查找单词
            if(p->first==word)
                cout<<p->second<<endl;                      // 输出单词的中文解释
        cout<<"请输入要查找的中文单词: ";
        cin>>word;
        for(p=dict.begin(); p!=dict.end(); p++)            // 遍历字典，查找汉词
            if(p->second==word)
                cout<<p->first<<endl;                       // 输出汉词对应的英语单词
    }
```

程序运行结果如下：

```
    berg         冰山
    cliff        悬崖
    precipice    悬崖
    precipice    危险的处境
    tract        一片，区域
    tract        地带
    请输入要查找的英文单词: precipice
    悬崖
    危险的处境
    请输入要查找的中文单词: 悬崖
    cliff
    precipice
```

说明：① 程序中的 make_pair 用于建立<键, 值>对，这样的键-值对是 map/multimap 映射中的元素结构。

② 语句 L1 在支持 C++ 11 标准的编译环境（如 VC++ 2015）中是正确的，而在早期的 VC 编译环境中是错误的。错误的原因在于"day"、"一天"是 char*类型的串，make_pair 以此建立的将是<char*, char*>类型的键/值对，但 dict 需要的是<string, string>类型的键/值对。在 C++ 11 标准中，可以将 const char*类型的字符串传递给 string 类型的变量，系统进行自动转换，但之前并不支持。

③ map 映射支持下标操作，但 multimap 映射不支持下标操作，这就是语句 L2 错误的原因。

7.5.6 算法

算法（algorithm）是用模板技术实现的适用于各种容器的通用程序，常常通过迭代器间接地操作容器元素，而且通常会返回迭代器作为算法运算的结果。STL 提供了 100 多个算法，每个算法都是一个模板函数或者一组模板函数，能够在许多类型的容器上进行操作，各容器可能包含不同类型的数据元素。STL 中的算法覆盖了在容器上实施的各种常见操作，如遍历、排序、检索、

---

[1] 这条语句在 C++ 11 之前有错误，在支持 C++ 11 的 Visual Studio C++ 2015 中则没有错误。

插入及删除元素等操作。STL 中的许多算法不但适用于系统提供的容器类型，而且适用于普通的 C++数组或自定义的容器。下面介绍 STL 库中的几个常用算法。

1. find 和 count 算法

find 算法从一个容器中查找指定的值，search 算法则是从一个容器查找由另一个容器所指定的序列值，count 用于统计某个值在指定区间出现的次数。用法如下：

```
find(beg, end, value)
search(beg1, end1, beg2, end2)
count(beg, end, value)
```

在 find()中，[beg, end]是指定的区间，常用迭代器位置描述该区间，value 是要查找或统计的值。如果在[beg,end]区间中找到 value 值，find 就返回区间中等于 value 的第一个元素位置，如果没有找到就返回最后元素位置。

search()在[beg1, end1]区间内查找有无与[beg2, end2]相同的子区间，如果找到，就返回[beg1, end1]中第一个相同元素的位置，否则返回 end1。count()统计 value 中区间[beg, end]中出现的次数。

【例 7-22】 find 算法举例。

```cpp
//Eg7-22.cpp
#include<iostream>
#include<list>
#include<algorithm>
using namespace std;
void main(){
    int  arr[]={100,200,300,400,500,500,600,700,800,900,1000};
    int  *ptr;
    ptr=find(arr,arr+9,400);                    // 查找 400 在 arr 数组中的地址
    cout<<"400 在数组中的下标是: "<<ptr-arr<<endl;    // find 返回地址，计算出数组元素位置
    list<int>  L1;                              // 定义链表 L1
    int  a1[]={30,40,50,60,60,60,80};
    for(int i=0; i<7; i++)
        L1.push_back(a1[i]);                    // 将 a1 数组加入到 L1 链表中
    list<int>::iterator  pos;
    pos=find(L1.begin(), L1.end(), 80);         // 在 L1 中查找 80，结果放于 pos 中
    if(pos!=L1.end())
        cout<<"L1 链表中存在数据元素: "<<*pos;    // 输出找到的数据
    cout<<", 它是链表中的第: "<<distance(L1.begin(), pos)+1
        <<"个节点！"<<endl;                      // distance 计算迭代器与链首元素间隔的元素个数
    int  n1=count(arr,arr+10,500);              // 统计 arr 数组中 500 的个数
    int  n2=count(L1.begin(),L1.end(),60);      // 统计 L1 链表中 60 的个数
    cout<<"arr 数组中有: "<<n1<<"个"<<500<<endl;
    cout<<"L1 链表中有: "<<n2<<"个"<<60<<endl;
}
```

程序运行结果如下：

```
400 在数组中的下标是: 3
L1 链表中存在数据元素: 80，它是链表中的第: 7 个节点！
arr 数组中有: 2 个 500
L1 链表中有: 3 个 60
```

2. merge

merge 能够对两个容器进行合并，并将结果存放在第三个容器中，其用法如下：

merge(beg1, end1, beg2, end2, dest)

merge将[beg1, end1]与[beg2, end2]区间合并，把结果存放在dest容器中。如果参与合并的两个容器中的元素是有序的，则合并的结果也是有序的。

说明： list链表也提供了一个merge成员函数，能够把两个list类型的链表合并在一起。同样，如果合并前的链表是有序的，则合并后的链表仍然有序。

【例7-23】 merge算法与list的merge成员函数的应用。

```
//Eg7-23.cpp
    #include<iostream>
    #include<list>
    #include<algorithm>
    using namespace std;
    void main(){
        int   a1[]={10,20,30,40,50,60,70};
        int   a2[]={40,50,60};
        int   a[10];
        merge(a1, a1+7, a2, a2+3, a);              // 将a1、a2合并，结果放在a数组中
        cout<<"a[]:\t";
        for(int i=0;i<10;i++)
            cout<<a[i]<<"\t";
        cout<<endl;
        list<int>  L1, L2;
        list<int>::iterator  pos;                  // pos迭代器用于输出链表元素
        for(int i=0;i<7;i++)
            L1.push_back(a1[i]);                   // 插入L1的链表元素
        for(int j=0;j<3;j++)
            L2.push_back(a2[j]);                   // 插入L2的链表元素
        L1.merge(L2);                              // 用list的merge成员合并L1、L2
        cout<<"L1:\t";
        for(pos=L1.begin(); pos!=L1.end(); pos++)  // 用迭代器pos输出合并后的L1
            cout<<*pos<<"\t";
        cout<<endl;
    }
```

程序运行结果如下：
```
    a[]: 10   20   30   40   40   50   50   60   60   70
    L1:  10   20   30   40   40   50   50   60   60   70
```

3. sort

sort可以对指定容器区间内的元素进行排序，默认的排序方式是从小到大，其用法如下：

sort(beg, end)

[beg, end]是要排序的区间，sort将按从小到大的顺序对该区间的元素进行排序。

【例7-24】 利用sort算法对数组和向量进行排序。

```
//Eg7-24.cpp
    #include<iostream>
    #include<vector>
    #include<algorithm>
    using namespace std;
    void main(){
        int   a1[]={10,-20,30,4,50,13,7};
```

```
        int  a2[]={-2,0,30,12,6,7,-9,56,32,78};
        sort(a1, a1+7);                             // 排序 a1 数组
            cout<<"a1[]: ";
        for(int i=0; i<7; i++)
            cout<<a1[i]<<"\t";
        cout<<endl;
        vector<int>  L1;
        vector<int>::iterator  pos;
        for(int i=0; i<10; i++)
            L1.push_back(a2[i]);                    // 将 a2 数组插入到 L1 链表中
        sort(L1.begin(), L1.end());                 // 排序 L1
        cout<<"L1: ";
        for(pos=L1.begin(); pos!=L1.end(); pos++)
            cout<<*pos<<"\t";                       // 输出 L1 链表中的值
        cout<<endl;
    }
```

程序运行结果如下：

```
a1[]: -2 0 4    7    10   13   30   50
L1:   -9  -2   0    6    7    12   30   32   56   78
```

7.6 编程实例

【例 7-25】 STL 中的容器和算法不但适用于内置数据类型，而且还适用于用户自定义的数据类型。继续 6.6 节编程实例二，下面完成 comFinal、Account 和 Chemistry 课程结构的程序设计。

STL 中的各种容器，如 vector、list、stack、deque、set/multiset、map/multimap 等，都可以用来存取 comFinal、Account 及 Chemistry 类的对象。这里用 list 容器存取各类的对象。

1. 编写主程序

启动 Visual C++ 2015，选择"文件 | 新建"菜单命令，建立一个新的"C++ Source File"，文件名为 comList.cpp，并在该源文件中输入如下代码：

```
//comList.cpp
    #include<iostream>
    #include<list>
    #include"Chemistry.h"
    #include"Account.h"
    using namespace std;
    void main(){
        list<comFinal*>  comList;                   // 定义基类 comFinla 对象的指针链表
        list<comFinal*>::iterator  pos;
        comFinal com1("阿曼",76,87,90);
        Account a1("张三星",98,90,97,90,90);
        Chemistry c1("光红顺",89,80,80,80,80);
        comList.push_back(&com1);                   // 将基类 comFinal 对象的指针加入链表
        comList.push_back(&a1);                     // 将派生类 Account 的对象指针加入链表
        comList.push_back(&c1);                     // 将派生类 Chemitry 的对象指针加入链表
        for(pos=comList.begin(); pos!=comList.end(); pos++)
            (*pos)->show();                         // 遍历链表，输出各对象的数据成员
    }
```

main()函数定义了基类 comFinal 的指针链表 comList 和迭代器 pos，三条 comList.push_back 语句分别将指向 comFinl 基类对象 com1 的指针、派生类 Account 对象 a1 的指针、派生类 Chemitry 对象 c1 的指针添加到 comList 链表中，构成了如图 7-10 所示的 comList 链表。

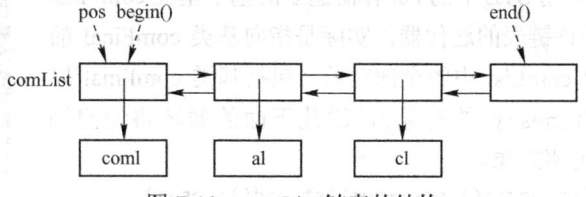

图 7-10 comList 链表的结构

由于 pos 迭代器本身是指向 comList 链表节点的指针，而 comList 链表节点又是指向对象的指针，因此通过 pos 迭代器访问对象成员函数 show() 的语法如下：

```
(*pos)->show();
```

2. 生成工程文件，加入各类的程序代码

选择 Visual C++ 2015 的"编译 | 构建 comList.exe"菜单命令，创建本程序的工程文件，按默认方式生成必备的环境文件。建立了 comList 的工程文件后，将目录 C:\course 下的 comFinal.h、Account.h、Chemistry.h 和 comFinal.cpp、Account.cpp、Chemistry.cpp 复制到 comList.cpp 所在的目录中。选择"项目 | 添加现有项"菜单命令，将上述各类的头文件和源码文件添加到当前工程中，如图 7-11 所示。

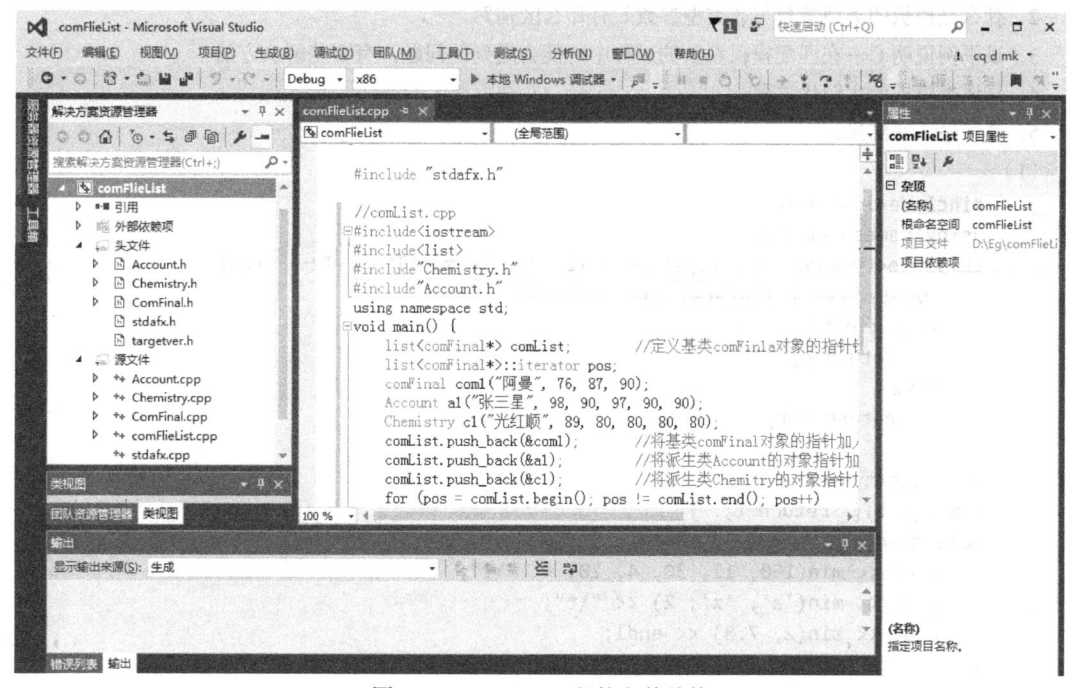

图 7-11 comList 工程的文件结构

3. 验证程序

由于在本书6.6节中重载了comFinal、Account 及类的输出运算符，所以在本程序中可用cout<<输出这 3 个类的对象，即下面的输出语句在本程序的 main() 函数中是有效的。

```
cout<<com1<<endl;
cout<<a1<<endl;
cout<<c1<<endl;
```

由于 comList 链表是用 STL 中的 list 容器建立的基于基类 comFinal 的链表，而 pos 是基于该链表的迭代器，实际是指向基类 comFinal 的指针，通过它能够访问 comList 中的全部对象（包括基类 comFinal 以及派生类 Account、Chemistry 的对象），因此下面的循环将访问到 comList 链表中的所有元素对象。

```
for(pos=comList.begin();pos!=comList.end();pos++)
    (*pos)->show();
```

由于 show()是定义于基类 comFinal 中的虚函数，且派生类 Account、Chemistry 提供了各自的 show()函数实现版本，因此这个访问具有多态性，能够调用到迭代器 pos 所指向的对象成员的 show()函数。编译运行 comList 程序，将得到如图 7-12 所示的结果。

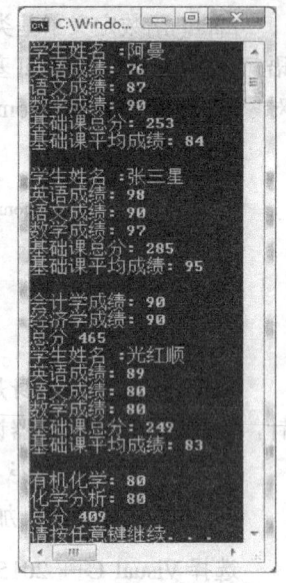

图 7-12　程序运行结果

习 题 7

1. 解释下列概念：
　　　　模板　　函数模板　　模板函数　　类模板　　模板类
2. 什么是模板的类型参数与非类型参数？有什么区别？
3. 试举例说明 C++在匹配模板参数的过程中可能会遇到的问题，有哪些解决方法。
4. 试述类模板的实例化过程。
5. 读程序，写结果。

（1）
```
#include<iostream>
using namespace std;
template<typename T1, typename... T2> double min(T1 p, T2... arg){
    double  ret = min(arg...);
    if(p < ret)
        return p;
    else
        return ret;
}
template<typename T>
T min(T t){  return t;  }
void main(){
    cout << min(100, 12, 30, 4, 20) << "\t";
    cout << min('a', 'z', 2) << "\t";
    cout << min(2, 7.8) << endl;
}
```

（2）
```
#include<iostream>
#include<string>
using namespace std;
template <typename T>
inline T const& min(T const& a, T const& b) {
```

```cpp
        cout << "1:\t" ;
        return  a < b ? a : b;
}
template<>
const char* const& min(const char* const& a, const char* const& b) {
        cout << "2:\t" ;
        return strcmp(a, b) < 0 ? a : b;
}
inline char const* min(char const* a, char const* b) {
        cout << "3:\t" ;
        return  std::strcmp(a, b) < 0 ? a : b;
}
int main() {
        int  a = 5, b = 12;
        string  s1 = "aString1", s2 = "aString2";
        cout << min(a, b) << endl;
        cout << min(s1, s2) << endl;
        cout << min("How are!", "Hellow Template!") << endl;
}
```

（3）分析下面程序的功能。
```cpp
#include <tuple>
#include<string>
#include <vector>
#include<iostream>
using namespace std;
typedef tuple<string , string , int , string > Student;
vector<Student>  inputData() {
        Student  stu;
        vector<Student>sv;
        for(int i = 0; i < 3; i++) {
                cout << "输入学生数据：姓名、学号、年龄、专业" << endl;
                cin >> get<0>(stu) >> get<1>(stu) >> get<2>(stu) >> get<3>(stu);
                sv.push_back(stu);
        }
        return sv;
}
void display(vector<Student> sv) {
        for(int j = 0; j< 3; j++) {
                cout << get<0>(sv[j])<< "\t" << get<1>(sv[j])<<"\t"
                        << get<2>(sv[j])<<"\t" << get<3>(sv[j]) << endl;
        }
}
void main(){
        vector<Student> s;
        s = inputData();
        display(s);
}
```

6. 设计一个函数模板，实现两数的交换，并用 int、float、char 等类型的数据进行测试。

7. 设计一个函数模板，能够从 int、char、float、double、long、char*等类型的数组找出最大值元素。提示：可用类型参数传递数组、用非类型参数传递数组大小，为了找出 char*类型数组中的最大值元素，需要对该类型进行函数重载，即以普通函数的方式重载对 char*类型数组求取最大值元素的函数。

8. 用模板设计一个通用的单向链表类 List，实现链表节点的增加、删除、查找以及链表数据的输出操作。
9. 假设有一个工人类，形式如下：
```
class Worker{
    char name[10];
    int  age;
    double salary;
  public:
    Worker(…)
    void SetData(char *Name, int Age, double wage)
    void Display()
    ……
}
```
其中，name 表示姓名、age 表示年龄、salary 表示薪金；构造函数 Worker()实现各数据成员的初始化，SetData() 成员函数用于重置各数据成员的值，Display()用于显示输出各数据成员的值。

完成该类的设计，并用 STL 中的链表 list（或向量 vector、堆栈 stack、队列 queue 等数据结构）管理该类的对象，要求：至少建立两个链表，每个链表中至少存入 Worker 类的 3 个对象，通过迭代器访问输出各节点对象的数据成员，并利用链表的 merge 算法将两链表合并在一起，然后输出合并后的链表节点对象。

10. 建立两个 int 类型的向量 vector，利用 merge 算法将其合并，再用 sort 算法对合并后的向量排序。

第 8 章 异 常

C++语言的异常处理机制能将异常检测与异常处理分离开，程序的一部分负责检测问题的出现，另一部分负责问题的处理，增加了程序的清晰性和可读性，使程序员能够编写出清晰、健壮、容错能力更强的程序，适用于大型软件开发。

本章介绍 C++语言的异常处理机制，包括异常处理结构、异常函数、异常类及其继承结构等。

8.1 异常处理概述

异常是指程序运行期间发生的不正常情况，如 new 无法获得所需内存、数组下标越界、运算溢出、除数为 0、无效函数参数以及打开不存在的文件等。异常处理就是指对程序执行过程中发生的异常进行适当的处理，避免程序出现丢失数据或破坏系统运行等灾难性的后果。

在软件设计中，要彻底避免异常是不可能的。软件开发人员必须充分考虑程序运行过程中可能出现的各种异常情况，以保证应用程序逻辑上的正确性和更强的容错能力。传统程序处理异常的典型方法是不断测试程序的执行情况，并对测试结果进行处理。如以下伪代码所示：

```
执行任务 1
    if 任务 1 未能被正确执行
        执行错误处理代码
执行任务 2
    if 任务 2 未能正确执行
        执行错误处理代码
执行任务 3
……
```

上述伪代码表示的程序逻辑是：程序每执行一个任务后，就检查执行是否成功，若不成功就执行错误处理代码，若成功了就执行下一任务……如此反复，直到所有任务执行完毕，或者因某个错误而终止应用程序。

在这种程序设计方法中，错误处理代码分布在整个程序的各部分，凡是代码可能出错的地方都要进行错误处理。其优点是程序的执行过程和错误处理情况非常清晰，缺点是随着程序复杂性的增加，过多的错误处理代码使程序本身的代码受到"污染"，变得晦涩难懂，加深了代码理解和维护的困难。

此外，如果设计的函数或类是提供给其他程序员重用的，虽然设计人员可以检测到异常条件的存在，但他无法确定那些应用函数或类的程序员会如何处理这些异常；另一方面，如果应用这些函数或类的程序员想按照自己的意愿处理异常，他又无法检测到异常条件是否存在，因为他无法看到或修改程序员设计的异常检测代码。

C++的异常处理机制较好地解决了上述两个问题。其基本思想是将异常发生和异常处理分别放在不同的函数中，产生异常的函数不需要具备处理异常的能力。当一个函数出现异常时，可以抛出一个异常，然后由该函数的调用者捕获并处理这个异常，如果调用者不能处理，可以将该异常抛给其上一级的调用者处理。大概而言，利用 C++的异常处理能够完成以下事情：① 改善程序的可读性和可维护性，将异常处理代码与主程序代码分离，适合团队开发大型项目；② 有力的异常检测和可能的异常恢复，以统一方式处理异常；③ 在异常引起系统错误之前处理异常；④ 处理由库函数或第三方提供的函数引起的异常；⑤ 在出现无法处理的异常时执行清理工作，并以适当的方式退出程序。

8.2 C++异常处理基础

8.2.1 异常处理的结构

C++引入了 3 个用于异常处理的关键字 try、throw、catch。try 用于检测可能发生的异常，throw 用于抛出异常，catch 用于捕获并处理由 throw 抛出的异常。try-throw-catch 构造了 C++异常处理的基本结构，形式如下：

```
try{
    ……                                          // try 程序块
    if err1  throw xx1
    ……
    if err2  throw xx2
    ……
    if errn  throw xxn
}
catch(type1 arg){…}                             // 异常类型 1 错误处理
catch(type2 arg){…}                             // 异常类型 2 错误处理
catch(typem arg){…}                             // 异常类型 m 错误处理
……                                              // 其他语句
```

其中，catch 后面的参数括号中只能有单个类型或单个对象声明，称为异常声明。type1、type2、typem 是数据类型关键字，可以是系统内置的数据类型（如 char、double 等），也可以是自定义的数据类型，如类或结构。在 catch 的参数表中，可以只有类型名而没有形参，如果不需要捕获由 throw 语句抛出的异常值，就可以不提供形参名称。

在设计具有异常处理能力的程序时，必须将要监控其错误的程序代码放在 try 块中，且对那些可能出现异常的语句进行测试，并据测试结果决定是否抛出（throw）异常。

throw 语句用于抛出异常，它的用法如下：

```
throw exception;
```

exception 就是异常，可以是任何数据类型的表达式，包括类对象，如果是类对象，则要求相应的类具有析构函数和拷贝构造函数（或移动构造函数）。throw 将利用 exception 生成一个临时的异常对象，然后将其抛出，该异常对象能够被 catch 捕获并处理。

catch 必须紧跟在 try 块的后面，用于捕获由 throw 抛出的异常。同一 try 块可以抛出多个不同类型的异常，每个 catch 块只能处理一种类型的异常。因此，当一个 try 块抛出了多个不同类型的异常时，就应该有多个 catch 异常处理块与之对应。

try-throw-catch 异常处理的执行逻辑如下：当程序执行过程中遇到 try 块时，将进入 try 块并按正常的程序逻辑顺序执行其中的语句；如果 try 块的所有语句都被正常执行，没有发生任何异常，那么 try 块中就不会有异常被 throw。在这种情况下，程序将忽略所有的 catch 块，顺序执行那些不属于任何 catch 块的程序语句，并按正常逻辑结束程序的执行，就像 catch 块不存在一样。

如果在执行 try 块的过程中，某条语句产生错误并用 throw 抛出了异常，则程序控制流程将自此 throw 子句转移到 catch 块，try 块中自该 throw 语句之后的所有语句都不会再被执行了。C++将按 catch 块出现的次序，用异常的数据类型与每个 catch 参数表中指定的数据类型相比较，如果两者类型相同，就执行该 catch 块，同时把异常的值传递给 catch 块中的形参 arg（如果该块有 arg 形参）。只要有一个 catch 块捕获了异常，其余 catch 块都将被忽略。如果没有任何 catch 能够匹配该异常，C++将调用系统默认的异常处理程序处理该异常，其通常做法是直接终止该程序的运行。

【例 8-1】 异常处理的简单例程。

```
//Eg8-1.cpp
#include<iostream>
using namespace std;
void main(){
    cout<<"1--befroe try block..."<<endl;
    try{
        cout<<"2--Inside try block..."<<endl;
        throw 10;
        cout<<"3--After throw ...."<<endl;
    }
    catch(int i) {
        cout<<"4--In catch block1 ...errcode is.."<<i<<endl;
    }
    catch(char * s) {
        cout<<"5--In catch block2 ...errcode is.."<<s<<endl;
    }
    cout<<"6--After Catch...";
}
```

程序运行结果如下：
```
1--befroe try block...
2--Inside try block...
4--In catch block1 ...errcode is..10
6--After Catch...
```

这个结果表明 try 块之前的语句被正常执行（输出"1--……"），try 块中第一次执行 throw 之前的语句被正常执行（输出"2--……"），try 中 throw 之后的语句不被执行（没有输出"3--……"）。当有异常抛出时，捕获了异常的 catch 块将被执行（输出"4--……"），其他 catch 块将被略过（没有输出"5--……"），catch 块后（不属于 catch 块）的语句也会被执行（输出"6--……"）。

8.2.2 异常捕获

异常捕获由 catch 完成，catch 必须紧跟在与之对应的 try 块后面，其目的是捕获并处理该 try 块抛出的某种异常。如果异常被某 catch 捕获，程序将执行该 catch 块中的代码，之后将继续执行 catch 块后面的语句；如果异常不能被任何 catch 块捕获，它将被传递给系统的异常处理模块，程序将被系统异常处理模块终止。

catch 根据异常声明的数据类型捕获异常，异常声明是指紧接在 catch 后面一对括号中的参数表，它与函数的形参表相似，但只允许有一个参数。如果 catch 参数表中异常声明的数据类型与 throw 抛出的异常的数据类型相同，该 catch 块将捕获异常。当进入一个 catch 块后，将用 throw

抛出的异常对象初始化异常声明中的参数。与函数的参数传递相似，如果 catch 的参数是非引用类型，采用值传递方式将异常对象复制给 catch 参数，如果在 catch 块内对参数进行修改，则修改的是复制到的副本而不是异常对象本身。如果参数是引用类型，则该参数传递的就是异常对象的一个别名，修改参数也就是修改异常对象本身。

注意：catch 在进行异常数据类型的匹配时，除下面 3 种情况的类型转换外，不会进行其他数据类型的默认转换，只有与异常的数据类型精确匹配的 catch 块才会被执行。① 允许非常量向常量的类型转换，即 throw 语句抛出的非常量对象可以匹配一个接受常量对象的 catch 语句；② 允许派生类向基类的类型转换；③ 数组被转换成指向数组元素类型的指针，函数被转换成指向该函数类型的指针。

例 8-2 是对例 8-1 的简化，但该例的 catch 块不会被调用。

【例 8-2】 catch 捕获异常时，不会进行数据类型的默认转换。

```
//Eg8-2.cpp
    #include<iostream>
    using namespace std;
    void main(){
        cout<<"1--befroe try block..."<<endl;
        try{
            cout<<"2--Inside try block..."<<endl;
            throw 10;
            cout<<"3--After throw ...."<<endl;
        }
        catch(double i) {                          // 仅此与例 8-1 不同
            cout<<"4--In catch block1 ...errcode is.."<<i<<endl;
        }
        cout<<"5--After Catch...";
    }
```

程序运行结果如下：

```
1--befroe try block...
2--Inside try block...
abnormal program termination                   // 程序因异常而结束
```

其中的 abnormal program termination 是由系统异常处理模块给出的。

此结果表明，程序执行了 try 块中的 "throw 10;" 语句后就被中止了，并没有执行 catch 块及 catch 块后的语句。其原因是，"throw 10;" 抛出的是一个 int 类型的异常，而 catch(double i)只能捕获 double 类型的异常。虽然 int 可以转换成 double 类型的数据，但 catch 并不会进行这样的转换，导致程序中没有适当的 catch 块能够处理 try 块中抛出的异常。因此，该异常最后只能由系统的异常处理模块处理，系统异常处理模块中止了该程序的执行。

8.3 异常和函数

1. 在函数中处理异常

异常处理可以局部化为一个函数。即将处理异常的 try-throw-catch 结构置于函数中，每次进行该函数的调用时，异常将被重置。

【例 8-3】 temperature 是一个检测温度异常的函数，当温度达到冰点或沸点时产生异常。

```
//Eg8-3.cpp
    #include<iostream>
    using namespace std;
    void temperature(int t){
        try{
            if(t==100)    throw "沸点！ ";
            else if(t==0)    throw "冰点！ ";
            else    cout<<"the temperature is OK..."<<endl;
        }
        catch(int x){  cout<<"temperature="<<x<<endl;  }
        catch(char *s){  cout<<s<<endl;  }
    }
    void main(){
        temperature(0);                              // L1
        temperature(10);                             // L2
        temperature(100);                            // L3
    }
```

程序的运行结果如下：
  冰点！
  the temperature is OK...
  沸点！

  temperature()是一个具有异常处理能力的函数，当调用参数为 0 或 100 时，将产生字符串类型的异常，catch 将捕获该异常并进行处理。

  注意：在函数内部进行异常处理时，针对 try 块抛出的所有异常都应该提供对应的 catch 块对之进行处理；若在调用函数时发生了不能够处理的异常，程序将会被终止。

  例如在例 8-3 中，若将 catch(char *s)修改为 catch(double s)，则调用语句 L1 时会产生"abnormal program termination"而被终止。因为 temperature(0)将产生 char*类型的异常，由语句"throw "冰点！";"产生，但函数不能捕获 char*类型异常的 catch 块，最后会被系统异常处理模块终止。

2．在函数调用中完成异常处理

  在前面的例子中，异常的检测和处理只能由函数设计人员完成，函数的调用者并不能做出有关异常的任何处理。因为异常的检测和处理都是在同一个函数中完成的，函数调用者无法进行异常的检测。C++的异常处理机制允许将异常发生与异常处理分开，即将产生异常的程序代码放在一个函数中，将检测处理异常的函数代码放在另一个函数中，这种方式能让异常处理更具灵活性和实用性，编写出更具容错性的程序。

  【例 8-4】 修改例 8-3，将异常处理从函数中独立出来，由调用函数完成。

```
//Eg8-4.cpp
    #include<iostream>
    using namespace std;
    void temperature(int t) {
        if(t==100)
            throw "沸点！ ";
        else if(t==0)
            throw "冰点！ ";
        else
            cout<<"the temperature is ..."<<t<<endl;
    }
```

```
void main(){
    try{
        temperature(10);
        temperature(50);
        temperature(100);
    }
    catch(char *s){  cout<<s<<endl;  }
}
```

程序运行结果如下：
```
the temperature is ...10
the temperature is ...50
沸点！
```

在本例中，函数 temperature()只抛出了异常，把异常的检测和处理留给了函数的调用者，调用者可以根据函数的实际调用情况进行异常的检测和处理，使异常处理更具合理性。

8.4 异常处理的几种特殊情况

1. noexcept 异常说明 [11C++]

如果确定某个函数能够正常运行，不会产生任何问题，可以用 noexcept 声明它不会产生异常，形式如下：
```
rtype  f(…) noexcept{                    // 不会抛出异常
    ……
}
rtype  g(…) {                            // 可能抛出异常
    ……
}
```
noexcept 声明是 C++ 11 新标准提出的，它与早期版本的空 throw 等价，形式如下：
```
rtype  f(…) throw() {                    // 不会抛出异常
    ……
}
```
如果一个声明了 noexcept 的函数，又在其函数体类使用 throw 抛出了异常，多数编译器不会在编译时对 noexcept 进行检测，因此程序能够通过编译。但是，在执行这样的函数时，系统会调用 terminate 终止该程序的执行。

关于 noexcept，有以下两点补充说明：① noexcept 说明符实际上可以接收一个 bool 类型实参，形式如下：
```
rtype f(…) noexcept(e){ … }
```
e 是一个逻辑表达式，若其结果为 true，表示函数 f()不会抛出异常，若结果是 false，则表明 f()可能会抛出异常。例如：
```
void f(int x) noexcept(true){ … }        // f()函数不抛出异常
void g(int x) noexcept(false){ … }       // g()函数可能抛出异常
```
② noexcept 除了是一个说明函数是否会抛出异常的声明符外，也是一个可以用来判断函数是否会产生异常的运算符。这为程序设计带来了方便，因为事先知道函数不会产生异常可以简化对该函数的调用编码（至少可以不用考虑 try-catch 的调用方式），在调用前可以用 noexcept 判断函数是否会抛出异常以达到这一目的，形式为：
```
noexcept(e);
```

e 是一个表达式，可以包括多个函数调用。例如，对于上面的 f()和 g()函数，有

    noexcept(f(4)+g(6));

f()函数本身做了不抛出异常的声明，但是函数 g()可以抛出异常，因此应该用下面的形式调用此表达式才是正确的：

    try{ f(4)+g(6); }
    catch(…){ … }

2．捕获所有异常

在多数情况下，catch 都只用于捕获某种特定类型的异常，但它也具有捕获全部异常的能力。其形式如下：

    catch(…) {
        ……   // 异常处理代码
    }

catch 参数表中的省略号可以匹配任何异常类型。

【例 8-5】 改写前面的 Errhandler()函数，使之能够捕获所有异常。

```
//Eg8-5.cpp
    #include<iostream>
    using namespace std;
    void Errhandler(int n)throw(){
        try{
            if(n==1)    throw n;
            if(n==2)    throw "dx";
            if(n==3)    throw 1.1;
        }
        catch(…){   cout<<"catch an exception..."<<endl;   }
    }
    void main(){
        Errhandler(1);
        Errhandler(2);
        Errhandler(3);
    }
```

程序运行结果如下：

    catch an exception...
    catch an exception...
    catch an exception...

Errhandler()抛出了 int、char 和 double 三种类型的异常，但只有一个 catch 块，程序执行结果表明该 catch 块捕获了所有的异常。

当一个 try 块后面有多个 catch 块与之相匹配时，如果其中有能捕获全部异常的 catch 块，应该将它放在最后，作为没有被前面捕获的异常的默认处理方案，如果将它放在前面，则其后的所有 catch 块都将毫无意义，因为无论什么异常都被它捕获了。

3．再次抛出异常

如果 catch 块无法处理捕获的异常，或者只能处理异常的一部分，其余异常需要由它的外层调用函数继续处理，就可以将它再次抛出。再次抛出异常的形式如下：

    throw;

这样的空 throw 语句只能出现在 catch 块中，或者 catch 块内的调用函数中。虽然 throw 的后面没

有抛出的异常对象表达式,但它实际上是将当前 catch 块捕获的异常对象再次抛出。从一个 catch 块中再次抛出的异常不会再被同一个 catch 块所捕获,它将被传递给外部的 catch 块处理。

catch 块再次抛出异常时,如果需要修改异常对象的值,表示它已作了处理。要达到这一目的,需要将 catch 的异常声明为引用类型,其所作修改才会有效。

【例 8-6】 在异常处理块中再次抛出同一异常。

```
//Eg8-6.cpp
#include<iostream>
using namespace std;
void Errhandler(int n){
    try{
        if(n == 1)    throw n;
        if(n == 4)    throw 'a';
        cout << "all is ok..." << endl;
    }
    catch (int n) {
        n = 100;
        cout << "exception inside is:\t" << n << endl;
        throw;                                          // 再次抛出 catch 捕获的异常
    }
    catch(char & c) {
        c = 'B';
        cout << "exception inside is:\t" << c << endl;
        throw;
    }
}
void main() {
    try{ Errhandler(1); }
    catch(int x) {  cout << "exception in main...\t" << x << endl;  }
    try{ Errhandler(4); }
    catch(char x) {  cout << "exception in main...\t" << x << endl;  }
    cout << "....End..." << endl;
}
```

程序运行结果如下:
```
    exception inside is:    100
    exception in main...    1
    exception inside is:    B
    exception in main...    B
    ....End...
```

内层异常处理结构将它所捕获的异常再次抛出,它抛出的异常被位于 main()中的外层 catch 块捕获并处理。从输出结果前两行可以看出,虽然 catch(int n)块内对异常对象 n 进行了修改,但它再次抛出的异常对象值却是修改之前的值;而 catch(char &c)块内对异常对象的修改是有效的。由此可知,如果希望 catch 块对它再次抛出的异常对象进行修改,应该使用引用参数捕获异常对象。

注意:只能从 catch 块中而不是从 try 块中再次抛出异常,这种方式有利于构成对同一异常的多层处理机制,增强了异常处理的能力,因为一个内层不能处理的异常,外层是有可能处理的。

4. 异常的嵌套调用

在出现异常的情况下,try 块用于指示编译器到哪里查找 catch 块,没有紧跟在 try 后面的 catch

是没有用途的，即 try 和 catch 块之间不应该有其他语句。try 块可以嵌套，即一个 try 块中可以包括另一个 try 块，这种嵌套可能形成一个异常处理的调用链。

【例8-7】 嵌套异常处理示例。

```
//Eg8-7.cpp
    #include<iostream>
    using namespace std;
    void fc(){
        try{  throw "help...";  }
        catch(int x){  cout<<"in fc..int hanlder"<<endl;  }
        try{  cout<<"no error handle..."<<endl;  }
        catch(char *px){  cout<<"in fc..char* hanlder"<<endl;  }
    }
    void fb(){
        int  *q=new int[10];
        try{
            fc();
            cout<<"return form fc()"<<endl;
        }
        catch(…){
            delete []q;
            throw;
        }
    }
    void fa(){
        char *p=new char[10];
        try{
            fb();
            cout<<"return from fb()"<<endl;
        }
        catch(…){
            delete []p;
            throw;
        }
    }
    void main(){
        try{
            fa();
            cout<<"return from fa"<<endl;
        }
        catch(…){  cout<<"in main"<<endl;  }
        cout<<"End"<<endl;
    }
```

程序运行结果如下：

```
in main
End
```

为什么会是这样的结果呢？在程序执行过程中，调用了哪些处理异常的 catch 块呢？

图 8-1 是本例异常处理过程的示意。在图 8-1 中，实线箭头是函数及异常的调用过程，虚线是函数调用及异常处理的返回过程。在函数调用 fa()→fb()→fc() 的过程中，当调用到 fc() 时，fc() 中第一个 try 块中的 throw "help..." 抛出了一个字符串类型的异常，与该 try 相对应的 catch 块将被

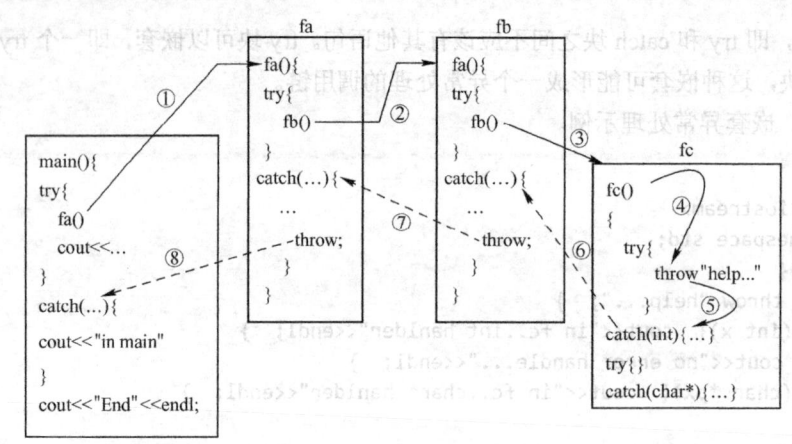

图 8-1 异常动态调用过程

用来捕获该异常，即图 8-1 中的⑤。但是该 catch 块只能捕获 int 类型的异常，而 "throw "help..." " 抛出的是字符串类型的异常，所以 fc() 中的第 1 个 catch 块不能处理该异常。这时，该异常将被返回到调用 fc() 的上一级 try 块对应的 catch 中被处理，如图 8-1 中的⑥所示。

注意：尽管 fc() 中的第 2 个 catch 块能够捕获 char*类型的异常，但异常是由 fc() 的第 1 个 try 块抛出的，与它没有关系（第 2 个 catch 块属于第 2 个 try 块），所以根本不会调用它。

当异常沿图中⑥所示的虚线返回到 fb() 的 catch 块中后，由于 fb() 中的 catch 块能够捕获任何异常，所以它捕获并处理了从 fc() 传递来的异常。在完成了对指针 q 的清理后，fb() 的 catch 块再次抛出了该异常。该异常将返回到上级 fa() 的 catch 模块，如图 8-1 中的⑦所示。

fa() 的 catch 捕获了该异常，在完成对指针 p 的清理后，再次抛出该异常。fa() 的上层异常处理模块是 main() 中的 catch 块，它将捕获该异常，如图 8-1 中的⑧所示。

main() 中的 catch 块将输出字符串"in main"。最后，程序将执行 main() 中 catch 后面的语句，所以输出了字符串"End"。

例 8-7 展示了异常处理的一般逻辑，从上面的分析可以看出，这样的异常处理方法比较完善，它将每个函数分配的动态存储空间都回收了。

8.5 异常和类

8.5.1 构造函数和异常

函数（包括普通函数和类成员函数）可以通过返回值将其执行状态返回给调用者，调用者可以借此判断函数运行是否正确。但是如果在构造函数中发生了错误，外部函数如何知道该对象有没有被正确构造呢？因为构造函数没有返回值，无法通过返回值将对象构造失败的消息告知外部函数。传统程序方法可能采用如下策略处理发生在构造函数中的异常：① 返回一个处于错误状态的对象，外部程序可以检查该对象状态，以便判定该对象是否被成功构造；② 设置一个全局变量保存对象构造的状态，外部程序可以通过该变量值判断对象构造的情况；③ 在构造函数中不做对象的初始化工作，而是专门设计一个成员函数负责对象的初始化。

现在，利用异常处理机制能够很好地处理构造函数中的异常问题，当构造函数出现错误时就抛出异常，外部函数可以在构造函数之外捕获并处理该异常。

对构造函数的异常处理体现了 C++异常处理机制的真正能力，它会自动调用异常发生前已构造的所有局部对象的析构函数。如果正被构造的对象还有成员对象，且在发生异常之前这些成员对象已经被构造了，则 C++异常机制将调用这些成员对象的析构函数；如果该对象还有对象成员数组，且异常发生时对象数组已被部分构造，则已被构造了的数组对象的析构函数也将被调用。

【例 8-8】 类 B 有一个类 A 的对象成员数组 obj，类 B 的构造函数进行了自由存储空间的过量申请，最后造成内存资源耗尽，产生异常，则异常将调用对象成员数组 obj 的析构函数，回收 obj 占用的存储空间。

```
//Eg8-8.cpp
    #include<iostream>
    using namespace std;
    class A{
        int  a;
      public:
        A(int i=0):a(i){ }
        ~A(){  cout<<"in A destructor..."<<endl;  }
    };
    class B{
        A   obj[3];
        double  *pb[10];
      public:
        B(int k){
            cout<<"int B constructor..."<<endl;
            for(int i=0; i<10; i++){
                pb[i]=new double[20000000];
                if(pb[i]==0)
                    throw i;
                else
                    cout<<"Allocated 20000000 doubles in pb["<<i<<"]"<<endl;
            }
        }
    };
    void main(){
        try{  B b(2) ;  }
        catch(int e){  cout<<"catch an exception when allocated pb["<<e<<"]"<<endl;  }
    }
```

程序运行结果如下：
```
    int B constructor...
    Allocated 20000000 doubles in pb[0]
    Allocated 20000000 doubles in pb[1]
    Allocated 20000000 doubles in pb[2]
    Allocated 20000000 doubles in pb[3]
    in A destructor...
    in A destructor...
    in A destructor...
    catch an exception when allocated pb[4]
```

从程序运行结果可以看出，当程序执行进入类 B 的构造函数时，循环正常运行了 4 次，pb[0]～pb[3]都分配到了相应的数组空间。当进行第 5 次循环为 pb[4]分配数组空间时，内存资源已不能申请要求，所以产生异常。产生异常时，C++异常处理机制将调用异常发生前已构造了的 obj 对象成员数组中每个对象的析构函数，这就是运行结果中有3行"in A destructor..."的由来。

8.5.2 异常类

1. 简单的异常类

异常可以是任何类型，包括自定义类。用来传递异常信息的类就是异常类。异常类可以非常简单，甚至没有任何成员；也可以与普通类一样复杂，有自己的成员函数、数据成员、构造函数、析构函数、虚函数等，还可以通过派生方式构成异常类的继承层次结构。

在实际程序设计过程中，许多异常都是类而不是内置数据类型。使用异常类的好处是可以通过它创建传递错误信息的对象，异常处理程序可以利用这个对象获取错误信息，以便进行有针对性的异常处理。

【例 8-9】 设计一个堆栈，当入栈元素超出了堆栈容量时，就抛出一个栈满的异常；如果栈已空，还要从栈中弹出元素，就抛出一个栈空的异常。

```
//Eg8-9.cpp
    #include <iostream>
    using namespace std;
    const int MAX=3;
    class Full{ };                                          // L1  堆栈满时抛出的异常类
    class Empty{ };                                         // L2  堆栈空时抛出的异常类
    class Stack{
      private:
        int  s[MAX];
        int  top;
      public:
        void push(int a);
        int  pop();
        Stack(){ top=-1;  }
    };
    void Stack::push(int a){
        if(top>=MAX-1)
            throw Full();                                   // L3
        s[++top]=a;
    }
    int Stack::pop(){
        if(top<0)
            throw Empty();                                  // L4
        return s[top--];
    }
    void main(){
        Stack s;
        try{
            s.push(10);
            s.push(20);
            s.push(30);
        //  s.push(40);                                     // L5  将产生栈满异常
            cout<<"stack(0)= "<<s.pop()<<endl;
            cout<<"stack(1)= "<<s.pop()<<endl;
            cout<<"stack(2)= "<<s.pop()<<endl;
```

```
            cout<<"stack(3)= "<<s.pop()<<endl;                    // L6
        }
        catch(Full){  cout<<"Exception: Stack Full"<<endl;  }      // L7
        catch(Empty){ cout<<"Exception: Stack Empty"<<endl; }      // L8
}
```

程序运行结果如下：
```
stack(0)= 30
stack(1)= 20
stack(2)= 10
Exception: Stack Empty
```

语句 L1、L2 分别定义了两个简单的异常类 Full、Empty。如果堆栈已满还继续加入元素，将抛出一个 Full 异常，在语句 L3 处；如果在栈已空的情况下，继续从栈中弹出元素，将抛出一个 Empty 异常，在语句 L4 处。

语句 L5 被注释了，否则将引发栈满异常。栈中总共只有 3 个元素，语句 L6 试图从空栈中继续弹出元素，将引起栈空异常，抛出一个 Empty 类的对象，该对象被语句 L8 捕获，从程序运行结果的最后一行可以看出这个结论。

如果异常类只为某个单独的类提供异常处理，可以在应用它的类中进行定义，形成嵌套类。例如，若例 8-9 的 Full、Empty 是只用于 Stack 类的异常类，它也可以定义如下。其中标注省略号的地方与例 8-9 中的代码完全相同。

```
class Stack{
    ……
  public:
    class Full{ };                     // 异常类
    class Empty{ };                    // 异常类
    ……
};
void main(){
    ……
    catch(Stack::Full){ … }
    catch(Stack::Empty){ … }
}
```

main() 函数中的 catch 捕获异常时要加限定符 Stack::，因异常类 Full 和 Empty 是 Stack 类的成员类。

2. 异常对象

由异常类建立的对象称为异常对象，异常的处理过程实际上是异常对象在 throw 和 catch 之间的传递过程，需要调用拷贝构造函数和析构函数。在没有显式定义它们的情况下，C++调用由编译器为异常类自动合成的默认构造函数、默认拷贝构造函数和析构函数完成对象的建立与传递过程，如图 8-2 所示。

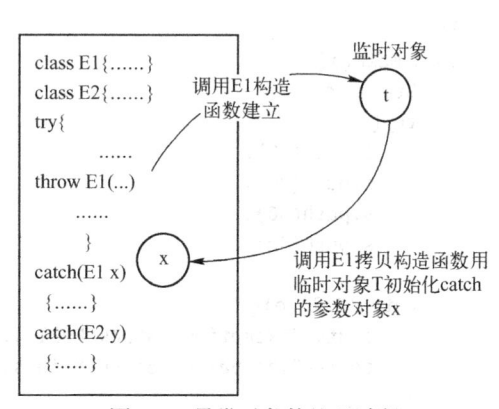

图 8-2 异常对象的处理过程

该过程可以概括为：① 当 try 块中的 throw 抛出异常表达式时，将调用异常类的适当构造函数创建异常类的一个临时对象 t，throw 将抛出 t；② 与 try 相匹配的 catch 块将调用拷贝构造函数用 t 初始化生成适用于 catch 块的临时对象 x，传递完成后调用 t 的析构函数销毁对象 t；③ 进入该 catch 块进行异常处理。

异常类并非总像前面的 Full 和 Empty 那样简单，也可以有数据成员和成员函数，成为复杂的类。在实际编程中，常通过异常类的成员传递异常信息，以便进行适当的异常处理。

【例 8-10】 修改例 8-9 的 Full 异常类，修改后的 Full 类具有构造函数和成员函数，还有一个数据成员。利用这些成员，可以获取异常发生时没有入栈的元素信息。

```cpp
//Eg8-10.cpp
#include <iostream>
using namespace std;
const int MAX=3;
class Full{
    int a;
  public:
    Full(int i):a(i){ }
    int getValue(){ return a; }
};
class Empty{ };
class Stack{
  private:
    int s[MAX];
    int top;
  public:
    Stack(){ top=-1; }
    void push(int a){
        if(top>=MAX-1)
            throw Full(a);                               // L1
        s[++top]=a;
    }
    int pop(){
        if(top<0)
            throw Empty();
        return s[top--];
    }
};
void main(){
    Stack s;
    try{
        s.push(10);
        s.push(20);
        s.push(30);
        s.push(40);                                      // L2
    }
    catch(Full e){                                       // L3
        cout<<"Exception: Stack Full..."<<endl;
        cout<<"The value not push in stack: "<<e.getValue()<<endl; //L4
    }
}
```

程序运行结果如下：

```
Exception: Stack Full...
The value not push in stack: 40
```

由于 s 栈只能存放 3 个元素，所以语句 L2 将产生 s 栈满的异常，致使语句 L1 的 throw 抛出异常。语句 L1 的 throw Full(a)将调用构造函数 Full::Full(int i)建立一个临时对象，其中 i 的值为 40，

throw 语句随后会抛出该临时对象。语句 L3 的 catch 将捕获该对象，并调用 Full 的默认拷贝构造函数用该临时对象初始化异常对象 e，e 的数据成员 a 因此就获得了来源于 throw 语句抛出的临时对象的数据成员 a 的值 40，所以语句 L4 的成员函数 e.getValue()输出 40。

3. 捕获异常对象的引用

同函数参数的传递可以传值和传引用一样，catch 块捕获异常的参数传递也有按值传递和按引用两种方式。如果 catch 块的异常声明是一个值参数，C++将以按值传递的方式把 throw 语句抛出的异常对象传递给 catch 参数表中的参数对象。前面例程中的 catch 块都是按值传递异常对象的，这种方式将调用异常类的拷贝构造函数，用 throw 抛出的临时对象初始化 catch 声明的异常对象。

如果 catch 块的异常声明是一个引用参数，C++将把该引用参数绑定到由 throw 抛出的临时异常对象上，即引用参数是临时对象的别名，这种情况不会调用异常类的拷贝构造函数来初始化 catch 参数声明中的异常对象。当异常对象具有较多数据成员时，传引用方式将避免大量的数据拷贝，提高程序效率。

例如，将例 8-10 的语句 L3 中的 catch 改为下面的形式，其余程序代码不做任何修改，就将该程序的 catch 修改成了传引用的方式。

```
catch(Full &e){ … }
……
```

修改后的程序将得到与例 8-10 完全相同的结果，但它们对异常对象的处理方法完全不同，传引用不会调用 Full 类的拷贝构造函数来初始化对象 e，而是直接将 e 绑定到了 throw 语句抛出的临时对象上，e 即该临时对象的别名。

8.5.3 派生异常类的处理

在设计软件的异常处理系统时，可以将各种异常汇集起来，根据异常的性质，将其分属到不同的类中，形成异常类的继承体系结构。在处理异常时，可以根据程序的实际情况捕获那些可能发生的相关异常，并做出正确的处理。还可以利用类的多态性，将异常类设计为具有多态特性的继承体系，利用多态的强大功能处理异常。例如，一个远程登录程序的可能异常类层次结构如图 8-3 所示。其中，基类 BasicException 代表基本异常，包括文件系统异常（FileSysException）、操作系统异常（OsException）、安全异常（SecurityException）三类；文件系统异常又包括文件没有找到（FileNotFound）、访问的磁盘不存在（DiskNotFound）；安全异常又包括口令错误（InvalidPassword）、未授权用户（NotPrivliegedUser）。

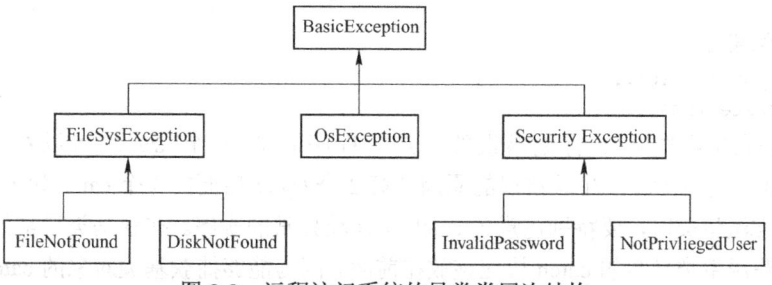

图 8-3 远程访问系统的异常类层次结构

图 8-3 中只列出了远程登录系统的部分异常，事实上还有大量其他类型的异常，如执行的文件不存在、用户标志错误、修改只读文件等。

【例 8-11】 设计图 8-3 所示异常继承体系中从 BasicException 到 FileSysException 部分的异常类。

```cpp
//Eg8-11.cpp
    #include<iostream>
    using namespace std;
    class BasicException{
      public:
        char* Where(){  return "BasicException...";  }
    };
    class FileSysException:public BasicException{
      public:
        char *Where(){  return "FileSysException...";  }
    };
    class FileNotFound:public FileSysException{
      public:
        char *Where(){  return "FileNotFound...";  }
    };
    class DiskNotFound:public FileSysException{
      public:
        char *Where(){  return "DiskNotFound...";  }
    };
    void main(){
      try{
        ……                                              // 程序代码
        throw FileSysException();
      }
      catch(DiskNotFound p){  cout<<p.Where()<<endl;  }
      catch(FileNotFound p){  cout<<p.Where()<<endl;  }
      catch(FileSysException p){  cout<<p.Where()<<endl;  }
      catch(BasicException p){  cout<<p.Where()<<endl;  }
      try{
        ……                                              // 程序代码
        throw DiskNotFound();
      }
      catch(BasicException p){  cout<<p.Where()<<endl;  }
      catch(FileSysException p){  cout<<p.Where()<<endl;  }
      catch(DiskNotFound p){  cout<<p.Where()<<endl;  }
      catch(FileNotFound p){  cout<<p.Where()<<endl;  }
    }
```

程序运行结果如下。
```
    FileSysException...
    BasicException...
```
该程序运行结果的第 2 行是错误的。结合程序的第 2 个 try 块可以看出，它应该是"DiskNotFound..."才正确。产生该错误的原因是第 2 个 try 块后面的 4 个 catch 块的排列次序有问题。在处理异常派生类时，要特别注意各 catch 块捕获异常的次序。捕获基类异常的 catch 块应该放在后面，捕获派生类异常的 catch 块应该放在前面。因为能够捕获基类对象的 catch 块也能捕获派生类对象，若将它放在最前面，它将提前捕获派生类对象。

异常类继承结构也可以用多态实现，多态可以简化异常的捕获。例 8-11 的多态实现程序如下，其中省略的代码与例 8-11 完全相同。

```
#include <iostream>
using namespace std;
class BasicException{
  public:
    virtual char* Where(){  return "BasicException...";  }
};
……
void main(){
    try{
        ……                                              // 程序代码
        throw FileSysException();
    }
    catch(BasicException &p){  cout<<p.Where()<<endl;  }
    try{
        ……                                              // 程序代码
        throw DiskNotFound();
    }
    catch(BasicException &p){  cout<<p.Where()<<endl;  }
}
```

该程序将得到如下运行结果，结合程序代码可以知道该结果是正确的。

  FileSysException...
  DiskNotFound...

在用多态实现的异常处理中，catch 块的异常处理过程非常简单，一条具有多态异常捕获能力的语句：

  catch(BasicException &p){ cout<<p.Where()<<endl; }

等效于下面 4 条异常捕获语句：

  catch(BasicException p){ cout<<p.Where()<<endl; }
  catch(FileSysException p){ cout<<p.Where()<<endl; }
  catch(DiskNotFound p){ cout<<p.Where()<<endl; }
  catch(FileNotFound p){ cout<<p.Where()<<endl; }

实际上，只要是位于图 8-3 继承层次结构中的所有异常类，catch(BasicException &p)都能捕获，并能调用到异常对象正确的 Where()成员函数。

习 题 8

1. 什么是异常？C++为什么要引入异常处理机制？
2. 简述 try-throw-catch 异常处理的过程。
3. 什么是异常类？
4. 阅读下面的程序，写出程序运行结果。

（1）
```
#include <iostream>
using namespace std;
void main(){
    int  a[]={8, 5, 5, 0, 6, 0, 8, 5, 5, 0, 7, 8};
    for(int i=0; i<5; i++){
        try{
            cout<<"in for loop...."<<i<<"\t";
```

```
                if(a[i+1]==0)
                    throw 1;
                cout<<a[i]<<"/"<<a[i+1]<<"="<<a[i]/a[i+1]<<endl;
            }
        }
        catch(int){  cout<<"end"<<endl;  }
    }
```

(2)
```
    #include <iostream>
    using namespace std;
    void err(int t){
        try{
            if(t>100)
                throw "biger than 100";
            else if(t<-100)
                throw t;
            else
                cout<<"t in right range..."<<endl;
        }
        catch(int x){  cout<<"error---"<<x<<endl;  }
        catch(char *s){  cout<<"error----"<<s<<endl;  }
        catch(float f){  cout<<"error----"<<f<<endl;  }
    }
    void main(){
        err(200);
        err(99);
        err(-1210);
    }
```

(3)
```
    #include <iostream>
    using namespace std;
    class excep{
     private:
        char *ch;
      public:
        excep(char *m="exception class..."){  ch=m;  }
        void print(){  cerr<<ch<<endl;  }
    };
    void err1(){
        cout<<"enter err1\n";
        throw excep("exception");
    }
    void err2(){
        try{
            cout<<"enter err2\n";
            err1();
        }
        catch(int){
            cerr<<"err2:catch\n";
            throw;
        }
    }
```

```
void err3(){
    try{
        cout<<"enter err3\n";
        err2();
    }
    catch(…){
        cerr<<"err3:chtch\n";
        throw;
    }
}
void main(){
    try{   err3();   }
    catch(…){   cerr<<"main:catch\n";   }
}
```

5. 设计一个只能容纳 10 个元素的队列，如果入队元素超出了队列容量，就抛出一个队列已满的异常；如果队列已空还要从中取出元素，就抛出一个队列已空的异常。

第 9 章 流和文件

C++具有一个功能强大的 I/O 类继承体系用于处理数据的输入/输出问题。第 1、2 章已对 C++输入/输出系统中的基本输入/输出操作及文件存取进行了简要介绍。本章介绍 C++流类的继承结构和文件管理内容,包括用流类的成员函数 get()、getline()、read()、put()、write()输入、输出数据,以及二进制文件和随机文件的存取方法和数据格式化等。

9.1 C++ I/O 流及流类库

计算机数据的输入输出本质上是字符序列在主机与外设之间的有向流动,在 C++程序中,输入/输出操作是通过"流"处理的。所谓流,是指数据的有向流动,即数据从一个设备流向另一个设备,分为输入流和输出流两类。输入流是指从外设流向主机的数据流,如从键盘输入数据,从磁盘文件读取数据到内存数组中的数据流都是输入流;输出流是指从主机流向外设的数据流,如数据存盘或数据打印就是数据从内存流向磁盘或打印机的输出流。

流实际上是一种对象,它在使用前被建立,使用后被删除。数据的输入、输出操作就是从流中提取数据或者向流中添加数据。通常,把从流中提取数据的操作称为析取(提取),即读操作;向流中添加数据的操作称为插入,即写操作。

C++建立了一个十分庞大的流类库来实现数据的输入、输出操作,其中的每个流类实现不同的功能,这些类通过继承组合在一起。图 9-1 是 C++流类库中一些主要流类的继承结构图。

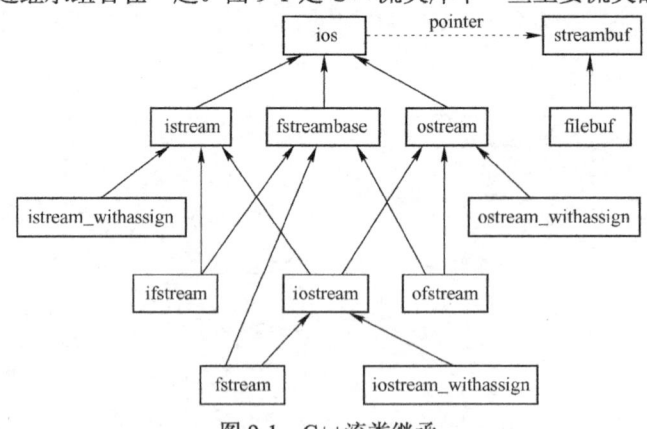

图 9-1 C++流类继承

ios 是所有流类的基类,提供对流状态进行设置的主要功能。它有一个指向 streambuf 的指针,ios 及其派生类都通过该指针,利用 streambuf 实现数据的输入、输出。

streambuf 主要作为其他类的支撑。它定义了对缓冲区的通用操作,如设置缓冲区,从缓冲区中读取数据,或向缓冲区写入数据等操作。缓冲区由一个字符序列、一个输入缓冲区指针及一个输出缓冲区指针组成,这两个指针分别指向缓冲区中要插入或析取的字符位置。streambuf 类提供了与物理设备的接口，实现了缓冲或处理流的通用方法。

istream 是输入流类，提供将数据插入到流中的操作，实现数据输入的功能；ostream 是输出流类，提供从流中提取数据的操作，实现数据输出的功能；iostream 是 istream 和 ostream 的派生类，它继承了 istream 类和 ostream 类的行为，支持数据输入、输出的双向操作，常用来实现数据的输入和输出功能。

fstreambase 从 ios 派生，提供了文件操作的许多功能，但不会被用来进行实际的文件操作，而是作为其他文件操作类的公共基类。ifstream 类用来实现文件读取操作，ofstream 类用来实现文件写入操作。fstream 继承了 fstreambase 和 iostream 类的功能，实现了文件读、写的双向操作。

filebuf 类从 streambuf 派生，使用文件来保存缓冲区中的字符序列，主要提供对上述各类的文件缓冲支持。文件有读、写、打开、关闭等常用操作。读文件就是将指定文件中的内容读到缓冲区中；写文件就是将缓冲区中的字符写到指定的文件中；打开文件就是将 filebuf 同某个磁盘文件相链接；关闭文件就是断开 filebuf 与文件的链接。

为了便于程序数据的输入、输出，C++在 iostream（iostream.h，早期版本）头文件预定义了以下几个标准输入/输出流对象，在程序中包含此头文件后，就可以直接应用这些对象进行数据的输入/输出。例如：

```
ostream cout;              // cout 与标准输出设备相关联
ostream cerr;              // cerr 与标准错误输出设备相关联（非缓冲方式）
ostream clog;              // clog 与标准错误输出设备相关联（缓冲方式）
istream cin;               // 与标准输入设备相关联
```

cout、cerr、clog 都是输出流对象。cerr 和 clog 用于输出错误信息，clog 常与打印机关联，以缓冲方式输出流，即流被先送到缓冲区内，当缓冲区满时才从缓冲区中将其送到输出设备。cerr 常与显示器关联，以非缓冲方式输出错误信息，即输出流不通过缓冲区直接送到输出设备，其输出速度比缓冲方式快。

在默认情况下，标准输入设备已被关联到键盘，标准输出设备则被关联到了显示器，这就是在程序中可以用 cin 从键盘输入数据，用 cout 将数据输出到显示器的原因。

9.2 I/O 成员函数

9.2.1 istream 流中的常用成员函数

istream 类定义了许多用于从流中提取数据和操作文件的成员函数，并对流的析取运算符>>进行了重载，实现了对内置数据类型的输入功能。其中常用的几个成员函数是 get()、getline()、read()，它们在 istream 类中的声明原型如下：

```
class istream : virtual public ios {
  public:
    istream& operator>>(double &);      // 具有许多 operator>>重载成员函数
    ......
    int get();
    istream& get(char *, int, char ='\n');
    istream& get(char &);
    istream& getline(char *, int, char ='\n');
    istream& read(char *, int);
    istream& ignore(int =1, int =EOF);
```

```
int peek();
istream& putback(char);
......
};
```

1. get()成员函数

从 istream 类的声明中可以看出，get()成员函数大致有 3 种用法。

（1）int get()

不带参数的 get 成员从输入流中提取一个字符（包括空白字符），并且返回该字符作为函数的调用值。当遇到文件结束符时，返回文件结束常量 EOF。

（2）istream& get(char * c, int n, char ='\n')

从输入流中提取 n–1 个字符（包括空白字符），把它们放在字符数组 c 中，并在字符串结束处添加'\0'。函数中的第 3 个参数用于指定字符结束的分隔符，其默认值是'\n'。该函数在以下情况会结束读取字符的操作：① 读取了 n–1 个字符；② 遇到了指定的结束分隔符；③ 遇到了文件结束符。**注意**：该函数不会将输入流中的结束分隔符放入数组 c 中，数据读取完成后，结束分隔符仍然保留在输入流中。

（3）istream& get(char &c)

从输入流中提取一个字符（包括空白字符），并且把它放在字符引用 c 中。当遇到文件结束符时返回 0，否则返回对 isteam 对象的引用。

2. read()成员函数

read()从流中读取 n 字节，并将其存放到字符数组 c 中。read()执行非格式化的操作，即对读出的字节不做任何处理，直接送到指定内存单元后由程序的类型定义解释。用法如下：

```
istream& read(char *c, int n);
```

3. ignore()和 getline()成员函数

ignore()成员函数从流中读取数据但不保存，getline()成员函数从流中一次读取一行字符，其用法可参见 1.4.8 节。

【例 9-1】用函数 get()和 getline()读取数据，输入数据时遇到的问题及解决方法参见 1.4.8 节。

```
//Eg9-1.cpp
    #include <iostream>
    using namespace std;
    void main(){
        char  c, a[50], s1[100];
        cout<<"use get() input char: ";
        while((c=cin.get())!='\n')                    // L1
            cout<<c;
        cout<<endl;
        cout<<"use get(a,10) input char: ";
        cin.get(a, 10);                               // L2
        cout<<a<<endl;
        cin.ignore(1);                                // L3
        cout<<"use getline(s1, 10) input char: ";
        cin.getline(s1, 10);                          // L4
        cout<<s1<<endl;
    }
```

由于 get 是 istream 类的公有成员函数，cin 是 istream 类的对象，因此 cin.get()访问是合法的。下面是程序执行时的一组输入数据和输出结果：

```
use get() input char: abcd ⏎
abcd
use get(a,10) input char: 12345678 ⏎
12345678
use getline(s1,10) input char: this is a str ⏎
this is a
```

其中，⏎ 代表回车键。上面的输入数据将建立如下输入流：

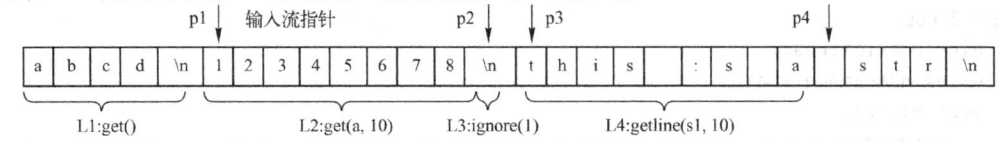

			p1	输入流指针						p2		p3							p4				
a	b	c	d	\n	1	2	3	4	5	6	7	8	\n	t	h	i	s	:	s	a	s	t	r	\n

L1:get()　　　L2:get(a, 10)　　L3:ignore(1)　L4:getline(s1, 10)

语句 L1 的函数 get()遇到 "\n" 将停止从流中提取字符的操作，输入流的指针将停留在 p1 位置，下次将从 p1 位置开始读取流中的数据。

语句 L2 将从 p1 位置开始读取流中的数据，它没读够 9 个字符就提前结束了。因为它提前遇到了 p2 位置的结束分隔符 "\n"，所以就停止了读操作。因此 a 数组的值是 "12345678\0"，最后的 "\0" 是函数 get 添加的。**注意**：这里的 get()函数不会清除输入流中的分隔符 "\n"，当语句 L2 结束时，输入流指针指向 p2 位置。

语句 L3 的 ignore(1)将略过输入流中的 1 个字符，L3 执行后，输入流指针将指向 p3 位置。

语句 L4 的 getline(s1, 10)将从 p3 位置开始读取流中的连续 9 个字符到 s1 数组中，因此 s1 中的内容将是"this is a \0"。语句 L4 结束后，输入流指针在 p4 位置，但 p4 到最后的结束分隔符 "\n" 之间的字符已不可用。

说明：getline()与有 3 个参数的 get()成员函数的用法很接近，但 get()函数在遇到结束分隔符时不会清除它，仍将其保留在输入流中。而 getline()在遇到结束分隔符时，要将它从输入流中清除。get()函数处理结束分隔符的这种方式常常是程序错误的原因之一。例如，若将程序中的语句 L3 删除，则语句 L4 的 getline()就不会再接收从键盘输入的任何数据，因为它一开始就读取了输入流中的结束分隔符 "\n"，这个结束符是上一次 get()函数遗留下来的。

9.2.2 ostream 流中的常用成员函数

ostream 类提供了许多用于数据输出的成员函数，并通过流的输出运算符<<重载，实现了对内置数据类型的输出功能。其中几个常用的成员函数是 put()、write()、flush()，它们在 ostream 类中的声明原型如下：

```cpp
class _CRTIMP ostream : virtual public ios {
  public:
    ostream& operator<<(…);
    ostream& flush();
    ostream& operator<<(long);
    ostream& put(char c);
    ostream& write(const char *c, int n);
    ostream& seekp(streampos);
    ……
};
```

put()成员函数插入一个无格式的字节到输出流中，参数 c 是要输出的字符。

write()成员函数是一个无格式的输出成员函数，它插入一个字符序列到输出流中。参数 c 是要输出的字符数组，n 表示要输出的字符个数，该函数返回对象的引用。

在输出数据时，C++首先将输出数据保存在输出缓冲区中，当输出缓冲区满时才将数据送到输出设备。显然，当缓冲区未满时，数据输出就会有延迟。flush()成员函数用于刷新输出流，即不管输出缓中区满与不满，它都会立即将缓冲区中的数据送到输出设备。

【例 9-2】 用 get()读取数据，用 put()和 write()输出数据。

```
//Eg9-2.cpp
    #include<iostream>
    using namespace std;
    void main(){
        char  c;
        char  a[50]="this is a string...";
        cout<<"use get() input char: ";
        while((c=cin.get())!='\n')              // L1  用 get 读取字符，遇回车结束
            cout.put(c);                        // L2  将 c 中的字符输出
        cout.put('\n');                         // L3  输出一个回车换行符
        cout.put('t').put('h').put('i').put('s').put('\n');   // L4  输出 this
        cout.write(a,strlen(a)-1).put('\n');    // L5  write 一次输出多个字符
        cout<<"look"<<"\t here! "<<endl;
    }
```

运行程序，其输入和输出结果如下：

  use get() input char: how are you! ⏎
  how are you
  this
  this is a string...
  look here!

put()和 write()返回的都是输出流对象的引用，所以允许语句 L4、L5 中的连续书写形式。

9.2.3 数据输入、输出的格式控制

1. ios 类提供的格式控制

ios 是 C++所有流类的基类，包含了 C++流的主要特性，其中最重要的三个特性是数据格式化标志、错误状态位标志和文件操作模式。

（1）ios 中的格式化标志

格式化标志用于指定数据输入、输出的格式化方式，必须结合格式化设置函数才能使用它。ios 类中的部分格式化标志如表 9-1 所示。

（2）ios 中的格式化成员函数

ios 提供了一些格式化数据的成员函数，这些成员函数利用上述格式化标志对输入或输出数据进行格式化，ios 及其派生类的对象都可以用它们来设置或取消数据的输出格式。

    setf(flags)/unsetf(flags)   // 设置/取消指定的格式化标志 flags，flags 可以是表 9-1
                  // 的格式化标志符
    setf(flags, filed)   // 先清除、然后设置标志

表 9-1 ios 中的数据格式化常数

标志符常数	作　　用	标志符常数	作　　用
ios::skipws	跳过输入流中的空白	ios::showpoint	输出带小数点数
ios::left	输出数据按左对齐	ios::uppercase	用大写字母输出十六进制数
ios::right	输出数据按右对齐	ios::showpos	在正数前加"+"
ios::dec	按十进制输出	ios::scientific	用科学计数法输出浮点数
ios::oct	按八进制输出	ios::fixed	用定点数形式输出浮点数
ios::hex	按十六进制输出	ios::unitbuf	输出完成后立即刷新缓冲区
ios::showbase	在数据前面显示基数（八进制是 0，十六进制是 0x）		

（3）设置域宽、精度、填充字符的成员函数

```
ch=fill() / fill(ch)              // 获取当前填充字符/设置填充字符
p=precision() / precision(p)      // 获取/设置当前浮点数的精度，p 是一个整型变量，代表
                                  // 精度位数
w=width() / width(w)              // 获取/设置字段宽度（以字符个数计算），w 是整型变量，代
                                  // 表输出宽度
```

说明：① fill()、precision()、width()成员函数都有无参数和有参数两种形式，无参形式用于获取当前输出格式，有参形式用于设置数据的输出格式。② 在用 width(w)设置了输出域宽之后，当输出的字符个数小于 w 时，将用当前的填充字符（默认填充字符为空白）填充不足数位，以达到设置的宽度。用 width 设置的输出宽度只对紧随其后的一个输出数据有效。例如：

```
cout.width(20);            // 设置输出宽度为 20 个字符
cout<<10<<30<<40;
```

第 2 条 cout 语句中的"10"将按 20 个字符宽度输出，而 30 和 40 则按默认宽度输出，实际输出结果将是"[103040]"。在 10 前面有 18 字符宽度的空白（输出时没有[]）。

【例 9-3】 用 ios 成员函数及格式化标志设置输出数据的格式。

```
//Eg9-3.cpp
#include<iostream>
using namespace std;
void main(){
    char  c[30]="this is string";
    double  d=-1234.8976;
    cout.width(30);    cout.fill('*');    cout.setf(ios::left);
    cout<<c<<"----L1"<<endl;
    cout.width(30);    cout.setf(ios::right);
    cout<<c<<"----L2"<<endl;
    cout.width(30);    cout.setf(ios::internal);
    cout<<d<<"----L3"<<endl;
    cout.setf(ios::dec|ios::showbase|ios::showpoint);
    cout.width(30);
    cout<<d<<"----L4"<<"\n";
    cout.setf(ios::showpoint);    cout.precision(10);
    cout.width(30);
    cout<<d<<"----L5"<<"\n";
    cout.width(30);    cout.setf(ios::oct,ios::basefield);
    cout<<100<<"----L6"<<"\n";
}
```

程序运行结果如图 9-2 所示。其中，L1～L5 的输出宽度都被设置为 30，输出结果表明当输出数据的位数不足设置的输出宽度时，将用填充字符填充不足数位。L1 和 L2 是左、右对齐设置

的输出情况，L3 是浮点数默认格式的输出情况，L4 是将输出有效位数设置为 10 位的输出情况，L5 是将输出数据设置为八进制，L6 是将输出数据设置为十六进制的输出情况。

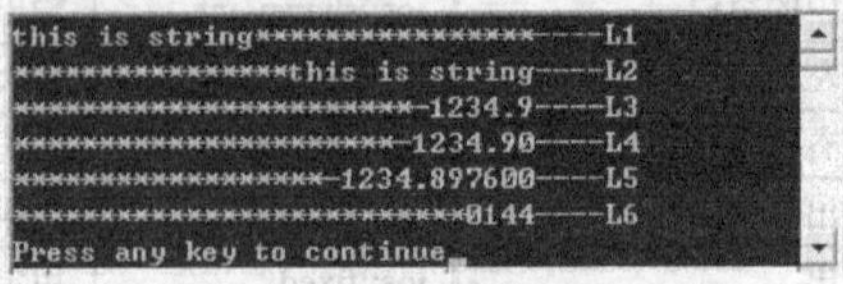

```
this is string*****************----L1
*****************this is string----L2
***************************1234.9----L3
**************************1234.90----L4
***********************1234.897600----L5
**************************0144----L6
Press any key to continue
```

图 9-2 例 9-3 程序运行结果

2. 利用操纵符格式化数据

C++流类库中的每个流对象都维护着一个格式状态，控制着数据格式化操作的细节，如输出数据的基数（默认为十进制数据）、对齐方式、精度等。除了 ios 类中提供的格式化成员函数和格式化标志外，C++还提供了一组可以对数据进行格式化的预定义操纵符。

操纵符（也称为操纵算子）在流对象中的应用方式与数据一样，但它不会引起输入、输出数据的操作，而是改变流对象的内部状态，修改数据的输入、输出格式。

```
showbase(noshowbase)            // 显示（不显示）数值的基数前缀
showpoint(noshowpoint)          // 显示小数点（只有当小数部分存在时才显示小数点）
showpos(noshowpos)              // 在非负数中显示（不显示）+
skipws(noskips)                 // 输入数据时，跳过（不跳过）空白字符
uppercase(nouppercase)          // 十六进制显示为 0X（0x），科学计数法显示 E（e）
dec /oct / hex                  // 十进制/八进制/十六进制
left/right                      // 设置数据输出对齐方式为：左/右 对齐
fixed                           // 以小数形式显示浮点数
scientitific                    // 用科学计数法显示浮点数
flush                           // 刷新输出缓冲区
ends                            // 插入空白字符，然后刷新 ostream 缓冲区
endl                            // 插入换行字符，然后刷新 ostream 缓冲区
ws                              // 跳过开始的空白
```

C++还提供了下面几个操纵符函数，它们可以直接应用在输出运算符<<中。在应用这些操纵符函数时，必须在程序中包含头文件<iomanip>或<iomanip.h>。

```
setfill(ch)                     // 设置 ch 为填充字符
setprecision(n)                 // 设置浮点数的精度为 n 位有效数字
setw(w)                         // 设置数据的输出宽度为 w 个字符
setbase(b)                      // 将此后的数值型数据的输出基数设置为 b（b=8，10，16）进制
```

【例 9-4】 修改例 9-3，用操纵符格式化输出数据，实现同样的功能。

```
//Eg9-4.cpp
#include<iostream>
#include<iomanip>
using namespace std;
void main(){
    char   c[30]="this is string";
    double d=-1234.8976;
    cout<<setw(30)<<left<<setfill('*')<<c<<"----L1"<<endl;
    cout<<setw(30)<<right<<setfill('*')<<c<<"----L2"<<endl;
    cout<<dec<<showbase<<showpoint<<setw(30)<<d<<"----L3"<<"\n";
    cout<<setw(30)<<showpoint<<setprecision(10)<<d<<"----L4"<<"\n";
    cout<<setw(30)<<setbase(8)<<100<<"----L5"<<"\n";
    cout<<100<<"----L6\n";
}
```

执行本程序，将得到与例 9-3 几乎相同的运行结果（除 L6 外）。

9.3 文件操作

文件是存储在存储介质上（如磁盘、磁带、光盘）的数据集合。按存储方式可以将文件分为文本文件和二进制文件。文本文件在磁盘上存放相关字符的 ASCII 码，所以又称为 ASCII 文件。二进制文件在磁盘上存储相关数据的二进制编码，是把内存中的数据，按其在内存中的存储形式，原样写到磁盘上而形成的文件。

文本文件与二进制文件的一个较大区别是对待回车换行符的处理方式。在文本方式下，输入流中的回车和换行符会被处理成字符'\n'，输出流中的字符'\n'则会被转换成回车和换行两个字符。但在二进制方式下，不会进行回车、换行与'\n'之间的转换。

9.3.1 文件和流

C++将文件看成一个个字符在磁盘上的有序集合，用流来实现文件的读写操作。C++中用来建立文件流对象的类有 ifstream、ofstream、fstream。这些流类都是从 ios 类派生的，能够直接访问 ios 流类定义的各种操作。其中，ifstream 是输入文件流类，用于建立输入文件流对象，进行文件的读操作；ofstream 是输出文件流类，用于建立输出文件流对象，进行文件的写操作；fstream 则能够建立输入输出文件流对象，可对文件实施读与写的双向操作。

用流操作文件，大致需要经过下述过程。

1. 建立文件流

为了通过流对文件进行操作，应先建立文件流对象，如下所示：
```
ifstream iFile;
ofstream oFile;
fstream ioFile;
```
这里定义了 iFile、oFile、ioFile 三个文件流对象。iFile 是输入文件流对象，能够读取磁盘文件中的数据；oFile 是输出文件流对象，能够将数据写入磁盘文件；ioFile 是输入输出文件流对象，既能从磁盘文件读取数据，又能将数据写入磁盘文件中。

2. 打开文件

文件流对象被创建之后，必须与磁盘上的文件链接起来才有意义。每个文件流类都提供了一个成员函数 open，应用它可以将文件流对象与磁盘文件链接起来，称为打开文件。
```
    void open(const char *filename, int mode, int access);
```
第 1 个参数 filename 用于指定链接的磁盘文件名，可以包含完整的磁盘路径。第 2 个参数 mode 用于指定打开文件的模式。打开文件的模式是在 ios 类中定义的，如表 9-2 所示。

第 3 个参数 access 用于指定打开文件时的保护方式，该参数的取值来源于文件缓冲区类 filebuf，可以是下面的取值之一：
```
    filebuf::openport          // 共享方式
    filebuf::sh_none           // 独占方式，不允许共享
    filebuf::sh_read           // 允许读共享
    filebuf::sh_write          // 允许写共享
```

表 9-2 C++打开文件的模式

文件打开方式	说　　　明
ios::in	以输入方式打开文件，即读文件（ifstream 类对象默认方式）
ios::out	以输出方式打开文件，即写文件（ofstream 类对象默认方式）
ios::app	以添加方式打开文件，新增加的内容添加在文件尾
ios::ate	以添加方式打开文件，新增加的内容添加在文件尾，但下次添加时则添加在当前位置
ios::trunc	如文件存在就打开并清除其内容，如不存在就建立新文件
ios::binary	以二进制方式打开文件（默认为文本文件）
ios::nocreate	打开已有文件，若文件不存在，则打开失败
ios::noreplace	若打开的文件已经存在，则打开失败

在实际应用过程中，可以根据需要将某些方式组合起来使用：

```
ios::in|ios::out              // 以读/写方式打开文件，适用于 fstream 流对象
ios::in|ios::binary           // 以二进制读方式打开文件
ios::out|ios::binary          // 以二进制写方式打开文件
ios::out|ios::in|ios::binary  // 以二进制读/写方式打开文件，适用于 fstream 流对象
```

例如，对于上面建立的 oFile 流对象，假设要用二进制写方式打开目录 C:\dk 下的 abc.dat 文件，命令如下：

```
oFile.open("C:\\dk\\a.dat", ios::in|ios::binary);
```

用 ioFile 流对象以文本读/写方式打开当前目录下的 data.txt 文件的命令如下：

```
ioFile.open("data.txt", ios::in|ios::out);
```

说明：① 如果在文件打开方式中未指明 ios::binary，默认为文本方式打开文件；② 文件标识符字符串中的路径间隔符需要应用两个反斜杠，第一个反斜杠是转义符，第二个才代表目录间隔符；③ 可以把文件流的定义、文件流与磁盘文件的关联过程合并在一起。例如：

```
ifstream iFile("C:\\dk\\a.dat", ios::in|ios::binary);
fstream  ioFile("data.txt", ios::in|ios::out);
```

在定义文件流对象时就将它们与磁盘文件关联在一起，是通过流类的构造函数完成的。它与先定义文件流对象，再调用流对象的 open()成员函数打开磁盘文件的效果完全相同。

3. 读写文件内容

在定义了文件流对象，并通过它打开磁盘文件后，就可以对文件进行读、写操作了。文件流是从 ios、istream、ostream 及 iostream 类继承而来的（可参考图 9-1），这些流类的输入、输出成员函数同样适用于文件操作。例如，可以用文件流类的输出运算符<<以及 put()、write()等成员函数向文件写入数据；也可以用文件流类的输入运算符>>以及 get()、getline()、read()等成员函数读取文件数据。

4. 关闭文件

文件操作结束后，应该调用文件流对象的 close()成员函数关闭文件，如下所示：

```
iFile.close();
oFile.close();
```

关闭文件的实质是断开文件流对象与磁盘文件的链接。如果是写文件，在关闭文件时还会将文件缓冲区中的数据写入磁盘。关闭文件后，文件流对象仍然存在，可以用它再次打开其他文件。

本书 2.14 节介绍了用 ifstream 和 ofstream 文件流处理文件的方法。

9.3.2 二进制文件

任何文件，无论它包含的是格式化的文本，还是未格式化的原始数据，都可以用文本文件或二进制文件形式打开。文本文件操作的是字符流，二进制文件操作的则是字节流。

前面介绍的都是文本文件，二进制文件的操作过程与它大致相同。但在读文件时，它们判定文件结束标志的方法存在区别。在读文本文件的过程中，当 get 之类的成员函数遇到文件结束符时，返回常量 EOF 作为文件结束标志，但二进制文件不能用 EOF 作为文件结束的判定值。因为 EOF 的值是–1，若文件中某个字节的值为–1，就会被误认为是文件结束符。C++提供了一个成员函数 eof()来解决这个问题，它的用法如下：

    int xx::eof();

其中，xx 代表输入流对象，到达文件末尾时，返回一个非 0 值，否则返回 0。

C++提供了两种操作二进制文件的方式：一是用文件流的成员函数 get()和 put()按字节方式读写文件数据；二是用文件流的成员函数 read()和 write()按数据块的方式读、写文件数据。

1. 用函数 get()和 put()操作二进制文件

函数 get()和 put()分别定义于 istream 和 ostream 类，它们在类中的原型如下：

    istream &get(char &ch);
    ostream &put(char ch);

由于文件流类是从 istream、ostream、iostream 类继承来的（见图 9-1），这些类的成员函数同样可用于文件流类。因此，在文件操作中可以用 get()从输入文件流中读取字符，用 put()函数将字符插入到输出文件流中。

【例 9-5】 用二进制方式建立一个磁盘文件，将 ASCII 编码为 0～90 之间的字符写入到文件 C:\dk\a.dat 中，然后用二进制文件方式读出并在屏幕上显示 a.dat 的内容。

```
//Eg9-6.cpp
    #include <iostream>
    #include <fstream>
    using namespace std;
    void main(){
        char ch;
        ofstream out("C:\\dk\\a.dat", ios::out|ios::binary);      // L1
        for(int i=0; i<90; i++){
            if(!(i % 30))
                out.put('\n');                                     // L2
            out.put(char(i));                                      // L3
            out.put(' ');                                          // L4
        }
        out.close();                                               // L5
        ifstream in("C:\\dk\\a.dat", ios::in|ios::binary);         // L6
        while(in.get(ch))
            cout<<ch;                                              // L7
        in.close();                                                // L8
    }
```

语句 L1～L4 建立文件 C:\dk\a.dat。语句 L2 每隔 30 个字符就向文件中插入一个换行符，其目的是便于语句 L7 每行最多输出 30 个字符。

语句 L5 关闭了以写方式打开的 a.dat 文件，便于语句 L6 以读方式打开该文件。语句 L7 从文件流中一次读出一个字符，并将它显示出来。文件操作完成后，通过语句 L8 将其关闭。

程序执行时，先建立磁盘文件 a.dat，再将文件中的数据读出并显示，如图 9-3 所示。

图 9-3　ASCII 中 0~90 之间的字符

2. 用函数 read()和 write()操作二进制文件

成员函数 read()用于读取输入流中的数据块，成员函数 write()用于向输出流中写入数据块，它们分别定义于 istream 和 ostream 类中，在相关类中的原型如下：

　　　istream& read(char *buf, int n);
　　　ostream& write(const char *buf, int n);

read()一次从输入流中读取 n 字节的内容放入输入缓冲区域 buf 中，write()一次插入 n 字节到输出流中，即一次写入 n 字节内容到文件中。

【例 9-6】 设计一个 person 类，从键盘输入每个人的姓名、身份证号、年龄、地址等数据，并将每个人的信息保存在目录 C:\dk 下的二进制文件 person.dat 中，然后将文件中的个人信息读出来，保存在 vector 类型的向量中并显示出来。

```cpp
//Eg9-7.cpp
#include <iostream>
#include <vector>
#include <string>
#include <fstream>
using namespace std;
class Person{
  private:
    char  name[20];
    char  id[18];
    int   age;
    char  addr[20];
  public:
    Person(){}
    Person(char* n, char* PerId, int Age, char* Address){
        strcpy(name, n);
        strcpy(id, PerId);
        strcpy(addr, Address);
        age=Age;
    }
    void display(){
        cout<<name<<"\t"<<id<<"\t"<<age<<"\t"<<addr<<endl;
    }
};
void main(){
    vector<Person>  p;                                              // L1
    vector<Person>::iterator  pos;                                  // L2
    char ch;
    ofstream out("C:\\dk\\person.dat",ios::out|ios::app|ios::binary);  // L3
    char  Name[20], ID[18], Addr[20];
    int   Age;
```

```
        cout<<"--------输入个人档案--------"<<endl<<endl;
        do{                                                         // L4
            cout<<"姓名：      ";          cin>>Name;
            cout<<"身份证号： ";           cin>>ID;
            cout<<"年龄：      ";          cin>>Age;
            cout<<"地址：      ";          cin>>Addr;
            Person s1(Name, ID, Age, Addr);                         // L5
            out.write((char*)&s1, sizeof(s1));                      // L6
            cout<<"Enter another person (y/n)?";
            cin>>ch;
        } while(ch=='y');                                           // L7
        out.close();                                                // L8
        ifstream in("C:\\dk\\person.dat", ios::in|ios::binary);     // L9
        Person  s1;
        in.read((char*)&s1, sizeof(s1));                            // L10
        while(!in.eof()){                                           // L11
            p.push_back(s1);                                        // L12
            in.read((char*)&s1, sizeof(s1));                        // L13
        }                                                           // L14
        cout<<"\n---------从文件中读出的数据--------"<<endl<<endl;   // L15
        pos=p.begin();                                              // L16
        for(pos=p.begin(); pos!=p.end(); pos++)                     // L17
            (*pos).display();                                       // L18
    }
```

语句 L1 定义了 Person 类的一个向量 p，用于保存 Person 类的对象。语句 L2 定义 Person 类型向量的迭代器 pos，通过它可以遍历 Person 类型的向量。语句 L3 定义了一个输出文件流对象 out，它以二进制写方式打开数据文件 C:\dk\person.dat，如果该文件不存在，就建立它，如果存在，就打开且在该文件末尾添加数据。

语句 L4~L7 是一段循环程序，用于从键盘输入每个人的数据。每输入一个人的数据，通过语句 L5 调用 Person 的构造函数创建一个对象 s1，再通过语句 L6 调用输出流的成员函数 write()，将 s1 对象的数据块写入磁盘文件 person.dat 中。语句 L6 的形式如下：
            out.write((char*)&s1, sizeof(s1));
该函数从 s1 对象所对应内存区域的数据块中读出 sizeof(s1)字节放到输出流中（即写入 Person.dat 文件中），sizeof(s1)字节是作为一个整体写入文件的，所以当从该文件读出数据时，也应该把这些字节作为一个整体读出才有意义，即一次从文件中读取 sizeof(s1)字节。

在完成了写文件的操作后，语句 L8 关闭了文件，以便文件被其他程序使用。语句 L9 定义了输入文件流对象 in，并通过它，以二进制读方式打开了前面建立的 person.dat 文件。

语句 L10~L14 从 person.dat 文件中读取每个 Person 对象的数据，读出的数据被放在对象 s1 中（见语句 L10、L13），并将该对象插入到向量 p 的末尾。读出数据的语句如下：
            in.read((char*)&s1, sizeof(s1));
该语句从输入流中读取 sizeof(s1)字节，并用读出的数据块初始化 s1 对象的对应数据成员。每次读出的数据块与建立文件时写入的数据块大小相同。

语句 L16~L17 通过向量迭代器 pos 遍历向量 p，并通过迭代器，将每个 Person 对象的数据成员显示出来。程序执行的结果如图 9-4 所示。

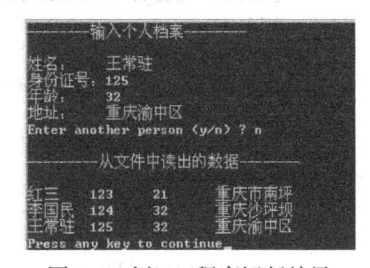

图 9-4 例 9-7 程序运行结果

9.3.3 随机文件

文件具有顺序访问和随机访问两种方式。顺序访问是指按照从前到后的顺序依次对文件进行读写操作，有些存储设备只支持顺序访问，如磁带。随机访问也称为直接访问，可以按任意次序对文件进行读写操作。支持顺序访问的文件称为顺序文件，如文本文件。支持随机访问的文件称为随机文件，如二进制文件。

随机访问利用 C++流类提供的指针操作函数在文件中移动指针，指向要读写的字节位置，然后从该位置读取或写入指定字节的数据块，这样就实现了文件数据的随机访问。

由于随机访问不需要从文件开始位置顺序读写前面的数据，可以直接把文件指针定位到指定位置并进行文件数据的读、写，因此能够快捷地查询、修改、删除文件中的数据。

istream 类中定义了 3 个操作输入文件读指针的成员函数，它们在该类中的原型如下：

```
istream& seekg(long pos);                    ①
istream& seekg(long off, dir);               ②
long tellg();                                // 返回文件读指针的当前位置
```

seekg 有两种用法。第①种是绝对定位形式，直接将文件读指针定位到距离文件开始位置的第 pos 字节处。第②种是相对定位形式，将文件读指针定位到偏移 dir 位置 off 字节的位置，dir 可取下面的值：ios::cur——当前文件指针位置；ios::beg——文件开始位置；ios::end——文件结束位置。

操作输出文件写指针的成员函数是在 ostream 中定义的，它们在 ostream 中的原型如下：

```
ostream& seekp(long pos);
ostream& seekp(long off, dir);
long tellp();                                // 返回文件写指针的当前位置
```

这些函数的参数及用法与前面 3 个函数基本相同，只不过它们是用于写文件操作，而前面 3 个函数则是用于读文件操作的。

【例 9-7】 某雇员类 Employee 有编号、姓名、年龄、工资等数据成员。设计一个随机文件保存各雇员的各项数据。

```
//Eg9-8.cpp
#include <iostream>
#include <string>
#include <fstream>
using namespace std;
class Employee{
  private:
    int  number, age;
    char  name[20];
    double  sal;
  public:
    Employee(){ }
    Employee(int num, char* Name, int Age, double Salary){
        number=num;
        strcpy(name,Name);
        age=Age;
        sal=Salary;
    }
    void display(){
```

```cpp
        cout<<number<<"\t"<<name<<"\t"<<age<<"\t"<<sal<<endl;
    }
};
void main(){
    ofstream out("Employee.dat",ios::out|ios::binary);        // 定义随机输出文件
    Employee e1(1,"张三",23,2320);
    Employee e2(2,"李四",32,3210);
    Employee e3(3,"王五",34,2220);
    Employee e4(4,"刘六",27,1220);
    out.write((char*)&e1,sizeof(e1));        // 按 e1,e2,e3,e4 顺序写入文件
    out.write((char*)&e2,sizeof(e2));
    out.write((char*)&e3,sizeof(e3));
    out.write((char*)&e4,sizeof(e4));
    // 下面的代码将 e3（即王五）的年龄改为 40 岁
    Employee e5(3,"王五",40,2220);
    out.seekp(2*sizeof(e1));                 // 将文件指针定位到第 3（起始为 0）个数据块
    out.write((char*)&e5,sizeof(e5));        // 将 e5 写到第 3 个数据块位置，覆盖 e3
    out.close();                             // 关闭文件
    ifstream in("Employee.dat",ios::in|ios::binary);          // 建立二进制输入文件
    Employee s1;                             // s1 用于保存从文件中读出的数据
    cout<<"\n--------从文件中读出第 3 个人的数据-----\n\n";
    in.seekg(2*(sizeof(s1)),ios::beg);       // 移动读文件指针，定位到第 3 个数据块
    in.read((char*)&s1,sizeof(s1));          // 读出第 3 个雇员的数据块
    s1.display();
    cout<<"\n---------从文件中读出全部的数据------\n\n";
    in.seekg(0,ios::beg);                    // 移动文件指针，指向文件开头
    in.read((char*)&s1,sizeof(s1));          // 读出第 1 个数据块
    while(!in.eof()){                        // 如果没有读完文件，就继续读
        s1.display();                        // 显示读出的雇员数据
        in.read((char*)&s1,sizeof(s1));      // 读当前文件指针处的数据
    }
}
```

程序运行结果如下：

```
    -------从文件中读出第 3 个人的数据-----
3       王五       40       2220       // 可见王五的年龄已被修改
    ---------从文件中读出全部的数据------
1       张三       23       2320
2       李四       32       3210
3       王五       40       2220
4       刘六       27       1220
```

本程序应用 seekp()移动输出文件的写指针，修改文件中指定位置的数据；应用 seekg()移动输入文件的读指针，读取文件中指定位置的数据。请读者结合程序代码中的注释分析，理解随机读、写二进制文件的方法。

习 题 9

1. C++预定义了哪几个输入/输出流对象？简述其作用。
2. 什么是顺序文件和随机文件？简述在 C++程序中建立文件的过程。
3. 读程序，写出程序运行结果。

(1)
```cpp
#include <iostream>
#include <fstream>
using namespace std;
void main(){
    fstream  ou, in;
    ou.open("a.dat", ios::out);
    ou<<"on fact\n";
    ou<<"operating file \n";
    ou<<"is the same as inputing/outputing data on screen...\n";
    ou.close();
    char  buffer[80];
    in.open("a.dat", ios::in);
    while(!in.eof()){
        in.getline(buffer, 80);
        cout<<buffer<<endl;
    }
}
```

(2)
```cpp
#include <iostream>
#include <string>
#include <fstream>
using namespace std;
class Worker{
  private:
    int   number, age;
    char  name[20];
    double  sal;
  public:
    Worker(){ }
    Worker(int num, char* Name, int Age, double Salary):number(num),
                           age(Age), sal(Salary){
        strcpy(name,Name);
    }
    void display(){
        cout<<number<<"\t"<<name<<"\t"<<age<<"\t"<<sal<<endl;
    }
};
void main(){
    ofstream out("Worker.dat", ios::out|ios::binary);
    Worker man[]={Worker(1,"张三",23,2320), Worker(2,"李四",32,2321),
                  Worker(3,"王五",34,2322), Worker(4,"刘六",27,2324),
                  Worker(5,"晓红",23,2325), Worker(6,"黄明",50,2326)};
    for(int i=0; i<6; i++)
        out.write((char*)&man[i], sizeof(man[i]));
    out.close();
    Worker  s1;
    ifstream in("Employee.dat", ios::in|ios::binary);
    in.seekg(2*(sizeof(s1)), ios::beg);
    in.read((char*)&s1, sizeof(s1));
    s1.display();
    in.seekg(0, ios::beg);
```

```
            in.read((char*)&s1, sizeof(s1));
            s1.display();
            in.close();
}
```

4. 编写程序，将文件 A1.dat 的内容复制到文件 A2.dat 中，并在屏幕上显示文件内容。

5. 设计一个建立同学通讯录文件的程序，文件中的每条记录包括各同学的姓名、学校、专业、班级、电话号码、通信地址、邮政编码等数据。

6. 图书类 Book，包括书名、出版社名称、作者姓名、图书定价等数据成员。编程序完成 Book 类的设计，从键盘读入 10 本图书的各项数据，并、将这 10 本图书的相关数据写入磁盘文件 book.dat 中，然后从 book.dat 中读出图书数据，计算所有图书的总价，显示每本图书的详细信息，每本图书的信息显示在一行上。

第 10 章 C++ Windows 程序设计基础

Windows 是一个基于图形界面的多用户多任务操作系统，提供了许多可用于程序设计的资源对象，如菜单、对话框、工具按钮、光标、位图、字体等，在 C++程序中，可以直接应用这些对象，高效、快捷地设计出具有 Windows 风格的应用程序。

本章介绍 C++ Windows 程序设计的基础知识，包括：Windows 程序的结构、运行原理、常用数据类型、消息驱动、消息循环、GDI 等。

10.1 Windows 程序设计基础

Windows 程序具有统一规范的窗口、工具栏、菜单结构等，多个应用程序能够同时运行，用户很容易在不同的 Windows 程序间切换，并能方便地实现程序间的数据交换，这是 DOS 程序不具有的特征。

10.1.1 窗口

Windows 程序具有一致的窗口外观和命令结构，窗口是 Windows 程序的基本单元。每个 Windows 应用程序都用窗口与用户交互，在窗口中显示程序结果，或者在窗口中提供操作程序的菜单、工具栏、命令按钮及各种任务选项。Windows 程序的运行过程就是窗口内部、窗口之间及窗口与用户之间的信息交换过程。

窗口通常包括菜单、工具栏、滚动条、状态栏、命令按钮、对话框等元素。图 10-1 是一个由 Visual C++程序产生的标准 Windows 窗口，包括客户区和非客户区。非客户区主要包括标题栏、菜单栏、工具栏、状态栏等区域，该区域常由 Windows 系统维护。非客户区之外的窗口区域就是客户区，主要用于程序与用户之间的信息交流，常由应用程序管理和维护。

图 10-1 标准的 Windows 窗口

10.1.2 事件驱动和消息响应

Windows 程序的执行流程依靠事件来驱动。事件是指人们使用计算机的过程中发生的操作，如按下键盘上的某个按键、移动鼠标、单击鼠标左键、移动窗口及选择程序菜单等操作都是事件。每发生一个事件，就会产生一个与之对应的特定消息，该消息会被 Windows 系统捕获。Windows

系统对捕获的消息进行分析后，会将消息传递给产生它的应用程序。

每个应用程序都有一个消息队列和一个循环机构，消息队列用于存放由 Windows 系统传递给它的消息，循环机构则不断地重复查看程序的消息队列，如果队列中有消息，就将其取出并执行相应的消息处理代码，这个处理消息的循环机构称为消息循环，如图 10-2 所示。

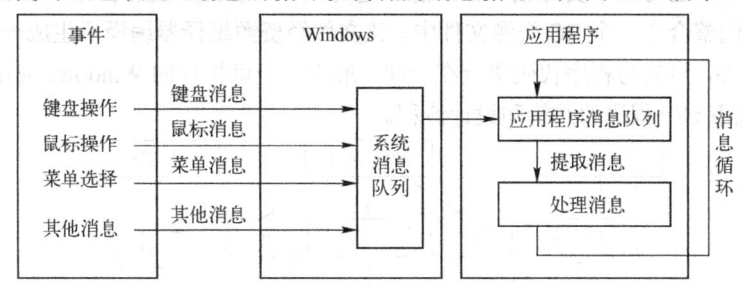

图 10-2 事件驱动和消息响应示意

由于 Windows 程序是靠事件来驱动、靠消息传递来调用并执行相应代码的程序，因此称为事件驱动机制或消息驱动机制。事件驱动与基于过程的 DOS 程序在执行方式上存在较大的区别，如图 10-3 和图 10-4 所示。

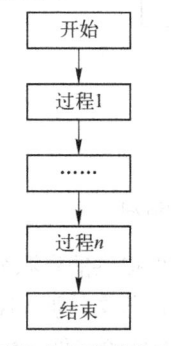

图 10-3 结构化程序的执行方式

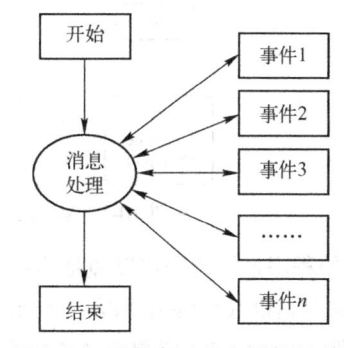

图 10-4 事件驱动程序的执行方式

从图 10-3 可以看出，DOS 程序的执行过程是一种线性流程，程序由许多过程（或函数）组成，这些过程按照一定的先后次序被组织起来，程序从上至下依次执行这些过程（或函数），当所有的过程都被正确执行之后，程序功能就完成了。

图 10-4 所示的消息驱动程序则是一种非线性的随机执行方式，程序预先设置了所有要处理的事件消息的程序代码，当程序启动后就进入其消息循环，等待事件的发生。一旦要处理的某个事件发生了，就会产生相应的消息，程序的消息循环就能够捕获该消息并调用执行相应的消息处理程序。追根溯源，由事件产生消息，通过消息调用执行相应的程序代码，即程序功能的调用归根到底是由用户对计算机的操作产生的，所以消息驱动也称为事件驱动。

10.1.3 Windows 程序的文件构成

Windows 程序具有标准规范的程序界面，通常包含了许多相同的组成元素，如菜单、对话框、工具栏、鼠标光标、程序版本信息等，这些组成元素被 Windows 从程序代码中独立出来，并以不同文件形式存在，如.ico（图标）、.cur（光标）等，称为资源。因此，一个完整的 Windows 程序就被分成了程序代码和资源两部分。

程序代码是程序的主体，用于实现程序的功能，资源则可以在需要时才通过相关命令加载到程序中。程序源代码可以利用各种文本编辑器形成，资源则可以借助于各种不同的工具产生，如用 Windows 系统提供的画笔程序可以创建 BMP 位图资源。

Windows 程序的各种开发工具一般提供了一个资源编译器，能够建立、编辑和编译各种资源文件。Visual C++中也有一个资源编译器，能够建立图标、位图、光标图形、各种对话框、菜单等资源，并把它们整合在一个 RC 资源文件中。该文件经资源编译器编译后生成一个扩展名为.res 的二进制目标文件，最后与程序代码集合在一起，形成一个可执行的 Windows 应用程序。图 10-5 是 Windows 环境下 C++程序的结构和设计流程。

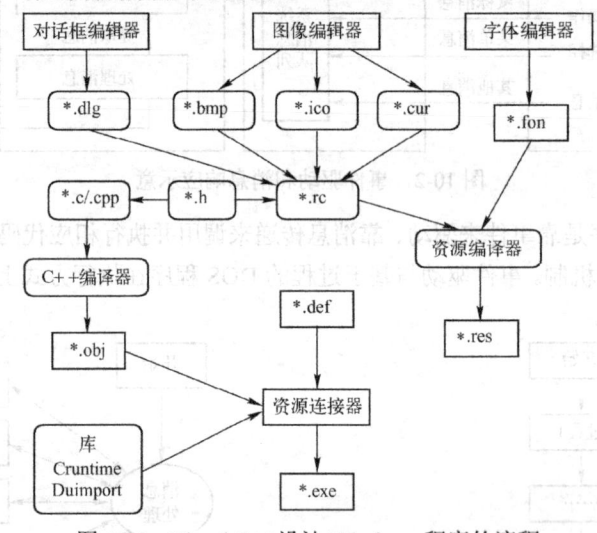

图 10-5　Visual C++设计 Windows 程序的流程

图 10-5 的程序设计流程可以概括为：用 Visual C++或其他软件提供的资源编辑工具建立各种资源文件，如对话框（*.dlg）、图标（*.ico）、光标（*.cur）等，这些文件被 Visual C++整合在同一个资源文件（*.rc）中，资源编译器将它们编译成一个二进制的资源文件（*.res）。C++编译器将各种头文件（*.h），源程序文件（*.cpp 或*.c）编译成二进制的目标文件（*.obj）。C++的资源链接器利用程序模块定义文件（*.def）指定的方式，将程序目标文件、编译后的资源文件以及程序中调用到的库函数（*.lib 或*.dll 中的函数）等，组装链接成一个可执行的 EXE 文件。

图 10-5 中的"*.def"是模块定义文件，其中可以指定最后形成的可执行文件名、程序的类型（Windows 程序、DOS 程序或 UNIX 程序等）、数据和程序代码的加载方式以及程序需要的栈和堆空间的大小等信息。

Windows 程序这种将资源与源代码相分离的机制能够提高程序设计的效率。一方面，多个不同的应用程序可以引用同一个资源文件，减少重复的设计工作；另一方面，程序员可以在不影响源代码的情况下修改资源，并且能够同时开发源代码和资源，缩短软件的开发周期，提高软件的可维护性。

10.1.4　Visual C++的 Windows 程序设计方法

在 Visual C++环境下进行 Windows 程序设计主要有以下两种方法。

1. API 程序设计

Windows 系统为程序开发人员提供了上千个系统函数、宏及预定义数据结构，并以 API 的形式将它们提供给 Windows 程序的开发人员，程序员可以在 Visual C++、Visual Basic、PowerBuilder、Java 之类的程序设计语言中，调用 API 函数进行程序设计。

API（Application Programming Interface，应用程序编程接口）是 Windows 操作系统与应用程序之间的标准接口，在应用程序中可以通过 API 访问 Windows 提供的各种函数、宏及数据结构。

API 函数被 Windows 系统保存在一些动态链接库中，其中最重要的、每个 Windows 程序都要用到的动态链接库是 USER32.dll、GDI32.dll、KERNEL32.dll，这 3 个库是在 Windows.h 头文件中声明的，因此在 Windows 应用程序中都要包含该头文件。

USER32.dll 定义了一些窗口管理函数，用以实现窗口的创建、移动、显示及修改等功能。GDI32.dll 定义了图形设备管理方面的函数，包括元文件、位图、字体及设备描述表等，用于实现与设备无关的图形操作功能。KERNEL32.dll 定义了系统服务方面的函数，用于实现与系统有关的各种功能，如内存管理、程序调度、资源管理等。

API 程序设计就是直接利用 Windows 系统提供的 API 函数，编写能够在 Windows 系统中运行的程序。所有 Windows 程序的结构都与 API 程序的结构基本相同，通过 API 程序设计，能够比较清楚地掌握 Windows 程序的基本结构，理解 Windows 程序运行的基本原理。

2．MFC 程序设计

虽然可用 API 程序设计出各种 Windows 程序，设计的方法和思路也非常清晰，但需要手工录入大量的程序代码，在编写大型程序时效率较低。为此，许多 C++编译器都用面向对象技术对 API 函数进行了封装，用类的方式将 API 函数提供给程序开发者，以简化 API 函数的调用，提高编程效率。Borland C++的 OWL 及 Microsoft 的 MFC 就是其中的代表。

MFC 是 Microsoft Foundation Classes 的缩写，即微软基础类库。MFC 是建立在 API 基础上的 C++类库，它对 Windows 提供的 API 函数、数据结构、各种控件按功能进行了分类，利用面向对象技术将它们封装在不同的类中，并通过继承将这些类组织在一起。

MFC 不仅把 API 函数封装成了易于使用的类，还建立了 Windows 应用程序的框架结构以及应用程序的各种组件，简化了 Windows 程序设计的难度，缩短了程序开发的周期。

10.2 Windows 程序设计的常用数据结构

在不同的编程工具中（如 VC，VB，C 语言等）都可以调用 Windows 系统中的 API 函数实现相应的程序功能，在调用 API 函数时常会用到以下数据类型或结构。

1．句柄

句柄是一个 4 字节长（32 位无符号整数）的取值唯一的整数值，该值由 Windows 系统建立，用于标识应用程序以及应用程序建立的各种对象，如窗口、内存块、菜单、图标、光标、位图、画刷、文件等。

例如，假设 Windows 同时运行了 2 个程序，有 2 个程序菜单，打开了 4 个程序窗口，它就会为每个对象分配一个唯一的句柄值。比如，指定程序 1、2 的句柄分别是 1、2，菜单 1、2 的句柄分别是 10、11，窗口 1、2、3、4 的句柄分别是 20、21、22、23，所有句柄的值都是唯一的，Windows 系统就用这些句柄来标识和调用相应的对象。表 10-1 列出了 Windows 系统中的常用句柄类型，每种类型的句柄都是一个 32 位的无符号整数。

表 10-1 Windows 系统中的常用句柄类型

句柄标识符	句柄名称	句柄标识符	句柄名称	句柄标识符	句柄名称	句柄标识符	句柄名称
HWND	窗口句柄	HINSTANCE	程序实例句柄	HICON	图标句柄	HDC	设备环境句柄
HCURSOR	光标句柄	HFONT	字体句柄	HFILE	文件句柄	HBITMAP	位图句柄
HPEN	画笔句柄	HBRUSH	画刷句柄	HMENU	菜单句柄	—	—

句柄常作为 Windows 消息和 API 函数的参数，在 API 程序设计过程中会经常应用句柄，而 MFC 则对句柄进行了封装，很多时候都由 MFC 类进行句柄的默认调用，因此在进行 MFC 程序设计时很少直接操作句柄。

2．常用数据类型

在 Windows 程序中经常用到的类型及其与 C++数据类型的对应关系如表 10-2 所示。

表 10-2 Windows 程序常用的数据类型

类 型	说 明	等价于	类 型	说 明	等价于
BOOL	逻辑类型	int	LPSTR	字符指针	char *
BOOLEAN	逻辑	BYTE	LPTSTR	字符指针	TCHAR *
BYTE	字节	unsigned char	LPVOID	无类型指针	void *
CHAR	字符	char	LRESULT	消息返回值	LONG
DOUBLE	双精度	double	LPARAM	消息参数	LONG
DWORD	双字	unsigned long	WPARAM	消息参数	UINT
FLOAT	浮点数	float	TCHAR	字符	char
HDC	设备环境句柄	unsigned long	UINT	无符号整数	unsigned int
HINSTANCE	程序实例句柄	unsigned long	WCHAR	双字节码	unsigned short
HWAND	窗口句柄	unsigned long	WCHAR_T	双字节码	unsigned short
INT	整数	int	WORD	字	unsigned short

3．点和矩形区域

为方便窗口区域定义及屏幕位置的确定，Windows 提供了点和矩形区域两种数据结构：

```
typedef struct tagPOINT{
    LONG x;                               // 点在屏幕上的横坐标 X
    LONG y;                               // 点在屏幕上的纵坐标 Y
}POINT;
typedef struct tagRECT{
    LONG left;    LONG top;               // 矩形左上角的屏幕坐标
    LONG right;   LONG bottom;            // 矩形右下角的屏幕坐标
}RECT;
```

4．消息

消息是用于描述某个事件发生的信息。每个消息都要携带许多信息，包括消息标识、消息内容、发生时间和接收消息的窗口等。Windows 用于表示消息的数据结构如下：

```
typedef struct tagMSG{
    HWND    hwnd;                         // 接收消息的窗口
    UINT    message;                      // 消息标识
    WPARAM  wParam;                       // 附加信息
    LPARAM  lParam;                       // 附加信息
    DWORD   time;                         // 入队时间
    POINT   pt;                           // 光标位置
}MSG;
```

其中，message 是消息标识符，是一个 32 位的无符号整数。

Windows 中的每条消息都有一个对应的消息标识符，这些标识符是在 windows.h 中定义的。在程序窗口中发生的每个事件都会产生一条消息，该消息用 message 标识。例如，若用户在程序窗口中单击鼠标左键，系统会在消息队列中放入一条消息，该消息的 message 值等于 WM_LBUTTONDOWN，它是一个常量，其值为 0x0201。

Windows 中的消息包括窗口管理消息、初始化消息、输入消息、剪贴板消息、控件通知消息、系统消息等多种类型，每类消息可通过其前缀进行区分。常见的消息前缀如下：① BM_，按钮控制消息；② CB_，组合框控制消息；③ EM_，编辑框控制消息；④ LB_，列表控制消息；⑤ SBM_，滚动条控制消息；⑥ WM_，窗口消息。概括之，可将消息总结为以下 3 种。

（1）标准 Windows 消息

除 WM_COMMAND 外，所有以 WM_ 为前缀的消息称为标准消息，常用消息如表 10-3 所示。

表 10-3 Windows 中的常用标准消息

消息标识符	说　　明	消息标识符	说　　明
WM_LBUTTONDBLCLK	双击鼠标左键	WM_MBUTTONDBLCLK	双击鼠标中键
WM_LBUTTONDOWN	按下鼠标左键	WM_MBUTTONDOWN	按下鼠标中键
WM_LBUTTONUP	释放鼠标左键	WM_MBUTTONUP	释放鼠标中键
WM_RBUTTONDBLCLK	双击鼠标右键	WM_KEYUP	按下键盘上的键
WM_RBUTTONDOWN	按下鼠标右键	WM_KEYDOWN	释放键盘按键
WM_RBUTTONUP	释放鼠标右键		

（2）控制消息

由控件产生的消息，是控件和子窗口发给父窗口的 WM_COMMAND 通知消息。

（3）命令消息

命令消息来自用户接口对象。由用户操作菜单、工具栏和加速键等用户界面对象产生的 WM_COMMAND 消息。

MSG 消息结构中的另外两个参数 wParam 和 lParam 用于提供消息的附加信息，如键的 ASCII 编码、鼠标的坐标位置等。如在 WM_LBUTTONDOWN 消息中，wParam 表示鼠标按下的状态（如是否按下 Ctrl 或 Shift 等），lPrarm 的低字节包含鼠标位置的 X 坐标，高字节则包含 Y 坐标。

在 Windows 程序中，经常用到下面的消息：

```
WM_KEYDOWN      // 按下非系统键时产生此消息。系统键是指实现系统操作的组合键，如 Alt 和
                // F1 相组合的按键，其附加参数 wParam 为按下键的虚拟键码，lParam 记录
                // 按键的重复次数、先前状态等
WM_KEYUP        // 释放按键时的键盘消息，wParam 和 lParam 含义同前
WM_CHAR         // 按下普通键时产生的消息，wParam 为按键的 ASCII 码，lparam 同前
WM_CREATE       // 用 CreateWindow() 函数建立窗口时产生的消息
WM_CLOSE        // 关闭窗口时产生的消息，如有子窗口，也一起关闭
WM_DESTROY      // 关闭窗口时产生的消息
WM_PAINT        // 移动窗口、改变窗口大小、用滚动条滚动窗口、覆盖在窗口上面的其他对
                // 象（如菜单）移开时，都会产生此消息
```

10.3 Windows 程序的基本结构

从功能结构上看，每个 Windows 程序都至少有一个窗口和一个消息处理机构。窗口用于接收

用户事件,并向用户显示程序执行的信息;消息处理机构用于响应程序窗口中发生的事件,并调用相应的事件处理代码实现程序功能。

从程序结构上看,Windows 程序具有相对固定的程序结构:包括一个主函数 WinMain 和一个窗口处理函数。WinMain 负责程序的运行管理,如程序执行的启动、流程控制和终止;窗口函数则负责处理发生在本程序窗口中的事件,实现程序的功能。

【例 10-1】 在 Visual C++ 2015 环境下设计一个简单的 Windows API 程序,该程序在窗口中显示字符串"Hello, API Programming!"。

Windows 系统中的 C++程序需要的项目环境比 DOS 平台的 C++程序更复杂,若用前面的方法建立 Windows 程序的项目文件,还需要编写和加入几个与程序环境相关的文件。一般的编程方法是先用 Visual C++的 Win32 Application 向导建立一个 Windows 应用程序的框架,然后将它修改成自己的程序,并据需要添加一些头文件、源程序文件及资源文件。编程过程如下:

<1> 启动 Visual C++ 2015,选择"文件 | 新建 | 项目"菜单命令,弹出的"新建项目"对话框如图 10-6 所示。

图 10-6 新建项目

<2> 在"位置"编辑框中指定本项目建立的磁盘目录,然后在"名称"编辑框中输入项目文件的名字。在本例中,将在目录 C:\dk 中建立 HellApi 项目文件。

<3> 单击"确定"按钮,并在弹出的"Win32 应用程序设置"对话框中选中"空项目",然后单击"完成"按钮,得到如图 10-7 所示的空项目文件窗口。

<4> 选择"项目 | 添加新项"菜单命令,然后在弹出的"添加新项"对话框中选择"Visual C++"标签,并选择列表中的"C++文件(.cpp)",在"名称"编辑框中输入源程序文件名"HellApi",如图 10-8 所示。输入完成后,单击"添加"按钮。

在添加的 HellApi.cpp 中输入下面的程序代码:

```
#include <windows.h>
LRESULT CALLBACK WndProc (HWND, UINT, WPARAM, LPARAM) ;
int WINAPI WinMain(HINSTANCE hInstance,HINSTANCE hPrevInstance,PSTR szCmdLine,int iCmdShow) {
    static TCHAR szAppName[] = TEXT("HelloWin");
    HWND   hwnd;
    MSG    msg;
    WNDCLASS wndclass;
```

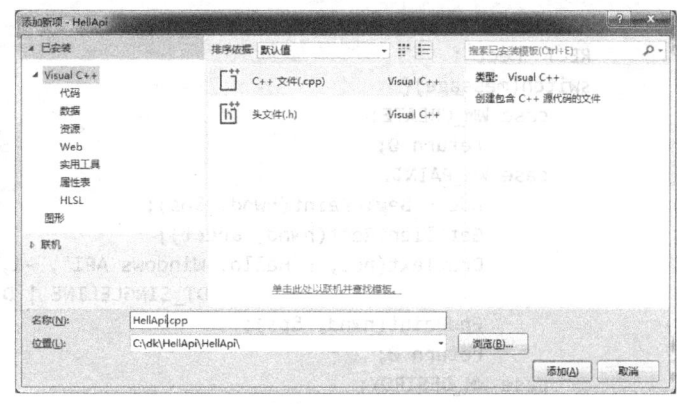

图 10-7　向导产生 API 项目结构　　　　　　图 10-8　在项目中添加 C++源文件或头文件

```cpp
    // wndclass 是本程序的窗口类，下面各赋值语句指定本程序窗口类的相关特征值，如窗口的类
    // 型、处理窗口事件的窗口函数、窗口的光标等
    wndclass.style = CS_HREDRAW | CS_VREDRAW;              // 窗口类型
    wndclass.lpfnWndProc  = WndProc;                       // 窗口函数，本窗口发生的事件由它处理
    wndclass.cbClsExtra = 0;
    wndclass.cbWndExtra = 0;
    wndclass.hInstance = hInstance;                        // 程序句柄，本窗口属于该程序
    wndclass.hIcon = LoadIcon(NULL, IDI_APPLICATION);      // 应用程序图标
    wndclass.hCursor = LoadCursor (NULL, IDC_ARROW);       // 窗口光标
    wndclass.hbrBackground = (HBRUSH) GetStockObject (WHITE_BRUSH);
    // 白色背景
    wndclass.lpszMenuName = NULL;
    wndclass.lpszClassName = szAppName ;                   // 本窗口类的名字
    RegisterClass (&wndclass);                             // 注册窗口
    // 一个窗口被定义后，只有用 RegisterClass 登记之后才能应用。下面的 CreateWindow 命令
    // 将用上面登记的 wndclass 窗口类建立一个窗口，并用 hwnd 窗口句柄标识该窗口，该句柄可
    // 被程序的其他语句所引用
    hwnd = CreateWindow( szAppName,                        // 用于建立窗口的类名
                         TEXT("The Hello Program"),        // 窗口标题
                         WS_OVERLAPPEDWINDOW,              // 窗口类型
                         CW_USEDEFAULT,                    // 窗口左上角 X 坐标为默认值
                         CW_USEDEFAULT,                    // 窗口左上角 Y 坐标为默认值
                         CW_USEDEFAULT,                    // 窗口宽度为默认值
                         CW_USEDEFAULT,                    // 窗口高度为默认值
                         NULL,                             // 该窗口没有父窗口
                         NULL,                             // 该窗口没有菜单
                         hInstance,                        // 创建本窗口的程序句柄
                         NULL);                            // 系统保留参数
    ShowWindow(hwnd,iCmdShow);                             // 显示窗口，hwnd 代表上面建立的窗口
    UpdateWindow(hwnd);                                    // 更新窗口，绘制窗口客户区
    while(GetMessage (&msg, NULL, 0, 0)) {                 // 此循环为消息循环
        TranslateMessage(&msg);
        DispatchMessage(&msg);
    }
    return msg.wParam;
}
LRESULT CALLBACK WndProc(HWND hwnd, UINT message,         // 窗口函数定义
                         WPARAM wParam, LPARAM lParam) {
    HDC   hdc ;
```

```
        PAINTSTRUCT  ps ;
        RECT  rect ;
        switch(message){                              //消息处理
            case WM_CREATE:
                return 0;
            case WM_PAINT:
                hdc = BeginPaint(hwnd, &ps);
                GetClientRect(hwnd, &rect);
                DrawText(hdc, L"Hello, Windows API", -1, &rect,
                              DT_SINGLELINE | DT_CENTER | DT_VCENTER);
                EndPaint(hwnd, &ps);
                return 0;
            case WM_DESTROY:
                PostQuitMessage(0);
                return 0;
        }
        return DefWindowProc(hwnd, message, wParam, lParam);
    }
```

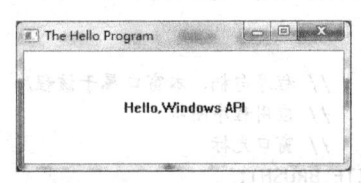

图 10-9　程序运行结果

DrawText()函数第 2 个实参 "L"Hello,Windows API"" 中的 L 是一个宏，将 char*类型的指针转换成 Unicode 编码的字符串。编译并运行该程序，出现如图 10-9 所示的程序运行结果。

WinMain 是 Windows 程序执行的入口点，相当于 C 语言程序中的 main()函数，主要完成下面的程序功能：定义并注册窗口类，建立并显示窗口，建立并启动消息循环，结束程序运行。

WndProc()即窗口处理函数，负责处理发生在窗口中的事件。

10.4　Windows 程序的控制流程

所有 Windows 应用程序具有相同的程序结构和执行控制流程：WinMain()函数首先调用 API 函数定义并注册窗口类，然后用该窗口类创建程序窗口，接下来显示窗口，进入消息循环，等待用户操作程序窗口。用户在程序窗口中所做的每件事情都会产生一个消息，该消息会被 Windows 传递到该程序的消息队列中。WinMain()中的消息循环会不断地从本程序的消息队列中获取消息，并将其传递给该窗口的窗口处理函数，由窗口处理函数对消息进行处理，实现相应的程序功能，如图 10-10 所示。

现在结合例 10-1，对 Windows 程序的执行控制流程进行分析。

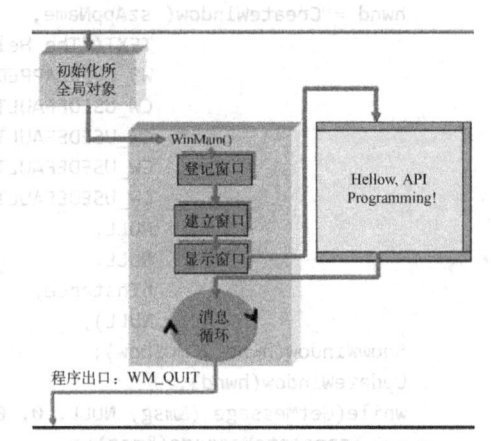

图 10-10　Windows 程序的控制流程

1. 程序入口点

每个 Windows 程序都有且只有一个 WinMain 函数，它是 Windows 程序的入口点，程序的执行自此开始。其定义形式为：

```
int APIENTRY WinMain(HINSTANCE hInstance, HINSTANCE hPrevInstance,
                     LPSTR lpCmdLine, int nCmdShow)
```

参数 hInstance 即程序"实例句柄",它是一个数值,当程序在 Windows 中运行时,它唯一地标识该程序。在 Windows 系统中,同一个程序可以被执行多次,每次执行该应用程序时,Windows 会为它指定一个不同的实例值 hInstance,并以此值区分同一程序的不同副本。

hPrevInstance 是"前一实例"的句柄值。当同一程序有多个副本在 Windows 中同时运行时,hPrevInstance 用于标识当前实例的前一个副本。如果程序只被执行了一次,即它只有一个副本在运行,则 hPrevInstance 的值为 0 或 NULL。

lpCmdLine 是一个字符串长指针,指向一个以 0 结束的字符串,串中包含有传递给该程序的命令行参数,近似于函数 main 的 char *argv[]参数。用户可以在 Windows 系统"开始"菜单的"运行"对话框中输入带命令行参数的程序文件名,来运行 Windows 程序。

nCmdShow 指定窗口的显示方式,它是 Windows.h 中定义的常量,如表 10-4 所示。

表 10-4　Windows 窗口的常见显示方式

SW_HIDE	隐藏窗口
SW_SHOWMINIMIZED	显示并最小化窗口
SW_SHOWMAXIMIZED	显示并最大化窗口
SW_SHOWNA	以当前状态显示窗口,已激活窗口保持激活状态
SW_RESTORE	恢复窗口的原来位置尺寸
SW_SHOWNORMAL	窗口以常规方式显示并激活窗口

2. 注册窗口类

Windows 程序的执行进入 WinMain 后,必须进行窗口注册,然后才能创建窗口。窗口注册就是用 Windows 系统中的数据结构 WNDCLASS 确定本程序的窗口结构。WNDCLASS 结构的定义如下:

```
typedef struct _WNDCLASS {
    UINT     style;                // 窗口类型
    WNDPROC  lpfnWndProc;          // 窗口函数指针
    int      cbClsExtra;           // 为类结构预留的额外存储空间
    int      cbWndExtra;           // 为窗口结构预留的额外存储空间
    HANDLE   hInstance;            // 窗口类的应用实例句柄
    HICON    hIcon;                // 图标句柄
    HCURSOR  hCursor;              // 窗口的光标
    HBRUSH   hbrBackground;        // 窗口的背景刷
    LPCTSTR  lpszMenuName;         // 菜单资源名
    LPCTSTR  lpszClassName;        // 窗口类名
} WNDCLASS;
```

WNDCLASS 有 10 个域,其中最后一个域和第二个域最重要。最后一个域 lpszClassName 是窗口的类名,它通常与程序名相同。第二个域 lpfnWndProc 用于指定处理本窗口事件的窗口函数,该函数将对窗口事件引发的消息进行响应。

style 代表窗口类型,是 Windows 系统预定义的常数。cbClsExtra 用于指定本类除了正常占用内存空间外,还需要预留的额外内存空间。cbWndExtra 用于指定本程序的窗口类在正常占用内存空间的情况下,还需要预留的额外内存空间。在 Windows 程序中,后两个参数的值常被设置为 0。

hInstance 是用于标识当前应用程序的句柄,该值由 Windows 系统建立。句柄 hIcon 用于指定程序的应用程序图标，句柄 hCursor 用于指定程序的光标图标，当鼠标指针进入程序窗口时将显示该形状的光标，句柄 hbrBackground 用于指定程序窗口的背景色。

Windows 程序中的菜单是独立于程序代码的资源，应用程序通过窗口结构中的 lpszMenuName 字符串变量指定程序的菜单。在例 10-1 中，WinMain 中的程序段

```
WNDCLASS  wndclass;
wndclass.style = CS_HREDRAW | CS_VREDRAW;
wndclass.lpfnWndProc = WndProc;
……
wndclass.lpszClassName = szAppName;
```

注册了窗口类 wndclass。其中，wndclass.lpfnWndProc 指定本类的窗口处理函数为 WndProc，即凡是用 wndclass 创建的窗口，发生在其中的事件都由 WndProc 函数处理。

wndclass.style 用于指定类的风格，可以用"或"运算符组合多个风格标识符。语句

```
wndclass.style = CS_HREDRAW | CS_VREDRAW;
```

指定了两种类型的风格标识符，它指示每当窗口在水平（CS_HREDRAW）或竖直（CS_VREDRAW）方向的大小发生变化时，要重新输出窗口中的内容。语句

```
wndclass.hIcon = LoadIcon(NULL,IDI_APPLICATION);
```

为所有用这个窗口类建立的程序设置一个程序图标 IDI_APPLICATION。此图标由 Windows 预定义，是一个空白方块，其边界为黑色，当程序极小化时就表现为这个图标形式。图标是一个小位图，可以用 API 函数 LoadIcon()为程序加载图标。LoadIcon()的第 1 个参数设置为 NULL 时，返回它所加载图标的句柄。

LoadCursor()用于加载光标图标。当鼠标移到该窗口内时，将显示此光标，返回加载光标的句柄。IDC_ARROW 是 Windows 预定义的光标，它是一个小箭头。例如：

```
wndclass.hCursor = LoadCursor(NULL, IDC_ARROW);
```

API 函数 GetStockObject()为窗口选择一个刷子，刷子是图形学中的一个术语，用来填充一个区域的着色象素点模式。Windows 系统预定义了几种刷子，函数 GetStockObject()为本程序窗口选择一个白色的背景刷子，程序运行后显示的白色窗口背景就来源于此。若将参数 WHITE_BRUSH 改为 BLACK_BRUSH，则程序执行后将显示黑色背景的窗口。例如：

```
wndclass.hbrBackground = (HBRUSH) GetStockObject(BLACK_BRUSH);
```

wndclass.lpszMenuName()用于设置窗口菜单，本程序没有菜单，所以被设置为 NULL。如果窗口有菜单，可以将菜单句柄指定给 lpszMenuName 域。

填写了窗口类的 10 个域后，在创建窗口之前必须用函数 RegisterClass()注册窗口类：

```
RegisterClass (&wndclass);
```

3．建立窗口

RegisterClass 只是注册了一个窗口类，定义了窗口的普遍特征，它的作用是定义一种可以在 Windows 程序中使用的自定义类型，相当于用 struct 或 class 定义了一种数据结构，但要使它真正在程序中发挥作用，必须用它定义对象，并向其数据成员传递参数。建立窗口的 API 函数是 CreateWindow()，用法如下：

```
HWND CreateWindow(LPCTSTR lpClassName,       // 指向已注册的窗口类
                  LPCTSTR lpWindowName,       // 窗口名字
                  DWORD dwStyle,              // 窗口的类型
                  int x,                      // 窗口左上角 x 值
                  int y,                      // 窗口左上角 y 值
                  int nWidth,                 // 窗口的宽
```

```
        int nHeight,                    // 窗口的高
        HWND hWndParent,                 // 父窗口句柄
        HMENU hMenu,                     // 窗口菜单句柄
        HANDLE hInstance,                // 程序实例句柄
        LPVOID lpParam                   // 系统保留
    );
```

函数 CreateWindow()利用已注册的窗口类建立一个窗口，并返回所建立窗口的句柄，该句柄可作为其他函数引用本窗口的标识。

结合函数 CreateWindow()的用法和例 10-1 中 CreateWindow 命令的注释，不难理解例 10-1 建立的窗口特征。CreateWindow 的第一个参数指定建立窗口的类名，该参数是窗口与窗口类的联系途径。例 10-1 在定义窗口类时曾指定 wndclass.lpszClassName 的值为 szAppName，它就是窗口类的名字。因此，CreateWindow 将基于前面定义的 wndclass 结构（该结构的类名是 szAppName）建立窗口，这标志着本窗口具有 wndclass 窗口类的所有特征。它的窗口处理函数是 WndProc()，没有菜单，窗口背景是白色，鼠标光标是一个小箭头等。

函数 CreateWindow()中的 hWndParent 和 hMenu 都被设置为 NULL，表示本窗口没有父窗口，没有菜单。程序实例句柄 hInstance 是 WinMain 中的参数，该参数由 Windows 系统启动本应用程序时建立，在整个程序执行期间可用它来标识本应用程序。CreateWindow()建立的窗口句柄被保存在 hwnd 中，其他函数可以通过此句柄变量调用本窗口。

4．显示窗口

CreateWindow 命令被成功执行后，在系统内部已经建立了窗口，但是窗口并没有在屏幕上显示出来。若要在屏幕上显示建立的窗口，需要调用显示和更新窗口的函数：

```
    ShowWindow(hwnd, iCmdShow);
    UpdateWindow(hwnd);
```

ShowWindow()用于在屏幕上显示窗口，其第一个参数是要显示的窗口句柄，第二个参数用于指定窗口的显示方式，它可以是表 10-4 指定的值。

例 10-1 的窗口显示方式是通过变量 iCmdShow 指定的，在整个程序中并未指定或修改该变量的值，因此采用 Windows 系统的默认显示方式：SW_SHOWNORMAL。它是 Windows 系统在启动本程序时，通过函数 WinMain()的第 4 个参数 iCmdShow 指定的。

UpdateWindow()向由 hwnd 标识的窗口发送一条 WM_PAINT 消息，导致 WndProc()函数中的 case WM_PAINT 程序段被执行，窗口客户区域将被绘制，屏幕上将显示出窗口。

5．进入消息循环

显示窗口之后，程序将进入消息循环，不断地从消息队列中获取消息送由窗口函数处理。Windows 系统中有两种类型的消息队列：一种是系统消息队列，用于管理 Windows 系统自身的消息；另一种是应用程序消息队列，用于管理各应用程序的消息。

用户操作计算机的事件所引发的消息首先被放入系统消息队列，Windows 将从该队列中逐条取出消息，确定其目标窗口，然后将它放入到建立该窗口的应用程序消息队列中。应用程序的消息循环不断地从它的消息队列中提取消息进行分析，并在 Windows 系统的协助下，将消息传递给窗口函数，由窗口函数对消息进行处理。消息循环的程序代码如下：

```
    while(GetMessage(&msg, NULL, 0, 0)){
        TranslateMessage(&msg);
        DispatchMessage(&msg);
    }
```

GetMessage()从应用程序消息队列中取出一条消息并放入消息变量msg中；TranslateMessage()对消息msg进行一些转换工作，将消息中的虚拟键转换成字符的ASCII码；DispatchMessage()在Windows系统的协助下，将消息传递给程序的窗口处理函数。

消息循环不断地从消息队列中检索消息，只要检索到的消息不是 WM_QUIT，GetMessage()都将返回一个非0值，循环就不会结束。若获取到的消息是 WM_QUIT，函数 GetMessage()返回0，消息循环就会结束，程序也将因此终止。

在消息循环中似乎没有窗口函数的任何信息，消息是如何送到正确的窗口函数中的呢？看一下消息结构就明白了：

```
typedef struct tagMSG{
    HWND  hwnd;             // 接收消息的窗口
    UINT  message;          // 消息标识
    ……
} MSG;
```

msg是MSG类型的变量，包含了消息应该送到的窗口句柄hwnd，根据该窗口句柄就能够找到窗口，而窗口函数在窗口注册时就确定了。

6. 窗口函数和消息处理

Windows 程序的主函数 WinMain()是相对稳定的程序结构，每个 Windows 程序的函数WinMain()都一样，由它完成 Windows 程序的初始化工作和程序执行流程的控制：注册窗口、建立窗口、显示窗口并建立消息循环。

窗口函数是 Windows 程序设计的核心，程序的主要编码工作在窗口函数中（也叫窗口过程）。一个 Windows 程序要实现什么功能，要处理哪些事件（如单击鼠标、选择菜单、敲键盘等），就必须在窗口函数中检测并处理这些事件产生的消息。其形式如下：

```
LRESULT CALLBACK WndProc(HWND hWnd, UINT message, WPARAM wParam, LPARAM lParam){
    switch(message){
        case WM_CREATE:
            ……
        case WM_PAINT:
            ……
        case WM_DESTROY:
            ……
        default:
            return DefWindowProc(…);
    }
}
```

每个 Windows 应用程序的窗口函数都与此相似，有着相同的参数表：第一个参数 hWnd 用于标识接收消息的窗口句柄；第二个参数 message 用于标识消息，该消息将被送到 switch 结构进行处理；wParam 和 lParam 是 message 的附加信息，它们的内容随 message 消息不同而异，如鼠标消息与键盘消息的 wParam 和 lParam 参数就不一样。窗口函数主要利用这些参数响应窗口事件，实现程序功能。

switch 结构其实是个处理消息的机构。每当窗口函数 WndProc()接收到 Windows 系统传来的消息后，就使用 switch 结构来分析消息的内容，并对消息进行处理。在进行 Windows 程序设计时，如果有什么消息需要处理，只需要在该结构中添加相应的 case 语句。窗口函数不处理的消息则被传递给函数 DefWindowProc 进行默认处理。

窗口函数的返回类型 CALLBACK 指定它为一个回调函数。回调就是由 Windows 系统调用的意思，即窗口函数是由 Windows 系统调用的，应用程序不必调用它。因此，在例 10-1 所示的函数 WinMain()中，并没有见到对其窗口函数 WndProc()任何形式的调用，这一点与非 Windows 程序的函数调用有着较大的区别。

7. 数据输出与 WM_PAINT 消息

当移动窗口、通过滚动条滚动窗口、移走覆盖在窗口客户区上面的对象（如覆盖在窗口上面的下拉式菜单、对话框、另一程序窗口等）、改变窗口大小或激活另一个程序窗口时，都会产生 WM_PAINT 消息，而这些时间都需要重新绘制窗口的内容。因此，WM_PAINT 消息的产生与窗口内容的刷新是同步的，Windows 程序常常在窗口函数的 WM_PAINT 消息处理中实现数据输出，很少有不处理 WM_PAINT 消息的 Windows 程序。

例 10-1 也是在 WM_PAINT 消息中实现数据输出的，代码如下：

```
case WM_PAINT:
    hdc = BeginPaint(hwnd, &ps);
    GetClientRect(hwnd, &rect);
    DrawText(hdc, L"Hello, Windows API", -1, &rect, DT_SINGLELINE | DT_CENTER | DT_VCENTER);
    EndPaint(hwnd, &ps);
    return 0;
```

这段消息处理代码通过函数 GetClientRect()获取到了程序窗口的客户区域，然后通过函数 DrawText()在窗口客户区域的中央输出字符串"Hello, Windows API"。

8. WM_DESTROY 消息与程序结束

选择系统菜单的 Close 命令、按 Alt+F4 键、双击图 10-9 左上角的程序图标■、单击图 10-9 右上角的⊠图标，都会产生 WM_DESTROY 消息。Windows 程序常在该消息中请求 Windows 系统关闭应用程序。在例 10-1 中，下列代码段的功能就是捕获 WM_DESTROY 消息。

```
case WM_DESTROY:
    PostQuitMessage(0);
    return 0;
```

PostQuitMessage(0)在程序消息队列中放入一条 WM_QUIT 消息，该消息将导致消息循环中的函数 GetMessage()返回一个 0 值，结束消息循环。消息循环结束，导致主函数 WinMain()结束，Windows 程序也就结束了。

10.5　Windows 程序的数据输出

Windows 是一个图形操作系统，它用图形方式输出数据，所有 Windows 程序输出在屏幕上的信息（如数字、字符串、图形、图像等）都是用 GDI 图形方式实现的。

GDI（Graphics Device Interface）是 Windows 为应用程序提供的图形设备接口，提供了丰富的图形 API 函数，这些 API 函数大致可以分为 3 种：① 字符输出类函数，以图形方式输出字符、文本；② 矢量图形函数，用于绘制点、线、椭圆、三角形等几何图形；③ 光栅图形函数，用于绘制位图。

GDI 具有设备无关性。所谓设备无关性，是指在用 GDI 函数设计针对不同硬件设备的输出程序时，不必考虑具体的硬件特性，只需用统一的方式编写程序，系统会自动调用具体设备的硬件驱动程序，将 GDI 图形输出程序转换成特定硬件设备的输出程序。例如，要在显示屏幕和打印机上输出一个椭圆，不用考虑是哪个厂家（飞利浦、三星还是爱普生）、哪种型号、哪种类型的显示器（液晶还是 CRT）或打印机（针式、喷墨还是激光），直接调用 GDI 的 Ellipse()函数就行了。针对上述不同的硬件设备，程序员调用 Ellipse()函数的方法完全相同，系统会自动将它转换成具体硬件设备的程序操作指令。

为了实现设备无关性，Windows 系统采取了两方面的措施。一方面，提供了许多设备驱动程序，用于实现 GDI 函数向具体硬件设备操作指令的转换；另一方面，向应用程序提供了一个虚拟逻辑设备 DC（Device Context），称为设备环境，也称为设备描述表或设备上下文。

设备环境是一种数据结构，保存了绘图操作需要的所有信息，如绘画笔、字体、图画颜色及绘图模式等。设备环境由 Windows 系统统一管理，当应用程序需要输出图形（包括字符）时，必须向 Windows 系统提出申请，用完后必须释放，便于其他程序申请使用。

设备环境如同画家手中的画纸和绘画工具，可以绘制出与具体硬件设备无关的图形。Windows 程序输出图形的过程是：首先获取设备环境句柄，然后通过该句柄调用图形设备接口的绘图函数，这些绘图函数所绘制的图形被 Windows 系统提供的设备驱动程序转换成具体物理设备的绘图函数，从而在具体硬件设备上绘制出图形。此过程如图 10-11 所示。

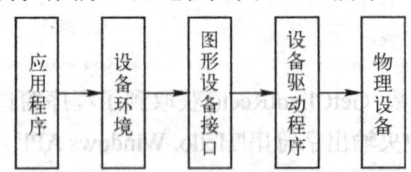

图 10-11 Windows 程序的输出过程

1. 获取设备环境

Windows 程序的输出是在设备环境中进行的，程序只需要调用 GDI 函数在设备环境中绘制图形或输出文本，Windows 就会将这些图形或文本在屏幕上显示出来，或通过打印机将它们打印出来。设备环境是用句柄进行标识的，只有通过设备环境句柄才能访问它，因此获取设备环境句柄是 Windows 程序输出数据的第一步。Windows 程序有两种获取设备环境的方法。

（1）用 BeginPaint()获取设备环境句柄

如果在 WM_PAINT 消息处理中输出图形，就应该使用 BeginPaint()函数获取设备环境句柄，该函数的用法如下：

```
PAINTSTRUCT ps;
……
case WM_PAINT:
    hdc = BeginPaint(hwnd,&ps);          // 获取设备环境句柄
    ……                                    // 绘制图形或输出文本的程序代码
    EndPaint(hwnd, &ps);                 // 释放设备环境句柄
```

hdc 是用设备环境句柄类型 HDC 定义的变量，可以保存设备环境句柄。函数 BeginPaint()通过准备绘制图形的窗口句柄，获取并填充有关绘图信息的 PAINTSTRUCT 结构，返回与指定窗口相关联的设备环境句柄，该句柄可被 GDI 中的 API 函数调用。例 10-1 中的函数 DrawText()就是应用设备环境句柄在窗口中输出字符串的：

```
DrawText(hdc,L"Hello, Windows API",…);    // …表示略去了后面的参数，见例 10-1
```

PAINTSTRUCT 是 Windows 系统定义的数据结构，用于标识窗口中的无效区域。无效区域是指因窗口变化致使其内容无效的屏幕区域，如移走重叠在一个窗口上面的窗口时，下面窗口中原

来被上面窗口覆盖的区域就成了无效区域，无效区域中的内容需要重新输出。PAINTSTRUCT 结构的定义如下：

```
typedef struct tagPAINTSTRUCT{
    HDC     hdc;                    // 设备环境句柄
    BOOL    fErase;                 // 指示是否擦除无效区域背景
    RECT    rcPaint;                // 标识无效的矩形区域
    BOOL    fRestore;               // 系统保留
    BOOL    fIncUpdate;             // 系统保留
    BYTE    rgbReserved[16];        // 系统保留
} PAINTSTRUCT;
```

其中，rcPaint 是一个标准的 RECT 数据结构，函数 BeginPaint()会把引发 WM_PAINT 消息的无效区域填写在该结构中，提供给后面的 GDI 函数处理。函数 EndPaint()用于释放设备环境句柄，以便被其他程序使用。BeginPaint 和 EndPaint 必须配对使用。

（2）用 GetDC 获取设备环境句柄

如果是在除 WM_PAINT 外的其他消息处理中输出图形，就应该用 GetDC()函数获取设备环境句柄，用完后必须使用 ReleaseDC()函数将其释放。其形式如下：

```
case WM_XX:                         // WM_XX 非 WM_PAINT
    hdc=GetDC(hWnd);                // hWnd 是窗口句柄
    ……                              // 绘制图形或输出文本的程序代码
    ReleaseDC(hWnd,hdc);            // 释放设备环境句柄，与 ReleaseDC 匹配使用
    ……
```

2．输出图形

应用程序获取到了设备环境后，只需将其要输出的图形或文本绘制在设备环境中，设备环境就能够通过 Windows 系统将它们输出在显示屏幕上或打印出来。

GDI 提供了许多绘制图形的函数，其中常用的函数如下：

```
MoveTo(hDC, x, y);                  // 将画笔从当前位置移到(x, y)坐标
BOOL LineToEx(HDC hdc, int x, int y);   // 从当前点画直线到(x, y)坐标处
// 以(x1, y1)为左上角坐标，(x2, y2)为右下角坐标画矩形
BOOL Rectangle(HDC hdc,int x1,int y1, int x2, int y2);
// 以(x1, y1)为左上角坐标，(x2, y2)为右下角坐标画圆角矩形
BOOL RoundRect(HDC hdc, int x1, int y1,i nt x2, int y2, int h, int w);
// 以(x1, y1)为左上角坐标，(x2, y2)为右下角坐标画椭圆
BOOL Ellipse(HDC hdc, int x1, int y1, int x2, int y2);
```

3．输出文本

Windows 程序的文本是按图形方式输出的，在输出文本时必须以像素为单位精确定位每一行的输出位置。常用文本输出函数有 TextOut 和 DrawText，其原型如下：

```
BOOL TextOut(HDC hdc,int x,int y,LPCTSTR lpString,int n);
int DrawText(HDC hdc,LPCTSTR lpString,int n,LPRECT lpRect,UINT uFormat);
```

其中，函数 TextOut()在位置(x, y)输出字符串 lpString 中的前 n 个字符；函数 DrawText()在矩形 lpRect 中输出字符串 lpString 的前 n 个字符，uFormat 用于定义输出格式，可以是 DT_RIGHT（右对齐）、DT_LEFT（左对齐）、DT_TOP（顶端对齐）等对齐方式或其他格式。

【例 10-2】 在例 10-1 的基础上，修改窗口函数中的 WM_PAINT 消息，让程序用默认画笔和画刷绘制一个矩形，然后创建蓝色画笔和红色网格画刷编绘制一个矩形和椭圆。并通过函数 TextOut()分别用系统默认色彩和红色输出两行文本。修改后的 WndProc()函数如下：

```
LRESULT CALLBACK WndProc (HWND hwnd, UINT message, WPARAM wParam, LPARAM lParam){
    HDC   hdc;
    PAINTSTRUCT  ps;
    RECT  rect;
    int   x=10, y=150;
    switch (message) {                                          // 消息处理
        case WM_CREATE:
            return 0 ;
        case WM_PAINT:
            hdc = BeginPaint(hwnd, &ps);
            GetClientRect(hwnd, &rect);
            DrawText(hdc, TEXT("Hello, API Programming!"), -1, &rect,
                              DT_SINGLELINE | DT_CENTER | DT_VCENTER);
            Rectangle(hdc,100,10,180,80);                       // 画矩形
            Ellipse(hdc,250,10,350,80);                         // 画椭圆
            TextOut(hdc, x, y, L"默认系统的字体色彩!", 10);
            EndPaint(hwnd, &ps);
            return 0;
        case WM_DESTROY:
            PostQuitMessage (0) ;
            return 0 ;
    }
    return DefWindowProc(hwnd, message, wParam, lParam);
}
```

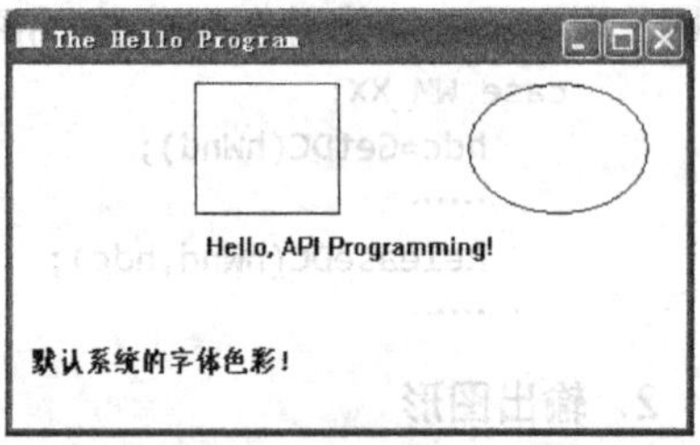

编译运行该程序,将得到图 10-12 所示的运行结果。   图 10-12 程序运行结果

10.6 消息驱动程序设计

Windows 系统的消息可以分为两类:一类是由计算机硬件产生的消息(如用户移动、单击、双击鼠标或按键盘),这类消息要进入应用程序的消息队列;另一类是由程序或系统产生的消息(如建立窗口、窗口大小改变),这类消息不进入应用程序的消息队列,由 Windows 系统直接发送给应用程序的窗口函数,常见的不进队消息有 WM_CREATE、WM_DESTROY、WM_SIZE、WM_PAINT。

在介绍消息循环时曾经讲到,函数 DispatchMessage()在 Windows 系统的协助下,将消息传递给适当的窗口处理函数。其实现方式是 DispatchMessage()首先将消息 msg 传送给 Windows 系统,Windows 系统从 msg 中分解出该消息对应的 hWnd、message、wParam 和 lParam,然后根据 hWnd 将这些信息传递给处理它的窗口函数,由窗口函数实现对消息的处理,如图 10-13 所示。

图 10-13 中进队消息的处理流程可以概述如下。

<1> 由硬件产生的消息首先会被 Windows 系统捕获,Windows 对捕获的消息进行分析后,将把它放进对应程序的消息队列中。

<2> 每个应用程序消息循环中的 GetMessage()函数会不断地查看本程序消息队列中的消息。

<3> 如果应用程序的消息队列中有消息,GetMessage()从中取出一条消息放到其参数 msg 中。

<4> msg 中的消息经函数 TranslateMessage()处理后,由函数 DispatchMessage(&msg)将它回传给 Windows 系统。

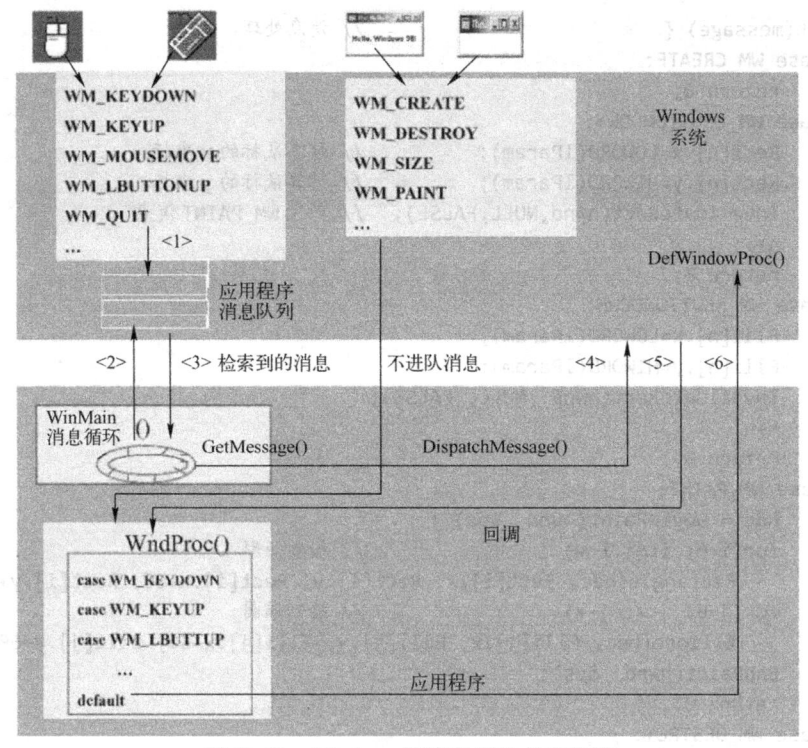

图 10-13 Windows 程序的消息处理流程

<5> Windows 系统对 DispatchMessage()送来的消息 msg 进行分解，从中解析出该消息对应的 hWnd、message、wParam 和 lParam，然后根据这些信息调用处理消息的窗口函数，这个过程就称为回调。窗口函数消息机构中的 switch case 结构对消息参数 message 进行分析，如果消息与某个 case 相匹配，就执行该 case 对应的语句，这就是所谓的消息处理。

<6> 如果消息与所有的 case 情况都不相匹配，将被 switch case 中的 default 处理，会调用 Windows 系统的 DefWindowProc()函数处理该消息。

消息处理是 Windows 程序设计的核心，是对发生在程序窗口中的事件的响应，程序要实现什么功能，要处理什么事件，只需要在窗口函数的 switch 结构中增加相应事件的消息处理代码即可。

【例 10-3】 对例 10-1 的窗口函数进行修改，增加鼠标消息处理功能，左键单击该位置产生一个矩形，再右键单击该位置产生一个椭圆。

设计思想：设置两个数组分别保存鼠标左键和右键的单击位置，在每次产生 WM_LBUTTONDOWN 和 WM_RBUTTONDOWN 消息时，就将鼠标位置放入数组中，同时产生一条 WM_PAINT 消息，导致 WM_PAINT 消息处理中的代码被执行。在 WM_PAINT 消息中从两个数组内依次取出保存的鼠标点，并以此点为中心绘制矩形和椭圆。

修改后的 WinProc 程序代码如下：

```
LRESULT CALLBACK WndProc(HWND hwnd, UINT message, WPARAM wParam, LPARAM lParam) {
    HDC    hdc;
    PAINTSTRUCT  ps;
    static POINT  Rect[20], Elli[20];
    // Rect 保存矩形的鼠标点，Elli 保存椭圆的鼠标点
    static int   n=0, m=0;            // n、m 分别用于记录 Rect、Elli 中点的个数
    int    i, j;
```

```
    switch(message) {                              // 消息处理
        case WM_CREATE:
            return 0;
        case WM_LBUTTONDOWN:
            Rect[n].x=LOWORD(lParam);              // 计算鼠标的 x 坐标
            Rect[n].y=HIWORD(lParam);              // 计算鼠标的 y 坐标
            InvalidateRect(hwnd,NULL,FALSE);       // 产生 WM_PAINT 消息
            n++;
            return 0;
        case WM_RBUTTONDOWN:
            Elli[n].x=LOWORD(lParam);
            Elli[n].y=HIWORD(lParam);
            InvalidateRect(hwnd, NULL, FALSE);
            m++;
            return 0;
        case WM_PAINT:
            hdc = BeginPaint(hwnd, &ps) ;
            for(i=0; i<n; i++)                     // 绘制矩形
                Rectangle(hdc, Rect[i].x, Rect[i].y, Rect[i].x+60, Rect[i].y+60);
            for(j=0; j<m; j++)                     // 绘制椭圆
                Ellipse(hdc, Elli[j].x, Elli[j].y, Elli[j].x+60, Elli[j].y+60);
            EndPaint(hwnd, &ps);
            return 0;
        case WM_DESTROY:
            PostQuitMessage(0);
            return 0;
    }
    return DefWindowProc(hwnd, message, wParam, lParam);
}
```

编译并运行程序，将得到如图 10-14 所示的程序运行结果。矩形是单击鼠标左键产生的，椭圆是单击鼠标右键产生的。

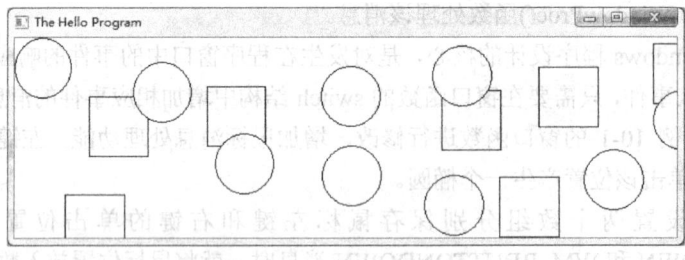

图 10-14　程序运行结果

本程序是 Windows 程序处理消息的典型方式。单击左键将产生 WM_LBUTTONDOWN 消息，单击右键将产生 WM_LBUTTONDWON 消息，同时将鼠标的坐标位置信息保存在 lParam 参数中，低字节是 x 坐标，可用宏 LOWORD 将它计算出来，高字节是 y 坐标，可用 HIWORD 宏将它计算出来。函数 InvalidateRect()产生一条 WM_PAINT 消息，导致 WM_PAINT 中的两处 for 循环被执行，它们将以 Rect 数组中的 POINT 点为中心画矩形，以 Elli 数组中的 POINT 点为中心画圆。

前面介绍了 Windows 程序设计的基本原理和技术。除此之外，菜单、加速键、位图、光标、图标、对话框、控件和工具栏等内容是 Windows 程序与用户交互的常用界面对象，几乎是每个 Windows 程序不可缺少的内容，它们以资源的形式独立存在于资源文件中，资源可以被不同的应

用程序共享。每个应用程序可以创建其需要的资源,也可以应用其他程序建立的资源。

Visual C++有一个资源编辑器,以可视化的图形方式建立和修改诸如菜单、位图、光标、图标等多种形式的应用程序资源。资源包括字符串数据和图形数据,字符形式的资源常存在于与项目文件同名的 RC 文件中,而图形数据文件如应用程序图标、光标等则以图形数据文件的形式独立存在。API 与 MFC 程序中的资源管理方式基本相同,因此这部分内容将在第 11 章中介绍。

习 题 10

1. 解释以下概念:
   窗口、事件、消息、句柄、消息循环、事件驱动、窗口函数、API、GDI、回调函数
2. Windows 的消息可分为哪几种类型?各有何特点?
3. 简述结构化程序(即面向过程的程序)与事件驱动程序的区别。
4. 简述 Windows API 程序的基本结构及其执行流程。
5. 阅读下面的 Windows 程序,简述程序的功能。程序的 WinMain 代码可参考例 10-1,它们完全相同。

```
#include "stdafx.h"
#include "resource.h"
……
LRESULT CALLBACK WndProc(HWND, UINT, WPARAM, LPARAM);
int WINAPI WinMain(…){
    ……
}
int  xClient, yClient;                   // 保存屏幕客户区的宽和高的变量
void DrawRectangle(HWND hwnd){           // 在窗口中绘制随机大小、随机颜色的矩形
    HBRUSH  hBrush;
    HDC   hdc;
    int xLeft, xRight, yTop, yBotton, nRed, nGreen, nBlue; // 矩形图形左上角的坐标值
    // 矩形图形右下角的坐标值
    xLeft=rand() % xClient;     yTop=rand() % yClient;
    xRight=rand() % xClient;    yBotton=rand() % yClient;
    nRed=rand() & 255;   nGreen=rand() & 255;   nBlue=rand() & 255;
    hdc=GetDC(hwnd);                     // 获取当前窗口的输出设备环境
    hBrush=CreateSolidBrush(RGB(nRed, nGreen, nBlue));   // 创建画图的画笔
    SelectObject(hdc,hBrush);            // 将创建的画笔指定给当前窗口的设备
    // 利用创建的彩色画笔,在设备上绘制一个矩形
    Rectangle(hdc, min(xLeft, xRight), min(yTop, yBotton),
                   max(xLeft, xRight), max(yTop, yBotton));
    ReleaseDC(hwnd, hdc);                // 释放设备环境
    DeleteObject(hBrush);                // 释放画笔
}
LRESULT CALLBACK WndProc(HWND hWnd, UINT message, WPARAM wParam, LPARAM lParam) {
    PAINTSTRUCT  ps;
    HDC   hdc;
    static int   x=10, y=10;            // x、y用于保存鼠标单击的屏幕光标
    static BOOL   LUP=FALSE;            // LUP 表示鼠标左键单击与否
    switch (message){
        case WM_PAINT:
            hdc = BeginPaint(hWnd, &ps);
            RECT rt;
            GetClientRect(hWnd, &rt);
```

```
            // 如果单击的鼠标左键释放了，就在光标位置画一随机大小的矩形
            if (LUP){
                DrawRectangle(hWnd);
                LUP=FALSE;
            }
            EndPaint(hWnd, &ps);
            break;
        case WM_LBUTTONDOWN:
            x=LOWORD(lParam);
            y=HIWORD(lParam);
            break;
        // 释放鼠标产生的消息，通过 LUP 设置，在屏幕上画彩色的矩形
        case WM_LBUTTONUP:
            LUP=TRUE;
            InvalidateRect(hWnd, NULL, TRUE);
            break;
        case WM_RBUTTONDOWN:
            hdc=GetDC(hWnd);
            x=LOWORD(lParam);
            y=HIWORD(lParam);
            TextOut(hdc, x, y, L"其实消息处理很简单！", 20);
            break;
        // 窗口大小变化时产生此消息，屏幕的长和宽保存在 lParam 附加消息中
        case WM_SIZE:
            xClient=LOWORD(lParam);
            yClient=HIWORD(lParam);
            break;
        case WM_DESTROY:
            PostQuitMessage(0);
            break;
        default:
            return DefWindowProc(hWnd, message, wParam, lParam);
    }
    return 0;
}
```

第 11 章 MFC 程序设计

MFC 是微软公司提供的一个类库，大多数 Windows API 函数被封装在该库的不同类中，提供了对 API 函数更便捷的操作方法。MFC 还提供了一种称为应用程序框架的程序设计方法，利用该方法可以快捷地构建出标准 Windows 程序的基本框架，然后扩展该框架的功能，就能够快速地设计出功能强大的 Windows 程序，提高软件开发的效率。

本章介绍 MFC 程序设计的完整方法，包括：MFC 程序的结构与执行流程分析，从向导生成的应用程序框架出发，逐步为之添加消息映射、进行绘图和文本输出、设置对话框、菜单、工具栏，并通过文档和视图存取磁盘数据等编程方法和实现技术。

11.1 MFC 程序基础

11.1.1 MFC 类

Microsoft 利用面向对象的程序技术将大多数 Windows API 函数封装在类中，并通过继承形成了一种具有层次结构的类结构，称为 MFC（Microsoft Foundation Class，微软基础类库）。MFC 中的类非常全面，覆盖了绝大多数标准 Windows 程序部件，如窗口、对话框、菜单、工具条、设备环境、画笔、调色板、控件等。

MFC 不但支持 Windows 系统提供的 API 函数、控件、消息、菜单和对话框，而且提供了一组用来开发 Windows 应用程序的类。在设计 MFC 程序时，除了在特别讲究程序效率时会直接调用 API 函数外，较简便的方法是用 MFC 类创建对象，并通过对象调用封装在类中的 API 成员函数。这样能够简化 Windows 编程工作，高效、方便地设计出具有良好的稳定性、可移植性，且更符合 Windows 风格的应用程序。

MFC 主要包括类、宏和全局函数三部分。在 MFC 类库中定义的成员函数有几百个，其中许多是对 Windows API 函数的简单封装，甚至与对应的 API 函数有着相同的函数名称。从继承情况来看，MFC 中的类可以分为两大类：一类是从公共基类 CObject 派生的类，占绝大多数；另一类则不是从 CObject 派生的类，主要用于实现一些程序辅助功能。

在 MFC 中还包括一些宏、全局变量和全局函数。宏主要用来实现 RTTI（运行时类型识别）、错误诊断、异常处理以及 MFC 程序的消息映射等功能。全局变量和全局函数可以在程序的任何地方被调用，主要用来获取和传递程序运行过程中的一些信息。全局变量以 afx 为前缀，全局函数则以 Afx 为前缀。例如，获取应用程序对象指针的函数 AfxGetApp()，获取程序实例句柄的函数 AfxGetInstanceHandle()，获取应用程序主窗口的函数 AfxGetMainWnd()，都是全局函数。

MFC 有 200 多个类，其中一些类可以被直接使用，另一些类则主要作为用户自定义类的基类。图 11-1 是 MFC 6.0 的类继承结构的示意，其中省略了许多不常用的类。

CObject 是 MFC 继承结构的根类，它实现了动态内存空间的分配与回收，支持常规的错误诊

Microsoft Foundation Class Library Version 6.0

```
CObject
├─ 应用程序框架类
│  ├─ CCmdTarget
│  │  ├─ CWinThread
│  │  │  └─ CWinApp
│  │  └─ CDocTemplate
│  │     ├─ CSingleDocTemplate
│  │     └─ CMultiDocTemplate
│  └─ 窗口类
│     └─ CWnd
│        ├─ 框架窗口类
│        │  └─ CFrameWnd
│        │     ├─ CMDIChildWnd
│        │     ├─ CMDIFrameWnd
│        │     └─ CMiniFrameWnd
│        └─ 控制条类
│           └─ CControlBar
│              ├─ CDialogBar
│              ├─ CStatusBar
│              └─ CToolBar
├─ 文档类
│  ├─ CDocument
│  │  ├─ COleDocument
│  │  └─ user documents
│  └─ CDocItem
│     ├─ COleClientItem
│     └─ COleServerItem
│        └─ user server items
├─ 对话框类
│  └─ CDialog
│     ├─ CCommonDialog
│     │  ├─ CColorDialog
│     │  └─ COlePropertyPage
│     ├─ CPropertyPage
│     └─ user dialog boxes
├─ 异常类
│  ├─ user objects
│  └─ CException
│     ├─ CArchiveException
│     ├─ CDaoException
│     ├─ CDBException
│     ├─ CFileException
│     ├─ COleException
│     ├─ CResourceException
│     └─ CUserException
├─ 视图类
│  └─ CView
│     ├─ CCtrlView
│     │  ├─ CEditView
│     │  ├─ CTreeView
│     │  └─ CScrollView
│     │     ├─ user scroll views
│     │     └─ CFormView
│     │        ├─ CDaoRecordView
│     │        └─ CRecordView
├─ 文件类
│  └─ CFile
│     ├─ CMemFile
│     │  └─ CSharedFile
│     ├─ COleStreamFile
│     ├─ CSocketFile
│     ├─ CStdioFile
│     │  └─ CInternetFile
│     │     └─ CHttpFile
│     └─ CRecentFileList
├─ 控件类
│  ├─ CAnimateCtrl
│  ├─ CButton
│  ├─ CComboBox
│  ├─ CEdit
│  ├─ CListBox
│  ├─ CListCtrl
│  ├─ CProgressCtrl
│  ├─ CRichEditCtrl
│  ├─ CScrollBar
│  └─ CStatusBarCtrl
├─ 图形绘制类
│  ├─ CDC
│  │  ├─ CClientDC
│  │  ├─ CMetaFileDC
│  │  ├─ CPaintDC
│  │  └─ CWindowDC
│  └─ CGdiObject
│     ├─ CBitmap
│     ├─ CBrush
│     ├─ CFont
│     ├─ CPalette
│     └─ CPen
├─ CMenu
├─ CCommandLineInfo
├─ CDatabase
├─ CRecordset
├─ CDaoDatabase
├─ CDaoQueryDef
├─ CDaoRecordset
├─ CDaoTableDef
├─ CDaoWorkspace
├─ CSyncObject
├─ CAsyncSocket
├─ Arrays
│  ├─ CArray (template)
│  └─ CObArray
├─ Lists
│  ├─ CList (template)
│  ├─ CPtrList
│  ├─ CObList
│  └─ CStringList
│     └─ lists of user types
├─ Maps
│  └─ CMap (template)
├─ Internet Service:
│  ├─ CInternetSession
│  ├─ CFileFind
│  └─ CGopherLocator
└─ Windows Sockets:
   ├─ CAsyncSocket
   └─ CSocket
```

图 11-1　MFC 6.0 类继承结构示意

断、错误信息处理，实现了 RTTI 机制和文档序列化功能（即磁盘数据文件的读写操作）。CObject 类以很小的系统开销，为其派生类提供了许多有用的功能。MFC 中的类大致可以分为以下几种。

① 通用数据处理类：包括字符串类（CString）、集合类（CByteArray、CDwordArray、CPtrArray、CStringArray 等）、映射类（CMapPtrToPtr、CMapStringToOb 等）、链表类（CObList、CPtrList、CStringList 等）、异常处理类（CException）、文件类（CFile）、模板类（如 CArray、CMap、CList、CTypedPtrList、CTypedPtrMap）等。

② Windows API 封装类：将 API 函数按其功能分别封装到不同的类中，并为封装在类中的 API 函数提供默认参数，使程序员可以通过类成员的方式访问 API 函数，简化了 API 函数的访问。Windows API 封装类包括窗口类（CWnd、CFrameWnd、CMIDIFrameWnd、CMainFrameWnd 等）、对话框类（CDialog、CFileDialog、CPrintDialog、CFindReplaceDialog、CFontDialog 等）、控件类（如 CButton、CEdit、CListBox）、设备环境类（CDC、CPaintDC、CClientDC、CWindowDC）等。

③ 应用程序框架类：将 Windows 程序的基本结构封装在不同的类中，程序员可以通过这些类生成 Windwos 程序的雏形。应用程序框架类包括应用程序类（CWinApp）、线程类（CWindThread）、文档模板类（CDocTemplate、CSingleDocTemplate、CMultiDocTemplate）、文档类（CDocument）。

④ 工具类：如工具栏（CToolBar）、菜单（CMenu）、状态栏（CStatusBar）、拆分窗口（CSplitterWnd）和滚动窗口（CScrollBar）等。

⑤ OLE 类：提供了对 OLE API 的访问支持，允许用户创建和编辑复合文档，在这样的文档中可以包含文本、图形、声音、流媒体等类型的数据。OLE 类包括 OLE 服务器类（COleServerDoc）、OLE 复合文档类（COleDocument）、OLE 链接类（COleLinkingDoc）、OLE 数据源类（COleDataSource）等。

⑥ 数据库类：提供对各种数据库的存取、建立、连接等操作，如数据源类（CDatabase）、记录集类（CRecordSet）、记录集视图类（CRecordView）、DAO 接口类（CDaoDatabase）、DAO 数据集类（CDaoRectordSet）、DAO 数据表定义类（CDaoTebleDef）等。

⑦ 网络类：允许用户通过 ISAPI 或 Windows Sockets 实现计算机网络互连，如 Csock 类、ISAPI 类、CHttpFilter 类、CHttpServer 类、CSocketFile 类等。

在 MFC 中还有少量不是从 CObject 类派生的类，包括简单的数据结构类（如 CPoint、CRect、CTime 等）、Internet 服务器类（如 CFtpConnection、CFtpFileFind 等），以及支持程序运行的一些类（如 CCmdUI、COleCmdUI）等。

11.1.2　MFC 程序的结构

MFC 对 API 程序的结构重新进行了封装，API 程序的不同部分被封装在不同的类中，虽然形式已大不同于 API 程序的结构，但其本质仍是一致的，在编译时会被还原为 API 程序结构。这样做的目的是便于建立应用程序框架，规范和简化 Windows 程序设计的过程。

MFC 程序包括的内容大致包括：应用程序类，框架窗口类，消息映射宏和消息处理函数，以及一个应用程序对象。应用程序类从 CWinApp 类派生，是 MFC 程序的主体类，用于建立主函数 WinMain()，控制程序的执行流程。框架窗口类从 CFrameWnd 类派生，该类将窗口函数封装在其中。消息映射宏用于将消息和消息处理函数与对应的窗口函数关联起来。应用程序对象则是程序执行的入口点，每个 MFC 程序必须有一个应用程序对象，程序执行就从该应用程序对象被建立时开始。

【例 11-1】 设计一个简单的 MFC 程序，该程序在鼠标左键单击位置画一个矩形，矩形的大小是随机的。

程序设计思路：在程序中设计一个矩形数组，以鼠标单击位置为中心，以随机数为边长生成一个矩形，并将此矩形保存在数组中；然后产生一条 WM_PAINT 消息，并在相应的消息处理函数中重绘数组中的所有矩形。

程序设计方法如下：

<1> 启动 Visual C++ 2015，建立一个新的工程文件。选择"新建"|"项目"菜单命令，在弹出的"新建项目"对话框中选择"Visual C++"|"MFC"|"MFC 应用程序"，在"位置"编辑框中选择保存项目文件的目录"C:\dk"，在"名称"编辑框中输入工程文件名"Rect"，如图 11-2 所示。

<2> 单击"确定"按钮，弹出一个多步骤的向导，该向导的操作方法将在 11.1.3 节中介绍。这里选择"应用程序类型"|"单个文档"，"项目类型"选择"MFC 标准（A）"，取消"文档/视图结构支持"和"安全开发生命周期（SDL）检查"，如图 11-3 所示，然后单击"完成"按钮。

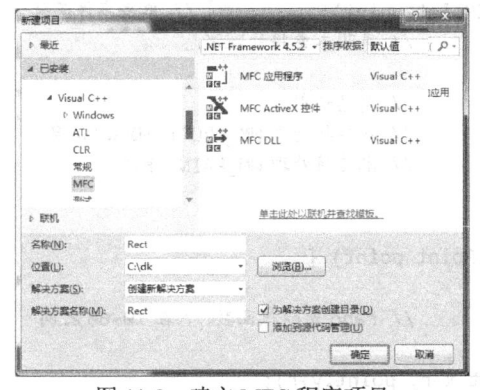

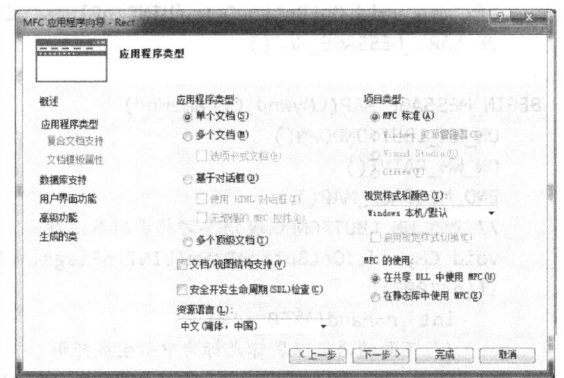

图 11-2　建立 MFC 程序项目　　　　图 11-3　指定 MFC 应用程序类型

<3> 上述过程将建立 MFC 单文档项目的文件结构，生成多个项目文件，如图 11-4 "解决方案资源管理器"中所列，在本项目所在的磁盘目录"C:\dk\Rect\Rect"中可以查看到这些文件。

保留其中的 Rect.cpp、stdafx.cpp、stdafx.h、targetver.h、Rect.rc、Rect.vcxproj、Rect.vcxproj.filters

文件，将其余文件和目录全部删除。方法是：按住 Ctrl 键，选中图 11-4 中的 ChildView.h、MainFrm.h、Rect.h、ChildView.cpp、MainFrm.cpp，再右击选中的任一文件名，从弹出的快捷菜单中选择"移除"命令，再从弹出的对话框中选择"删除"按钮。当然，也可以右击要删除的文件，逐个删除它们。删除后，项目中保留的文件结构如图 11-5 所示。

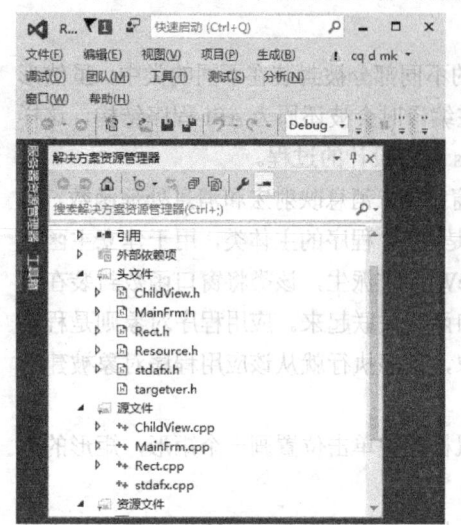

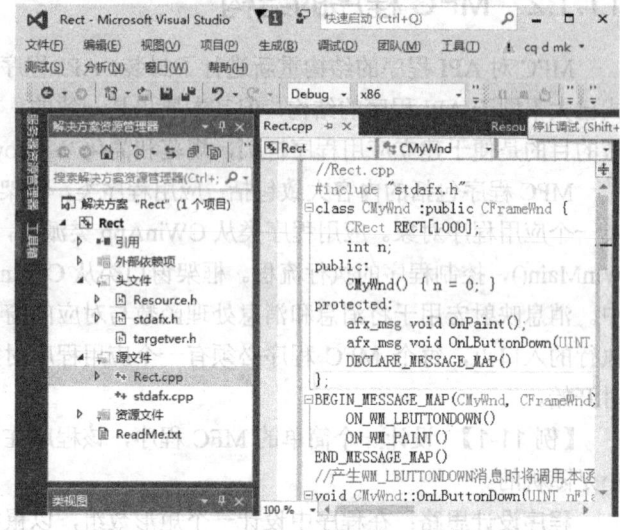

图 11-4　向导生成的单文档项目文件结构　　　　图 11-5　删除后的单文档项目文件结构

<4> 打开图 11-5 中的 Rect.cpp 文件，用下面的程序代码替换 Rect.cpp 原来的程序代码。

```cpp
//Rect.cpp
  #include "stdafx.h"
  class CMyWnd:public CFrameWnd{
      CRect  RECT[1000];                              // 矩形数组，CRect 是矩形
      int  n;                                         // 记录矩形个数
  public:
      CMyWnd(){  n=0;  }                              // 构造函数，将 n 初始为 0
    protected:
      afx_msg void OnPaint();                         // WM_PANIT 的消息处理函数
      afx_msg void OnLButtonDown(UINT nFlags, CPoint point);   // 单击事件函数
      DECLARE_MESSAGE_MAP()                           // 声明本类将处理消息
  };
  BEGIN_MESSAGE_MAP(CMyWnd,CFrameWnd)                 // 消息映射
      ON_WM_LBUTTONDOWN()                             // 本类将处理 WM_LBUTTONDOWN 消息
      ON_WM_PAINT()                                   // 本类将处理 WM_PAINT 消息
  END_MESSAGE_MAP()
  // 产生 WM_LBUTTONDOWN 消息时将调用本函数
      void CMyWnd::OnLButtonDown(UINT nFlags, CPoint point) {
      if(n<1000){
          int   r=rand()%50 +10;                      // rand 是随机函数，r 在 10~60 之间
          // 下面的语句以鼠标光标为中心生成矩形
          CRect rect(point.x-r, point.y-r, point.x+r, point.y+r);
          RECT[n]=rect;                               // 将生成的矩形存入数组
          n++;
          InvalidateRect(rect, FALSE);                // 产生 WM_PAINT 消息
      }
  }
```

```cpp
// WM_PAINT 消息处理函数，当产生 WM_PAINT 消息时调用本函数
void CMyWnd::OnPaint(){
    CPaintDC dc(this);                      // 通过 this 指针，获取当前窗口设备环境
    dc.SelectStockObject(LTGRAY_BRUSH);     // 将浅灰色的画刷选入设备环境
    for(int i=0; i<n; i++)
        dc.Rectangle(RECT[i]);              // 以浅灰色为填充背景画矩形
}
class CMyApp:public CWinApp{                // 应用程序类
  public:
    virtual BOOL InitInstance();            // 重载基类 CWinApp 类的虚函数
};
BOOL CMyApp::InitInstance(){
    CMyWnd *pMain=new CMyWnd;               // pMain 是指向框架窗口的指针
    pMain->Create(0,L"画矩形！");            // 建立窗口
    pMain->ShowWindow(m_nCmdShow);          // 显示窗口
    this->m_pMainWnd=pMain;                 // 关联应用程序与窗口
    return TRUE;
}
CMyApp ThisApp;                             // 建立应用程序对象，程序自此开始运行
```

编译并运行程序，结果如图 11-6 所示。图中的矩形是单击鼠标产生的，最多能够形成 1000 个矩形（RECT 数组的最大容量是 1000）。

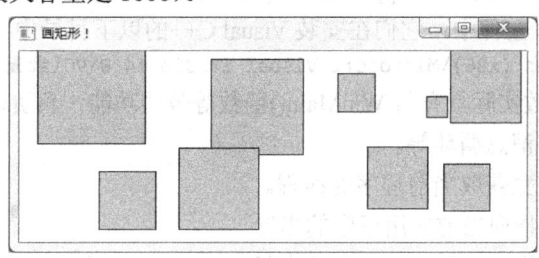

图 11-6 程序执行结果

11.1.3 MFC 程序的执行流程

同 API 程序一样，MFC 程序的执行入口函数也是 WinMain()，也要建立窗口和消息循环，也会通过窗口函数进行消息处理。在例 11-1 所示的 MFC 程序中没有见到这些内容，是因为它们已被封装在不同的类中了，请看下面的执行流程分析。

（1）MFC 程序的启动

函数 WinMain()被 MFC 封装在应用程序类 CWinApp 中，并以不为外界所知的默认方式被启动执行。每个 MFC 程序都有自己的应用程序类，该类继承了 CWinApp 类的功能，且能通过其成员函数 InitInstance()将窗口与应用程序对象关联在一起。下面是例 11-1 的应用程序类的声明：

```cpp
class CMyApp:public CWinApp{          // 应用程序类
  public:
    virtual BOOL InitInstance();      // 重载基类 CWinApp 类的虚函数
};
```

所有 MFC 程序的应用程序类都必须重载基类 CWinApp 的虚函数 InitInstance()，以便将应用程序与其窗口关联起来。每个 MFC 程序都必须建立应用程序类的一个对象，程序执行就从该对象的建立开始，它是 MFC 程序执行的起点。例 11-1 建立应用程序对象的命令如下：

```cpp
CMyApp ThisApp;
```

该命令建立 CMyApp 类的一个全局对象 ThisApp，程序自此开始执行。MFC 程序在建立应用程序对象时，将引发函数_tWinMain()（实质上是 WinMain()）的调用。_tWinMain()将引发 AfxWinMain()的执行，该函数将初始化 MFC 应用程序，如图 11-7 中的①～⑥所示。

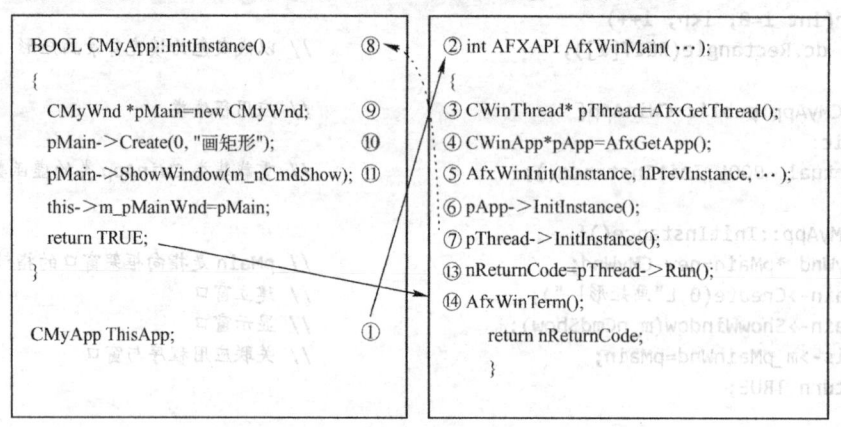

```
BOOL CMyApp::InitInstance()        ⑧         ② int AFXAPI AfxWinMain( … );
{                                              {
    CMyWnd *pMain=new CMyWnd;      ⑨            ③ CWinThread* pThread=AfxGetThread();
    pMain->Create(0, "画矩形");     ⑩            ④ CWinApp*pApp=AfxGetApp();
    pMain->ShowWindow(m_nCmdShow); ⑪            ⑤ AfxWinInit(hInstance, hPrevInstance, … );
    this->m_pMainWnd=pMain;                     ⑥ pApp->InitInstance();
    return TRUE;                                ⑦ pThread->InitInstance();
}                                               ⑬ nReturnCode=pThread->Run();
                                                ⑭ AfxWinTerm();
CMyApp ThisApp;                ①                   return nReturnCode;
                                               }
```

图 11-7　MFC 程序的执行流程

① 建立应用程序对象 ThisApp 将引发 MFC 调用_tWinMain()函数，将引发函数 AfxWinMain()的执行。这两个函数由 MFC 预置在 Appmodul.cpp（其中有函数_tWinMain()）和 WinMain.cpp（其中有函数 AfxWinMain()）文件中，它们在安装 Visual C++的以下目录中。

```
C:\Program Files (x86)\Microsoft Visual Studio 14.0\VC\atlmfc\src\mfc
```

② AfxWinMain()函数实际具有与 WinMain()函数等效的功能，负责建立 MFC 程序的运行环境，如建立线程、窗口、消息循环等。

③ AfxGetThread()函数获取当前程序的线程。

④ AfxGetApp()获取指向当前应用程序的指针。

⑤ AfxWinInit()初始化应用程序，如初始化程序实例句柄、显示方式、命令行参数等，以便后面的函数调用它们。

⑥ InitApplication()初始化应用程序。

到此为止，MFC 就建立好了应用程序的运行环境，接下来将建立窗口和消息循环。

（2）建立窗口

MFC 将窗口类的定义和注册，以及窗口的建立和显示等操作封装在类 CFrameWnd 中，并在该类中提供了建立窗口的默认参数，简化了窗口的建立过程。应用程序只需继承 CFrameWnd 类的功能，就能快捷地建立程序窗口。CFrameWnd 称为框架窗口类，用它建立的窗口称为框架窗口。

例如，例 11-1 的窗口类 CMyWnd 就继承了 CFrameWnd 的功能，形式如下：

```
class CMyWnd:public CFrameWnd{
    ……
};
```

函数 AfxWinMain()在初始化好了 MFC 程序的运行环境后，接下来会调用应用程序类的虚函数 InitInstance()建立程序窗口，如图 11-7 中的⑦所示。InitInstance()是 MFC 程序必须重载的函数，用于建立程序的窗口，过程见⑨～⑪所述。

⑨ 定义窗口类的一个指针 pMain，并将它指向一个窗口对象。

⑩ 利用 WNDCLASS 建立了一个窗口（相当于 API 程序中的 Create Window 函数）。Create()是 CFrameWnd 的一个成员函数，原型如下：

```
BOOL CFrameWnd:: Create(LPCTSTR lpszClassName,            // 窗口类名
                        LPCTSTR lpszWindowName,           // 窗口名
                        DWORD dwStyle = WS_OVERLAPPEDWINDOW,  // 窗口风格
                        const RECT& rect = rectDefault,   // 窗口的屏幕区域
                        CWnd* pParentWnd = NULL,          // 父窗口
                        LPCTSTR lpszMenuName = NULL,      // 窗口菜单
                        DWORD dwExStyle = 0,              // 窗口扩展风格
                        CCreateContext* pContext = NULL   // 指向文档与视图
);
```

Create()将引发窗口类的注册，注册是在程序员不知晓的情况下，由 MFC 自动填写 WNDCLASS 窗口类结构，并为该结构的各个域提供默认值，Create()将用该默认窗口类建立窗口。

⑪ pMain->ShowWindow 将建立的窗口显示出来，但该窗口是独立存在的，它与当前应用程序还没有关联起来。

⑫ this->m_pMainWnd 中的 this 是当前应用程序对象 ThisApp 的 this 指针，本命令将窗口对象 pMain 与当前应用程序对象 ThisApp 关联起来。

至此，MFC 应用程序与窗口就结合起来了，屏幕上将显示出程序窗口。

（3）建立消息循环

通过 InitInstance 建立程序窗口后，接下来将执行函数 AfxWinMain()中的下述语句，参考图 11-7 中的⑬。

```
    nReturnCode = pThread->Run();
```

pThread 是 CWinThread 线程类的一个指针，pThread->Run()将导致函数 CWinThread::Run()的调用。该函数被 MFC 预置在 Thrdcore.cpp 文件中，该文件与前面的 WinMain.cpp 文件位于同一磁盘目录中。函数 Run()主要用于建立 Windows 程序的消息循环，该函数经整理和简化后类似于下面的形式：

```
    int CWinThread::Run(){
        ......
        do{
            ::GetMessage(&m_msgCur, NULL, NULL, NULL){
            ::TranslateMessage(&m_msgCur);
            ::DispatchMessage(&m_msgCur);
        } while (::PeekMessage(&m_msgCur,…);
        ......
    }
```

仔细观察这段程序代码就会发现，它与 API 程序中的消息循环是一致的。至此，程序的初始化工作完成了，接下来将进入消息循环，等待用户事件的发生。

11.1.4 消息映射

MFC 程序中的消息可以分为 3 种类型，每种类型可被不同的对象处理。

① 窗口消息：指 WM_XX（除 WM_COMMAND 外）形式的消息，如 WM_LBUTTONDOWN、WM_MOUSEMOVE 等，这类消息常由窗口类和视图类进行处理。

② 命令消息：由快捷键、菜单及工具栏中的命令按钮等与用户交互的对象产生的 WM_COMMAND 消息。这类消息能够被多种对象处理，包括应用程序对象、框架窗口对象、文档和视图对象。

③ 控件消息：当选择窗口中的各种控件（如各种对话框中的"确定"和"取消"按钮）时，

这些控件就会向其父窗口发送控件消息，这类消息也以 WM_COMMAND 形式出现。

每个 Windows 程序至少有一个窗口，每个窗口都有一个窗口函数。API 程序中的窗口处理函数是显而易见的，并且采用简单明了的 switch-case 结构处理消息。但在 MFC 程序中，API 程序窗口函数中的消息处理结构被分散到不同的类中，由 MFC 进行隐式处理。要在 MFC 程序中处理消息，就必须了解消息处理的流程。

MFC 提供了一种称为"消息映射"的机制，该机制通过 DECLARE_MESSAGE_MAP 和 BEGIN_MESSAGE_MAP…END_MESSAGE_MAP 两组宏添加类的消息处理功能。如果一个类要处理消息，就可以通过这两组宏将对应的消息及消息处理函数添加到类中。实现消息映射需要通过下面 3 个步骤。

<1> 在类声明中添加 DECLARE_MESSAGE_MAP 消息映射声明宏。以例 11-1 为例，其消息声明宏的形式如下：

```
class CMyWnd:public CFrameWnd{
    ......
    DECLARE_MESSAGE_MAP();          // 声明本类需要处理消息
};
```

<2> 在类的实现文件中添加消息映射，形式如下：

```
BEGIN_MESSAGE_MAP(X, xParentClass)  // 消息映射
    ......                          // 在此添加消息映射宏和及其对应的消息处理函数
END_MESSAGE_MAP()
```

参数 X 代表要处理消息的类，xParentClass 是 X 的父类。如例 11-1 中消息映射的程序代码如下：

```
BEGIN_MESSAGE_MAP(CMyWnd,CFrameWnd)
    ON_WM_LBUTTONDOWN()             // 声明要处理 WM_LBUTTONDOWN 消息
    ON_WM_PAINT()                   // 声明要处理 WM_PAINT 消息
END_MESSAGE_MAP()
```

BEGIN_MESSAGE_MAP 的参数表明 CMyWnd 是需要处理消息的类，是从 CFrameWnd 类派生的。

消息宏 ON_WM_LBUTTONDOWN、ON_WM_PAINT 分别与 WM_LBUTTONDOWN、WM_PAINT 消息相对应，表明 CMyWnd 类要处理这两个消息。有此声明后，只需将与这两个宏相对应的消息响应函数 OnLButtonDown()、OnPaint()指定为 CMyWnd 的类成员函数，MFC 就会自动将它们映射成为该类窗口函数中的消息处理程序代码。

<3> 在类的实现文件中编写消息响应函数。如例 11-1 中的 CMyWnd 的成员函数 OnPaint()定义如下：

```
void CMyWnd::OnPaint(){
    CPaintDC dc(this);
    dc.SelectStockObject(LTGRAY_BRUSH);
    for(int i=0; i<n; i++)
        dc.Rectangle(RECT[i]);
}
```

MFC 将自动把该函数映射到 CMyWnd 类的窗口函数中，当在程序窗口中产生 WM_PAINT 消息时，就会执行 OnPaint()函数，在屏幕上将 RECT 数组中的矩形绘制出来。

OnPaint()和 OnLButtonDown()称为事件处理函数或消息处理函数，是 MFC 预定义的用于映射消息宏的消息处理函数。表 11-1 列出了 MFC 为消息映射宏预定义的部分常见消息宏响应函数。表 11-1 所列的都是 Windows 的标准消息，除这些消息外，Windows 程序中常见的还有命令消息（如选择菜单产生的消息），命令消息的消息宏与消息处理函数的映射需要用宏 ON_COMMAND 实现，映射形式如下：

表 11-1 常见消息映射宏与消息处理函数

消息映射宏	对应消息	对应消息处理函数
ON_WM_CHAR	WM_CHAR	OnChar
ON_WM_CLOSE	WM_CLOSE	OnClose
ON_WM_CREATE	WM_CREATE	OnCreate
ON_WM_LBUTTONup	WM_LBUTTONDOWN	OnLButtonDown
ON_WM_LBUTTONup	WM_LBUTTONUP	OnLButtonUp
ON_WM_RBUTTONup	WM_RBUTTONDOWN	OnRButtonDown
ON_WM_RBUTTONup	WM_RBUTTONUP	OnRButtonUp
ON_WM_MOUSEMOVE	WM_MOUSEMOVE	OnMouseMove
ON_WM_PAINT	WM_PAINT	OnPaint
……	……	……

```
ON_COMMAND(<ID>, <Member>)
```

其中，ID 是命令标识，Member 是作为类成员函数的消息处理函数名。例如：

```
ON_COMMAND(ID_FILE_PRINT, CView::OnFilePrint)
```

其中的 ID_FILE_PRINT 是"文件"菜单的"打印"命令的标识，这条消息映射命令将它与 CView 类的 OnFilePrint()消息处理函数相关联，当选择"打印"命令时，就会执行 CView 类的成员函数 OnFilePrint()。

11.2 应用程序框架

Windows 程序具有标准统一的程序结构，每个程序都包括窗口、消息循环和窗口函数等，MFC 通过面向对象的程序技术将这些必备的程序结构封装在不同的类中，并且能够应用这些类生成具有最小功能的 Windows 程序，称为应用程序框架。由 MFC 生成的应用程序框架具有标准的 Windows 程序窗口、菜单、工具栏、状态栏及基本的消息处理能力，程序员可以在此基础上扩展程序功能，开发出具有强大程序功能的 Windows 应用程序。

11.2.1 用向导建立应用程序框架

Visual C++提供了建立 MFC 应用程序框架的向导，甚至不需要编写一行程序代码就能够生成一个具有最小功能的标准 Windows 应用程序框架，该框架程序具有标准的菜单、工具栏、窗口及基本的消息处理能力。Visual C++ 2015 的向导程序能够建立多种类型的应用程序框架，表 11-2 列出了 MFC 向导能够建立的主要应用程序框架类型。

表 11-2 MFC 向导可建立的主要应用程序框架类型

ATL COM AppWizard	建立 Active Template Library 应用程序框架
Cluster Resource Type Wizard，	建立用于 Windows 服务器的 Cluster Resource 框架
Database Project	建立数据库应用程序
DevStudio Add-in Wizard/ MFC ActiveX ControlWizard	建立 ActiveX 组件和宏/建立 ActiveX 控制程序
ISAPI Extension Wizard	建立因特网的服务程序
MFC AppWizard(dll)	建立 MFC 的动态链接库
MFC AppWizard(exe)	建立 MFC 应用程序框架
Win32 Application/ Win32 Console Application	建立 API 应用程序框架/基于控制台的 C++程序
Win32 Dynamic-Link Library/ Win32 Static Library	建立 Win32 动态链接库/Win32 静态链接库

【例 11-2】 利用 Visual C++ 2015 的应用程序向导建立一个 MFC AppWizard(exe)应用程序框架，并在此基础上扩展该框架程序的功能。

建立的过程如下：

<1> 启动 Visual C++ 2015，选择"新建"|"项目"菜单命令，在弹出的对话框中选择"MFC"标签，并在对应的列表中选中"MFC 应用程序"（见图 11-2）。然后在"位置"编辑框中输入 C:\dk，在"名称"编辑框中输入 My，单击"确定"按钮，将出现如图 11-8 所示的向导。

<2> 本例选中"单个文档"，建立一个单文档应用程序框架，并选中"文档/视图结构支持"，这个选项将生成文档类和视图类。完成上述选择后，单击"下一步"按钮，出现如图 11-9 所示的向导。确定是否支持复合文档，单击"下一步"按钮，弹出如图 11-10 所示的对话框。MFC 向导可生成 4 种类型的应用程序框架：① 单个文档，一次只能打开一个文本，只有一个窗口，如 Windows 的记事本程序；② 多重文档，可以打开多个窗口，如 Microsoft Word；③ 基本对话，非常简单，整个程序只有一个对话框；④ 多个顶级文档。

<3> 向导列出了项目将生成的文件名称和扩展名，如果修改，可以在对应的文本框中输入对应名称。本例不作修改，单击"下一步"按钮，弹出如图 11-11 所示的"数据库支持"设置向导，设置应用程序是否需要实现数据库功能，并可通过"Data Source"指定数据库源。本例不打算实现数据库功能，所以单击"下一步"按钮。

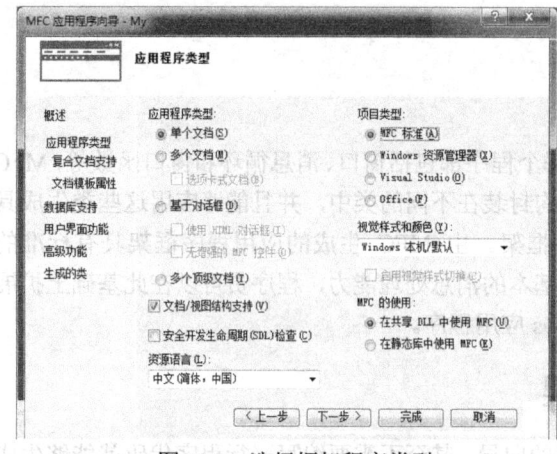

图 11-8　选择框架程序类型

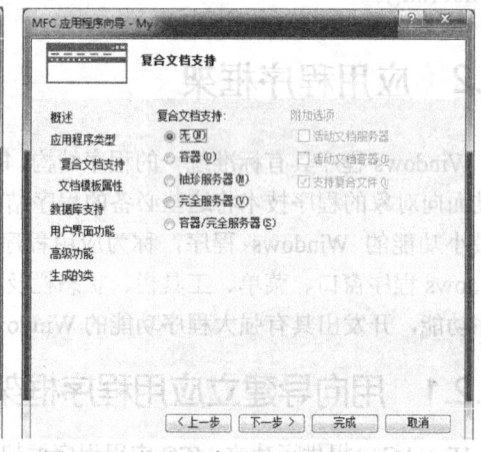

图 11-9　指定程序是否需要复合文档功能

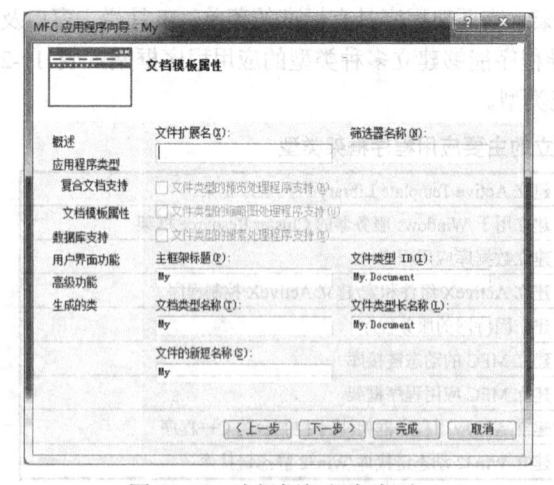

图 11-10　选择框架程序类型

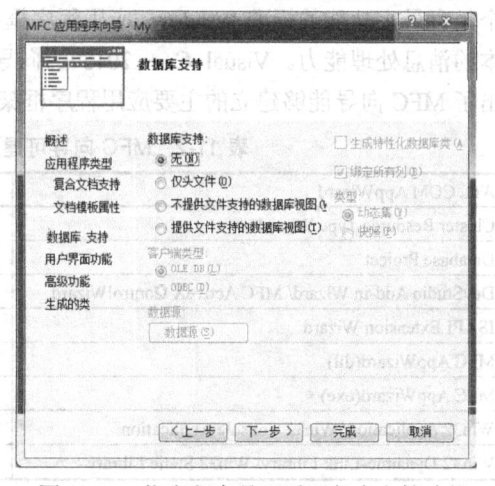

图 11-11　指定程序是否需要复合文档功能

<4> 设置程序界面、网络协议支持和打印支持等功能。本例选择默认，单击"下一步"按钮。

<5> 指定即将生成的各类的基类，如图 11-12 所示。如果要修改某个类的基类，只需要选中该类，然后单击"基类"下拉列表，从中选择一个类即可。可以看出，MFC 向导将为本例建立 4 个不同的类：MainFrame、CMyApp、CMyView 和 CMyDoc，后三个类的名字中包含了最初建立项目时指定的工程名字"My"。每个类的声明和实现被分别保存在 .h 头文件和 .cpp 源文件中，这样就有 8 个与类相关的文件。

<6> 单击图 11-12 中的"完成"按钮，然后打开目录 C:\dk\My\My，将看到下面的文件：

```
MainFrm.h / MainFrm.cpp              // 对应框架窗口类 MainFrame
My.h / My.cpp                        // 对应应用程序类 CMyApp
MyView.h / MyView.cpp                // 对应视图类 CMyVeiw
MyDoc.h / MyDoc.cpp                  // 对应文档类 CMyDoc
StdAfx.h / StdAfx.cpp                // 每个 MFC 程序都必须有这两文件，它们定义了程序需要的
                                     // 全局数据结构和全局函数
My.rc                                // 保存菜单、工具栏等资源的文件
Resource.h                           // 资源头文件
My.vcxproj / targetver.h / My.sln /My.Vc.db    // 与工程项目相关的文件
```

向导还建立了 Res 和 Debug 两个目录。Res 目录中保存了本程序的资源文件，如程序图标、工具栏图标等资源对应的文件。Debug 目录则用来保存程序编译过程中生成的各种目标文件和临时文件，编译程序最终生成的可执行文件也会保存在该目录中。

图 11-13 是本程序的运行结果，就是所谓的应用程序框架。在设计 MFC 程序时，只需在这个框架程序的基础上扩展程序功能，就能够设计出完善的程序来。

图 11-12 设置应用程序各类的基类   图 11-13 MFC 向导建立的应用程序框架

11.2.2 应用程序框架的结构

Visual C++向导建立的应用程序框架定义了程序的基本轮廓，为用户提供了标准的程序实现接口。为了能在向导建立的应用程序框架基础上扩展程序功能，应先了解框架程序的结构。

例 11-1 所示的 MFC 程序结构被 Visual C++向导封装在应用程序框架的不同类中，每个类独立完成一部分功能。这些类分别是：应用程序类（CXXWinApp）、文档类（CXXDoc）、视图类（CXXView）、框架窗口类（MainFrame），以及用于表明程序版本信息的对话框（CxxAbout）类。其中 XX 是启动向导时输入的工程项目名称。由向导建立的类继承了 MFC 类的功能，这种方式让程序员不必编写代码就能够得到功能强大的应用程序框架。图 11-14 是 MFC 应用程序框架所用类的继承结构示意，矩形框中的类是向导建立的应用程序框架所包含的类。

```
           CObject
              ↑
           CCmdTarget
              ↑
        ┌─────┼─────┐
        │           │
    CWinthread      CWnd
        ↑         ┌──┼────┬─────────┐
    CWinApp     CView  CFrameWnd  CDocument
        ↑         ↑        ↑           ↑
    CMyWinApp   CMyView  CMainFrame  CMyDoc
```

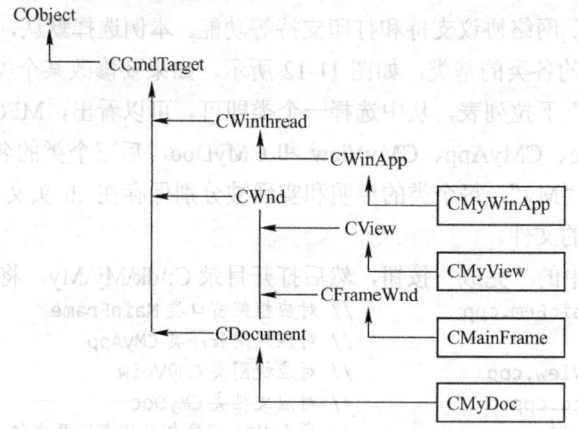

图 11-14 MFC 应用程序框架基类的继承体系

CObject 类实现了自由存储空间管理、程序诊断调试、错误处理和文档序列化管理等功能，是大多数 MFC 类的根类。

CCmdTarget 类主要实现 MFC 程序的消息映射功能，负责将各种消息（包括 Windows 系统产生的消息及窗口事件引发的消息）发送给正确的消息响应函数。CCmdTarget 类主要作为 MFC 消息映射结构的基类，为其派生类提供消息处理能力。

CWinThread 类是线程类，主要实现线程的管理工作，包括线程的创建、调度等，每个 MFC 应用程序至少有一个线程。CWinApp 继承了 CWinThread 类的线程管理能力，封装了实现 Windows 应用程序初始化、运行、终止等功能的代码。基于框架建立的应用程序必须有且只有一个从 CWinApp 派生的类对象。

CWnd 类是窗口基类，它是各种窗口、对话框和控制框的通用基类，提供了窗口类注册、窗口创建与撤销等通用的窗口操作。CFrameWnd 称为框架窗口类，为应用程序提供窗口界面，该界面具有重叠或弹出功能，并且可以通过其成员函数实现对窗口的某些控制操作。

CDocument 类称为文档类，负责 MFC 应用程序数据结构的定义和文件操作，实现文件的建立、保存和读取等操作。CView 是视图类，负责数据的显示与打印，是框架窗口的子窗口，相当于框架窗口的客户区域。每个 MFC 程序的 CView 与 CDocument 是相关联的，CDocument 负责存取磁盘数据，CView 则将 CDocument 的数据显示在屏幕上供用户操作。

CView 类是 MFC 程序与用户之间的界面，能够非常方便地实现许多程序功能，常用来显示数据和实现各种菜单功能。

现在来看看向导生成的各类的主要代码，以了解各类的主要功能。在查看各类的代码之前，先做 3 点说明：

① 如果是在 VC++ 6.0 中建立的应用程序模型，则在向导建立的各类中都有下面形式的注释代码段，介于这对注释之间的内容由 MFC 向导自动添加和删除，程序员不用干涉它。但是，在 VC++ 2015 中，由向导创建的应用程序框架中已经取消了这样的注释。

```
//{{AFX_MSG_MAP(CMainFrame)
    ......
//}}AFX_MSG_MAP
```

② CMyDoc、CMyView、CMainFrame 类都有成员函数 AssertValid()、Dump()，它们在各类中的功能相同，是供程序调试和诊断用的。限于篇幅，只在 CMainFrame 类中保留了这两个函数的代码，在其余类中都省略了。

③ 在每个类中都会见到"DECLARE_DYNCREATE(类名)",这是一个宏,用于声明其括号中的类在程序运行时刻才被加载。

(1) 应用程序类——CMyApp

CMyApp 类的头文件 My.h 的程序代码如下:

```cpp
// My.h : My 应用程序的主头文件
    #pragma once
    #ifndef __AFXWIN_H__
        #error "在包含此文件之前包含"stdafx.h"以生成 PCH 文件"
    #endif
    #include "resource.h"                          // 资源文件
    class CMyApp : public CWinApp{
    public:
        CMyApp();
    public:
        virtual BOOL InitInstance();
        virtual int ExitInstance();
        afx_msg void OnAppAbout();
        DECLARE_MESSAGE_MAP()
    };
    extern CMyApp theApp;
```

下面是 CMyApp 类的实现代码 My.cpp。由向导生成的代码中,有较多的注释和条件编译语句,以及有关托管 C++程序设计代码。为了使程序清晰,在此已删除了,但不影响程序的功能和编译运行。

```cpp
//My.cpp
    #include "stdafx.h"                    // 该头文件定义了一些全局数据、变量、函数
    #include "My.h"                        // 本类的头文件
    #include "MainFrm.h"                   // 框架窗口类 MainFrame 的头文件
    #include "MyDoc.h"                     // 文档类 MyDoc 的头文件
    #include "MyView.h"                    // 视图类 MyView 的头文件
    // 下面是 CMyApp 类实现的菜单消息处理功能
    BEGIN_MESSAGE_MAP(CMyApp, CWinApp)
        ON_COMMAND(ID_APP_ABOUT, OnAppAbout)                        // 关于对话框
        ON_COMMAND(ID_FILE_NEW, CWinApp::OnFileNew)                 // 新建文件
        ON_COMMAND(ID_FILE_OPEN, CWinApp::OnFileOpen)               // 打开文件
        ON_COMMAND(ID_FILE_PRINT_SETUP, CWinApp::OnFilePrintSetup)  // 打印设置
    END_MESSAGE_MAP()
    CMyApp::CMyApp(){ }                    // 构造函数,以默认方式实现了许多功能
    BOOL CMyApp::InitInstance(){
        AfxEnableControlContainer();       // 允许使用容器
        Enable3dControls();                // 使用三维控件
        //下面的语句写注册表
        SetRegistryKey(_T("Local AppWizard-Generated Applications"));
        LoadStdProfileSettings();          // 装载标准初始化文件.ini 中的选项
        CSingleDocTemplate* pDocTemplate;  // 定义单文档对象指针
        pDocTemplate = new CSingleDocTemplate(IDR_MAINFRAME,       // 主菜单标识
                            RUNTIME_CLASS(CMyDoc),                 // 运行时加载文档类
                            RUNTIME_CLASS(CMainFrame),             // 运行时加载主框架窗口类
                            RUNTIME_CLASS(CMyView));               // 运行时加载视图类
        AddDocTemplate(pDocTemplate);
```

```
        CCommandLineInfo cmdInfo;                    // 定义一个命令行对象
        ParseCommandLine(cmdInfo);                    // 处理命令行消息
        if(!ProcessShellCommand(cmdInfo))
            return FALSE;
        m_pMainWnd->ShowWindow(SW_SHOW);              // 显示窗口
        m_pMainWnd->UpdateWindow();                   // 产生 WM_PAINT 消息，更新屏幕显示
        return TRUE;
    }
    int CMyApp::ExitInstance(){                       // TODO: 处理可能已添加的附加资源
        AfxOleTerm(FALSE);
        return CWinApp::ExitInstance();
    }
    CMyApp theApp;                                    // 建立应用程序对象，程序自此开始运行
```

此外，CMyApp.cpp 文件中还有关于对话框类 CAboutDlg 的代码。CAboutDlg 类主要用于显示程序的版本信息，选择 MFC 程序的"帮助 | 关于"菜单命令时将建立该类的一个对象，别无他用，所以省略了它的程序代码。

```
        class CAboutDlg : public CDialog{
            ......
        };
```

每个基于框架建立的应用程序必须有从 CWinApp 派生的类，将各类组织成一个有机整体。本例的 CMyAPP 就是从应用程序类 CWinApp 派生的，实现的主要功能包括初始化应用程序、建立窗口、显示窗口、建立消息循环、终止程序执行等。此外，它实现了"文件"菜单的"新建"、"打开"、"打印"命令及"帮助"菜单中的"关于"命令的功能。

CMyApp 通过下面的命令把 CMyDoc、CMyView、CMainFrame、CAboutDlg 类链接、组装成了一个整体。

```
        pDocTemplate = new CSingleDocTemplate(IDR_MAINFRAME,    // 菜单
                                RUNTIME_CLASS(CMyDoc),          // 文档类
                                RUNTIME_CLASS(CMainFrame),      // 主框架窗口
                                RUNTIME_CLASS(CMyView));        // 视图类
        AddDocTemplate(pDocTemplate);
```

new 语句通过 CSingleDocTemplate 将 CMyDoc、CMainFrame、CMyView 及主菜单组装在一起，AddDocTemplate 将建立的文档模板添加到应用程序中，表示本程序将用此文档模板建立和管理文件。RUNTIME_CLASS 是 MFC 的一个宏，它在程序执行过程中将指定的类加载到系统中。

每个 MFC 程序必须用应用程序类建立一个对象，本例的建立命令如下：

```
        CMyApp theApp;
```

程序执行从该对象的建立开始，执行流程与 11.1.3 节的介绍相同，只不过在 11.1.3 节建立的是没有文档管理功能的程序，这里建立的则是一个具有文档管理能力的程序。

（2）框架窗口类

每个 MFC 程序都有一个框架窗口，它是一个有边框的矩形区域，应用程序的菜单、工具栏、滚动条、状态栏等对象就附着在该框架窗口中。框架窗口是类 MaimFrame 的一个对象，MainFrame 是由向导产生的一个类，其声明包含在 MainFrm.h 头文件中，主要内容如下：

```
//MainFrm.h
    class CMainFrame : public CFrameWnd{                        // 继承 CFrameWnd 的功能
    protected:
        CMainFrame();                                           // 构造函数
```

```
    DECLARE_DYNCREATE(CMainFrame)                            // 与 RUNTIME_CLASS 相对应
  public:
    // 预定义窗口,用于注册窗口
    virtual BOOL PreCreateWindow(CREATESTRUCT& cs);
    virtual ~CMainFrame();                                    // 析构函数
    virtual void AssertValid() const;                         // 异常诊断和对象内部检测
    virtual void Dump(CDumpContext& dc) const;                // 用于对象诊断
  protected:
    CStatusBar m_wndStatusBar;                                // 定义状态栏
    CToolBar m_wndToolBar;                                    // 定义工具栏
  protected:
    afx_msg int OnCreate(LPCREATESTRUCT lpCreateStruct);      // 建立窗口
    DECLARE_MESSAGE_MAP()                                     // 声明本类要处理消息
};
```

MainFrame 类的实现文件是 MainFrm.cpp,其核心代码如下:

```
// MainFrm.cpp
    #include "stdafx.h"
    #include "My.h"
    #include "MainFrm.h"
    IMPLEMENT_DYNCREATE(CMainFrame, CFrameWnd)
    BEGIN_MESSAGE_MAP(CMainFrame, CFrameWnd) ON_WM_CREATE()   // 声明本类要处理WM_CREATE消息
    END_MESSAGE_MAP()
    int CMainFrame::OnCreate(LPCREATESTRUCT lpCreateStruct) {
        if(CFrameWnd::OnCreate(lpCreateStruct) == -1)
            return -1;
        // 创建窗口
        if(!m_wndToolBar.CreateEx(this, TBSTYLE_FLAT, WS_CHILD       // 建立工具栏
              | WS_VISIBLE | CBRS_TOP| CBRS_GRIPPER | CBRS_TOOLTIPS | CBRS_FLYBY
              |CBRS_SIZE_DYNAMIC) ||!m_wndToolBar.LoadToolBar(IDR_MAINFRAME)) {
            TRACE0("Failed to create toolbar\n");
            return -1;
        }
        if (!m_wndStatusBar.Create(this) ||                          // 建立状态栏
              !m_wndStatusBar.SetIndicators (indicators,sizeof(indicators)/sizeof(UINT))) {
            TRACE0("Failed to create status bar\n");
            return -1;                                               // fail to create
        }
        // 下面的命令指定工具栏的停靠方式,允许停靠在窗口的任何位置
        m_wndToolBar.EnableDocking(CBRS_ALIGN_ANY);
        EnableDocking(CBRS_ALIGN_ANY);
        DockControlBar(&m_wndToolBar);
        return 0;
    }
    // 下面的函数为窗口注册作准备
    BOOL CMainFrame::PreCreateWindow(CREATESTRUCT& cs) {
        if(!CFrameWnd::PreCreateWindow(cs))
            return FALSE;
        return TRUE;                    // 如果不按默认方式定义窗口,可以在此修改cs结构的域
    }
    // 下面两个函数主要用于程序调试时的错误诊断
#ifdef _DEBUG
    void CMainFrame::AssertValid() const{ CFrameWnd::AssertValid(); }
```

```
void CMainFrame::Dump(CDumpContext& dc) const{   CFrameWnd::Dump(dc);   }
#endif //_DEBUG
```

(3) 文档类

文档类用于实现应用程序的文件操作，主要功能是把数据保存在磁盘文件中，或从磁盘文件读取数据到应用程序中。文档类中最重要的成员函数是 Serialize()，可以将程序数据保存到磁盘文件中或从磁盘文件中读取数据到程序中。

下面是向导生成的 MyDoc.h 文件的核心代码，用于声明文档类。

```
// MyDoc.h
   class CMyDoc : public CDocument{
     protected:
       CMyDoc();                                         // 构造函数
       DECLARE_DYNCREATE(CMyDoc)
     public:
       virtual BOOL OnNewDocument();                     // 对应程序菜单中的"新建"命令
       virtual void Serialize(CArchive& ar);             // 实现文件存盘和读取操作
       virtual ~CMyDoc();                                // 析构函数
       DECLARE_MESSAGE_MAP()                             // 声明本类要处理消息
   };
```

文档类实现文件 CMyDoc.cpp 的核心代码如下：

```
// MyDoc.cpp
    #include "stdafx.h"
    #include "My.h"
    #include "MyDoc.h"
    IMPLEMENT_DYNCREATE(CMyDoc, CDocument)
    BEGIN_MESSAGE_MAP(CMyDoc, CDocument)
    ……                                                   // MFC 向导在这里添加宏映射的代码
    END_MESSAGE_MAP()
    BOOL CMyDoc::OnNewDocument(){
        if(!CDocument::OnNewDocument())
           return FALSE;
        ……                                               // 可以在此添加程序代码，实现需要的功能
        return TRUE;
    }
    void CMyDoc::Serialize(CArchive& ar) {
        if(ar.IsStoring()){
           ……                                            // 可以在此添加数据保存的代码
        }
        else{
           ……                                            // 可以在此添加读取数据的代码
        }
    }
```

(4) 视图类

视图类主要用来管理框架窗口的客户区域，通过它能够很方便地显示数据，是 MFC 程序设计的重点，常常在该类中添加程序代码。视图类有一个成员函数 GetDocument()，可以获取与视图类对应的文档指针，通过该指针就能调用文档类的文件管理功能，它是视图类和文档类联系的桥梁。视图类的另一个重要成员函数是 OnDraw()，能够方便地实现屏幕数据的显示。

OnDraw()是 CView 视图类定义的一个虚拟成员函数,当改变窗口大小,或当窗口恢复了先前被覆盖的部分时,它会被应用程序框架自动调用。此外,当应用程序改变了输出到窗口中的数据时,也可以调用视图类的 Invalidate()或 InvalidateRect()成员函数产生 WM_PAINT 消息,通知 Windows 系统调用成员函数 OnDraw()刷新屏幕输出数据。

下面是视图类头文件 CMyView.h 的核心代码。

```
// MyView.h
    class CMyView : public CView{
      protected:
        CMyView();
        DECLARE_DYNCREATE(CMyView)
      public:
        CMyDoc* GetDocument();                              // 获取与视图对应的文档指针
        virtual void OnDraw(CDC* pDC);                      // 输出函数
        virtual BOOL PreCreateWindow(CREATESTRUCT& cs);     // 为窗口注册做准备
      protected:
        // 下面3个成员函数实现打印功能,分别对应打印前准备、打印、打印结束处理
        virtual BOOL OnPreparePrinting(CPrintInfo* pInfo);
        virtual void OnBeginPrinting(CDC* pDC, CPrintInfo* pInfo);
        virtual void OnEndPrinting(CDC* pDC, CPrintInfo* pInfo);
        virtual ~CMyView();
        DECLARE_MESSAGE_MAP()
    };
    inline CMyDoc* CMyView::GetDocument(){  return (CMyDoc*)m_pDocument;  }
```

CMyView 类的实现文件是 CMyView.cpp,其核心代码如下:

```
// MyView.cpp
    #include "stdafx.h"
    #include "My.h"
    #include "MyDoc.h"
    #include "MyView.h"
    IMPLEMENT_DYNCREATE(CMyView, CView)
    // 下面的消息映射对应"文件"菜单的"打印、打印预览"菜单项
    BEGIN_MESSAGE_MAP(CMyView, CView)
        ON_COMMAND(ID_FILE_PRINT, CView::OnFilePrint)
        ON_COMMAND(ID_FILE_PRINT_DIRECT, CView::OnFilePrint)
        ON_COMMAND(ID_FILE_PRINT_PREVIEW, CView::OnFilePrintPreview)
    END_MESSAGE_MAP()
    BOOL CMyView::PreCreateWindow(CREATESTRUCT& cs){  return CView::PreCreateWindow(cs);  }
    void CMyView::OnDraw(CDC* pDC) {
        CMyDoc* pDoc = GetDocument();          // 建立与文档类的联系,存取文档数据
        ASSERT_VALID(pDoc);
        ……                                     // 可在此添加实现屏幕输出功能的代码
    }
    ……                                         // 略去了3个打印处理函数的简单代码
    CMyDoc* CMyView::GetDocument(){            // 经常用该函数获取视图的文档指针
        ASSERT(m_pDocument->IsKindOf(RUNTIME_CLASS(CMyDoc)));
        return (CMyDoc*)m_pDocument;
    }
```

11.2.3 应用程序框架类之间的关系

MFC 向导生成的应用程序框架共有 5 个类，分别是应用程序类、框架窗口类、文档类、视图类，以及管理应用程序版本信息的类 CAboutDlg。11.2.2 节列出了 My.sln 应用程序框架中各类的主要成员函数，但从整体结构上看，各类之间似乎是一种松散的关系，它们是如何构成一个整体的呢？或者说这些类是如何相互作用，构成一个可执行的应用程序呢？

实际上框架程序的初启过程与 11.1.3 节的 MFC 程序执行流程没有什么区别，只是多了文档类和视图类对象的初始构造过程。图 11-15 是 MFC 应用程序框架初始化过程的示意。

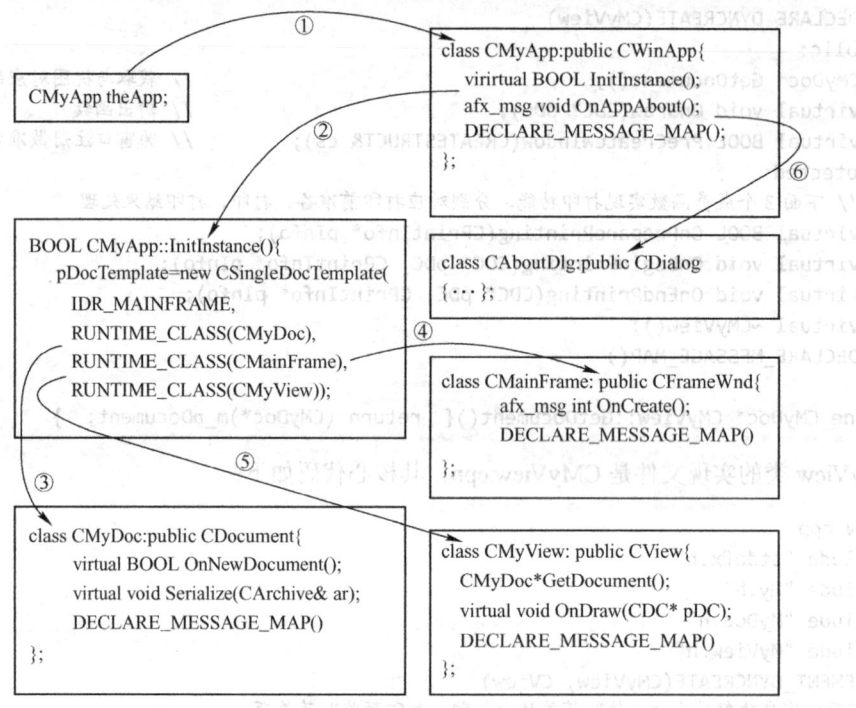

图 11-15 应用程序框架的初始化过程

① 建立应用程序对象将启动整个程序的执行流程，它将导致函数 AfxWinMain() 的执行，AfxWinMain() 将调用相应的系统函数完成应用程序运行环境的初始化。

② 在完成应用程序环境的初始化，建立了程序的运行环境后，AfxWinMain() 将调用函数 CMyApp::InitInstance()。

③ CMyApp::InitInstance 应用单文档模板，通过主菜单的资源标识 IDR_MAINFRAME 加载菜单资源，并运用宏 RUNTIME_CLASS 加载文档类 CMyDoc 对象，这个过程将导致 CMyDoc 类的系列初始化工作，如构造函数调用，全局文档对象的建立等操作。

④ RUNTIME_CLASS 宏加载框架窗口类。在这过程中 MFC 将调用 CMainFrame 的构造函数建立应用程序的全局框架窗口对象，而且会自动调用成员函数 CMainFrame::OnCreate()，将建立一个具有工具栏、状态栏和边框的窗口。

⑤ RUNTIME_CLASS 宏加载 CMyView 类到单文档模板中，在加载过程中实现 CMyView 类的实例化，隐式调用 CMyView 类的构造函数，建立全局视图对象，指定与之相关联的文档对象。

上述过程完成了各类对象的初始化，程序处于初始运行状态，屏幕上将显示应用程序的窗口。

程序具有一些简单的菜单功能，如"文件"菜单中的"新建、打开、打印、打印设置、打印预览"等菜单项都具有默认的菜单功能。

CAboutDlg 类没有参与上述初始化过程，是如何与程序发生关系的呢？每个类都通过 DECLARE_MESSAGE_MAP 宏声明它们具有消息处理能力，每个类消息映射中的 ON_COMMAND 消息映射宏是与相关的菜单命令关联在一起的，这些菜单命令也是联系各类对象的纽带。

在应用程序类 CMyApp 的消息映射中声明了对菜单消息 ID_APP_ABOUT 的处理，例如：
```
BEGIN_MESSAGE_MAP(CMyApp, CWinApp)
    ON_COMMAND(ID_APP_ABOUT, OnAppAbout)
    ……
END_MESSAGE_MAP()
```
消息映射中的 ID_APP_ABOUT 是应用程序菜单"帮助 | 关于"命令的标识，OnAppAbout() 是 CMyApp 类的成员函数，其定义如下：
```
void CMyApp::OnAppAbout(){
    CAboutDlg aboutDlg;
    aboutDlg.DoModal();
}
```
当选择菜单"帮助 | 关于"命令时，将执行该成员函数，它将建立一个 CAboutDlg 类的对象 aboutDlg，并调用其成员函数 DoModal() 在屏幕上显示"关于"对话框。

11.3 MFC 程序的数据输出

Windows 系统采用设备无关的图形方式输出数据（包括图形和文本），应用程序在输出数据时首先必须获取设备环境，然后通过设备环境调用 Windows 系统提供的图形设备接口 API 函数才能输出数据。

11.3.1 MFC 中的图形类

MFC 将设备环境和图形设备接口 API 函数封在类 CDC 中，为 MFC 程序的数据输出提供了一种简便的实现方法。CDC 是一个功能强大而复杂的类，不仅包含有关设备的属性和众多的 GDI 成员函数，还继承了 CObject 类的功能。为了适应不同情况的数据输出，MFC 从 CDC 派生了用于实现输出功能的类 CWindowDC、CClientDC、CPaintDC 和 CMetaFileDC，如图 11-16 所示。

图 11-16 MFC 绘图类继承关系

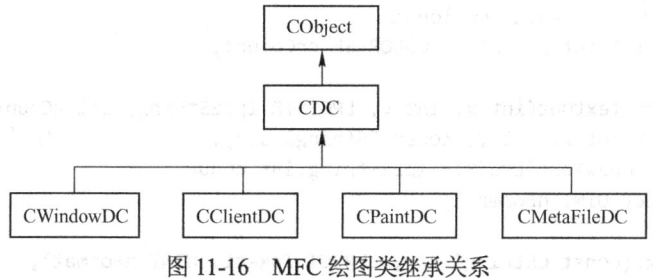

CWindowsDC 支持在整个窗口中绘图，CClientDC 支持在窗口客户区绘图，CPaintDC 主要用于支持重绘（即处理 WM_PAINT 消息时的输出），CMetaFileDC 主要用于文件输出。

CWindowDC 和 CClientDC 类支持实时输出，即通过这两个类输出图形时，输出结果会立即显示在屏幕上,而用 CPaintDC 输出时,只有当产生 WM_PAINT 消息时才会显示程序结果。需要注意的是,当窗口发生变化时(如改变窗口大小),由 CWindowDC 和 CClientDC 绘制的图形就会消失,而通过 CPaintDC 绘制的图形则会被重新绘制。

1. CDC 类

CDC 类封装了大量的 GDI 函数,包括画点、线、圆弧、矩形、曲线、多边形等几何图形,设置字体的类型、字号、颜色,创建、选择绘画笔、画刷等对象,设置图形区域的填充方式,以及位图操作等 API 成员函数 200 多个。下面是从 AfxWin.h 头文件中节录的 CDC 类的部分常用绘图成员函数。该头文件中还包含了 MFC 封装好的许多其他类,如 CObject、CMenu 等,图 11-16 中所有类的声明也可以在该头文件中找到,若对此文件感兴趣,可在目录 "C:\Program Files (x86)\Microsoft Visual Studio 14.0\VC\atlmfc\include" 下找到它。

```
class CDC : public CObject{
  public:
    CPen* SelectObject(CPen* pPen);                         // 选择画笔
    CBrush* SelectObject(CBrush* pBrush);                   // 选择画刷
    virtual CFont* SelectObject(CFont* pFont);              // 选择字体
    virtual COLORREF SetBkColor(COLORREF crColor);          // 设置绘图区域背景色
    virtual COLORREF SetTextColor(COLORREF crColor);        // 设置字体颜色
    CPoint MoveTo(int x, int y);                            // 将画笔移到(x,y)
    CPoint MoveTo(POINT point);                             // 将画笔移到 point
    BOOL LineTo(int x, int y);                              // 从当前光标位置画直线到(x,y)
    BOOL LineTo(POINT point);
    BOOL Polyline(LPPOINT lpPoints, int nCount);            // 画多边形
    // 用画刷 pBrush 填充矩形 lpRect 区
    void FillRect(LPCRECT lpRect, CBrush* pBrush);
    void InvertRect(LPCRECT lpRect);                        // 使矩形 lpRect 无效,将产生 WM_PAINT
    BOOL Ellipse(int x1, int y1, int x2, int y2);           // 画椭圆
    BOOL Ellipse(LPCRECT lpRect);                           // 画椭圆
    // 画饼图
    BOOL Pie(int x1, int y1, int x2, int y2, int x3, int y3, int x4, int y4);
    BOOL Pie(LPCRECT lpRect, POINT ptStart, POINT ptEnd);   // 画饼图
    BOOL Rectangle(int x1, int y1, int x2, int y2);         // 画矩形
    BOOL Rectangle(LPCRECT lpRect);                         // 画矩形
    // 在(x,y)处画 crColor 色的点
    COLORREF SetPixel(int x, int y, COLORREF crColor);
    COLORREF SetPixel(POINT point,COLORREF crColor);
    // 将(x,y)所在区域填充为 crColor 色
    BOOL FloodFill(int x, int y, COLORREF crColor);
    // 输出字符串
    virtual BOOL TextOut(int x, int y, LPCTSTR lpszString, int nCount);
    BOOL TextOut(int x, int y, const CString& str);         // 在(x,y)输出字符串 str
    virtual int DrawText(LPCTSTR lpszString,int nCount,
    LPRECT lpRect,UINT nFormat);
    // 输出字符串
    int DrawText(const CString& str, LPRECT lpRect, UINT nFormat);
    ……
};
```

2. CPaintDC、CClientDC、CWindowDC 类

CPaintDC 与 ON_PAINT 宏相对应，该宏对应的消息处理函数是 OnPaint()，用来处理 WM_PAINT 消息。即当产生 WM_PAINT 消息时，将调用 OnPaint()消息处理函数。CClientDC 类支持在客户区域绘图，CWindowDC 类支持在整个应用程序窗口中绘图。

CPaintDC、CClientDC、CwindowDC 这 3 个类除了一个构造函数外，几乎没有定义其他成员函数，但它们继承了 CDC 类的成员函数，凡是 CDC 类定义的公有成员，都可以通过这 3 个类的对象进行访问。这 3 个类的常见用法是在消息处理函数中用它们来定义对象，然后通过对象调用其继承于 CDC 类的成员函数。

```
class CPaintDC : public CDC{
  public:
    CPaintDC(CWnd* pWnd);
    ……
};
class CClientDC : public CDC{
  public:
    CClientDC(CWnd* pWnd);
    ……
};
class CWindowDC : public CDC{
  public:
    CWindowDC(CWnd* pWnd);
    ……
};
```

11.3.2 绘图对象

CDC 及其他几个图形类中的成员函数在绘制图形或输出文本时，需要用到画笔（CPen）、画刷（CBrush）、字体（CFont）等绘图对象。应用程序可以根据需要定义绘图对象，并用它们绘图或输出文本，当应用程序没有提供自己的绘图对象时，CDC 中的成员函数将用 MFC 提供的默认绘图对象绘制图形。

1. 画笔类

```
class CPen : public CGdiObject{
  public:
    CPen();                                        // 构造函数
    CPen(int nPenStyle, int nWidth, COLORREF crColor);
    BOOL CreatePen(int nPenStyle, int nWidth, COLORREF crColor);
    ……
};
```

其中，nWidth 代表画笔的宽度（即所画线条的粗细），crColor 代表画笔的颜色，nPenStyle 表示画笔样式，如 PS_SOLD（实线）、PS_DOT（点）、PS_DASH（虚线）、PS_DASHDOTDOT（双点）等样式。

2. 画刷类

```
class CBrush : public CGdiObject{
  public:
    CBrush();
    CBrush(COLORREF crColor);                      // 建立彩色画刷
```

```
    CBrush(int nIndex,COLORREF crColor);          // 创建纹理画刷
    CBrush(CBitmap* pBitmap);                     // 创建位图画刷，即用位图填充
    BOOL CreateSolidBrush(COLORREF crColor);      // 创建彩色实线画笔
    ……
};
```

3. 字体类

```
class CFont : public CGdiObject{
public:
    CFont();
    BOOL CreateFontIndirect(const LOGFONT* lpLogFont);
    BOOL CreateFont(int nHeight,              // 字体高度
                    int nWidth,               // 字体宽度
                    int nEscapement,          // 文本输出角度
                    int nOrientation,         // 字体倾斜度
                    int nWeight,              // 字体粗细
                    BYTE bItalic,             // 是否斜体
                    BYTE bUnderline,          // 是否带下画线
                    BYTE cStrikeOut,          // 是否带穿透线
                    BYTE nCharSet,            // 字体所用字符集
                    BYTE nOutPrecision,       // 输出精度
                    BYTE nClipPrecision,      // 定义字符溢出边界的剪切精度
                    BYTE nQuality,            // 定义打印字体质量
                    BYTE nPitchAndFamily,     // 定义字间距、字符集
                    LPCTSTR lpszFacename);    // 字体名
    ……
};
```

其中，nCharSet 用于指定字体来源的字符集，可以是 ANSI_CHARSET、BALTIC_CHARSET、GB2312_CHARSET、CHINESEBIG5_CHARSET、DEFAULT_CHARSET、OEM_CHARSET、RUSSIAN_CHARSET、SYMBOL_CHARSET 等字符集。

应用程序定义并选用绘图对象需要经过下述 3 个步骤：

<1> 定义绘图对象。方法是通过画笔、画刷、字体等绘图类的构造函数定义相关的对象；或先声明各类对象，然后再调用创建对象的成员函数建立绘图对象。

<2> 选择绘图对象。绘图对象被定义后，接下来就用绘图类（CDC、CClientDC 等）的 SelectObject 成员函数将绘图对象选入设备环境，此后绘图函数就会应用选入的绘图对象绘制图形或输出文本。

<3> 还原绘图对象。应用程序用自定义的绘图对象完成图形绘制后，应该再次通过绘图类的成员函数 SelectObject 将系统原来的绘图对象选入设备环境，这样才不会影响其他程序的输出。

下面的语句将创建一支 3 个像素点宽的绿色虚线画笔，并将其选入设备环境，绘制一个椭圆，然后还原画笔。

```
CClientDC dc(this);
CPen *oPen;
CPen nPen(PS_DASH,3, RGB(0,255,0));
oPen=dc.SelectObject(&nPen);           // 将老画笔存入 oPen，选用 nPen 作为要用的画笔
dc.Ellipse(10,50,100,200);
dc.SelectObject(&oPen);
```

画刷和字体对象的使用过程与此相同，可参照此过程。

11.3.3 用 MFC 向导添加消息映射函数

在 MFC 程序中处理消息，需要在相关类的声明中添加消息映射宏的声明，在类的实现代码中添加消息映射，然后定义类的消息处理成员函数，整个过程比较复杂。MFC 为消息映射提供了一个向导，该向导能够自动完成上述过程，形成消息处理的基本结构。具体说来，消息映射向导将产生如下形式的程序代码。

① 在类声明中添加消息映射声明宏 DECLARE_MESSAGE_MAP，形式如下：
```
class X{
    ……
    DECLARE_MESSAGE_MAP()               // 声明本类将处理消息
};
```
② 在类的实现文件中添加消息映射，形式如下：
```
BEGIN_MESSAGE_MAP(X,ParentClass)        // 消息映射
    ON_WM_LBUTTONDOWN()                 // 表明本类将处理 WM_LBUTTONDOWN 消息
    ……
END_MESSAGE_MAP()
```
③ 在类的实现文件中添加消息处理函数，形式如下：
```
void X::OnLButtonDown(UINT nFlags, CPoint point){…}
```

在 MFC 编程中，可以先利用向导为一个类添加消息映射，并生成形式上的消息处理函数，**程序员只需要在此消息处理函数中添加程序代码就能够实现消息处理功能。**

【例 11-3】 扩展例 11-2 建立的框架程序的功能。使该程序能够处理鼠标左键和右键的单击事件。单击左键时在光标位置画椭圆，单击右键时在光标位置画矩形。

程序设计思路：虽然 CMyApp、CMainFrame、CMyDoc、CMyView 这 4 个类都具有消息处理能力，都可以实现上述功能，但在 CMyView 中实现这些功能最简单。原因是单击鼠标左键、右键都需要在屏幕上显示信息，而 CMyView 类本身就是被设计来处理数据输出的，所以在 CMyView 类中实现数据输出最简单。

（1）利用 MFC 向导为 CMyView 类添加消息映射函数

<1> 在 Visual C++ 2015 中打开例 11-2 建立的框架程序项目 My.sln，选择"项目"菜单的"类向导"命令，或按快捷键 Ctrl+Shift+X，弹出 MFC 的类向导对话框，如图 11-17 所示。

<2> 在"项目"列表框中选择项目文件 My，"类名"下拉列表中包含有本项目中的所有类"CMyApp、CMainFrame、CMyDoc、CMyView、CAboutDlg"，从中选择 CMyView 类名，然后选择"消息"标签，即为 CMyView 添加消息映射。

<3> "命令"标签列出了系统提供的各类命令消息的标识（如 VC++能够处理的各类菜单命令、工具条控件命令等），如果需要为"类名"列表中选中的类增加某项菜单处理能力，只需双击对应的菜单项标识，或选中对应的菜单项，然后单击"添加处理程序"按钮，MFC 将自动为选中类添加对应的菜单消息处理函数和消息处理的映射宏。本例不需要处理菜单功能，所以不作选择。

<4> "消息"列表中列出了 Windows 系统预定义的 Windows 消息，单击垂直滚动条，从中找到"WM_LBUTTONDOW"消息并双击它，或选中它然后单击"添加处理程序"按钮。按照同样的方式处理 WM_RBUTTONDOWN 消息。完成这些操作后，在图 11-17 的"现有处理程序"列表中将会见到下面形式的消息映射：

```
函数名                  消息
OnLButtonDown          ON_WM_LBUTTONDOWN
OnRButtonDown          ON_WM_RBUTTONDOWN
```

图 11-17　VC++ 2015 MFC 类向导的消息映射对话框

<5> 完成了第<4>步操作后，单击"确定"按钮，结束 MFC 消息映射向导。返回到 Visual C++ 2015 程序设计界面，如图 11-18 所示。

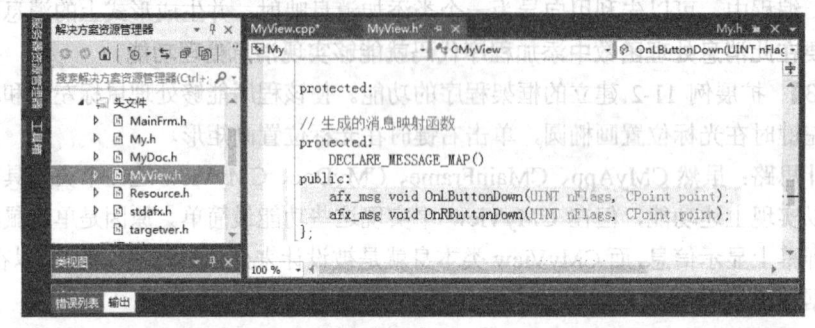

图 11-18　在 MyView 类中添加了处理鼠标左、右键单击消息的 Visual C++程序设计界面

<6> 查看 MFC 消息映射向导生成的程序代码。

① 查看类向导在 CMyView.h 头文件中添加的消息处理函数的声明。打开头文件 CMyView.h，在其中可见到下面的粗体代码，它是 MFC 消息映射向导添加的。

```
// MyView.h
    class CMyView : public CView{
    ......
    public:
        afx_msg void OnLButtonDown(UINT nFlags, CPoint point);
        afx_msg void OnRButtonDown(UINT nFlags, CPoint point);
    };
```

② 查看 MFC 向导生成的消息映射宏。打开 CMyView.cpp 文件，从中可以看到下面形式的消息宏映射：

```
BEGIN_MESSAGE_MAP(CMyView, CView)
    ......
    ON_WM_LBUTTONDOWN()            // 单击鼠标左键宏
    ON_WM_RBUTTONDOWN()            // 单击鼠标右键宏
```

END_MESSAGE_MAP()

③ 查看 MFC 向导生成的消息处理函数。打开 CMyView.cpp 文件，在其中可以看到下面形式的消息处理函数。另外，双击图 11-17 中左边 CMyView 类视图中的成员函名称或单击"编辑代码"按钮，也能够快速地查看到这些成员函数。

```
// CMyView 消息处理程序
    void CMyView::OnLButtonDown(UINT nFlags, CPoint point){
        // TODO: 在此添加消息处理程序代码和/或调用默认值
        CView::OnLButtonDown(nFlags, point);
    }
    void CMyView::OnRButtonDown(UINT nFlags, CPoint point){
        // TODO: 在此添加消息处理程序代码和/或调用默认值
        CView::OnRButtonDown(nFlags, point);
    }
```

（2）设计鼠标右键单击事件的程序代码

当单击鼠标右键时，利用 CClientDC 获取窗口客户区域，然后创建具有 3 个像素点宽的绿色画笔和红色画刷，并通过 CClientDC 对象的成员函数 Rectangle()绘制矩形。为了实现这一功能，修改 MFC 向导生成的 OnRButtonDown()事件函数，代码如下：

```
void CMyView::OnRButtonDown(UINT nFlags, CPoint point) {
    CClientDC dc(this);                        // 定义 CClientDC 的对象用于输出
    CPen *oPen;                                // oPen 用于保存系统默认画笔，便于恢复
    CBrush *oBrush;                            // OBrush 用于保存系统默认画刷，便于恢复
    CPen nPen(PS_DASH, 3, RGB(0,255,0));       // 创建 3 个像素点宽的绿色实线画笔
    CBrush nBrush(1, RGB(255,0,0));            // 创建 1 个像素点宽的红色画刷
    oPen=dc.SelectObject(&nPen);               // 选入新建画笔
    oBrush=dc.SelectObject(&nBrush);           // 选入新画刷，并将原画刷保存在 oPen 中，用新
                                               // 笔新画刷画矩形
    dc.Rectangle(point.x, point.y, point.x+100, point.y+100);
    dc.SelectObject(&oPen);                    // 恢复系统默认画笔
    dc.SelectObject(&oBrush);                  // 恢复系统默认画刷
    CView::OnRButtonDown(nFlags, point);
}
```

（3）设计鼠标左键单击的事件程序代码

在 CMyView 类中添加两个数据成员 Rect 和 n，Rect 是一个矩形数组，n 是保存矩形个数的计数器。每当单击鼠标左键时，就以鼠标光标位置为中心，用 10～60 之间的随机数为长和宽建立一个矩形，并将该矩形保存在数组 Rect 中，同时产生一个 WM_PAINT 消息，调用默认的 CMyView::OnDraw 函数绘制 Rect 中的矩形。

<1> 为了实现上述功能，首先为 CMyView 类添加数据成员 Rect 和 n，方法如下：打开 MyView.h 头文件，在类声明的 protected、private、public 的任何访问段中添加 n 和 Rect 的定义。出于类封装的目的，最好是在 protected 和 private 访问段中声明数据成员。形式如下：

```
// MyView.h
    class CMyView : public CView{
        ……
    protected:
        int n;                                 // 向导添加
        CRect Rect[1000];                      // 向导添加
```

......
};

<2> 在 CMyView 类的构造函数中初始化计数器 n。构造函数是每个类实例化时被调用的第一个成员函数，因此在 CMyView 类的构造函数中将矩形个数的计数器 n 初始化为 0 是最恰当的。修改 MFC 向导生成的 CMyView 的构造函数，代码如下：

```
CMyView::CMyView(){ n=0; }
```

<3> 修改 MFC 向导为 CMyView 生成的事件函数 OnLButtonDown()，代码如下：

```
void CMyView::OnLButtonDown(UINT nFlags, CPoint point) {
    if(n<1000){                                           // 最多产生 1000 个矩形
        int r=rand()%50 +10;                              // 产生矩形边长
        CRect rect(point.x-r,point.y-r,point.x+r,point.y+r);  // 以光标为中心建立矩形
        Rect[n]=rect;                                     // 将矩形保存在数组中
        n++;                                              // 增加矩形个数
        InvalidateRect(rect,FALSE);                       // 产生重绘窗口消息，调用 OnDraw()函数
    }
    CView::OnLButtonDown(nFlags, point);
}
```

<4> 改写 CMyView 的 OnDraw()成员函数，将 Rect 数组中的矩形绘制在屏幕上。改写后的 OnDraw()函数如下：

```
void CMyView::OnDraw(CDC* pDC) {
    CMyDoc* pDoc = GetDocument();                // L1
    ASSERT_VALID(pDoc);                          // L2
    pDC->SelectStockObject(LTGRAY_BRUSH);        // 选择灰色的画刷
    for(int i=0;i<n;i++)
        pDC->Rectangle(Rect[i]);                 // 调用 pDC 的 Rectangle 成员绘制矩形
}
```

每个视图类都与一个唯一的文档类相关联，语句 L1 通过函数 GetDocument()获取 CMyView 类的文档指针，并将其保存在 pDoc 中。CMyView 类的对象可以借助于该指针访问文档类的数据管理功能。语句 L2 中的 ASSERT_VALID 是用于检验文档指针有效性的宏。

注意：本例并未通过文档类 CMyDoc 存取数据，即使删除 L1、L2 语句也不影响程序的执行。

编译并运行程序，然后在程序窗口中单击鼠标左键和右键，得到如图 11-19 所示的运行结果，用竖线条填充的矩形是单击右键时产生的。改变窗口大小，如缩小或扩大窗口的边框，由单击鼠标右键产生的矩形不见了，如图 11-20 所示。

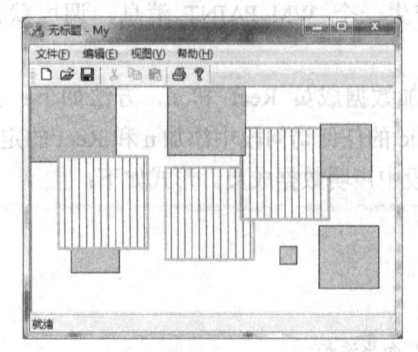

图 11-19　单击左键和右键产生的屏幕输出 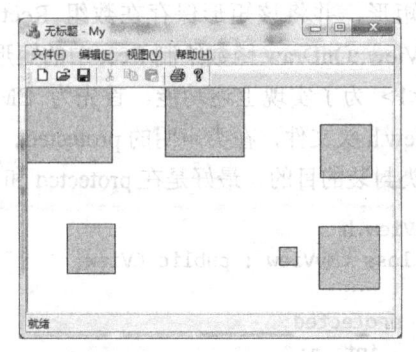　　　　图 11-20　拖动窗口边框缩放窗口后的屏幕输出

原因是改变窗口大小时将产生 WM_PAINT 消息，导致 CMyView::OnDraw()成员函数被再次执行，保存在 Rect 数组中的矩形被重新输出到屏幕上。单击鼠标右键的输出通过 CClientDC 类的对象直接在消息处理函数 CMyView::OnLButtonDown()中实现，不会被重新绘制，因此消失了。

11.3.4 OnPaint 函数与输出

视图类还有一个用于屏幕数据输出的成员函数 OnPaint()，定义在视图类的基类 CWnd 中，视图类继承了该成员函数的功能。当 Windows 应用程序请求重新绘制窗口或窗口的某部分时，应用程序框架就会自动调用该成员函数。OnPaint()成员函数使用 CPaintDC 类进行输出，CPaintDC 的构造函数和析构函数比较特殊，实现的功能是针对于显示输出的。在窗口大小发生变化、窗口移动、移走覆盖在窗口上的对象（如菜单、对话框、其他窗口等）等情况下，都会产生 WM_PAINT 消息。每当产生 WM_PAINT 消息时，OnPaint()成员函数会被自动调用。

【例 11-4】 扩展例 11-3 的程序功能。创建一种高 100 个像素点的字体，能够显示中文，并在鼠标左键双击位置用 OnPaint 成员函数显示一中文字符串。

程序设计思路： 在 CMyView 类中添加两个数据成员 x、y，在屏幕双击鼠标时，就把光标所在屏幕位置的坐标值分别保存在 x 和 y 中，然后调用 InvalidateRect()成员函数产生 WM_PAINT 消息调用 OnPaint。在 OnPaint()成员函数中创建字体并在(x, y)位置输出中文字符串。

实现过程如下：

<1> 在 CMyView 类中添加数据成员。打开例 11-3 建立的项目文件 My.dsw，通过它打开 CMyView.h 文件。在该类的声明中添加 x、y 成员的定义，代码如下：

```
class CMyView : public CView{
   ……
  protected:
    int    x, y;                          // 添加的数据成员
    int    n;
    CRect Rect[1000];                     // n 和 Rect 是例 11-3 建立的成员
   ……
};
```

<2> 在 CMyView 的构造函数中将 x、y 初始化为 0。

```
CMyView::CMyView(){
    n=0;                                  // 例 11-3 初始化的 n
    x=0;
    y=0;
}
```

<3> 选择"项目"|"类向导"，进入 MFC 消息映射向导，并通过向导为 CMyView 类添加 WM_LBUTTONDBLCLK 和 WM_PAINT 消息映射，此过程将为 CMyView 添加两个成员函数 OnLButtonDblClk()和 OnPaint()。修改这两个成员函数的代码，如下所示：

```
void CMyView::OnLButtonDblClk(UINT nFlags, CPoint point) {
    x=point.x;                            // 保存鼠标位置的 x 坐标
    y=point.y;                            // 保存鼠标位置的 y 坐标
    InvalidateRect(FALSE);                // 产生 WM_PAINT 消息调用 OnPaint
    CView::OnLButtonDblClk(nFlags, point);
}
```

```cpp
void CMyView::OnPaint(){
    CPaintDC dc(this);                      // 使用 CPaintDC 类对象获取当前窗口
    LOGFONT font;                           // 定义字体对象
    font.lfHeight=100;                      // 设置字体的高为 100 个像素点
    font.lfItalic=0;                        // 不是斜体字
    font.lfEscapement=0;                    // 不倾斜
    font.lfCharSet=GB2312_CHARSET;          // 使用简体中文字符集
    font.lfUnderline=0;                     // 不加下划线
    font.lfStrikeOut=0;                     // 不加删除线
    CFont nFont,*oFont;
    nFont.CreateFontIndirect(&font);        // 用上面的设置创建新字体
    oFont=dc.SelectObject(&nFont);          // 选择新字体
    dc.TextOut(x,y,L"海内存知己，天涯若比邻！");
    dc.SelectObject(&oFont);
}
```

编译并运行程序，将得到如图 11-21 所示的运行结果。在屏幕上双击鼠标左键，将在光标位置显示"海内存知己，天涯若比邻！"文字，单击右键，将在光标位置绘制有条纹的矩形（这是例 11-3 实现的功能）。

图 11-21 例 11-4 运行结果

例 11-4 还实现了鼠标的单击功能，当单击鼠标左键时，程序应当调用 CMyView 类的 OnDraw 成员函数在鼠标单击位置绘制用灰色填充的矩形（见图 11-20）。但在本程序中单击鼠标左键时，不会在屏幕上输出这些填充矩形。原因是当单击鼠标左键时，调用 InvalidateRect(rect, FALSE)成员函数产生的 WM_PAINT 消息被 OnPaint()成员函数拦截了，不会再被送到 OnDraw()成员函数处理，因为 OnPaint()具有比 OnDraw()成员函数获取 WM_PAINT 消息的更高优先权。

11.4 对话框

11.4.1 对话框的类型

对话框是 Windows 程序与用户进行信息交流的主要工具，程序可以通过对话框获取用户数据的输入，也可以通过对话框向用户显示程序运行的状态和结果，还可以通过对话框向用户提供操作应用程序的命令。

Windows 的对话框分为模式对话框和非模式对话框两种。模式对话框是用户必须立即响应的对话框，即打开模式对话框后必须对其进行操作，只有完成了该对话框的操作，关闭该对话框之后，才能操作其他应用程序。例如，Word 的"打开"和"保存"文件对话框就是模式对话框。

非模式对话框允许用户打开该类对话框后，同时进行其他操作，当要操作对话框时，只需用鼠标单击就能将其激活。例如，Word 的"编辑"菜单中的"查找"对话框就是非模式对话框。

除初始建立和关闭方法存在区别外，模式与非模式对话框的编程方法和操作过程基本相同。模式对话框由 Windows 系统建立和分配存储空间，用 CDialog::EndDialog 关闭对话框，由 Windows 系统回收其占用的内存空间。非模式对话框由用户为其分配存储空间，用 CWnd::DestroyWindow()（对话框是从 CWnd 派生的）结束对话框，由用户回收其占用的存储空间。

11.4.2 用资源编辑器建立对话框

Visual C++的资源编辑器具有十分强大的功能，提供了可视化的资源编辑方式，具有建立加速键、菜单、对话框、工具条、程序图标等多项功能。本节将通过一个实例介绍 MFC 程序设计中对话框的建立方法和过程。

【例 11-5】 扩展例 11-4 的功能，使它能够输入学生档案，包括学生的姓名、性别、系等。

设计思路：定义一个学生档案数据的结构，在例 11-4 建立的 My.sln 项目的 CMyView 类中定义该结构的对象，用于保存学生档案。然后建立一个对话框，通过对话框将学生档案输入到该学生对象中。实现步骤如下：

（1）在 CMyView 类的头文件中定义学生档案数据

由于在 CMyView 类中显示数据最方便，所以直接在 CMyView 类的头文件中定义学生数据结构 STUDENT，并在 CMyView 类中添加一个学生对象 s 用于存放学生档案。添加在 MyView.h 头文件中的代码如下：

```
//MyView.h
    struct STUDENT{
        CString name;
        CString dept;
        CString  sex;
    };
    class CMyView : public CView{
        ……
      protected:
        STUDENT  s;                    // s 用于保存学生档案
        int  x, y;                     // x、y、n、Rect 是例 11-4 建立的数据成员
        int  n;
        CRect Rect[1000];
        ……
    };
```

（2）用资源编辑器建立输入学生档案的对话框

<1> 打开例 11-4 建立的 My.sln 项目文件，展开"解决方案资源管理器"，右击"资源文件"，从弹出的列表中选择"添加"|"资源"。弹出"添加资源"对话框，从中选中"Dialog"列表项，并单击"新建"命令按钮，在资源编辑器中插入一个对话框，如图 11-22 所示。

对话框左边的"工具箱"提供了可用于对话框中的各种控件，能够实现对话框的各种功能。对话框只有与控件结合起来才有意义，一个没有任何控件的对话框就没有任何功能。

<2> 调整对话框大小，单击左侧的"工具箱"按钮，显示工具箱，从工具箱中将文本标签 Aa Static Text 拖放到对话框中，出现标题为"Static"的控件；右击该控件，从弹出的快捷菜单中选择"属性"命令，显示"属性"窗格，如图 11-23 所示。

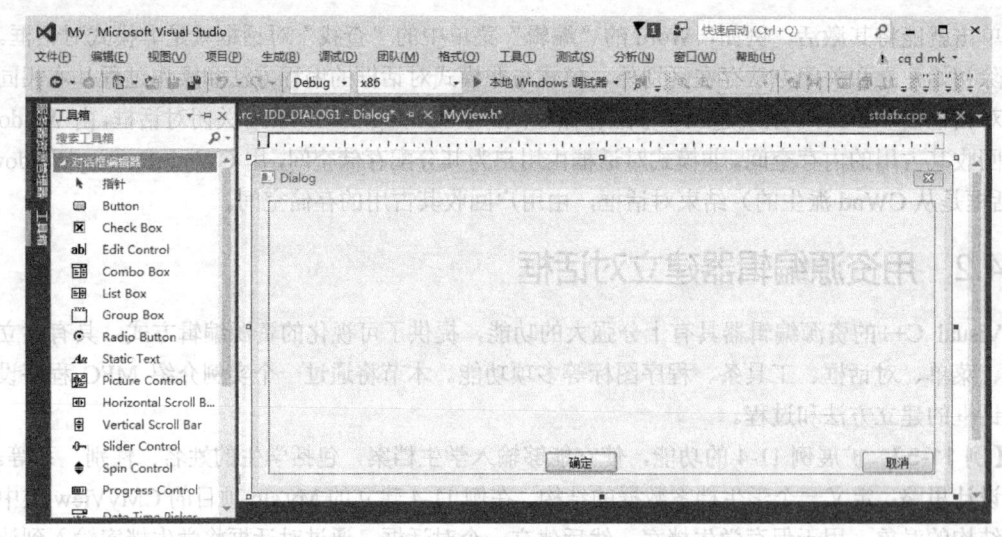

图 11-22　用资源编辑器建立对话框

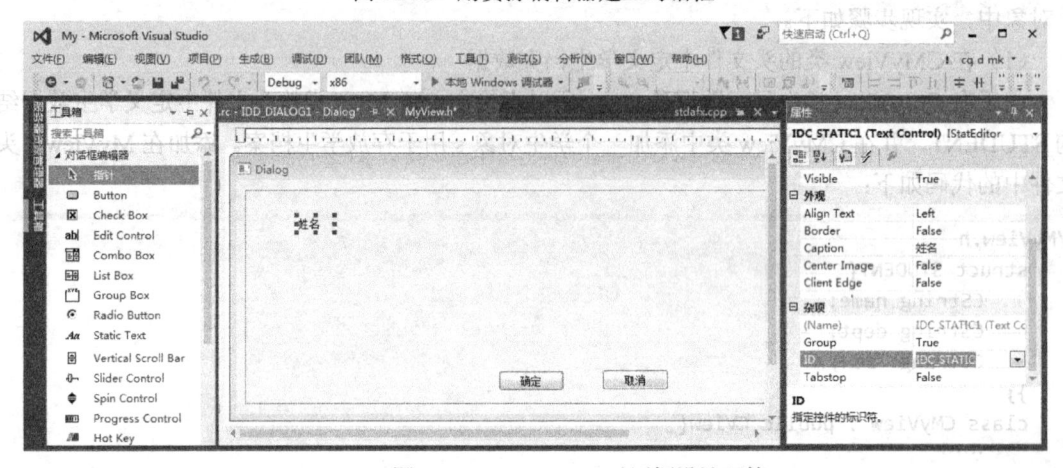

图 11-23　Visual C++对话框设计环境

<3> 在"属性"窗格中,将"外观"列表中的"Cation"项的值"Static"修改为"姓名"。

<4> 从工具箱中拖放一个编辑框控件 `ab| Edit Control` 到姓名后面,并将它的 ID 修改为 IDC_Name。修改方法是在图 11-23 的"属性"|"杂项"列表中,修改的"ID"的值为 IDC_Name。

<5> 用上面的方法在对话框中添加更多的控件,并修改控件的 ID 和标题,最后的布局如图 11-24 所示。其中,"姓名"、"系"后面是编辑框控件,"性别"是分组框,里面的"男"、"女"是单选项控件(即 Radio Button 控件),"确定"和"取消"是命令按钮。

说明:必须将分组框"性别"和该组中的第一个单选项"男"的属性"Group"设置为 True,见图 11-24,且不能将该组中其他单选项的"Group"属性设置为 True。

为了能在程序中方便地操作各对话框控件,将"姓名"后面的编辑框 ID 改为 IDC_Name,单选项"男"的 ID 改为 IDC_Man,单选项"女"的 ID 改为 IDC_Female,"系"后面的编辑框 ID 改为 IDC_Dept。"确定"和"取消"按钮是创建对话框时自动建立的(见图 11-23),其 ID 分别为"IDOK"和"IDCANCEL",保持不变。

<6> 完成上述设置后,双击对话框的任一位置,弹出建立新类的向导对话框,如图 11-25 所示,从中可以指定对话框类的类名和基类。

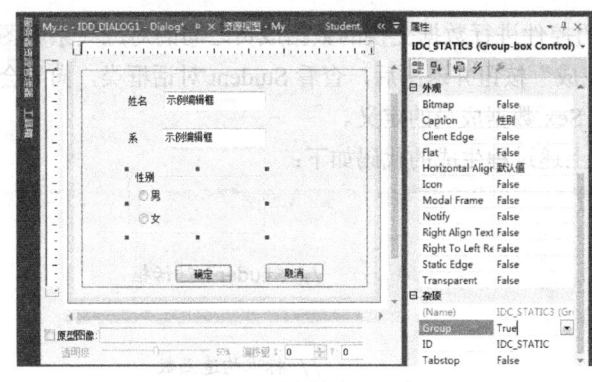

图 11-24 学生档案对话框   图 11-25 设置新建对话框类的名字和基类

<7> 在"类名"中输入对话框类的名称"Student",在"Bass Class"编辑框中指定其基类为 CDialog。设置完成并单击"完成"按钮后,MFC 将在 My.Sln 项目中添加对话框类 Student。通过资源管理器可以查看到 My 项目中增加了头文件 Student.h 和源文件 Student.cpp,它们就是上述操作过程建立的 Student 类的文件。

(3) 利用类向导添加对话框类的数据交换成员

为了应用对话框控件中的数据,首先应把控件中的数据保存在对话框类的数据成员中,应用程序才能通过这些数据成员获取控件中的数据,这一过程可以通过 MFC 向导实现。

对话框通过数据交换 DDX(Dialog Data ClassWizard)和数据验证 DDV(Dialog Data Validation)机制实现控件与类成员数据交换。为了利用 MFC 向导实现对话框类与对话框控件的数据交换,必须为每个控件定义相对应的对话框类数据成员,方法如下:

<1> 选择"项目"|"类向导"菜单命令,显示类向导对话框,在"类名"选中 Student,在"成员变量"标签中列出了对话框中需要定义对应数据成员的控件 ID,如图 11-26 所示。

<2> 选中"IDC_Dept",然后单击"添加变量"按钮,弹出定义类成员的对话框,如图 11-27 所示。按表 11-3 设置 Student 对话框中各控件标识对应的类成员。

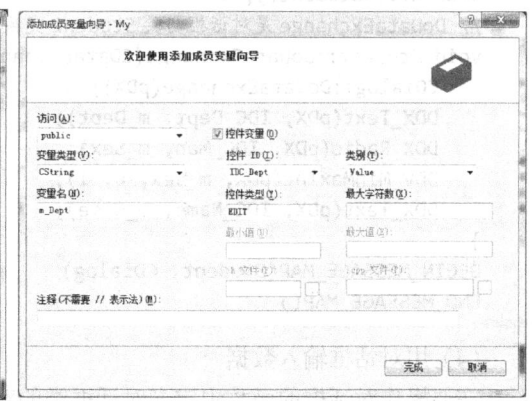

图 11-26 类成员定义向导   图 11-27 定义与对话框控件交换数据的数据成员

表 11-3 对话框控件设置

控件 ID	成员变量名	变量类型	类别	访问权限
IDC_Dept	m_Dept	CString	Value	public
IDC_Name	m_Name	CString	Value	public
IDC_Man	m_Sex	int	Value	public

完成上述定义，Student 类与对话框中的控件进行数据交换的数据成员之间的对应关系如图 11-26 中的"成员变量"列表所示。单击"完成"按钮并退出后，查看 Student 对话框类，向导会在该类的声明中添加 m_Dept、m_Name、m_Sex 数据成员的定义。

在资源管理器中打开 student.h 头文件，上述过程生成的代码如下：

```cpp
// Student.h
#pragma once
class Student : public CDialog{                      // Student 对话框
    DECLARE_DYNAMIC(Student)
  public:
    Student(CWnd* pParent = NULL);                   // 标准构造函数
    virtual ~Student();
    // 对话框数据，需要手工注释条件编译，否则 IDD_DIALOG 对话框在 My 项目中不可见
//#ifdef AFX_DESIGN_TIME
    enum { IDD = IDD_DIALOG1 };
//#endif
  protected:
    virtual void DoDataExchange(CDataExchange* pDX); // DDX/DDV 支持
    DECLARE_MESSAGE_MAP()
  public:
    CString m_Dept;
    int     m_Sex;
    CString m_Name;
};
```

Student 对话框类源文件 Student.cpp 的代码如下：

```cpp
// Student.cpp
IMPLEMENT_DYNAMIC(Student, CDialog)
Student::Student(CWnd* pParent /*=NULL*/): CDialog(IDD_DIALOG1, pParent),
                          m_Dept(_T("")), m_Sex(0), m_Name(_T("")){ }
Student::~Student(){ }
// DoDataExchange 是对话框与类 Student 交换数据的函数，由向导自动生成此函数
void Student::DoDataExchange(CDataExchange* pDX){
    CDialog::DoDataExchange(pDX);
    DDX_Text(pDX, IDC_Dept, m_Dept);     // IDC_Dept 编辑框与 m_Dept 交换数据
    DDX_Radio(pDX, IDC_Man, m_Sex);
    DDV_MinMaxInt(pDX, m_Sex, 0, 1);
    DDX_Text(pDX, IDC_Name, m_Name);
}
BEGIN_MESSAGE_MAP(Student, CDialog)
END_MESSAGE_MAP()
```

(4) 用对话框输入数据

在要操作对话框的函数中定义对话框类的对象，并调用对话框对象的 DoModal()成员函数运行对话框，然后通过对话框类的数据成员就能够获取对话框控件中的数据。

下面将通过 CMyView 类的右键双击事件打开一个 Student 对话框，并从中输入一个学生的档案信息到 CmyView 类的成员 S 中，然后在 OnPaint()成员函数中输出从对话框输入的学生信息。

<1> 在 CMyView.cpp 中包含对话框类的头文件 Student.h，如下所示：

```cpp
// MyView.cpp
```

```
#include "stdafx.h"
#include "My.h"
#include "MyDoc.h"
#include "MyView.h"
#include "Student.h"                    // 增加对话框类的头文件包含
```

<2> 添加右键双击的成员函数。选择"项目"|"类向导",弹出 MFC 的类向导,通过消息映射向导的"消息"为类 CMyView 添加右键双击事件的消息处理函数 OnRButtonDblClk(),并在此函数中添加程序代码:

```
void CMyView::OnRButtonDblClk(UINT nFlags, CPoint point){
    Student stuDlg;                     // 定义对话框对象
    if(stuDlg.DoModal()==IDOK) {        // 执行对话框,如果单击"确定"按钮
        s.name=stuDlg.m_Name;           // 将对话框类的姓名获取到 CMyView 类中
        s.dept=stuDlg.m_Dept;
        if(stuDlg.m_Sex==0)  s.sex="男";  // 分组框中的第 1 个单选项的值是 0,表示男
        else   s.sex="女";
    }
    InvalidateRect(FALSE);              // 产生 WM_PAINT 消息,调用 OnPaint 函数
    CView::OnRButtonDblClk(nFlags, point);
}
```

<3> 在 OnPaint()成员函数中输出学生对象 s 的值,这些值是从对话框中获取的。

```
void CMyView::OnPaint(){
    CPaintDC dc(this);
    LOGFONT font;                                       // 创建输出的字体
    font.lfHeight=100;
    font.lfItalic=0;
    font.lfEscapement=0;
    font.lfCharSet=GB2312_CHARSET;
    font.lfUnderline=0;
    font.lfStrikeOut=0;
    CFont nFont,*oFont;
    nFont.CreateFontIndirect(&font);
    oFont=dc.SelectObject(&nFont);
    dc.TextOut(x,y,L"海内存知己,天涯若比邻");
    dc.TextOut(x,y+150,s.name+" "+s.dept+" "+s.sex);    // 输出 s 的各域的值
    dc.SelectObject(&oFont);
}
```

编译并运行程序,在程序窗口中双击鼠标右键,将弹出如图 11-28 所示的对话框,从中输入姓名、系和性别,单击"确定"按钮后,对话框中的输入数据将被显示在程序窗口中,如图 11-29 所示,图中的"海内存知己……"是例 11-4 实现的输出。

图 11-28 学生档案对话框   图 11-29 程序运行的最后结果

11.5 菜单和工具栏

大多数应用程序都具有菜单和工具栏，菜单中的每个选项（菜单项）及工具栏中的每个命令按钮都与一项程序功能相链接，当选择菜单项或单击工具栏中的命令按钮时，就会引发与之关联的程序功能的执行。在 Visual C++程序设计中，菜单与工具栏的设计过程相同，需要通过以下 3 个步骤实现：<1> 通过资源编辑器，修改或建立菜单与工具栏；<2> 通过 MFC 向导，建立各菜单项或工具命令按钮的消息响应函数；<3> 通过应用程序框架提供的菜单或工具栏加载命令，将菜单或工具栏加载到应用程序框架中。

11.5.1 直接修改应用程序框架的菜单

在设计程序菜单时，可以直接修改 MFC 框架程序的菜单，删除其中不需要的菜单项，然后添加新菜单项。

【例 11-6】 修改例 11-5，为它设计菜单，并通过菜单完成画线、画椭圆、画矩形，用对话框输入学生档案数据等功能。

（1）用菜单编辑器添加菜单栏及菜单项

<1> 启动 Visual C++并打开例 11-5 建立的项目文件 My.sln，在"解决方案资源管理器"任务窗格中显示出项目 My 的"资源视图"，如图 11-30 所示。展开"资源视图"任务窗格中 My.rc 资源列表中的 Menu 菜单资源列表项，从中可以见到 IDR_MAINFRAME，它就是应用程序菜单的标识，双击该标识，将在右边编辑窗口中见到它所代表的菜单内容。

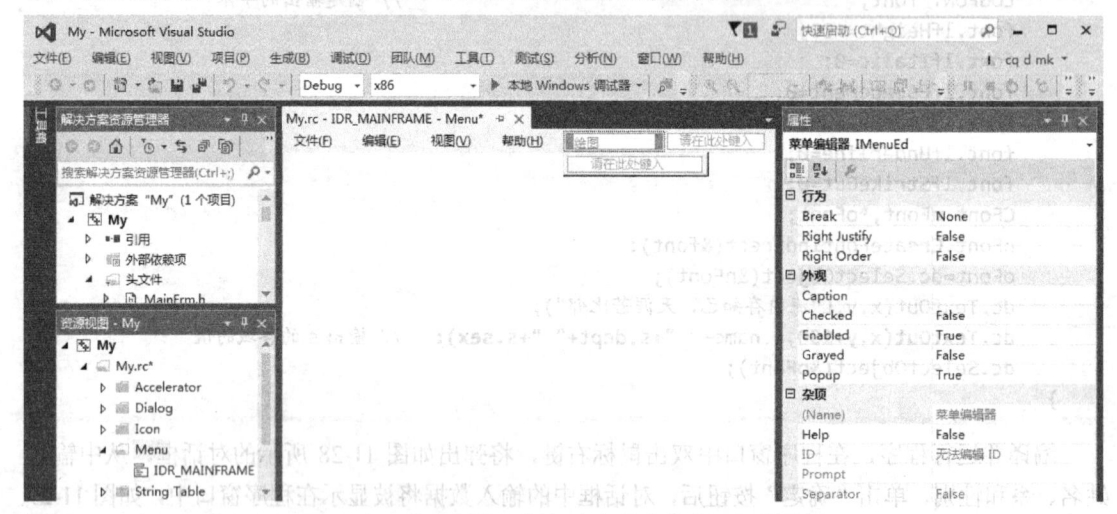

图 11-30 在应用程序框架生成的菜单中添加菜单栏

注意：如果在"资源方案资源管理器"任务窗格中没有显示"资源视图"，选择 VC++ 2015 的菜单"视图"|"其他窗口"|"资源视图"命令，即可将它显示出来。

<2> 单击"帮助"菜单后面的虚线框▭，从中输入"绘图"。由于"绘图"是主菜单，选择它时并不需要执行任何程序功能，所以其属性窗口中的"ID"是禁用的。

<3> 完成上面的步骤后，在"绘图"菜单项的下面将会出现虚线框▭，单击它，然后在其中输入"直线"，将其 ID 设置为"ID_LINE"。

<4> 用同样的方法在"直线"下面添加"矩形"、"椭圆"菜单项,并将矩形的 ID 设置为"ID_RECT",将椭圆的 ID 设置为"ID_ELLIPSE"。

<5> 在"绘图"后面增加一个"学生管理"菜单,添加"输入学生档案"菜单项,将其 ID 设置为"ID_STUDENT"。

<6> 修改或删除菜单栏中不需要的菜单,如删除其中的"帮助"菜单。方法是选中该菜单,然后按 Delete 键或选择 Visual C++"编辑"菜单中的"删除"命令。

上面的操作过程将建立如图 11-31 所示的菜单。

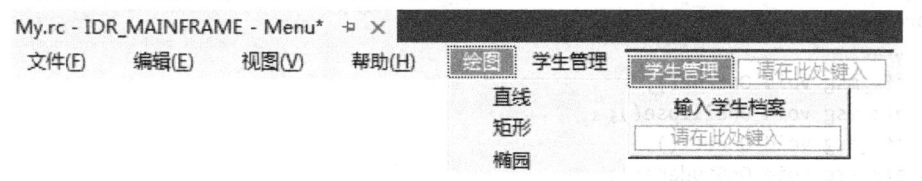

图 11-31 修改后的程序菜单

(2) 利用向导生成菜单消息响应函数

上面的操作只是向主菜单中添加了一些菜单选项,各菜单项还不具有任何功能。添加菜单项功能的简便方法是先用 MFC 的消息映射向导生成菜单的消息响应函数,然后为各消息响应函数添加程序代码。现在为上面建立的各菜单项生成消息响应函数,由于各菜单的功能都是向屏幕输出图形,或显示对话框,涉及的都是图形输出方面的功能,因此最简便的方式就是在视图类 CMyView 中处理这些菜单功能。

<1> 选择"项目"|"类向导"菜单命令,启动 MFC 的类向导,如图 11-32 所示。

<2> 在"类名"列表中选择"CMyView"类,选择"类向导"中的"命令"标签,"对象 ID"列表中包括所有的菜单标识,如前面添加的"ID_LINE"、"ID_RECT"、"ID_ELLIPSE"和"ID_STUDENT"。找到并选中"ID_LINE"菜单标识,双击它或单击"添加处理程序"按钮,弹出如图 11-33 所示的为 CMyView 类添加消息响应函数 OnLine 的对话框,单击"确定"按钮。

图 11-32 MFC 消息映射向导

图 11-33 创建菜单响应函数

<3> 用同样的方法为 CMyView 类增加 ID_RECT、ID_ELLIPSE 和 ID_STUDENT 菜单标识的消息响应函数：OnRect、OnEllipse、OnStudent。**注意**：向导生成菜单消息响应函数的默认命名方法是用 On 替换菜单标识中的"ID_"得到的，On 后面的第一个字符大写，其余字符小写。

经过上述操作，MFC 向导会在 CMyView 类中完成下面的 3 件事。

① 向导将在 CMyView 类中添加消息响应函数的声明。

```
class CMyView : public CView{
    ……
  protected:
    ……
    afx_msg void OnLine();
    afx_msg void OnEllipse();
    afx_msg void OnRect();
    afx_msg void OnStudent();
};
```

② 向导将在程序实现文件 CMyView.cpp 的消息映射宏中，添加菜单项与消息处理函数之间的映射，如下所示：

```
BEGIN_MESSAGE_MAP(CMyView, CView)
    ……
    ON_COMMAND(ID_LINE, &CMyView::OnLine)
    ON_COMMAND(ID_RECT, &CMyView::OnRect)
    ON_COMMAND(ID_STUDENT, &CMyView::OnStudent)
    ON_COMMAND(ID_ELLIPSE, &CMyView::OnEllipse)
END_MESSAGE_MAP()
```

该消息映射将菜单标识与对应的消息处理函数关联起来，如选择"绘图"菜单的"直线"菜单项时，将执行 CMyView::OnLine() 消息处理函数。因为"直线"菜单项的标识是 ID_LINE，而该标识是与 CMyView::OnLine() 函数关联在一起的。

③ 向导将在类的程序文件 CMyView.cpp 中添加消息处理函数的雏形，如下所示：

```
void CMyView::OnLine(){
    ……                              // TODO: 在此添加命令处理程序代码
}
……
```

除了 OnLine 成员函数外，向导还为 CMyView 类添加了 OnEllipse、OnRect、OnStudent 菜单消息响应函数，它们的形式与 OnLine() 成员函数相同，所以略掉了。

④ 在向导生成的消息处理函数中添加函数功能代码，如下所示：

```
void CMyView::OnLine(){              // 选择"绘图|直线"菜单执行该函数
    CClientDC dc(this);              // 获取设备环境
    dc.MoveTo(50,100);               // 将光标移到(50,100)位置
    dc.LineTo(100,300);              // 从光标位置即(50,100)画直线到(100,300)
}
void CMyView::OnEllipse(){           // 选择"绘图|椭圆"菜单执行该函数
    CClientDC dc(this);
    dc.Ellipse(100,100,200,300);
}
void CMyView::OnRect(){              // 选择"绘图|矩形"菜单执行该函数
```

```
        CClientDC dc(this);
        dc.Rectangle(300,100,500,200);
    }
    void CMyView::OnStudent(){          // 选择"学生管理|输入学生档案"执行该函数
        Student stuDlg;
        if(stuDlg.DoModal()==IDOK){
            s.name=stuDlg.m_Name;
            s.dept=stuDlg.m_Dept;
            if(stuDlg.m_Sex==0)
                s.sex="男";
            else
                s.sex="女";
        }
        InvalidateRect(FALSE);
    }
```

编译并运行程序，能得到如图 11-34 所示的程序运行结果。图中的直线、椭圆、矩形是通过菜单项完成的。选择"学生管理 | 输入学生档案"时，将弹出输入学生档案的对话框。

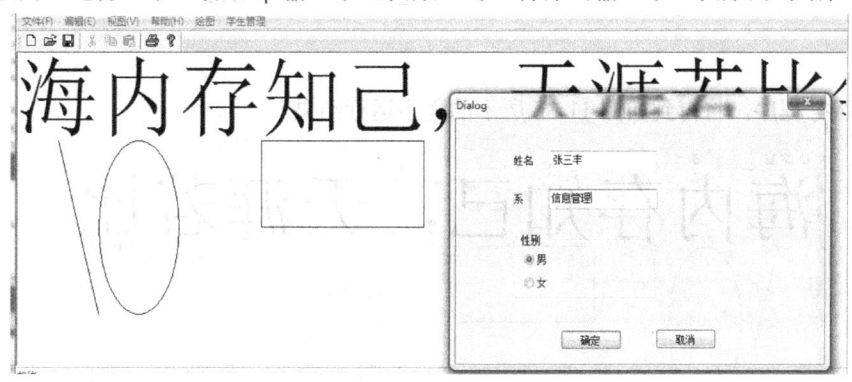

图 11-34　程序运行结果

11.5.2　建立新菜单栏

用上面的方法修改应用程序框架建立的菜单，不但简单方便，而且还能够获得一些默认的菜单功能，如文件打印和打印预览等。当然，也可以用向导重新建立一个全新的菜单。

【例 11-7】　为例 11-6 重新建立一新菜单，实现同样的功能。

<1> 在 Visual C++中打开例 11-6 建立的项目文件 My.sln，在"解决方案资源管理器"任务窗格中展开"My"的"资源视图"，右键单击"Menu"，并从弹出的快捷菜单中选择"插入 Menu"，Visual C++将插入一个标识为"IDR_MENU1"的菜单。用前面的方法添加"画图"和"学生"菜单，如图 11-35 所示。设置其中菜单项"直线"的 ID 为 ID_LINE1，"矩形"的 ID 为 ID_RECT1，"椭圆"的 ID 为 ID_ELLIPSE1，"输入学生档案"的 ID 为 ID_STUDENT1。

<2> 选择 Visual C++的"项目"|"类向导"，弹出例 11-6 中图 11-32 所示的对话框，为 CMyView 类添菜单项 IDR_LINE1、IDR_RECT1、IDR_ELLIPSE1 和 ID_STUDENT1 的消息映射函数，方法同例 11-6，此略。

<3> 为各消息处理函数添加程序代码，各函数的代码同例 11-6，此略。

<4> 加载新菜单。打开 My.cpp 中的 CMyApp::InitInstance()函数，将其中建立单文档模板时指定的菜单标识 IDR_MAINFRAME 修改为新菜单的标识 IDR_MENU1，如下所示。

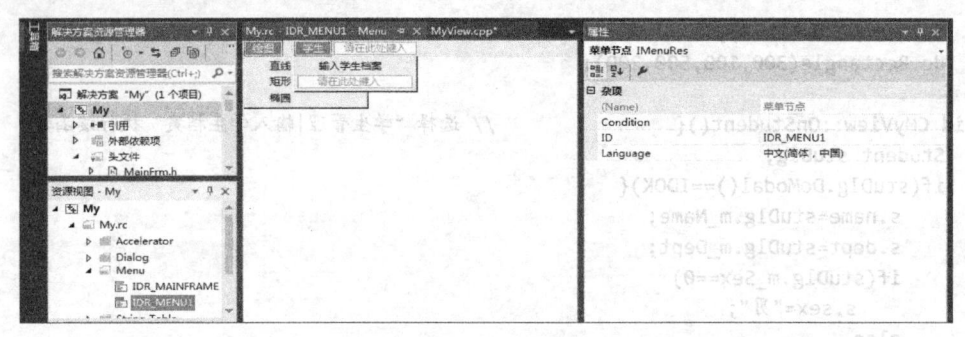

图 11-35 建立新菜单

```
BOOL CMyApp::InitInstance(){
    ……
    CSingleDocTemplate* pDocTemplate;
    pDocTemplate = new CSingleDocTemplate(IDR_MENU1,          // 以前为 IDR_MAINFRAME
                        RUNTIME_CLASS(CMyDoc), RUNTIME_CLASS(CMainFrame),
                        RUNTIME_CLASS(CMyView));
    ……
}
```

编译并运行程序,将得到如图 11-36 所示的程序运行结果。

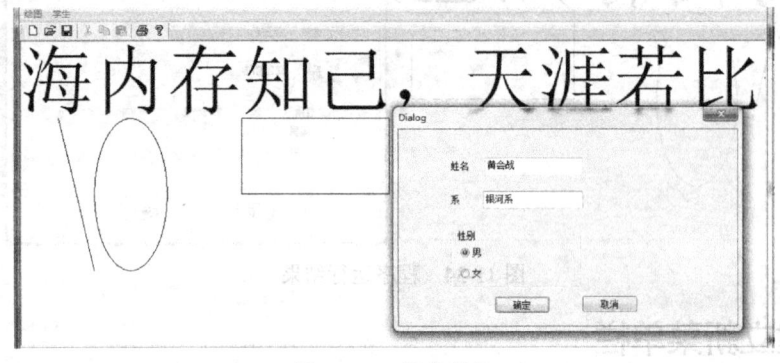

图 11-36 新建菜单

11.5.3 工具栏操作

工具栏的建立方法与菜单完全相同,在此不再赘述,仅作以下两点说明:

① 工具栏的修改或新建需要通过"解决方案资源管理器"中的"资源视图"中的"Toolbar"选项进行。

② 加载新建工具栏的方法是通过 CMainFrame::OnCreate 成员函数实现的,如下所示。将其中 LoadToolBar 函数的参数 IDR_MAINFRAME 修改为新工具栏的标识就行了。

```
int CMainFrame::OnCreate(LPCREATESTRUCT lpCreateStruct) {
    ……
    if(!m_wndToolBar.CreateEx(this, TBSTYLE_FLAT, WS_CHILD | WS_VISIBLE| CBRS_TOP|
            CBRS_GRIPPER | CBRS_TOOLTIPS | CBRS_FLYBY | CBRS_SIZE_DYNAMIC)
        || !m_wndToolBar.LoadToolBar(IDR_MAINFRAME))           // 加载工具栏
        ……
}
```

【例 11-8】 修改例 11-7,为它建立一个新工具栏,工具栏实现与菜单同样的功能。

<1> 在"解决方案资源管理器"窗口中展开项目 My 的"资源视图",右击"Toolbar",选择"插入 Toolbar"菜单命令,插入一个工具栏 Toolbar,它的默认标识为 IDR_TOOLBAR1。

<2> 通过工具编辑器,在 IDR_TOOLBAR1 上绘制并添加 4 个图形按钮,如图 11-37 所示。

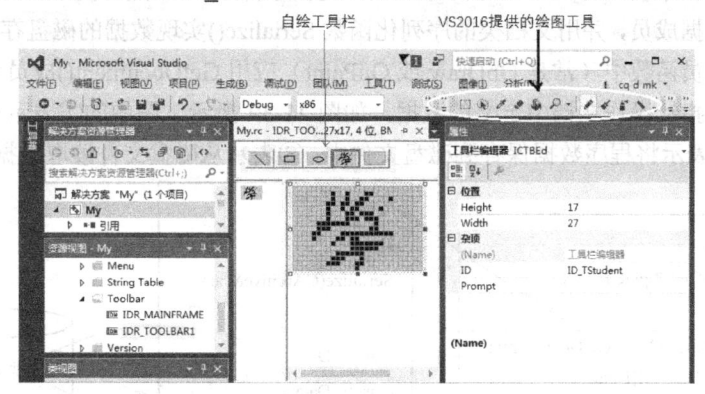

图 11-37 绘制新工具栏中的命令按钮

<3> 修改命令按钮的 ID,方法是双击对应的按钮图标,在弹出的属性窗格中修改 ID。将直线按钮的 ID 改为 ID_TLine,矩形按钮的 ID 改为 ID_TRect,椭圆按钮的 ID 改为 ID_TEllise,学生按钮的 ID 改为 ID_TStudent。

<4> 通过类向导的"命令"标签建立各命令按钮在 CMyView 类中的消息响应函数,方法与菜单消息响应函数的建立过程相同。然后在各消息响应函数中添加程序代码,如下所示:

```
void CMyView::OnTEllise(){ OnEllipse(); }    // 椭圆按钮的消息响应函数
void CMyView::OnTLine(){ OnLine(); }         // 直线按钮的消息响应函数
void CMyView::OnTRect(){ OnRect(); }         // 矩形按钮的消息响应函数
void CMyView::OnTStudent(){ OnStudent(); }   // 学生按钮的消息响应函数
```

<5> 加载新工具栏。修改 CMainFrame::OnCreate 函数中 m_wndToolBar.LoadToolBar 的参数,将原来的 IDR_MAINFRAME 改为 IDR_TOOLBAR1,如下所示:

```
int CMainFrame::OnCreate(LPCREATESTRUCT lpCreateStruct) {
    ……
    !m_wndToolBar.LoadToolBar(IDR_TOOLBAR1))
    ……
}
```

编译并运行程序,将得到如图 11-38 所示的结果,其中的图形是单击命令按钮绘制的。

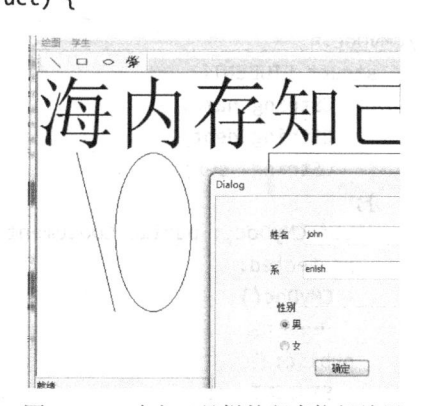

图 11-38 建立工具栏的程序执行结果

11.6 视图与文档

视图是框架窗口中的客户区域,是程序与用户的接口,MFC 程序常在视图中设计数据的输入/输出功能。文档类则具有数据管理功能,能够方便地实现磁盘文件的存取操作。

视图与文档有着密切的关系,MFC 中的每个视图对象都与一个唯一的文档对象相关联。视图类有一个成员函数 GetDocument()可以获取它对应的文档对象,文档类有一个成员函数 Serialize(),

能够实现文档序列化。文档序列化是指将程序数据保存在磁盘文件中，或从磁盘文件中读取数据到程序中。

在进行 MFC 程序设计时，常通过向导生成应用程序框架，如果程序要存取磁盘文件，则常在文档类中定义数据成员，并用文档类的序列化函数 Serialize()实现数据的磁盘存取操作。在视图对象的数据显示成员函数中（常是 OnDraw 或 OnPaint）应用 GetDocument()成员函数获取文档对象指针，并通过该指针操作文档中定义的数据，如图 11-39 所示。图中的①表示视图对象获取对应的文档指针，②表示将程序数据保存到磁盘文件中，③表示从磁盘文件读取数据到程序变量中。

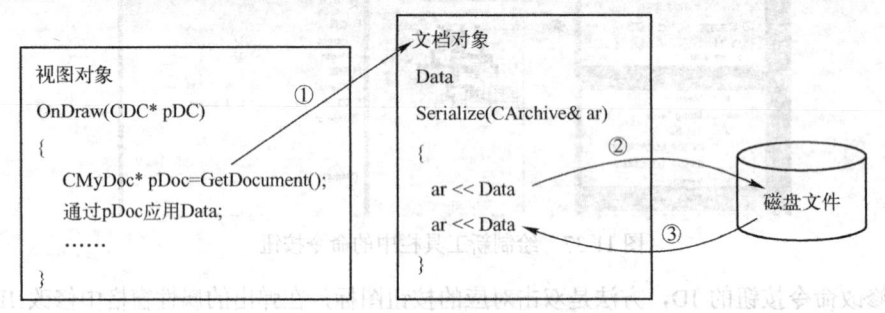

图 11-39 文档/视图的数据操作关系

【例 11-9】 修改例 11-6 建立的应用程序，使程序能够通过对话框输入学生档案，并在屏幕上显示输入的学生数据，而且能够实现学生档案数据的磁盘存取操作。

设计思路：在 CMyDoc 类中定义学生对象，并通过 CMyDoc 的文档序列化函数 Serialize()实现学生数据的磁盘存取操作，然后在视图类 CMyView 中通过 GetDocument()获取文档类的指针，并通过它从磁盘文件读取和显示学生档案，或将对话框中输入的学生档案数据存入磁盘文件中，实现过程如下。

（1）文档类 CMyDoc 中的修改

<1> 将例 11-6 在 CMyView.h 中定义的学生数据结构 STUDENT 移到文档类的头文件 CMyDoc.h 中，并在文档类的任一 public 区域（有违类的封装性，这里是为了简化问题）定义一个学生对象，如下所示：

```
//CMyDoc.h
    struct STUDENT{
        CString name;                        // CString是MFC中的字符串类
        CString dept;
        CString  sex;
    };
    class CMyDoc : public CDocument{
      protected:
        CMyDoc();
        ……
      public:
        STUDENT  s;
      public:
        ……
        virtual void Serialize(CArchive& ar);
    }
```

<2> 在文档类的构造函数中初始化 s 成员，代码如下：

```
CMyDoc::CMyDoc(){
    s.name.Empty();                    // Empty 将 CString 的成员函数的字符串设置为空串
    s.dept.Empty();
    s.dept.Empty();
}
```

<3> 在文档类的 Serialize 序列化函数中实现 s 成员的序列化，代码如下：

```
void CMyDoc::Serialize(CArchive& ar) {
    if(ar.IsStoring())
        ar<<s.name<<s.dept<<s.sex;     // 将 s 数据存盘
    else
        ar>>s.name>>s.dept>>s.sex;     // 从磁盘中读取数据到 s 中
}
```

（2）视图类 CMyView 中的修改

<1> 删除在 CMyView.h 中定义的 struct STUDENT 结构，同时删除例 11-6 在 CMyView 类中添加的数据成员 s 的定义。

<2> 在例 11-6 中同时实现了 OnDraw()和 OnPaint()成员函数，这两个成员函数都能实现数据的屏幕显示，都能够处理 WM_PAINT 消息，但 OnPaint()具有处理 WM_PAINT 消息的优先权。为简化问题，注释或删除 CMyView::OnPaint()成员函数，只保留 OnDraw()成员函数，并通过该成员函数获取和显示在 CMyDoc 文档对象中保存的数据。修改后的 OnDraw()成员函数如下：

```
void CMyView::OnDraw(CDC* pDC) {
    CMyDoc* pDoc = GetDocument();          // 获得文档对象的指针
    ASSERT_VALID(pDoc);
    pDC->TextOut(10,30,pDoc->s.name);      // 显示文档对象中的 s 数据成员
    pDC->TextOut(100,30,pDoc->s.dept);
    pDC->TextOut(250,30,pDoc->s.sex);
}
```

<3> 修改 CMyView "学生管理"菜单的"输入学生档案"菜单项的消息响应函数，使它能够将对话框中输入的学生档案数据存入磁盘文件中。修改后的程序代码如下：

```
void CMyView::OnStudent(){
    CMyDoc* pD = GetDocument();            // 获取文档对象的指针
    Student  stuDlg;
    if(stuDlg.DoModal()==IDOK){
        pD->s.name=stuDlg.m_Name;          // 将对话框中的学生姓名存入磁盘文件
        pD->s.dept=stuDlg.m_Dept;          // 将对话框中的系名存入磁盘文件
        if(stuDlg.m_Sex==0)                // 将对话框中的性别存入磁盘文件
            pD->s.sex="男";
        else
            pD->s.sex="女";
    }
    InvalidateRect(FALSE);                 // 产生 WM_PAINT 消息调用 OnDraw 函数
}
```

<4> 修改例 6-11 定义的右键双击成员函数，使之能够将学生对话框中输入的数据存入磁盘文

件中。修改后的程序代码如下:

```cpp
void CMyView::OnRButtonDblClk(UINT nFlags, CPoint point) {
    CMyDoc* pD = GetDocument();
    Student stuDlg;
    if(stuDlg.DoModal()==IDOK){
        pD->s.name=stuDlg.m_Name;
        pD->s.dept=stuDlg.m_Dept;
        if(stuDlg.m_Sex==0)
            pD->s.sex="男";
        else
            pD->s.sex="女";
    }
    InvalidateRect(FALSE);
    CView::OnRButtonDblClk(nFlags, point);
}
```

<5> 编译并运行程序,选择"学生管理"菜单的"输入学生档案"命令,并在弹出的对话框中输入"李大海,计算机科学系,男",然后选择"文件"菜单的"保存"命令,在弹出的对话框中输入文件名后关闭该程序。

<6> 重新运行程序,并通过"文件"菜单的"打开"命令打开前面保存的文件,将得到如图 11-40 所示的运行结果。可见,MFC 向导生成"文件"菜单的"打开"、"保存"、"另存为"等命令已经有效了,其原因是本程序已实现了文档序列化功能。

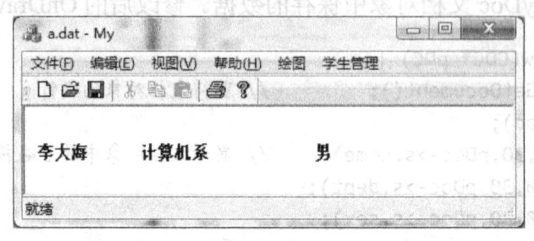

图 11-40　从磁盘文件中读取的数据

习 题 11

1. 简述 CObject 类的用途。
2. 一个简单的 MFC 程序主要包括哪些组成部分?简述 MFC 程序的执行流程。
3. 什么叫 MFC 程序的消息映射?它是如何实现的?
4. 什么叫应用程序框架?由 MFC 向导建立的 SDI(单文档应用程序)程序包含的框架类有哪些?简述它们之间的相互关系。
5. 简述 CPaintDC、CClientDC、CWindowDC 类的功能及区别。
6. 简述 MFC 程序菜单或工具条的建立过程。
7. 简述在 MFC 程序中建立对话框的过程。
8. 文当类和视图类各有何作用?简述二者之间的相互关系。
9. 读程序,写结果。利用 Visual C++ 2015 或 Visual C++ 6.0 的应用程序向导创建了一个基于单文档的应用程序框架后,在视图类中添加了 3 个对象成员,分别是 ss、x、y。然后通过 Visual C++的向导,为视图类添加了两个鼠标事件处理函数。添加和修改的程序代码如下:

```
class CWwwView : public CView{
    ……
  protected:
    ……
    afx_msg void OnLButtonDown(UINT nFlags, CPoint point);
    afx_msg void OnRButtonDown(UINT nFlags, CPoint point);
    ……
  private:
    CString  ss;
    int   x, y;
};
void CWwwView::OnDraw(CDC* pDC){
    CWwwDoc* pDoc = GetDocument();
    ASSERT_VALID(pDoc);
    pDC->TextOut(x, y, ss);
}
void CWwwView::OnLButtonDown(UINT nFlags, CPoint point){
    ss="志立高远，脚踏实地";
    x=20;    y=40;
    Invalidate();
    CView::OnLButtonDown(nFlags, point);
}
void CWwwView::OnRButtonDown(UINT nFlags, CPoint point){
    ss="静心戒躁，终有所为！";
    x=30;    y=60;
    Invalidate();
    CView::OnRButtonDown(nFlags, point);
}
```

编译并运行该程序后，写出分别用鼠标左键和右键单击该程序窗口的运行结果。

10. 利用 MFC 向导建立一个单文档应用程序，该程序管理学生档案，包括学号、姓名、性别、年龄、专业。利用 MFC 向导为该程序添加鼠标左击、右击事件函数，左击鼠标时产生一个计算机专业的学生，右击鼠标时产生一个电子商务专业的学生。为该程序建立一个输入学生档案的对话框，当双击鼠标左键时，就运行该对话框并通过它输入一位学生的档案数据，然后将输入的学生档案数据显示在窗口的客户区域中。修改 MFC 向导建立的应用程序菜单，删除文件菜单之外的其他菜单，并增加一个"添加学生"菜单。当选择"计算机专业"时，就产生一个计算机专业的学生、选择"电子商务专业"菜单项时，就产生一个电子商务专业的学生。

第 12 章 MFC 综合程序设计

在设计 C++程序时，可以先基于 DOS 平台快速地设计出构成程序核心代码的各个类，再将这些类移植到利用 Visual C++向导建立的应用程序框架中，用这些类扩展框架程序的功能，就能够设计出 Windows 应用程序。

本章把前面建立的 comFinal、Account、Chemistry 等类移植到 Windows 环境中，构造一个 Windows 系统中的学生成绩管理程序，以此介绍将 DOS 平台的类移植到 Windows 程序中的方法。

12.1 在应用程序框架中包含并修改自定义类

从第 4～7 章，每章最后一节的编程实作都在不断地扩展学生成绩管理程序的功能，并在第 7 章中设计出了基于 DOS 平台的应用程序 com_main.sln。假设到第 7 章为止，已经设计出了学生档案管理程序中完善的类 comFinal、Account、Chemistry。其中 comFinal 是基类，实现了公共课 English、Chinese、Math 的管理功能，而 Account、Chemistry 类则继承了 comFinal 类的功能，分别用于管理会计学和化学两个专业的课程。类的继承结构如图 12-1 所示。

```
class comFinal{
    char name[20]; int English, Chinese,Math,Total;
    float average;
public:
    comFinal(char *n,int Eng,int Chi,int Mat);
    comFinal(){};      ~comFinal(){};
    char *getName();    int getEng();     int getChi();
    int getMat();       int getTotal();   float getAverage()
}
```

```
class Account:public comFinal{           class Chemistry:public comFinal{
    int Accoun;   int Econ;                   int Chemistr;    int Analy;
    int majTotal; float majAve;               int majTotal;    float majAve;
public:                                   public:
    Account();                                Chemistry();
    int getMajtotal();   float getMajave();   int getMajtotal();   float getMajave();
    int getAccount();    int getEcon();       int getChe();        int getAnl();
    void show();                              void showC();        void show();
};                                        };
```

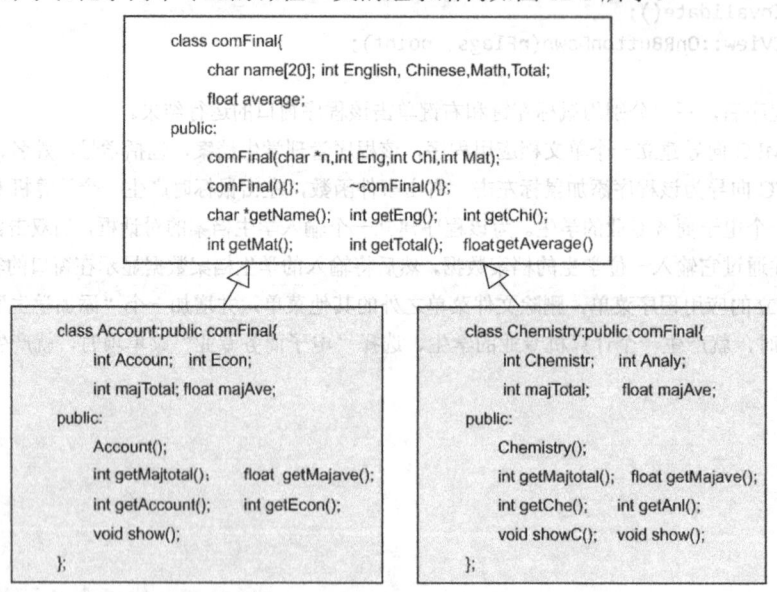

图 12-1 第 7 章实现的成绩管理类的继承结构

每个类的声明和实现被分别保存在与类同名的 .h 头文件和 .cpp 实现文件中，即：

```
comFinl.h/comFinl.cpp           // 基类 comFinl 的头文件和源码实现文件
Account.h/Account.cpp           // 会计学类 Account 的头文件和源码实现文件
Chemistry.h/Chemistry.cpp       // 化学类 Chemistry 的头文件和源码实现文件
```

现将这 3 个类移植到 Windows 程序中，并用它们实现会计学和化学两个专业的成绩管理。

【例 12-1】 用 Visual C++向导建立一个应用程序框架,然后将第 7 章建立的 comFinal、Account、Chemistry 三个类的上述 6 个文件添加到应用程序框架中。

(1) 建立应用程序框架

<1> 启动 Visual C++ 2015,选择"文件"|"新建"|"项目"菜单命令

<2> 在弹出的"新建项目"对话框中选择"MFC"|"MFC 应用程序"命令。创建一个支持"文档视图/结构"的"MFC 标准"项目类型的"单个文档"的应用程序类型,假设将该项目文件保存在 C:\dk 目录中,项目文件名是 comMFC。框架程序建立的详细过程参考本书 11.2 节。

向导将在 C:\dk 目录下生成 comMFC 目录,并在其中产生与项目相关的文件,包括项目文件 comMFC.sln 及与应用程序类、框架窗口类、文档类、视图类相关的以下头文件和源程序文件:

```
comMFC.h/comMFC.cpp              // 应用程序类的头文件和源文件
MainFrm.h/MainFrm.cpp            // 框架窗口类的头文件和源文件
comMFCView.h/comMFCView.cpp      // 视图类的头文件和源文件
comMFCDoc.h/comMFCDoc.cpp        // 文档类的头文件和源文件
```

<3> 编译并运行向导建立的框架应用程序,将得到如图 12-2 所示的程序运行结果。

图 12-2 向导生成的应用程序框架

(2) 将自定义类添加到应用程序框架中

前面建立的框架应用程序具有最小程序功能,要在该框架的基础上扩展程序功能,操作用户自定义的类,首先应将这些类添加到框架应用程序中。

<1> 将第 7 章例 7-25 建立的 comFinl.h、comFinl.cpp、Accout.h、Account.cpp、Chemistry.h、Chemistry.cpp 文件复制到 comMFC 项目文件的目录 C:\dk\comMFC\comMFC 中。

<2> 选择 Visual C++的菜单命令"项目 | 添加现有项...",然后在弹出的文件选择对话框中,将复制到 C:\dk\comMFC\comMFC 目录中的 6 个文件全部添加到应用程序框架的工程项目中。

(3) 修改自定义类

在 DOS 程序中设计的 C++类移植到 Windows 程序中后,需要进行少量修改才能应用这些类,主要包括以下两个问题。首先是数据输入/输出问题。DOS 系统采用字符方式输入/输出数据,而 Windows 系统采用图形方式输入/输出数据,因此那些在 DOS 系统中用于输入或输出数据的类成员函数在 Windows 程序中就不能再用了,可以将这类成员函数删除或注释掉。当然,只要不在 Windows 程序中调用这样的类成员函数来输入或输出数据,将它们保留中类也可以。

其次,需要在每个类的源程序文件中增加对 stdafx.h 文件的包含,因为 stdafx.h 文件中预定义了 Windows 程序需要用到的一些全局性数据、变量及函数。

现在来看看在自定义类的源程序中不包含 stdafx.h 头文件会产生的问题。编译 comMFC,将会见到如下几个错误信息:

  在查找预编译头时遇到意外的文件结尾。是否忘记了向源中添加 "#include "stdafx.h"
  ……

这些错误指出在编译 Chemistry.cpp、comFinl.cpp 等源文件时,没有找到需要的预编译头文件

stdafx.h，应该在 comFinl.cpp、Account.cpp 和 Chemistry.cpp 中包含 stdafx.h 头文件。

在自定义类的源文件中增加对 stdafx.h 头文件的包含。在 comFinal.cpp 文件中增加 stdafx.h 头文件包含，如下所示：

```
/*comFinal.cpp*/
    #include "stdafx.h"         // 不包含该头文件将产生编译错误
    #include "comFinl.h"
    ……
```

在 Chemistry.cpp 文件中增加 stdafx.h 头文件包含如下代码：

```
/*Chemistry.cpp*/
    #include "stdafx.h"         // 不包含该头文件将产生编译错误
    #include "Chemistry.h"
    ……
```

在 account.cpp 文件中增加 stdafx.h 头文件包含如下代码：

```
/*account.cpp*/
    #include "stdafx.h"         // 不包含该头文件将产生编译错误
    #include "account.h"
    ……
```

编译并运行程序，将得到与图 12-2 完全相同的结果。

12.2 在事件函数中操作类对象

应用程序框架中的每个类就像一个容器，可以在其中包含其他类的对象，即可用其他类定义它的对象成员。如在例 12-1 建立的框架程序中，可以在应用程序类 comMFC、框架窗口类 MainFrm、视图类 comMFCView 及文档类 comMFCDoc 中定义 comFinal、Account 和 Chemistry 类的对象，并通过框架类的事件函数调用自定义类的成员函数，实现需要的程序功能。

【例 12-2】 扩展例 12-1 的程序功能，左键单击奇数次时产生一个会计学类 Account 的对象，单击偶数次时产生一个化学类 Chemistry 的对象，并在鼠标单击位置生成一个椭圆，将产生的学生对象的数据显示在该椭圆中。

程序设计思路：为了便于对象的输出显示，在视图类 comMFCView 中实现程序功能。将鼠标单击时生成的 Account 和 Chemistry 对象分别保存在不同数组中，并以鼠标单击位置为中心建立一个矩形，然后产生 WM_PAINT 消息，调用视图类的 OnPaint 成员函数在屏幕上以数组中保存的矩形为边框画内切椭圆，在椭圆中输出所建类对象的数据成员。

程序实现方法：先在 comMFCView 类中定义 3 个数组 che、acc、m_rectBubble，分别保存 Chemistry、Account 类的对象，以及建立的矩形。然后再用 Visual C++向导为 comMFCView 添加鼠标左键单击的消息响应函数 OnLButtonDown 和 WM_PAINT 消息响应函数 OnPaint，并在该函数中输出 che、acc、m_rectBubble 数组中的对象。实现过程如下。

<1> 在 comMFCView.h 头文件中包含 Account 和 Chemistry 类的头文件。

```
/* comMFCView.h*/
    #include"Chemistry.h"        // 增加 Chemistry 类的头文件包含
    #include"Account.h"          // 增加 Account 类头文件包含
```

```
class CcomMFCView : public CView{
    ……
}
```

<2> 在 comMFCView 类的声明中定义 Account 和 Chemistry 类的对象数组 che、acc 及其他数据成员，增加的代码如下粗体字所示。

```
class CcomMFCView : public CView{
    ……
  protected:
    #define MAX_BUBBLE 250           // 类对象的最多个数
    CRect m_rectBubble[1000];        // 保存矩形数据的数组
    int m_nBubbleCount;              // 矩形个数的计数器
    char *name;                      // 代表 Account 或 Chemistry 的名字
    int  s1, s2, s3, s4, s5;         // 代表 5 科目成绩的变量
    Chemistry che[MAX_BUBBLE];       // 保存 Chemistry 对象的数组
    Account acc[MAX_BUBBLE];         // 保存 Account 对象的数组
    ……
};
```

说明：在 CcomMFCView 类中有多个 protected 访问段，可以在任何一个 protected 段中定义上述对象。

<3> 在 CcomMFCView 类的构造函数中初始化矩形计数器 m_nBubbleCount。

```
CcomMFCView::CcomMFCView(){
    m_nBubbleCount=0;
}
```

<4> 利用 Visual C++的类向导为 CcomMFCView 类添加鼠标左键单击事件的消息响应函数。选择"项目"|"类向导"，弹出类向导对话框，通过"消息"映射向导为 CcomMFCView 类添加 WM_LBUTTONDOWN 消息的响应函数，并在向导建立的消息响应函数中添加程序代码。

```
void CcomMFCView::OnLButtonDown(UINT nFlags, CPoint point){
    // TODO: 在此添加消息处理程序代码和/或调用默认值
    if(m_nBubbleCount<1000) {               // 下面 3 行语句以鼠标光标位置为中心，60 为半径建立
        int  r = 60;                        // 一个矩形对象，并将它保存在矩形数组 m_rectBubble 中
        CRect rect(point.x - r, point.y - r, point.x + r, point.y + r);
        m_rectBubble[m_nBubbleCount] = rect;
        // s1…s5 分别代表学生的这 5 科成绩，产生 50~100 之间的随机数代表成绩
        s1 = rand() % 50 + 50;
        s2 = rand() % 50 + 50;
        s3 = rand() % 50 + 50;
        s4 = rand() % 50 + 50;
        s5 = rand() % 50 + 50;
        if(m_nBubbleCount % 2)              // 偶数次单击鼠标时建立一个 Chemistry 类对象
        {
            name = "化学系";
            che[m_nBubbleCount]=Chemistry(name, s1, s2, s3, s4, s5);
        }
        else {                              // 奇数次单击鼠标时建立一个 Account 类对象
            name = "会计系";
            acc[m_nBubbleCount] = Account(name, s1, s2, s3, s4, s5);
        }
        m_nBubbleCount++;                   // 对象计数器增加
        InvalidateRect(rect, FALSE);        // 产生 WM_PAINT 消息
```

```
    }
    CView::OnLButtonDown(nFlags, point);
}
```

<5> 通过类向导为 CcomMFCView 类添加 OnPaint()消息响应函数。通过类向导为视图类 CcomMFCView 添加 WM_PAINT 消息的映射，在向导产生的 OnPaint()成员函数中添加程序代码。

```
void CcomMFCView::OnPaint(){
    // TODO: 在此处添加消息处理程序代码
    CPaintDC dc(this);                              // 为当前窗口获取设备环境
    dc.SelectStockObject(LTGRAY_BRUSH);             // 选入浅灰色画刷
    char  buffer[10];                               // buffer数组用于格式化成绩，便于输出
    long  x, y;                                     // x、y用于计算在椭圆中输出对象的左上角位置
    for(int i = 0; i<m_nBubbleCount; i++) {
        x = (m_rectBubble[i].left + m_rectBubble[i].right) / 2 - 10;
        y = (m_rectBubble[i].top + m_rectBubble[i].bottom) / 2 - 10;
        dc.Ellipse(m_rectBubble[i]);                // 在矩形中画内切椭圆
        if(i % 2) {                                 // 输出化学对象
            dc.SelectStockObject(LTGRAY_BRUSH);             // 选入浅灰色画刷
            dc.TextOut(x-12,y-25,CString(che[i].getName())); // 输出名称
            sprintf(buffer, "%d %d %d \0", che[i].getEng(),
                che[i].getMat(), che[i].getChi());
            dc.TextOut(x - 18, y, CString(buffer));         // 输出英语、数学、汉语
            sprintf(buffer, "%d %d \0", che[i].getAnl(), che[i].getChe());
            dc.TextOut(x-8, y+20,CString(buffer));          // 输出化学分析和化学成绩
        }
        else {                                      // 输出会计学对象
            dc.SelectStockObject(DKGRAY_BRUSH);             // 选入深黑色画刷
            dc.TextOut(x-12,y-25, CString(acc[i].getName())); // 输出名称
            sprintf(buffer, "%d %d %d \0", acc[i].getEng(), acc[i].getMat(), acc[i].getChi());
            dc.TextOut(x - 18, y, CString(buffer));         // 输出英语、数学、汉语
            sprintf(buffer, "%d %d \0", acc[i].getAccount(), acc[i].getEcon());
            dc.TextOut(x-8, y+20,CString(buffer));          // 输出会计学和经济学成绩
        }
    }
}
```

sprint()是一个格式化函数，第 1 条 sprintf 语句调用 Chemistry 类对象的成员函数获取数组对象的英语、数学、汉语成绩，并将其格式化为字符串存入字符数组 buffer 中，便于 TextOut()函数输出。TextOut()函数的用法如下：

    TextOut(x, y, CString)

其中，x 和 y 是屏幕输出的坐标位置，以像素点为计算单位。因为 TextOut()函数只能输出字符类型数据，而英语、数学、汉语等成员是数字型数据，所以需要用 sprintf()函数进行格式化为 char*，再用 CString 强制转换为 TextOut 需要的类型。其余 sprintf()函数实现同样的功能。

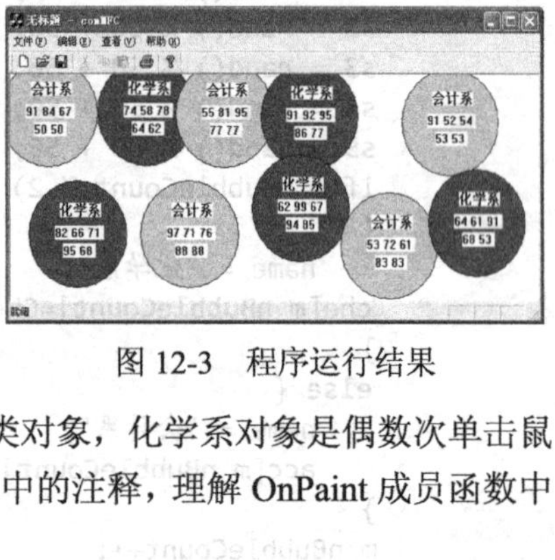

编译并运行程序，将得到如图 12-3 所示的程序运行结果。图中的会计系对象是奇数次单击鼠标时建立的 Account 类对象，化学系对象是偶数次单击鼠标时建立的 Chemistry 类对象。请读者结合图中的输出与函数中的注释，理解 OnPaint 成员函数中的各条 dc.TextOut 语句的输出含义。

图 12-3　程序运行结果

12.3 添加对话框

Windows 程序常常通过对话框输入数据，或者通过对话框显示程序执行结果。现在为例 12-2 建立的程序设计一个简单的数据输入对话框。

【例 12-3】 扩展例 12-2 的程序功能，为它设计一个输入数据的对话框，当右键单击程序窗口时，就弹出该数据输入对话框，通过该对话框输入学生姓名和各科成绩，并在鼠标右击位置画一个椭圆，同时将学生对象的数据显示在该椭圆中。

程序设计思路和方法： 以右键单击位置为中心产生一个矩形，为简化问题，将该矩形存入前面建立的矩形数组 m_rectBubble 中，然后弹出数据输入对话框，按照与例 12-2 相同的方法建立 Account 或 chemistry 类的对象。即如果当前的矩形个数是偶数，就用对话框中的输入数据建立 Chemistry 类的对象，并将之保存在 che 数组中；如果当前的矩形个数是奇数，就用对话框中的输入数据建立一个 Account 类的对象，并将之保存在 acc 数组中。这样就不需要改写输出成员函数 OnPaint，因为例 12-2 建立的 CcomMFCView::OnPaint()成员函数已经实现了输出 m_rectBubble、che 和 acc 数组中各对象的功能，不论哪个消息响应函数，只要将对象存入这些数组，OnPaint() 成员函数就能够将数组中的对象输出到显示屏幕上。

实现过程如下：

<1> 打开例 12-2 建立的 comMFC.sln 项目文件，展开"解决方案资源管理器"任务窗格中的"资源视图 comMFC"，右击"Dialog"，从弹出的快捷菜单中选择"插入 Dialog"，编辑器插入一个对话框"IDD_DIALOG1"，如图 12-4 所示。

<2> 其中的学生成绩登录、姓名、语文、数学、英语、专业课一、专业课二都是文本标签，这些标签右边放置的都是文本编辑框控件。将姓名编辑框 ID 修改为 IDC_NAME，语文编辑框 ID 改为 IDC_CHINESE，数学编辑框 ID 修改为 IDC_MATH，英语编辑框 ID 修改为 IDC_ENGLISH，专业课一编辑框的 ID 修改为 IDC_PROSS1，专业课二编辑框的 ID 修改为 IDC_PROSS2。修改对话框原来的默认命令按钮"OK"的标题为"确定"，修改"CANCEL"按钮的标题为"取消"。

<3> 建立好图 12-4 所示的成绩登录窗口后，双击该对话框的任意位置，弹出如图 12-5 所示的对话框，在"类名"中输入该对话框类的名字为 STUDLG，指定其基类为 CDialog。

图 12-4 建立学生成绩登录窗口　　　　　图 12-5 创建对话框类向导

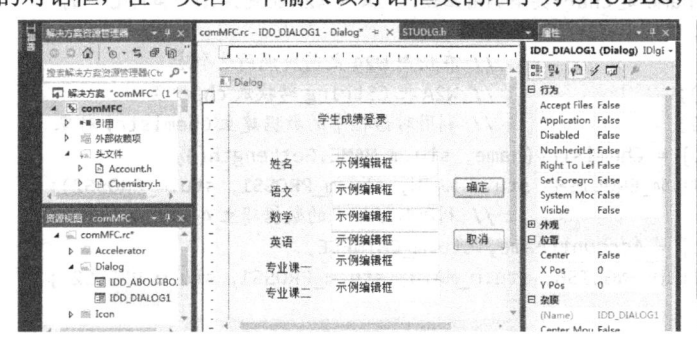

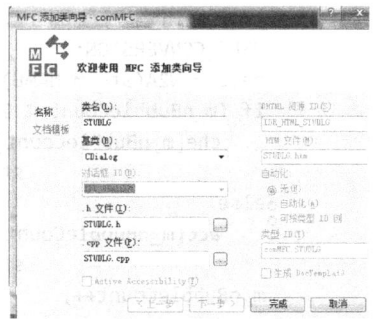

<4> 选择"项目"|"类向导"，弹出向导对话框，为新建立的对话框类 STUDLG 的控件设置用于数据交换的类成员，如表 12-1 所示。

<5> 在视图类的头文件 CcomMFCView.h 中添加对话框类 STUDLG 的头文件包含。

表 12-1 设置 STUDLG 对话框类控件的数据交换成员

对话框控件	数据交换成员	数据成员类别	数据类型	访问权限
IDC_Chinese	m_CHINESE	Values	int	public
IDC_MATH	m_MATH	Values	int	public
IDC_ENGLISH	m_ENGLISH	Values	int	public
IDC_NAME	m_NAME	Alues	CString	public
IDC_PROSS1	m_PROSS1	Values	int	public
IDC_PROSS2	m_PROSS2	Values	int	public

```
/*comMFCView.h*/
    #include "Chemistry.h"
    #include "Account.h"
    #include "studlg.h"              //添加此头文件包含
    class CcomMFCView : public CView{
        ……
    }
```

<6> 选择"项目"|"类向导",启动 Visual C++类向导,在"类名"列表中选中 CcomMFCView,从"消息"列表中指定"WM_RBUTTONDOWN",为 CcomMFCView 类建立鼠标右键单击事件的消息响应函数 OnRButtonDown,然后在该函数中添加程序代码。

```
void CcomMFCView::OnRButtonDown(UINT nFlags, CPoint point){
    /* TODO: 在此添加消息处理程序代码和/或调用默认值
       下面 3 条语句以鼠标光标位置为中心建立 170 像素点长、120 像素点宽的矩形,保存在矩形数组中*/
    int  r = 60;
    CRect rect(point.x-r, point.y-r, point.x+r+50, point.y+r);
    m_rectBubble[m_nBubbleCount] = rect;
    STUDLG  stu;                      // 建立一个对话框对象
    /*下面语句实现的功能是:如果单击对话框中的"确定"按钮,就用对话框中各控件交换到 STUDLG 类
        对象的数据成员建立对象。如果矩形数组中当前矩形个数是偶数,就建立 Chemistry 类的对象;如
        果是奇数,就建立 Account 类的对象。*/
    if (stu.DoModal() == IDOK) {
        /* stu.m_NAME 是 Cstring 类型,下面两条语句将它转换成 char *类型因为 Chemistry 和
            Account 构造函数中的 name 是 char*类型调用函数,T2A 或 W2A 把支持 ATL 和 MFC 中的
            CString 转换成 char*。*/
        USES_CONVERSION;              // 在使用 W2A 之前应调用这个宏
        name = W2A(stu.m_NAME);       // W2A 把 CString 转换成 char*类型
        if (m_nBubbleCount % 2)       // 利用对话框中的数据建立 Chemistry 对象
            che[m_nBubbleCount] = Chemistry(name, stu.m_NAME.GetLength(),
                    stu.m_ENGLISH, stu.m_MATH, stu.m_PROSS1, stu.m_PROSS2);
        else                          // 利用对话框中的数据建立 Account 对象
            acc[m_nBubbleCount] = Account(name, stu.m_CHINESE,
                    stu.m_ENGLISH, stu.m_MATH, stu.m_PROSS1, stu.m_PROSS2);
        m_nBubbleCount++;
    }
    InvalidateRect(rect, FALSE);      // 产生 WM_PAINT 消息调用 OnPaint 函数
    CView::OnRButtonDown(nFlags, point);
}
```

编译并运行程序,将得到如图 12-6 所示的运行结果。其中名为"会计系"和"化学系"的圆是单击左键产生的,两个较大的椭圆是单击右键产生的。可以看出,"刘化学"是 Chemistry 类的

对象,"张会计"是 Account 类的对象,这两个对象中的数据都是通过对话框 STUDLG 类的对象 stu 输入的。

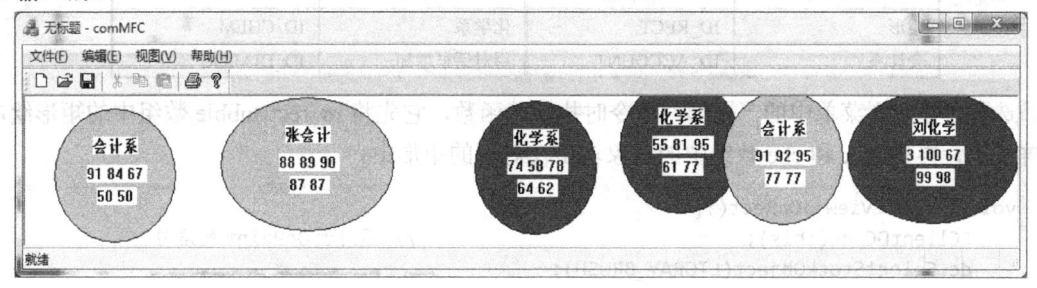

图 12-6 例 12-3 运行结果

说明:W2A 和 USES_CONVERSION 在 Visual Studio 2015 中可以直接调用,如在其他版本中出现未定义问题,可以"#include <afxpriv.h>"。

12.4 添加程序菜单

菜单不仅能够有效地将程序的各个功能模块组织在一起,而且还为用户提供了一种直观方便的程序操作方法,是程序执行流程的控制者。

【例 12-4】 扩展例 12-3 的程序功能,完善其菜单功能,使之能够通过菜单增加一个 Account 或 Chemistry 类的对象,并且能够通过菜单在矩形框中显示对象数据。

实现过程如下:

<1> 启动 Visual C++,打开例 12-3 建立的 comMFC.sln 项目文件,展开"解决方案资源管理器"|"视图资源"任务窗格,双击 Menu 中的"IDD_MAINFRAME",启动菜单编辑器,修改主菜单"IDD_MAINFRAME",在其中添"显示"和"增加学生"两个菜单栏,如图 12-7 所示。

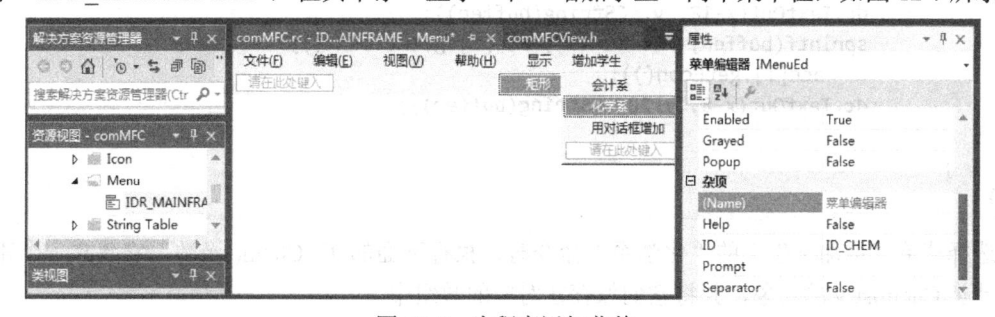

图 12-7 为程序添加菜单

<2> 在新增的"显示"菜单下添加一个"矩形"菜单项,在"增加学生"菜单下增加"会计系"、"化学系"、"用对话框增加"3 个菜单项,并按表 12-2 设置各菜单项的 ID。

<3> 选择"项目"|"类向导"菜单命令,启动 Visual C++类向导,在向导对话框中选定类名为视图类 CcomMFCView,在"命令"标签的"对象"列表中找到并双击表 12-2 中的菜单标识 ID_RECT、ID_ACCOUNT、ID_CHEM、ID_DIALOG,为视图类 CcomMFCView 添加菜单消息处理函数。

<4> 在类向导为 CcomMFCView 建立的菜单消息响应函数 OnRect、OnChem、OnAccount、OnDialog 中添加程序代码。首先,为 OnRect()函数增加程序代码,与 OnPaint()实现的功能基本相

表 12-2 新增菜单项的 ID

菜单项名	菜单 ID	菜单项名	菜单 ID
矩形	ID_RECT	化学系	ID_CHEM
会计系	ID_ACCOUNT	用对话框增加	ID_DIALOG

同。选择"显示"菜单中的"矩形"命令时执行此函数，它先将 m_rectBubble 数组中的矩形绘制在屏幕上，再将 Acc 和 che 数组中的对象输出在对应的矩形中。

```
void CcomMFCView::OnRect(){
    CClientDC dc(this);                              // 不同于 OnPaint 的语句
    dc.SelectStockObject(LTGRAY_BRUSH);
    char  buffer[10];
    long  x, y;
    for(int i = 0; i<m_nBubbleCount; i++) {
        x = (m_rectBubble[i].left + m_rectBubble[i].right) / 2 - 10;
        y = (m_rectBubble[i].top + m_rectBubble[i].bottom) / 2 - 10;
        dc.Rectangle(m_rectBubble[i]);               // 不同于 OnPaint 函数的语句
        if(i % 2) {
            dc.SelectStockObject(LTGRAY_BRUSH);
            dc.TextOut(x-12, y-25, CString(che[i].getName()));
            sprintf(buffer, "%d %d %d \0", che[i].getEng(), che[i].getMat(), che[i].getChi());
            dc.TextOut(x-18, y, CString(buffer));
            sprintf(buffer, "%d %d \0", che[i].getAnl(), che[i].getChe());
            dc.TextOut(x-8, y+20, CString(buffer));
        }
        else {
            dc.SelectStockObject(DKGRAY_BRUSH);
            dc.TextOut(x-12, y-25, CString(acc[i].getName()));
            sprintf(buffer, "%d %d %d \0", acc[i].getEng(),
                acc[i].getMat(), acc[i].getChi());
            dc.TextOut(x-18, y, CString(buffer));
            sprintf(buffer, "%d %d \0", acc[i].getAccount(),
                acc[i].getEcon());
            dc.TextOut(x-8, y+20, CString(buffer));
        }
    }
}
```

选择菜单"增加学生"的"化学系"命令时，执行下面的 OnChem()函数，它建立一个矩形和会计类 Chemistry 的对象，并将它们保存在对应的数组中。

```
void CcomMFCView::OnChem(){
    CRect rect(10,100,200,200);
    m_rectBubble[m_nBubbleCount]=rect;
    name="化学系";
    che[m_nBubbleCount]=Chemistry(name,85,85,85,84,85);
    m_nBubbleCount++;
    InvalidateRect(rect, FALSE);
}
```

选择菜单"增加学生"的"会计系"命令时，执行下面的 OnAccount()函数，它建立一个矩形和化学类 Account 的对象，并将它们保存在对应的数组中。

```
void CcomMFCView::OnAccount(){
    CRect rect(100,200,200,300);
    m_rectBubble[m_nBubbleCount]=rect;
    name="会计系";
    acc[m_nBubbleCount]=Account(name,85,85,85,84,85);
    m_nBubbleCount++;
    InvalidateRect(rect, FALSE);
}
```

选择菜单"增加学生"的"用对话框增加"命令时,执行下面的 OnDialog()函数,它在屏幕的随机位置建立一个矩形,如果 m_rectBubble 数组中当前的矩形个数是偶数就建立一个 Chemistry 的对象,否则建立一个 Account 的对象,并将它们保存在对应的数组中。

```
void CcomMFCView::OnDialog(){
    int  x = rand() % 200 + 50;
    int  y = rand() % 200 + 50;
    int  r = 60;
    CRect rect(x - r, y - r, x + r + 50, y + r);
    m_rectBubble[m_nBubbleCount] = rect;
    STUDLG stu;
    if(stu.DoModal() == IDOK) {
        USES_CONVERSION;              // 在使用 W2A 之前应调用这个宏
        name = W2A(stu.m_NAME);       // W2A 把 CString 转换成 char*类型
        if (m_nBubbleCount % 2)
            che[m_nBubbleCount] = Chemistry(name, stu.m_CHINESE,
                      stu.m_ENGLISH, stu.m_MATH, stu.m_PROSS1, stu.m_PROSS2);
        else
            acc[m_nBubbleCount] = Account(name, stu.m_CHINESE,
                      stu.m_ENGLISH, stu.m_MATH, stu.m_PROSS1, stu.m_PROSS2);
        m_nBubbleCount++;
    }
    InvalidateRect(rect, FALSE);
}
```

<5> 编译并运行程序,得到如图 12-8 所示的运行结果。其中的"张三"、"李四"是通过"增加学生"菜单的"用对话框增加"命令建立的,最下面的"会计系"对象是通过"增加学生"菜单的"会计学"命令建立的。右侧的"会计系"、"化学系"对象是单击左键产生的。

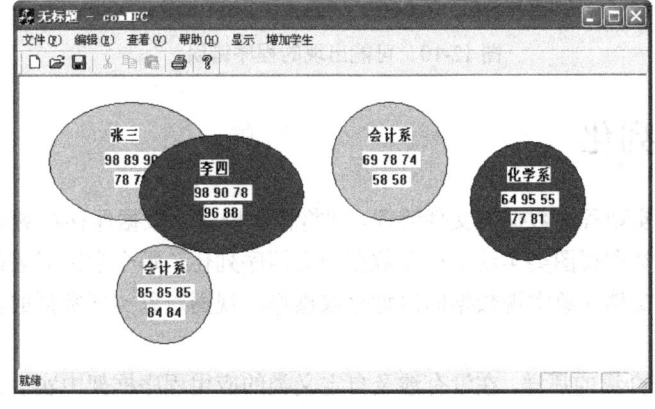

图 12-8 用菜单建立的对象

<6> 选择"显示"菜单的"矩形"菜单项,得到如图 12-9 所示的程序结果。但当改变窗口大小时,图 12-9 中的矩形会重新显示为图 12-8 中的形式。原因是窗口大小改变时会产生 WM_PAINT 消息,程序将重新调用 OnPaint()函数输出各矩形中的数据,当然就恢复为图 12-8 的形式了。

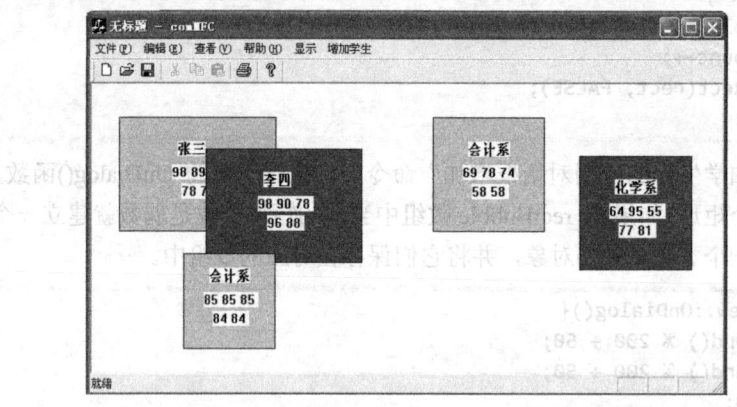

图 12-9 选择"显示"菜单中的"矩形"菜单项的程序执行结果

说明:在执行本程序的过程中,单击左键或右键产生对象时不会有问题。由于函数 OnPaint()和 OnRect()的设计缺限,在建立对象时要求是 Account 对象、Chemistry 对象、Account 对象、Chemistry 对象……以后都是这样交替进行。在用菜单建立对象时尤其需要小心,否则会产生如图 12-10 所示的错误。请读者思考解决方法。图 12-10 是连续 2 次选择"增加学生"|"会计系"或"化学系"时,第 2 次选择菜单命令时产生的错误输出。因为本程序要求当矩形个数为偶数时建立 Chemistry 类的对象,为奇数时建立 Account 类的对象。仔细分析 CcomMFCView 类的 OnLButtonDown()和 OnRButtonDown()消息处理函数中的程序代码,并结合 OnPaint()和 OnRect()函数中的输出方式就会明白此错误的原因。

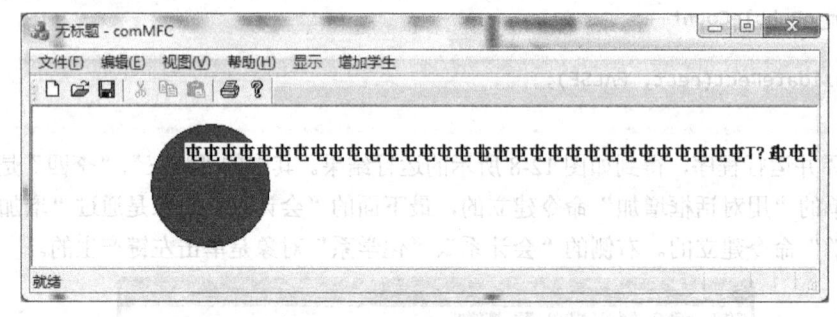

图 12-10 可能出现的程序错误

12.5 文档序列化

文档序列化用于实现程序数据的文件管理,即将程序操作的数据保存在磁盘文件中。MFC 应用程序框架通过文档类和视图类实现了程序数据的文档序列化,每个视图对象都有且只有一个与之关联的文档对象,文档对象实现数据的磁盘存取操作,视图对象实现数据的显示,而这些数据是由文档对象管理的。

正如本书 11.6 节介绍的那样,在没有涉及自定义类的应用程序框架中实现文档序列化比较简单,但若要在应用程序框架实现从 DOS 程序中移植过来的自定义类的文档序列化时,情况就要复杂得多。

首先，需要让自定义类继承 CObject 类的文档序列化功能，然后在自定义类中增加实现文档序列化的宏和文档序列化函数 Serialize，形式如下：

```
class X:public CObject{
    ……
  public:
    ……
    virtual void Serialize(CArchive &ar);
    DECLARE_SERIAL(X);
};
IMPLEMENT_SERIAL(X, CObject, 1)
void comFinal::Serialize(CArchive &ar) {
    if(ar.IsStoring())
        ar<<.......
    else
        ar>>.......
}
```

此外，如果自定义类重载了输入运算符<<或输出运算符>>，可能会与 Serialize()函数中的输入/输出运算符相冲突，需要对之进行修改。最常见的一种做法就是删除或注释掉自定义类中对输入运算符<<和输出运算符>>的重载，因为 Windows 程序中的输入和输出采用的是图形方式，这两个运算符的重载功能很可能不再需要了。

【例 12-5】 完善例 12-4 的程序功能，实现文档序列化功能。

程序设计思路及实现方法： 在文档类 CcomMFCDoc 中定义一个保存程序建立的 Account 或 Chemistry 类对象的链表，并且由文档类实现该链表对象的磁盘存取操作；视图类 CcomMFCView 保持原有的功能，左键单击奇数次时建立 Account 类的对象，单击偶数次时建立 Chemistry 对象，并将对象保存在文档类建立的对象链表中；单击右键时，弹出输入学生档案的对话框，且利用对话框中输入的数据建立一个 Account 或 Chemistry 类的对象，并将建立的对象保存在文档类建立的对象链表中；此外，通过菜单项建立的对象也保存在文档类建立的对象链表中；最后用 OnDraw 函数将文档类链表中的对象显示在屏幕上。上述程序设计思路可用如图 12-11 所示，图中圈释为：

① 在文档类 CcomMFCDoc 中用 MFC 的对象链表 CObList 建立一个链表 comList，该链表可以存放任意对象的指针。

② 视图类 CcomMFCView 的成员函数 OnLButtonDown()、OnRButtonDown()、OnChem()通过视图类的成员函数 GetDocument()获取文档类的指针，且通过该指针将鼠标单击或选择菜单命令时建立的 Account 或 Chemistry 类对象存入 comList 链表中。

③ 视图类的 OnDraw()成员函数通过 GetDocument 成员函数获取文档指针，并通过该指针访问文档对象中的 comList 链表，将此链表中的所有对象显示在屏幕上。

④ comList 链表中的对象由 CcomMFCDoc 类的 Serialize()函数实现序列化，即负责将该链表中的对象写入磁盘文件，或从磁盘文件中读取链表对象的数据。

例 12-4 中的视图类 CcomMFCView 采用了 acc、che、m_rectBubble 三个数组来保存程序建立的 Account、Chemistry 和矩形类的对象。但在本例中，视图类 CcomMFCView 建立的 Account 和 Chemistry 类的对象都保存在文档类建立的对象链表 comList 中，所以不再需要 acc 和 che 数组。此外，本例将以普通文本方式显示对象，每个对象的数据输出在一行上，也不再需要保存矩形的数组 m_rectBubble。

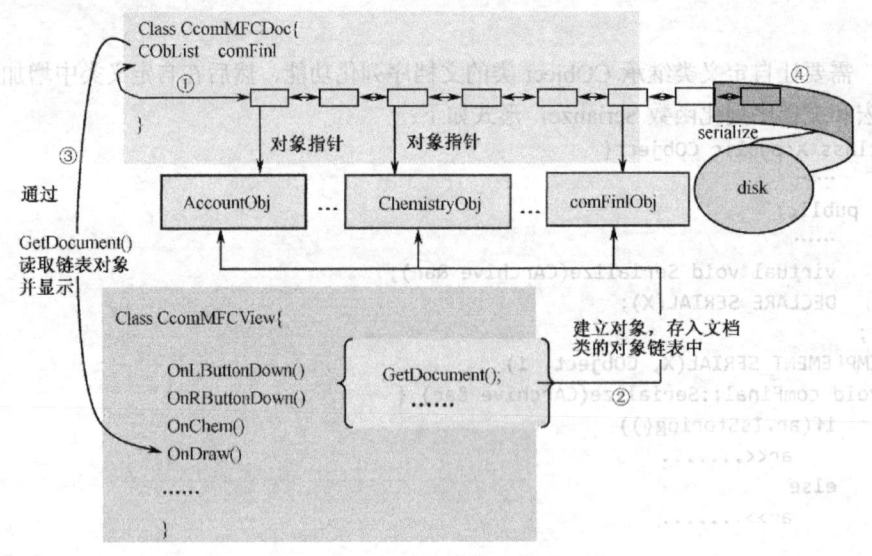

图 12-11 comFinl 程序文档序列化

实现过程：基于 DOS 平台设计出的自定义类 comFinal、Chemistry 和 Account 不具有文档序列化功能，要实现文档序列化，需要让它们继承 CObject 类的文档序列化功能，并添加文档序列化的宏和文档序列化函数 Serialize。由于 comFinal 是 Chemistry 和 Account 的基类，只要它继承了 CObject 类的功能，Chemistry 和 Account 类就能够从它那里继承到这些功能。

<1> 实现 comFinl 类的序列化。在类的头文件 comFinal.h 中进行如下修改：

```
/*comFinal.h*/
……
class comFinal:public CObject{
  protected:
    //char name[20];                                          // L1
    CString name;                                             // L2
    ……
  public:
    comFinal(CString n,int Eng,int Chi,int Mat);              // L3
    CString getName(){return name;}                           // L4
    //  virtual void show();                                  // L5
    //  friend ostream &operator<<( ostream &os, comFinal &s);// L6
    ……
  public:
    // 添加的函数
    virtual int getEcon(){  return 0;  }                      // L7
    virtual int getAccount(){  return 0;  }                   // L8
    virtual int getAnl(){  return 0;  }                       // L9
    virtual int getChe(){  return 0;  }                       // L10
    virtual void Serialize(CArchive &ar);                     // L11
    DECLARE_SERIAL(comFinal)                                  // L12
};
```

L1 中的 name 是 char*类型的数据，不能被 Serialize 序列化函数中的输出运算符<<输出，所以 L2 将之改为能够用运算符<<和>>进行输入/输出的 CString 类型，CString 是 MFC 定义的字符串类型。基于同样原因，将 L3、L4 中的函数参数或函数返回类型也修改为 CString 类型。

L5 的 Show()函数是 DOS 平台下的字符输出函数，它们在 Windows 程序中不再有用，L6 是由于 comFinal 类用友元重载了输出运算符函数 operator<<，该重载函数将与文档序列化函数 Serialize 中的输出运算符<<冲突，所以将其注释或删除；

L7~L10 定义的虚函数通过 comFinal 类访问 Account 和 Chemistry 类中相应成员函数的接口。在 CcomMFCDoc 类中建立的 comList 链表是基于 comFinal 类对象的链表，但链表中实际存放的却是派生类 Account 和 Chemistry 的对象，将基类 comFinal 中的函数定义为虚函数后，就能够通过 comFinal 类对象的指针访问到派生类 Account 和 Chemistry 的函数功能。

L11 重载基类 CObject 的文档序列化函数 Serialize()，以实现 comFinl 类数据成员的磁盘存取操作。

L12 中的 DECLARE_SERIAL(comFinal)宏声明本类将实现文档序列化功能。

在进行了 comFinal.h 文件的修改后，需要对源文件 comFinal.cpp 进行以下修改：

```
//ComFinal.cpp
    #include "stdafx.h"                              // 不包含该头文件将产生编译错误
    #include <iostream>
    #include "comFinal.h"
    using namespace std;
    IMPLEMENT_SERIAL(comFinal, CObject, 1)           // 实现文档序列化宏，修改 n 类型为 CString
    comFinal::comFinal(CString n, int Eng, int Chi, int Mat) {
        english = Eng; chinese = Chi; math = Mat;
        //strcpy(name,n);                            // 原来的 name 赋值句
        name = n;                                    // CString 类型可直接赋值
    }
    void comFinal::Serialize(CArchive &ar) {         // 文档序列化函数
        if(ar.IsStoring())
            ar<<name<<chinese<<english<<math;        // 保存数据成员到磁盘文件
        else
            ar>>name>>chinese>>english>>math;        // 从磁盘文件读数据到数据成员
    }
```

这就是 comFinal.cpp 中的全部有效程序代码。原来的 Show、operator<<重载函数已被删除。

<2> 实现 Chemistry 类的序列化。对 Chemistry.h 文件的修改如下：

```
/*Chemistry.h*/
    #include "comFinl.h"
    #ifndef chemistry_h
    #define chemistry_h
    class Chemistry:public comFinal{
    //     friend ostream &operator<<( ostream &os, Chemistry &s);
      public:
        ……
    //     void show();
        Chemistry(CString n, int Eng, int Chi, int Mat, int Chem, int Anal);
        // 增加下面两行代码
        virtual void Serialize(CArchive &ar);
        DECLARE_SERIAL(Chemistry)
    };
    #endif
```

对 Chemistry.h 文件的修改包括：① 将传递给构造函数 name 成员的参数类型从原来的 char*

改为 CString；② 删除或注释运算符重载函数 operator<<和 show()函数；③ 增加文档序列化函数 Serialize()；④ 增加文档序列化声明宏 DECLARE_SERIAL(Chemistry)。其余程序代码不做任何修改。对 Chemistry.cpp 文件进行修改，最后的程序代码如下：

```
/*Chemistry.cpp*/
    #include "stdafx.h"
    #include <iostream.h>
    #include "Chemistry.h"
    IMPLEMENT_SERIAL(Chemistry, comFinal, 1)
    Chemistry::Chemistry(CString n, int Eng, int Chi,int Mat, int Chem, int Anal):
    comFinal(n, Eng, Chi, Mat){ Chemistr=Chem;    Analy=Anal;  }
    void Chemistry::Serialize(CArchive &ar) {        // 新增加的文档序列化函数
        comFinal::Serialize(ar);
        if(ar.IsStoring())
            ar<<Chemistr<<Analy;
        else
            ar>>Chemistr>>Analy;
    }
```

这就是 Chemistry.cpp 文件的全部程序代码，删除了原来的 Show()和 operator<<函数的定义，增加了 Serialize()函数的定义和 IMPLEMENT_SERIAL 宏的声明，并将传递给构造函数 name 成员的参数类型改为 CString。

<3> 实现 Account 类的序列化。Account 类的序列化与 Chemistry 类的序列化完全相同，对 Account.h 的修改如下：

```
/*Account.h*/
    #include "comFinl.h"
    #ifndef Account_h
    #define Account_h
    class Account:public comFinal{
        //friend ostream &operator<<(ostream &os, Account &s);
      public:
        ……
        Account(CString n, int Eng, int Chi, int Mat, int Acc, int Eco);
        //void show();
        virtual  void Serialize(CArchive &ar);
        DECLARE_SERIAL(Account);
    };
    #endif
```

下面是修改后的 Account.cpp 文件内容：

```
/*Account.cpp*/
    #include "stdafx.h"
    #include "account.h"
    #include <iostream.h>
    IMPLEMENT_SERIAL(Account,comFinal,1)
    Account::Account(CString n, int Eng, int Chi, int Mat, int Acc, int Eco):
                                            comFinal(n, Eng, Chi, Mat){
        Econ=Eco;
        Account=Acc;
    }
```

```
/*
bool operator<(Account &o1,Account &o2) {
    return (o1.getAverage()<o2.getAverage())?true:false;
}
*/
void Account::Serialize(CArchive &ar) {
    comFinal::Serialize(ar);
    if(ar.IsStoring())
        ar<<Account<<Econ;
    else
        ar>>Account>>Econ;
}
```

这就是 Account.cpp 文件中的全部内容，文件中原来的 Show()和 operator<<函数已被删除了。

<4> 实现文档类 CcomMFCDoc 的序列化。文档类本身具有文档序列化功能，需要对它进行的修改是在其中定义 COblist 对象类型的链表 comList，用于保存视图类建立的对象，并在文档序列化函数 Serialize 中对 comList 链表进行序列化。对 comMFCDoc.h 的修改如下：

```
/*comMFCDoc.h*/
    class CcomMFCDoc : public CDocument{
      public:
        ……
        CObList   comList;                    // 对 comMFCDoc.h 类的唯一修改
    };
```

在 comMFCDoc.cpp 文件中需对文档序列化函数 Serialize 进行修改，修改后的内容如下：

```
    void CcomMFCDoc::Serialize(CArchive& ar) {
        if(ar.IsStoring()){
                                              // TODO: add storing code here
        }
        else{
                                              // TODO: add loading code here
        }
        comList.Serialize(ar);                // 对 Serialize 的唯一修改
    }
```

comMFCDoc.cpp 文件中的其余函数保持不变。

<5> 视图类 CcomMFCView 的文档序列化。视图类需要进行的修改较多，但都只是修改已有事件函数中的程序代码。为了与前面的程序相区别，本例将在 OnDraw 函数中实现数据的输出显示，所以要注释或删除 OnPaint 成员函数，因为它具有比 OnDraw 成员函数处理 WM_PAINT 消息更高的优先权。

对 CcomMFCView.h 的修改如下：

```
/* CcomMFCView.h*/
    ……
    class CcoMMFCView : public CView{
      protected:
        ……                                    // 删除了 acc[]、che[]、m_rectBubble[]数组的定义
        // 下面是 CcomMFCView 类中的全部自定义对象及变量
        comFinal *com;        //增加的对象指针定义
```

```
    #define MAX_BUBBLE 250
    int m_nBubbleCount;
    CString name;
    int s1,s2,s3,s4,s5;
    //afx_msg void OnPaint();          // 注释掉原来的 OnPaint 成员函数
    ……
};
```

对 comMFCView.h 的修改是注释或删除 OnPaint 成员函数的声明，删除 acc、che、m_rectBubble 对象数组的定义，增加 com 对象指针的定义，其余变量或对象的定义保持不变。

对 comMFCView.cpp 源文件的修改如下：

① 注释或删除 CcomMFCView::OnPaint()成员函数。

② 修改左键单击事件成员函数，改后的程序代码如下：

```
void CcomMFCView::OnLButtonDown(UINT nFlags, CPoint point) {
    CcomMFCDoc* pDoc = GetDocument();       // 获取文档对象的指针
    ASSERT_VALID(pDoc);                     // 验证文档指针的有效性
    if(m_nBubbleCount<1000) {
        int r=60;
        s1=rand()%50 +50;
        s2=rand()%50 +50;
        s3=rand()%50 +50;
        s4=rand()%50 +50;
        s5=rand()%50 +50;
        if(m_nBubbleCount % 2){             // 如果对象的个数是偶数，就建立 Chemistry 类对象
            name="化学系";
            com=new Chemistry(name,s1,s2,s3,s4,s5);
        }
        else{                               // 如果对象的个数是奇数，就建立 Account 类对象
            name="会计系";
            com=new Account(name,s1,s2,s3,s4,s5);
        }
        m_nBubbleCount++;
    }
    pDoc->SetModifiedFlag();                // 设置文档对象的更新模式
    pDoc->UpdateAllViews(NULL);             // 刷新文档对象关联的视图类
    pDoc->comList.AddTail(com);             // 将 com 对象添加到文档类的 comList 链表末尾
    Invalidate();                           // 产生 WM_PAINT 消息，将调用 OnDraw 函数
    CView::OnLButtonDown(nFlags, point);
}
```

③ 修改鼠标右键单击事件函数，通过对话框建立 Account 或 Chemistry 类的对象，并将它添加到文档类的 comList 对象链表中。修改后的函数如下：

```
void CcomMFCView::OnRButtonDown(UINT nFlags, CPoint point){
    /* TODO: 在此添加消息处理程序代码和/或调用默认值
    下面 3 条语句以鼠标光标位置为中心，建立 170 像素点长、120 像素点宽的矩形
    保存在矩形数组中。*/
    CcomMFCDoc* pDoc = GetDocument();
    ASSERT_VALID(pDoc);
    STUDLG stu;                 //建立一个对话框对象
    /*下面语句实现的功能是：如果单击对话框中的"确定"按钮，就用对话框中各个控件
```

交换到 STUDLG 类对象的数据成员建立对象。如果矩形数组中当前矩形个数是偶
数，就建立 Chemistry 类的对象；如果是奇数就建立 Account 类的对象。*/
if (stu.DoModal() == IDOK) {
    name = stu.m_NAME;
    if (m_nBubbleCount % 2)   // 利用对话框中的数据建立 Chemistry 对象
        com = new Chemistry(name, stu.m_CHINESE,
                    stu.m_ENGLISH, stu.m_MATH, stu.m_PROSS1, stu.m_PROSS2);
    else   // 利用对话框中的数据建立 Account 对象
        com = new Account(name, stu.m_CHINESE,
                    stu.m_ENGLISH, stu.m_MATH, stu.m_PROSS1, stu.m_PROSS2);
    m_nBubbleCount++;
}
pDoc->UpdateAllViews(NULL);
pDoc->comList.AddTail(com);
Invalidate();
CView::OnRButtonDown(nFlags, point);
}
```

④ 修改"增加学生"菜单的"化学系"和"会计系"选项的消息响应函数，当选择此命令时，就创建与之对应的 Chemistry 或 Account 类的对象，并将该对象保存在文档类的 comList 对象链表的末尾。

```
void CcomMFCView::OnChem(){
    CcomMFCDoc* pDoc = GetDocument();
    ASSERT_VALID(pDoc);
    name="化学系";
    com=new Chemistry(name,85,85,85,84,85);
    m_nBubbleCount++;
    pDoc->SetModifiedFlag();
    pDoc->UpdateAllViews(NULL);
    pDoc->comList.AddTail(com);
    Invalidate();
}
void CcomMFCView::OnAccount(){
    CcomMFCDoc* pDoc = GetDocument();
    ASSERT_VALID(pDoc);
    name="会计系";
    com=new Account(name,85,85,85,84,85);
    m_nBubbleCount++;
    pDoc->SetModifiedFlag();
    pDoc->UpdateAllViews(NULL);
    pDoc->comList.AddTail(com);
    Invalidate();
}
```

⑤ 修改"增加学生"|"用对话框增加"菜单命令的消息响应函数。当选择此命令时，弹出输入学生档案对话框，并用该对话框中的数据建立 Chemistry 或 Account 类的对象，然后将该对象保存在文档类的 comList 对象链表的末尾。

```
void CcomMFCView::OnDialog(){
    CcomMFCDoc* pDoc = GetDocument();
    ASSERT_VALID(pDoc);
```
```

```
        STUDLG stu;
        if (stu.DoModal() == IDOK) {
            if (m_nBubbleCount % 2)
                com = new Chemistry(stu.m_NAME, stu.m_CHINESE,
                              stu.m_ENGLISH, stu.m_MATH, stu.m_PROSS1, stu.m_PROSS2);
            else
                com = new Account(name, stu.m_CHINESE,
                              stu.m_ENGLISH, stu.m_MATH, stu.m_PROSS1, stu.m_PROSS2);
            m_nBubbleCount++;
        }
        pDoc->SetModifiedFlag();
        pDoc->UpdateAllViews(NULL);
        pDoc->comList.AddTail(com);
        Invalidate();
    }
```

⑥ 修改显示函数 OnDraw，它获取文档类对象指针，并通过该指针访问文档类的 comList 对象链表，将链表中的对象显示在屏幕上，每个对象的数据输出在一行中。

```
    void CcomMFCView::OnDraw(CDC* pDC) {
        CcomMFCDoc* pDoc = GetDocument();
        ASSERT_VALID(pDoc);
        char buffer[100];
        int i = 1;
        // 下面的语句通过文档指针获取文档中的 comList 对象链表的首元素位置，并将之
        // 保存在迭代器 pos 中，以便遍历 comList 链表
        POSITION pos = pDoc->comList.GetHeadPosition();
        while (pos != NULL) {                      // 通过迭代器遍历 comList 链表
            if (i % 2) {                           // 将偶数链表节点转换成 Account 对象并输出
                com = (Account*)pDoc->comList.GetNext(pos);   //获取链表节点
                sprintf(buffer, "%d %d %d %d % d\0", com->getChi(), com->getEng(), com->getMat(),
                                       com->getAccount(), com->getEcon());
                pDC->TextOut(10, i * 20, com->getName() +CString(buffer));
            }
            else {                                 // 将奇数链表节点转换成 Chemistry 对象并输出
                com = (Chemistry*)pDoc->comList.GetNext(pos);
                sprintf(buffer, "%d %d %d %d % d\0",com->getChi(),
                                   com->getEng(), com->getMat(), com->getChe(), com->getAnl());
                pDC->TextOut(10, i*20, com->getName()+CString(buffer));
            }
            ++i;
        }
    }
```

说明：sprintf()函数将从链表节点获得的 Account 或 Chemistry 对象的数据成员格式化为字符串保存在 buffer 字符数组中，便于 TextOut()函数输出。每行字符的高度为 20 个像素点（由 TextOut()函数中的 i*20 确定）。

⑦ 修改"显示"菜单的"矩形"命令的事件响应函数，它以绿色背景、红色字体显示 comList 链表中的 Account 或 Chemistry 类对象，显示方式与 OnDraw()相同。

```
    void CcomMFCView::OnRect(){
        CClientDC dc(this);
```

```
CcomMFCDoc* pDoc = GetDocument();
ASSERT_VALID(pDoc);
dc.SetBkColor(RGB(0, 255, 0));              // 设置输出字符的背景色为绿色
dc.SetTextColor(RGB(255, 0, 0));            // 设置输出字符的前景色为红色
char buffer[100];
int i = 1;
POSITION pos = pDoc->comList.GetHeadPosition();
while (pos != NULL) {
    if (i % 2) {
        com = (Account*)pDoc->comList.GetNext(pos);   //获取链表节点
        sprintf(buffer, "%d %d %d %d % d\0",com->getChi(),
                    com->getEng(),com->getMat(),com->getAccount(), com->getEcon());
        dc.TextOut(10, i*20, com->getName()+CString(buffer));
    }
    else {
        com = (Chemistry*)pDoc->comList.GetNext(pos);
        sprintf(buffer, "%d %d %d %d % d\0",com->getChi(),
                    com->getEng(),com->getMat(), com->getChe(), com->getAnl());
        dc.TextOut(10, i*20, com->getName()+ CString(buffer));
        ++i;
    }
}
```

至此，comFinal 应用程序的所有文档序列化工作已经完成，程序实现了"文件保存"和"文件打开"文件的功能。编译并运行程序，将得到如图 12-12 所示的运行结果。

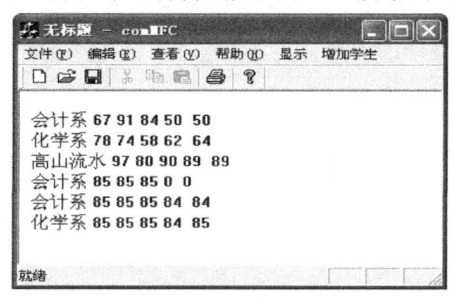

图 12-12 程序运行结果

选择"显示"菜单中的"矩形"（该菜单项名称是例 12-4 建立的，已名不副实，应将之改为"彩色字体"）命令后，屏幕上的文本将以红字绿背景显示出来。图 12-12 中的第 1、2 行是单击左键建立的对象的输出，第 3 行"高山流水"是单击右键，通过弹出的对话框输入数据，并用对话框中的数据建立的一个 Account 类的对象。第 4 行是选择"增加学生"|"会计系"命令建立的 Account 对象，最后两个 0 代表专业课成绩，明显是错误的。原因是 OnDraw()将把 comList 链表中偶数节点中的对象转换成 Chemistry 类的对象，因此 OnDraw 将用成员函数 com->getChe()、com->getAnl()获取两专业课程的成绩，显然只能获取到 0，因为 comList 链表中的当前节点实际是一个 Account 对象，应该用 com->getAccount() 和 com->getEcon()获取会计学和经济学的成绩。

在本程序中，通过鼠标左键、右键的单击事件建立对象时不会有问题，但通过"增加学生"菜单中的菜单项建立对象时应当小心，要按"化学系"和"会计系"交替的方式建立对象，在输

出时才不会有问题。

实际上，不管以怎样的次序调用"增加学生"菜单中的命令建立对象，保存在 comList 链表中的对象总是正确的，只是用于输出数据的 OnDraw() 和 OnRect() 成员函数存在缺陷，它们将 comList 链表的奇数节点显示为 Account 类的对象，偶数节点显示为 Chemistry 类的对象，若奇数节点实际存放的是 Chemistry 类的对象，就会将其专业课的成绩输出为 0。解决这个问题的方法其实很简单，可以启用 Visual C++的 RTTI 机制，在输出节点对象前，先用 typeid 运算符判断该对象的实际类型然后输出，typeid 的详细用法可参考本书 5.5 节。

习 题 12

1. 利用 MFC 向导建立一个单文档应用程序，然后将第 7 章第 8 题建立的 Worker 类移植到该应用程序中，为该程序建立输入 Worker 对象数据的对话框，建立菜单调用该对话框实现 Worker 对象的数据输入，并通过文档序列化实现 Worker 对象数据的磁盘存取功能。

参考文献

[1] [美]B.Lippman 等．C++ Primer．王刚，杨巨峰，译．北京：电子工业出版社，2013．

[2] [美]Walter Savitch．C++入门经典（第9版）．周靖，译．北京：清化大学出版社，2015．

[3] 谭浩强．C++面向对象程序设计（第2版）．北京：清华大学出版社，2014．

[4] 陈维兴，林小茶．C++面向对象程序设计教程．北京：清华大学出版社，2000．

[5] 陈志泊，王春玲．面向对象的程序设计语言——C++．北京：人民邮电出版社，2002．

[6] 周霭如，林伟健．C++程序设计基础．北京：电子工业出版社，2006．

[7] 钱能．C++程序设计教程．北京：清华大学出版社，1994．

[8] 郑莉，董渊．C++语言程序设计（第2版）．北京：清华大学出版社，2001．

[9] 杨庚，王汝传．面向对象程序设计与C++语言．北京：人民邮电出版社，2002．

[10] 吕凤翥．C++语言程序设计．北京：电子工业出版社，2004．

[11] 甘玲，邱劲．面向对象技术与Visual C++．北京：清华大学出版社，2004．

[12] 梁普选．C++程序设计与软件技术基础．北京：电子工业出版社，2004．

[13] 钱能．C++程序设计教程（第二版）．北京：清华大学出版社，2005．

[14] 王育坚．Visual C++面向对象编程教程．北京：清华大学出版社，2003．

[15] 田志良．面向对象程序设计循序渐近．北京：学苑出版社，1994．

[16] 蔡明志．Borland C++4.0 使用与编程指南．北京：清华大学出版社，1994．

[17] 侯俊杰．深入浅出 MFC（第2版）．武汉：华中科技大学出版社，2001．

[18] 梁维．Visual C++ 6.0 编程实用教程．北京：中国水利水电出版社，1999．

[19] [美]David Vandevoorde，[德]Nicolai M.Josuttis．C++ Templates 中文版．陈伟柱，译．北京：人民邮电出版社，2004．

[20] Nicolai M.Josuttis．C++标准程序库．侯捷，孟岩，译．武汉：华在科技大学出版社，2002．

[21] [美]Herbert schildt．C++参考大全（第四版）．周志荣，朱德芳等，译．北京：电子工业出版社，2003．

[22] [美]H.M.Deitel，P.J.Deitel．C++程序设计教程（第4版）．施平安，译．北京：清华大学出版社，2004．

[23] [美]Eric Nagler．C++大学教程（第3版）．侯普秀，曹振新，译．北京：清华大学出版社，2005．

[24] [美]Harvey M.Deitel，Paul James Deitel．C++大学教程（第二版）．邱仲潘等，译．北京：电子工业出版社，2001．

[25] [加拿大]Goran Svenk．面向对象编程：工程和技术人员的C++语言．马海军，段晓勇等，译．北京：清华大学出版社，2003．

[26] [美]Herbert Schildt．C++基础教程．张林娣，译．北京：清华大学出版社，2002．

[27] [美]Bjarne Stroustrup．C++程序设计语言（第四版）．裘宗燕，译．北京：机械工业出版社，2002

[28] [美]Stanley B.Lippman，[加]Josée Lajoie．C++ Primer（第三版）．潘爱民，张丽，译．北京：中国电力出版社，2002．

[29] [美]Stephen C.Dewhurst．C++程序设计陷阱．陈君等，译．北京：中国青年出版社，2003．

[30] [美]Timothy A.Budd．面向对象编程导论（原书第3版）．黄明军，李桂杰，译．北京：机械工业出版社，2003．

[31] [美]Charles Petzold．Programming Windows 3.1．文都等，译．北京：希望出版社

反侵权盗版声明

电子工业出版社依法对本作品享有专有出版权。任何未经权利人书面许可，复制、销售或通过信息网络传播本作品的行为；歪曲、篡改、剽窃本作品的行为，均违反《中华人民共和国著作权法》，其行为人应承担相应的民事责任和行政责任，构成犯罪的，将被依法追究刑事责任。

为了维护市场秩序，保护权利人的合法权益，我社将依法查处和打击侵权盗版的单位和个人。欢迎社会各界人士积极举报侵权盗版行为，本社将奖励举报有功人员，并保证举报人的信息不被泄露。

举报电话：（010）88254396；（010）88258888
传　　真：（010）88254397
E-mail：dbqq@phei.com.cn
通信地址：北京市海淀区万寿路173信箱
　　　　　电子工业出版社总编办公室
邮　　编：100036